公司治理學

（第二版）

宋劍濤、王曉龍　主編
黎嘉紀、田永彬　副主編

財經錢線

再版前言

　　公司治理是影響企業競爭和促進企業發展的決定性因素之一，是保證企業持續成長的關鍵所在，已經成為全球關注的焦點問題。目前，公司治理學已經成為國內外理論界和實務界共同關注的一個新的學科領域，公司治理教育已經成為全球高校工商管理教育體系的重要組成部分。公司治理課程是一門通過對公司治理的綜合性研究，探討公司治理實踐中具有共性的基本原理、運作規範和方法的學科。

　　基於以上目的，本書結合公司治理教學以及社會實踐，充分吸收相關研究成果編寫而成。本書內容主要圍繞公司治理基礎理論、內部治理、外部治理、新興治理、治理模式與評價五個方面展開。為便於教學與自學之用，在每章之首提出「本章學習目標」，每章之後再附上「思考與練習」。對於較為複雜的問題，大多數章節還精心選編了大量「案例分析」和「閱讀」，為學生進一步學習和加深理解提供指導和幫助。

　　本書由宋劍濤、王曉龍擔任主編，黎嘉紀、田永彬擔任副主編。全書的編寫工作分工如下：宋劍濤（第3、4、5、6章）；王曉龍（第1、2、7、8、9章）；黎嘉紀（第10、11、12、13章）；田永彬（第14、15、16、17章）。初稿完成后，最後由宋劍濤對全書進行總纂、修改和定稿。

　　由於編者水平有限，書中缺點錯誤在所難免，懇請使用本教材的師生提出批評和改進意見。

編者

目 錄

基礎理論篇

1 導論 ······(3)
  【本章學習目標】 ······(3)
  1.1 公司治理問題的產生 ······(3)
    1.1.1 股權結構分散化 ······(6)
    1.1.2 所有權和控製權分離 ······(7)
  1.2 公司治理的定義 ······(8)
    1.2.1 國外對公司治理的定義 ······(8)
    1.2.2 國內對公司治理的定義 ······(10)
  1.3 公司治理的研究範圍 ······(12)
    1.3.1 公司外部制度或機制的角度 ······(12)
    1.3.2 公司內部制度或機制的角度 ······(12)
  1.4 公司治理的意義 ······(12)
  【思考與練習】 ······(16)

2 企業制度的演進與公司治理理論的發展 ······(17)
  【本章學習目標】 ······(17)
  2.1 企業制度的演進 ······(17)
  2.2 公司治理的理論基石——企業理論 ······(18)
  2.3 公司治理理論的發展 ······(21)
    2.3.1 公司治理理論的創建 ······(21)
    2.3.2 詹森的貢獻 ······(23)
    2.3.3 布萊爾的貢獻 ······(25)
  【思考與練習】 ······(26)

3 公司與公司法 (27)

【本章學習目標】 (27)

3.1 公司概述 (27)
    3.1.1 公司的概念與特徵 (27)
    3.1.2 公司的基本類型 (28)

3.2 公司法概述 (32)
    3.2.1 公司法的概念、特徵與作用 (32)
    3.2.2 公司設立的法律制度 (33)
    3.2.3 公司資本法律制度 (38)
    3.2.4 公司變更與終止法律制度 (41)

3.3 公司章程 (50)
    3.3.1 公司章程概述 (50)
    3.3.2 公司章程的內容 (52)
    3.3.3 公司章程的制定與變更 (53)

【思考與練習】 (55)

內部治理篇

4 股東權利與股東會制度 (59)

【本章學習目標】 (59)

4.1 股東與股東權利的分類 (59)
    4.1.1 股東 (59)
    4.1.2 股東權利 (61)

4.2 股東（大）會及其運作機制 (63)
    4.2.1 股東（大）會 (63)
    4.2.2 股東會權利 (63)
    4.2.3 股東會會議的類型及運行機制 (64)

4.3 中小股東的權益與維護 (67)
    4.3.1 中小股東及其權益 (67)
    4.3.2 中小股東權益的維護 (67)

【思考與練習】 (72)

5　董事會模式及董事的責任 ⋯⋯⋯⋯⋯⋯⋯⋯⋯⋯⋯⋯⋯⋯⋯⋯⋯（74）

【本章學習目標】⋯⋯⋯⋯⋯⋯⋯⋯⋯⋯⋯⋯⋯⋯⋯⋯⋯⋯⋯⋯⋯⋯（74）

5.1　董事 ⋯⋯⋯⋯⋯⋯⋯⋯⋯⋯⋯⋯⋯⋯⋯⋯⋯⋯⋯⋯⋯⋯⋯⋯（74）

5.1.1　董事及其類別 ⋯⋯⋯⋯⋯⋯⋯⋯⋯⋯⋯⋯⋯⋯⋯⋯⋯⋯（74）

5.1.2　董事的提名、選舉、任免與任期 ⋯⋯⋯⋯⋯⋯⋯⋯⋯⋯（76）

5.1.3　董事的任職資格 ⋯⋯⋯⋯⋯⋯⋯⋯⋯⋯⋯⋯⋯⋯⋯⋯⋯（77）

5.2　董事會 ⋯⋯⋯⋯⋯⋯⋯⋯⋯⋯⋯⋯⋯⋯⋯⋯⋯⋯⋯⋯⋯⋯⋯（77）

5.2.1　董事會及董事會模式 ⋯⋯⋯⋯⋯⋯⋯⋯⋯⋯⋯⋯⋯⋯⋯（77）

5.2.2　董事會的職責 ⋯⋯⋯⋯⋯⋯⋯⋯⋯⋯⋯⋯⋯⋯⋯⋯⋯⋯（81）

5.2.3　董事會的特徵 ⋯⋯⋯⋯⋯⋯⋯⋯⋯⋯⋯⋯⋯⋯⋯⋯⋯⋯（81）

5.2.4　董事會的規模 ⋯⋯⋯⋯⋯⋯⋯⋯⋯⋯⋯⋯⋯⋯⋯⋯⋯⋯（82）

5.2.5　董事會會議 ⋯⋯⋯⋯⋯⋯⋯⋯⋯⋯⋯⋯⋯⋯⋯⋯⋯⋯⋯（82）

5.3　獨立董事制度 ⋯⋯⋯⋯⋯⋯⋯⋯⋯⋯⋯⋯⋯⋯⋯⋯⋯⋯⋯⋯（84）

5.3.1　獨立董事制度概述 ⋯⋯⋯⋯⋯⋯⋯⋯⋯⋯⋯⋯⋯⋯⋯⋯（84）

5.3.2　獨立董事的特徵 ⋯⋯⋯⋯⋯⋯⋯⋯⋯⋯⋯⋯⋯⋯⋯⋯⋯（87）

5.3.3　獨立董事的作用及制約因素 ⋯⋯⋯⋯⋯⋯⋯⋯⋯⋯⋯⋯（87）

5.3.4　完善中國上市公司獨立董事制度 ⋯⋯⋯⋯⋯⋯⋯⋯⋯⋯（89）

5.4　董事會專業委員會 ⋯⋯⋯⋯⋯⋯⋯⋯⋯⋯⋯⋯⋯⋯⋯⋯⋯⋯（92）

【思考與練習】⋯⋯⋯⋯⋯⋯⋯⋯⋯⋯⋯⋯⋯⋯⋯⋯⋯⋯⋯⋯⋯⋯（93）

6　監事與監事會制度 ⋯⋯⋯⋯⋯⋯⋯⋯⋯⋯⋯⋯⋯⋯⋯⋯⋯⋯⋯⋯（94）

【本章學習目標】⋯⋯⋯⋯⋯⋯⋯⋯⋯⋯⋯⋯⋯⋯⋯⋯⋯⋯⋯⋯⋯（94）

6.1　監事及其職責 ⋯⋯⋯⋯⋯⋯⋯⋯⋯⋯⋯⋯⋯⋯⋯⋯⋯⋯⋯⋯（95）

6.1.1　監事的任職資格 ⋯⋯⋯⋯⋯⋯⋯⋯⋯⋯⋯⋯⋯⋯⋯⋯⋯（95）

6.1.2　監事的職責 ⋯⋯⋯⋯⋯⋯⋯⋯⋯⋯⋯⋯⋯⋯⋯⋯⋯⋯⋯（96）

6.1.3　監事的任免 ⋯⋯⋯⋯⋯⋯⋯⋯⋯⋯⋯⋯⋯⋯⋯⋯⋯⋯⋯（96）

6.2　監事會概述 ⋯⋯⋯⋯⋯⋯⋯⋯⋯⋯⋯⋯⋯⋯⋯⋯⋯⋯⋯⋯⋯（97）

6.2.1　監事會的概念及特徵 ⋯⋯⋯⋯⋯⋯⋯⋯⋯⋯⋯⋯⋯⋯⋯（97）

6.2.2　監事會的組成及會議 ⋯⋯⋯⋯⋯⋯⋯⋯⋯⋯⋯⋯⋯⋯⋯（99）

6.2.3　監事會的職權 ⋯⋯⋯⋯⋯⋯⋯⋯⋯⋯⋯⋯⋯⋯⋯⋯⋯（100）

6.2.4　監事會在公司治理中的作用 ⋯⋯⋯⋯⋯⋯⋯⋯⋯⋯⋯（100）

  6.2.5　監事會功能發揮存在的主要問題及解決之道 …………（102）
 6.3　獨立監事制度 ……………………………………………………（109）
  6.3.1　獨立監事制度的概念 ………………………………………（109）
  6.3.2　獨立監事的獨立性 …………………………………………（109）
  6.3.3　獨立監事制度的作用 ………………………………………（110）
 【思考與練習】………………………………………………………（110）

7　高層管理者激勵約束機制與業績評價 ……………………………（112）
 【本章學習目標】……………………………………………………（112）
 7.1　經理 ………………………………………………………………（112）
  7.1.1　經理的定義和特徵 …………………………………………（112）
  7.1.2　經理的權利和義務 …………………………………………（113）
  7.1.3　內部人控製 …………………………………………………（115）
 7.2　高層管理者的激勵機制 …………………………………………（116）
  7.2.1　設計高層管理者的激勵機制的必要性 ……………………（116）
  7.2.2　高層管理者的激勵機制理論 ………………………………（119）
  7.2.3　高層管理者的激勵手段和激勵機制的主要內容 …………（120）
 7.3　高層管理者的約束機制 …………………………………………（125）
  7.3.1　建立高層管理者約束機制的理論基礎 ……………………（125）
  7.3.2　組織制度約束 ………………………………………………（126）
  7.3.3　管理制度約束 ………………………………………………（126）
  7.3.4　公司章程對高層管理者的約束 ……………………………（126）
  7.3.5　高層管理者約束機制建設方面的經驗借鑑與思考 ………（127）
 【思考與練習】………………………………………………………（130）

8　員工參與制度 …………………………………………………………（132）
 【本章學習目標】……………………………………………………（132）
 8.1　員工參與公司治理 ………………………………………………（132）
  8.1.1　員工參與公司治理的理論依據 ……………………………（133）
  8.1.2　西方國家職工參與公司治理的方式 ………………………（135）

8.1.3　員工參與制度的模式 ……………………………………（137）
8.2　員工持股計劃 …………………………………………………（138）
　　8.2.1　員工持股計劃定義 ………………………………………（138）
　　8.2.2　員工持股計劃的類型 ……………………………………（139）
　　8.2.3　國內外員工持股計劃的發展 ……………………………（140）
　　8.2.4　中國推行員工持股計劃的意義 …………………………（143）
　　8.2.5　員工持股計劃的缺點 ……………………………………（145）
　　8.2.6　中國員工持股計劃制度的探索 …………………………（146）
8.3　員工利益的代表——工會與公司治理 ………………………（147）
　　8.3.1　工會在公司治理中的作用 ………………………………（147）
　　8.3.2　加強和發揮中國工會在公司治理中的作用 ……………（147）
【思考與練習】 ………………………………………………………（148）

外部治理篇

9　公司外部治理機制 …………………………………………………（151）
【本章學習目標】 ……………………………………………………（151）
9.1　經理市場與產品市場 …………………………………………（151）
　　9.1.1　經理市場及其作用 ………………………………………（151）
　　9.1.2　產品市場及其競爭激勵 …………………………………（153）
9.2　證券市場的治理 ………………………………………………（154）
　　9.2.1　證券市場的基本概念與作用 ……………………………（154）
　　9.2.2　證券市場的有效性 ………………………………………（155）
　　9.2.3　證券市場控制權配置方式 ………………………………（156）
　　9.2.4　完善證券市場，促進公司治理 …………………………（159）
9.3　信貸市場的治理 ………………………………………………（159）
　　9.3.1　商業銀行治理概述 ………………………………………（159）
　　9.3.2　公司融資結構與銀企關係 ………………………………（160）
　　9.3.3　主銀行制及相機治理 ……………………………………（162）
　　9.3.4　「距離」型銀行的監督機制 ……………………………（165）
9.4　機構投資者的治理 ……………………………………………（165）

5

  9.4.1　機構投資者概述 ……………………………………………（165）
  9.4.2　機構投資者的參與治理 ………………………………………（167）
 9.5　公司債權人治理 ………………………………………………………（171）
  9.5.1　公司債權人類型 ………………………………………………（171）
  9.5.2　公司債權人的權利屬性 ………………………………………（172）
  9.5.3　債權人治理類型 ………………………………………………（173）
  9.5.4　債權人治理機制優化 …………………………………………（175）
 9.6　會計師事務所的治理 …………………………………………………（177）
 9.7　資信評級機構的治理 …………………………………………………（178）
 【思考與練習】 ……………………………………………………………（179）

10　基本法律制度 ……………………………………………………………（182）
 【本章學習目標】 …………………………………………………………（182）
 10.1　信息披露制度概述 …………………………………………………（182）
  10.1.1　信息披露 ……………………………………………………（182）
  10.1.2　信息披露制度 ………………………………………………（184）
  10.1.3　信息披露質量及其發展方向 ………………………………（186）
 10.2　投資者利益保護制度 ………………………………………………（189）
  10.2.1　投資者利益 …………………………………………………（189）
  10.2.2　中國中小投資者利益保護的現狀 …………………………（190）
  10.2.3　投資者利益保護相關制度 …………………………………（191）
  10.2.4　完善投資者利益保護制度探索 ……………………………（192）
 10.3　防止內部人控製制度 ………………………………………………（193）
  10.3.1　內部人控製概述 ……………………………………………（193）
  10.3.2　內部人控製問題的成因 ……………………………………（194）
  10.3.3　防止內部人控製的制度措施 ………………………………（196）
 10.4　禁止內幕交易制度 …………………………………………………（198）
  10.4.1　內幕交易的含義和特點 ……………………………………（198）
  10.4.2　內幕交易的構成要素 ………………………………………（198）
  10.4.3　內幕交易的危害性 …………………………………………（200）
  10.4.4　內幕交易行為的防範和制裁 ………………………………（201）
 【思考與練習】 ……………………………………………………………（204）

新興治理篇

11 企業集團的公司治理 ……………………………………………… (207)
【本章學習目標】 ………………………………………………………… (207)
11.1 企業集團概述 …………………………………………………… (207)
　　11.1.1 企業集團定義與特徵 ……………………………………… (207)
　　11.1.2 企業集團的類型 …………………………………………… (211)
　　11.1.3 企業集團在現代經濟中的作用 …………………………… (211)
11.2 企業集團治理 …………………………………………………… (213)
　　11.2.1 企業集團治理定義與目標 ………………………………… (213)
　　11.2.2 企業集團治理與企業治理的異同 ………………………… (213)
11.3 母公司與子公司 ………………………………………………… (215)
　　11.3.1 母公司與子公司的公司治理邊界和關係 ………………… (215)
　　11.3.2 母公司對子公司的控制機制 ……………………………… (217)
11.4 關聯公司之間的協作機制 ……………………………………… (219)
11.5 韓國、美國企業集團的治理模式及對中國企業集團治理模式的啟示
　　　………………………………………………………………… (222)
　　11.5.1 韓國模式的特點、問題及啟示 …………………………… (222)
　　11.5.2 美國模式的特點、問題及啟示 …………………………… (225)
【思考與練習】 …………………………………………………………… (227)

12 網絡治理 ………………………………………………………… (229)
【本章學習目標】 ………………………………………………………… (229)
12.1 網絡治理的內涵及其理論基礎 ………………………………… (229)
　　12.1.1 網絡治理的內涵 …………………………………………… (229)
　　12.1.2 研究網絡治理的意義 ……………………………………… (231)
　　12.1.3 網絡治理的理論基礎 ……………………………………… (231)
12.2 網絡治理的機制 ………………………………………………… (235)
12.3 網絡治理的目標 ………………………………………………… (236)

12.4　網絡治理實踐存在的主要問題 …………………………………（237）
【思考與練習】………………………………………………………………（238）

治理模式篇

13　英美股權主導型公司治理模式 …………………………………（241）
【本章學習目標】……………………………………………………………（241）
13.1　英美公司治理模式 ……………………………………………………（241）
　　13.1.1　英美公司治理模式產生的背景 …………………………………（241）
　　13.1.2　英美公司治理模式的產生與發展 ………………………………（245）
13.2　英美公司治理模式的本質特徵 ………………………………………（247）
　　13.2.1　英美公司內部治理結構特點 ……………………………………（247）
　　13.2.2　英美公司外部治理結構特點 ……………………………………（248）
13.3　英美公司治理模式的有效性分析 ……………………………………（252）
　　13.3.1　英美公司治理模式的優越性 ……………………………………（252）
　　13.3.2　英美公司治理模式的缺陷性 ……………………………………（253）
【思考與練習】………………………………………………………………（254）

14　德日債權主導型公司治理模式 …………………………………（255）
【本章學習目標】……………………………………………………………（255）
14.1　德日公司治理模式 ……………………………………………………（255）
　　14.1.1　德日公司治理模式產生的背景 …………………………………（255）
　　14.1.2　德日公司治理模式的產生與發展 ………………………………（256）
14.2　德日公司治理模式的本質特徵 ………………………………………（257）
　　14.2.1　德日公司內部治理結構特點 ……………………………………（258）
　　14.2.2　德日公司外部治理結構特點 ……………………………………（259）
14.3　德日公司治理模式的有效性分析 ……………………………………（262）
　　14.3.1　德日公司治理模式的優越性 ……………………………………（262）
　　14.3.2　德日公司治理模式的缺陷性 ……………………………………（263）
【思考與練習】………………………………………………………………（264）

15　東亞與東南亞家族主導型公司治理模式 ……………………………（265）
【本章學習目標】 ………………………………………………………（265）
15.1　家族公司治理模式的產生與發展 ………………………………（265）
15.1.1　家族公司治理模式產生的背景 ……………………（265）
15.1.2　家族公司治理模式的產生 …………………………（266）
15.1.3　家族公司治理模式的發展 …………………………（267）
15.2　家族公司治理模式的特徵 ………………………………………（268）
15.2.1　韓國與東南亞家族治理模式的共性 ………………（268）
15.2.2　韓國與東南亞家族治理模式的差異 ………………（270）
15.3　家族公司治理模式的有效性 ……………………………………（272）
15.3.1　家族公司治理模式的優越性 ………………………（272）
15.3.2　家族公司治理模式的缺陷性 ………………………（273）
【思考與練習】 …………………………………………………………（274）

16　轉軌經濟國家的公司治理模式 ……………………………………（275）
【本章學習目標】 ………………………………………………………（275）
16.1　「內部人控製」：轉軌經濟中的治理癥結 ……………………（275）
16.1.1　「內部人控製」的內涵 ……………………………（275）
16.1.2　「內部人控製」在各轉軌國家的具體表現 ………（276）
16.2　中國案例：「內部人控製」還是「行政控製」 ………………（280）
16.2.1　股權結構：股權分割與國有股「一股獨大」 ……（280）
16.2.2　治理結構：「行政控製」下的經營者控製 ………（281）
16.3　路在何方：轉軌經濟條件下成功治理模式的探討 ……………（284）
16.3.1　轉軌經濟所面臨的若干重要治理「命題」 ………（284）
16.3.2　轉軌經濟國家的嘗試 ………………………………（286）
16.3.3　成熟市場經濟國家的經驗 …………………………（287）
16.3.4　適合中國國情的公司治理模式探索 ………………（289）
【思考與練習】 …………………………………………………………（291）

17　全球公司治理模式的演變及改革 …………………………………（292）
【本章學習目標】 ………………………………………………………（292）

17.1 全球公司治理模式的演變 ………………………………………（292）
　　17.1.1 關於公司治理模式演化趨勢的爭論 ……………………（293）
　　17.1.2 外部環境對全球治理模式演變的影響 …………………（294）
17.2 全球公司治理模式的改革 ………………………………………（294）
　　17.2.1 美國治理模式的變革 ……………………………………（294）
　　17.2.2 德日治理模式的新變化 …………………………………（295）
　　17.2.3 OECD 的公司治理原則 …………………………………（296）
17.3 公司治理的評級系統 ……………………………………………（297）
　　17.3.1 公司治理評級系統的基本原則和指標基礎 ……………（297）
　　17.3.2 公司治理評級模式 ………………………………………（299）
17.4 公司治理結構的全球趨同化 ……………………………………（302）
　　17.4.1 趨同的基本原因：市場全球化 …………………………（302）
　　17.4.2 趨同的主要表現 …………………………………………（303）

【思考與練習】……………………………………………………………（310）

基礎理論篇

　　「公司治理」這一概念最早出現在經濟學文獻中的時間是20世紀80年代初期。在這之前，2009年諾貝爾經濟學獲得者奧利弗·伊頓·威廉姆森（Oliver Eaton Williamson，1975）曾提出了「治理結構」（governance structure）的概念，可以說與公司治理的概念已相當接近。儘管公司治理的概念誕生只有短短幾十年時間，但公司治理已經成為現代企業理論的重要組成部分。公司治理問題的產生與現代經濟社會的發展有著密切的聯繫。企業制度的演進，所有權和經營權的進一步分離，使得代理問題更為突出。20世紀90年代以來，在經濟全球化的影響下，公司治理越來越受到世界各國的廣泛關注和高度重視，科學合理的公司治理是保證現代企業有效營運的基礎和條件，無論是發達國家還是發展中國家，都把完善公司治理看做是改善投資環境、夯實經濟基礎的必要手段。特別是受2008年由美國次貸危機引發的全球金融危機的影響，必將引發全球新一輪的公司治理浪潮，公司治理模式也將成為下一個研究的主要課題。如何建立一套行之有效的制度來解決公司兩權分離後所有者與經營者的利益衝突？為什麼中國從西方國家引進的一系列治理機制來到中國後就變得「水土不服」了？到底什麼樣的公司治理機制才是有效的公司治理機制？我們需要進一步地瞭解和認識公司治理的基本理論，從一個新的角度對這些問題進行很好的解釋。

1　導論

【本章學習目標】
1. 瞭解公司治理問題產生的原因；
2. 掌握公司治理的含義；
3. 把握公司治理學的研究對象與主要內容、學科性質、特點與研究方法。

公司治理是現代企業理論的重要組成部分，它涵蓋了企業制度、公司管理和政府管制等眾多研究領域，跨越管理學、經濟學、金融學、法學和社會學等多個學科。由於各個國家的經濟發展道路和經濟體制存在著諸多差異性，受傳統文化和政治法律等因素的影響，經過長期的公司發展歷程和企業制度的演變，表現出不同的公司治理結構和治理機制，由此形成了不同的公司治理模式。

1.1　公司治理問題的產生

公司治理問題的產生並不是偶然的，它是隨著公司制企業的發展逐步形成的。任何一個公司的發展基本上都會經歷兩個變化，即所有權與控製權分離（公司組織形式的變化）和股權結構分散化（公司融資狀況的變化）。對於一個新成立的公司而言，起初公司的經營權都掌握在個人手中，資金的來源也很單一，隨著公司的逐步發展和規模的擴大，需要大量的資金，資金的來源往往通過發行股票等多元化的方式來籌措，公司逐步參與進來了若干大大小小的股東，公司從原來的單一的組織模式逐步走向複雜的組織模式。這樣就形成了股權結構分散化的局面，公司股東增加，迫使公司所有權和控製權分離。於是公司治理的問題就產生了。

從公司治理問題的產生到現在，幾乎每一步發展都是針對公司失敗或者系統危機做出的反應。最早記載的公司治理失敗是1720年英國的南海泡沫，這一事件導致了英國商法和實踐的革命性變化。1929年美國的股市大危機又使得美國在其後推出了證券法。1997年的亞洲金融危機使人們對東亞公司治理模式有了清醒的認識，2001年以安然、世界通信事件為代表的美國會計醜聞又暴露了美國公司治理模式的重大缺陷，甚至包括2008年因美國次貸危機而引發的全球金融危機。這些都與公司治理有著密不可分的聯繫，同時它們的產生又促使了公司治理模式的不斷改進。

隨著經濟全球化的進一步加劇和公司制企業的不斷發展，現代公司呈現出股權結構分散化、所有權與經營權分離等特徵。伴隨著企業的所有者逐漸將經營權移交給公

司的職業經理人，代理問題隨之產生。正是由於存在這些特徵，治理問題才得以產生，並成為現代公司的焦點與核心。

【延伸閱讀】

安然公司：神話的破滅

一直以來，美國安然公司（Enron Corp）身上都籠罩著一層層的金色光環：作為世界最大的能源交易商，安然在 2000 年的總收入高達 1,010 億美元，名列《財富》雜誌「美國 500 強」的第七名；掌控著美國 20% 的電能和天然氣交易，是華爾街競相追捧的寵兒；安然股票是所有的證券評級機構都強力推薦的績優股，股價高達 70 美元並且仍然呈上升之勢。直到破產前，公司營運業務覆蓋全球 40 個國家和地區，共有雇員 2.1 萬人，資產額高達 620 億美元；安然一直鼓吹自己是「全球領先企業」，業務包括能源批發與零售、寬帶、能源運輸以及金融交易，連續 4 年獲得「美國最具創新精神的公司」稱號，並與小布什政府關係密切……

安然的噩夢

2001 年年初，一家有著良好聲譽的短期投資機構的老板吉姆·切歐斯公開對安然的盈利模式表示了懷疑。他指出，雖然安然的業務看起來很輝煌，但實際上賺不到什麼錢，也沒有人能夠說清安然是怎麼賺錢的。據他分析，安然的盈利率在 2000 年為 5%，到了 2001 年初就降到 2% 以下，對於投資者來說，投資回報率僅有 7% 左右。

切歐斯還注意到有些文件涉及了安然背後的合夥公司，這些公司和安然有著說不清的幕後交易，作為安然的首席執行官，斯基林一直在拋出手中的安然股票，而他不斷宣稱安然的股票會從當時的 70 美元左右升至 126 美元。而且按照美國法律規定，公司董事會成員如果沒有離開董事會，就不能拋出手中持有的公司股票。

也許正是這一點引發了人們對安然的懷疑，並開始真正追究安然的盈利情況和現金流向。到了 8 月中旬，人們對於安然的疑問越來越多，並最終導致了其股價下跌。8 月 9 日，安然股價已經從年初的 80 美元左右跌到了 42 美元。

10 月 16 日，安然發表 2001 年第二季度財報，宣布公司虧損總計達到 6.18 億美元，即每股虧損 1.11 美元。同時首次透露因首席財務官安德魯·法斯托與合夥公司經營不當，公司股東資產縮水 12 億美元。

10 月 22 日，美國證券交易委員會瞄上安然，要求公司自動提交某些交易的細節內容，並最終於 10 月 31 日開始對安然及其合夥公司進行正式調查。

11 月 1 日，安然抵押了公司部分資產，獲得 JP 摩根和所羅門史密斯巴尼的 10 億美元信貸額度擔保，但美林和標普公司仍然再次調低了對安然的評級。

11 月 8 日，安然被迫承認做了假帳，虛報數字讓人瞠目結舌：自 1997 年以來，安然虛報盈利共計近 6 億美元。

11 月 9 日，迪諾基公司宣布準備用 80 億美元收購安然，並承擔 130 億美元的債務。當天午盤安然股價下挫 0.16 美元。

11 月 28 日，標普將安然債務評級調低至「垃圾債券」級。

11月30日，安然股價跌至0.26美元，市值由峰值時的800億美元跌至2億美元。

12月2日，安然正式向破產法院申請破產保護，破產清單中所列資產高達498億美元，成為美國歷史上最大的破產企業。當天，安然還向法院提出訴訟，聲稱迪諾基公司中止對其合併不合規定，要求賠償。

安然模式的破產

首先遭到質疑的是安然公司的管理層，包括董事會、監事會和公司高級管理人員。他們面臨的指控包括疏於職守、虛報帳目、誤導投資人以及牟取私利等。

在10月16日安然公布第二季度財報以前，安然公司的財務報告是所有投資者都樂於見到的。看看安然過去的財務報告：2000年第四季度，「公司天然氣業務成長翻升3倍，公司能源服務公司零售業務翻升5倍」；2001年第一季度，「季營收入成長4倍，是連續21個盈余成長的財季」……在安然，衡量業務成長的單位不是百分比，而是倍數，這讓所有投資者都笑逐顏開。到了2001年第二季度，公司突然虧損了，而且虧損額還高達6.18億美元！

然后，一直隱藏在安然背後的合夥公司開始露出水面。經過調查，這些合夥公司大多被安然高層官員控制，安然對外的巨額貸款經常被列入這些公司，而不出現在安然的資產負債表上。這樣，安然高達130億美元的巨額債務就不會為投資人所知，而安然的一些官員也從這些合夥公司中牟取私利。

更讓投資者氣憤的是，顯然安然的高層對於公司營運中出現的問題非常瞭解，但長期以來熟視無睹甚至故意隱瞞。包括首席執行官斯基林在內的許多董事會成員一方面鼓吹股價還將繼續上升，另一方面卻在秘密拋售公司股票。而公司的14名監事會成員有7名與安然關係特殊，要麼正在與安然進行交易，要麼供職於安然支持的非營利機構，對安然的種種劣跡睜一只眼閉一只眼。

安然假帳問題也讓其審計公司安達信面臨著被訴訟的危險。位列世界第五的會計師事務所安達信作為安然公司財務報告的審計者，既沒審計出安然虛報利潤，也沒發現其巨額債務。之前安達信曾因審計工作中出現詐欺行為被美國證券交易委員會罰了700萬美元。

安然的核心業務就是能源及其相關產品的買賣，但在安然，這種買賣被稱作「能源交易」。據介紹，該種生意是構建在信用基礎上的，也就是能源供應者及消費者以安然為媒介建立合約，承諾在幾個月或幾年之後履行合約義務。在這種交易中，安然作為「中間人」可以在很短時間內提升業績。由於這種生意以中間人的信用為基礎，一旦安然出現任何醜聞，其信用必將大打折扣，生意馬上就有中止的危險。

此外，這種業務模式對於安然的現金流向也有著重大影響。大多數安然的業務是基於「未來市場」的合同，雖然簽訂的合同收入將計入公司財務報表，但在合同履行之前並不能給安然帶來任何現金。合同簽訂得越多，帳面數字和實際現金收入之間的差距就越大。

安然不願意承認自己是貿易公司，一個重要的理由就是為了抬升股價。作為貿易公司，由於天生面臨著交易收入不穩定的風險，很難在股市上得到高評價。安然鼎盛時期的市值曾達到其盈利的70倍甚至更多。

為了保住其自封的「世界領先公司」地位，安然的業務不斷擴張，不僅包括傳統的天然氣和電力業務，還包括風力、水力、投資、木材、廣告，等等。2000 年，寬帶業務盛極一時，安然又投資了寬帶業務。

如此折騰，安然終於在 2001 年 10 月的資產負債平衡表上拉出了高達 6.18 億美元的大口子。

破產餘波難平

在安然破產事件中，損失最慘重的無疑是那些投資者，尤其是仍然持有大量安然股票的普通投資者。按照美國法律，在申請破產保護之後，安然的資產將優先繳納稅款、償還銀行借款、發放員工薪資等。本來就已經不值錢的公司再經這麼一折騰，投資人肯定是血本無歸。

投資人為挽回損失只有提起訴訟。按照美國法律，股市投資人可以對安達信在財務審計時未盡職責提起訴訟。如果法庭判定指控成立，安達信將不得不對他們的損失做出賠償。

在此事件中受到影響的還有安然的交易對象和那些大的金融財團。據統計，在安然破產案中，杜克（Duke）集團損失了 1 億美元，米倫特公司損失 8,000 萬美元，迪諾基公司損失 7,500 萬美元。在財團中，損失比較慘重的是 JP 摩根和花旗集團。僅 JP 摩根對安然的無擔保貸款就高達 5 億美元，據稱花旗集團的損失也與此相當。此外，安然的債主還包括德意志銀行、日本三家大銀行等。

（資料來源：張銳. 安然神話的破滅. 中外企業家，2002（2）.）

1.1.1 股權結構分散化

在公司制企業發展初期，公司規模相對較小，公司股東的數量也不多，公司的股權結構相對集中。后來，由於現代企業制度的不斷加速發展和公司經營範圍、規模的不斷擴大，公司需要通過發行股票和債券來籌措大量的資金，這樣公司的持股人將會從原來的少數人變為多數人，他們可能是社會中的個人，甚至是企事業單位、政府部門等組織機構，公司的股權結構逐步分散化、多元化。因此，股權結構的分散化是現代公司的第一個特徵。公司的股權結構，經歷了由少數人持股到社會公眾持股再到機構投資者持股的歷史演進過程。

公司股權結構的分散化對公司經濟運行產生了有利和不利兩個方面的影響。從有利的方面來看：第一，明確、清晰的財產權利關係為資本市場的有效運轉奠定了牢固的制度基礎。不管公司是以個人持股為主，還是以機構持股為主，公司的終極所有權或所有者始終是清晰可見的，所有者均有明確的產權份額以及追求相應權益的權利與承擔一定風險的責任。第二，高度分散化的個人產權制度是現代公司賴以生存和資本市場得以維持和發展的潤滑劑，因為高度分散化的股權結構意味著作為公司所有權的供給者和需求者都很多，當股票的買賣者數量越多，股票的交投就越活躍，股票的轉讓就越容易，規模發展就越快，公司通過資本市場投融資也就越便捷。但是，公司股權分散化也對公司經營造成了不利影響：首先股權分散化的最直接的影響是公司的股

東們無法在集體行動上達成一致，從而造成治理成本的提高；其次是對公司的經營者的監督弱化，特別是大量存在的小股東，他們不僅缺乏參與公司決策和對公司高層管理人員進行監督的積極性，而且也不具備這種能力；最后是分散的股權結構，使得股東和公司其他利益相關者處於被機會主義行為損害、掠奪的風險之下。[1]

1.1.2 所有權和控製權分離

在一個典型的英美公眾公司中擁有眾多的小股東。與小型私人控製的企業不同，公眾公司存在以下兩個問題[2]：第一，股東雖然還是擁有剩余控製權（即投票權），但分散的小股東無法執行日常的公司管理。因此，現實的情況是，董事會作為股東的代表來選擇經理。第二，分散的小股東缺乏監督管理者的內在動力，即不願意監督管理者。原因是，監督的企業是一個公共物品。如果某一個股東的監督導致公司業績改善，那麼所有的股東都將受益。在監督是有成本的情況下，每一個股東都有搭便車（free rider）的願望，即希望別的股東而不是自己來行使監督權。當然，最終的結果是可想而知的，如果所有的股東都這樣想，結果是監督將無法出現。

對現代公司所有權與控製權的系統研究，始於1932年出版的伯利和米恩斯的著作《現代公司與私有產權》（The Modern Corporation and Private Property）。該書對當時美國的前200家大公司進行了分析，發現美國的財富高度集中，前200家公司的資產占全國公司資產的一半，但分散的所有權一方面使得股東失去了對公司的直接控製，變成了被動的投資者；另一方面使得持股極少的公司經理人可以通過各種方式控製公司——前200家大公司的65%是由持股極少的經理人控製的。他們直言，管理者權力的增大有損資本所有者利益的危險。分散的所有權和經理人控製成為基於該書的研究而概括出來的「伯利和米恩斯命題」的兩大基本特徵，其奠定的「所有權與控製形式」（ownership and control patterns）這一分析框架，構成了現代公司與公司治理研究的基本範式。

公司治理問題的出現，即來源於公司所有權與控製權的分離而產生的所有者與控製者的利益差異和目標衝突。在股權分散的情況下，公司治理首先要解決所有者和經營者之間的委託代理問題。由於公司經營者與公司所有者利益的不一致，導致委託—代理關係的產生。所有者希望通過擴大公司規模，在公司的利潤實現最大化的同時實現公司所有股東利益的最大化。而經理人則希望能夠實現最低利潤約束下的銷售收入最大化，經理人的報酬結構與公司規模的相關度遠遠大於與公司利潤的關聯度。因此，經營者需要通過設計一系列的關於經理人的控製和激勵措施，以確保經理人的行為符合股東的利益，進而緩解股東和經理人之間在委託和代理過程中所出現的信息不對稱等因素。

所有權和控製權的分離對公司行為產生了一系列重要影響，任何人都很難利用股

---

[1] 李維安. 公司治理學. 2版. 北京：高等教育出版社，2009：4.
[2] 張春霖（1998）認為，一個股權分散的公眾公司與一個私人的小企業是完全不同的。如果把二者等同，那麼，將會得出一種武斷的觀點，即只要私有化就解決問題了。實際上並非如此。

權控製公司的運行，這樣將使得公司的所有權和控製權更加分離，董事長通過董事會授予管理權限，經理人通過董事長被授予企業經營管理的權限，而個人股東則完全處於「用腳投票」的狀態。進而，股東、經理人、債權人和其他利益相關者之間在利益上產生了矛盾，如何在一個大型的公司裡平衡股東、經理人、債權人和員工各個企業要素的提供者之間的關係和利益呢？唯一的途徑就是需要建立一套完整的治理規則。

1.2 公司治理的定義

公司治理起源於 20 世紀 70 年代，自威廉姆森 1979 年最早在《現代公司的治理》（On the Governance of the Modern Corporation）這一理論文獻中將公司治理（Corporate Governance）明確為一個概念。1984 年，威廉姆森又直接以「公司治理」為題對公司治理進行了較系統的分析。實際上，早在 1975 年，威廉姆森在其發表的《市場與層級制：一種分析及對反托拉斯的啟示》中曾提出「治理結構」，這個概念已經涵蓋了「公司治理」。后來在英國，由於一系列公司的倒閉，促使《卡得伯里報告》（Cadbury Report）、《格林伯里報告》（Greenbury report）、《漢普爾報告》（Hampel Report）的相繼出抬，掀起了全球性公司治理浪潮。儘管公司治理的概念誕生只有短短幾十年的時間，但公司治理已經成為現代企業理論的重要組成部分。

實際上，公司治理的概念到目前為止，世界各國尚沒有一個公認的定義。但是，人們對公司治理機制產生的背景（原因）、公司治理機構要實現的目的、公司治理結構的主要框架，股東、董事和管理人員之間如何分配經營管理權，如何發揮社會仲介機構的作用以及社會責任在規範公司行為中的意義等方面，都具有很多共同點。

1.2.1 國外對公司治理的定義

公司治理的英文為「Corporate Governance」，其直譯為法人規制或法人治理結構。西方學者對公司治理內涵的界定，主要是圍繞著控制和監督經理人行為以保護股東利益、保護包括股東在內的公司利益相關者利益兩個主題展開的。

圍繞著控制和監督經理人行為、保護股東利益這一主題，西方學者對公司治理的內涵有三種理解：[1]

（1）股東、董事和經理人關係論

馬克·J. 洛（1999）認為，公司治理結構是指公司股東、董事會和高層管理人員之間的關係。

（2）控製經營管理者論

斯利佛和魏斯尼（1997）認為，公司治理是公司資金提供者確保獲得投資回報的手段。如資金所有者如何使管理者將利潤的一部分作為回報返還給自己，他們怎樣確定管理者沒有侵吞他們所提供的資本或將其投資在不好的項目上，他們怎樣控制管理

---

[1] 李維安. 公司治理學. 2 版. 北京：高等教育出版社，2009：8.

者，等等。

（3）對經營者激勵論

梅耶（1994）把公司治理定義為「公司賴以代表和服務於它的投資者利益的一種組織安排。它包括從公司董事會到執行人員激勵計劃的一切東西」。

圍繞著保護公司利益相關者利益這一主題，西方學者對公司治理的內涵有四種理解：

一是控製所有者、董事和經理論。普羅茲（1998）認為，公司治理是「一個機構中控製公司所有者、董事和管理者行為的規則、標準和組織」。

二是利益相關者控製經營管理者論。希克（1993）等人認為，公司治理結構就是借以委託董事，使之具有指導公司業務的責任和義務的一種制度，是以責任為基礎的。一種有效的公司治理制度應提供能夠規範董事義務的機制，以防止董事濫用手中的這些權力，從而確保他們為廣義上的公司最佳利益而行動。公司治理結構被看成是公司與公司的組成人員之間的一種「社會契約」，從道義上使公司及其董事有義務考慮其他「利益相關者」的利益。約翰和塞比特（1998）認為，公司治理是公司利益相關者為保護自身的利益而對內部人和管理部門進行的控製。

三是管理人員對利益相關者責任論。布萊爾（1999）認為，公司治理是一個法律、文化和制度性安排的有機整合。任何一個公司治理制度內的關鍵問題都是力圖使管理人員能夠對其他的企業資源貢獻者如資本投資者、供應商、員工等負有義不容辭的責任，因為后者的投資正「處於風險」中。1981年4月5日，美國公司董事協會的會議紀要對公司治理所做的概括被認為是最權威的定義。該協會認為，公司治理結構是確保公司長期戰略目標和計劃得以確立，確保整個管理結構能夠按部就班地實現這些目標和計劃的一種組織制度安排；公司治理結構還要確保整個管理機構能履行下列職能：能維護公司的向心力和完整，保持和提高公司的聲譽；對與公司發生各種社會經濟聯繫的單位和個人承擔相應的義務和責任。

四是利益相關者相互制衡論。國外關於利益相關者相互制衡的公司治理的界定，有狹義和廣義兩種。狹義的利益相關者相互制衡的公司治理理論，是以錢穎一（1999）為代表的。這種治理理論主要圍繞著投資者、經理、職工三個公司主要利益相關群體來展開研究。錢穎一認為，公司治理結構是一套制度安排，用以支配若干在企業中有重大利害關係的團體投資者（股東和貸款人）、經理人、職工之間的關係，並從這種聯盟中實現經濟利益。公司治理結構包括：第一，如何配置和行使控製權；第二，如何監督和評價董事會、經理人和職工；第三，如何設計和實施激勵機制。廣義的利益相關者相互制衡的公司治理理論，是以科克蘭和沃特克、李普頓等為代表的。這種治理理論是圍繞著公司所有利益相關群體來展開研究的。科克蘭和沃特克（1988）認為，公司治理包括在高級管理層、股東、董事會和公司其他的利益相關者的相互作用中產生的具體問題。構成公司治理問題核心的是：誰從公司決策（高層管理）階層的行動中受益？誰應該從公司決策（高級管理）階層的行動中受益？當在「是什麼」和「應該是什麼」之間存在不一致時，一個公司治理問題就會出現。李普頓（1996）認為，公司治理結構應看成是一種手段，用來協調公司組成成員即股東、管理部門、雇員、

顧客、供應商及包括公眾在內的其他利益相關者之間的關係和利益,而這種協調應能確保公司的長期成功。

1.2.2 國內對公司治理的定義

由於公司治理涵蓋了企業制度、公司管理和政府管制等研究領域,跨越管理學、經濟學、金融學、法學和社會學等多個學科,對此問題研究的領域也比較多,對公司治理得出的概念也比較多。加之,公司治理不是一個一成不變的歷史產物,它是隨著企業的產生和發展而不斷演進的。目前,國內主要從具有比較廣泛研究和具有代表性的管理學、經濟學和法學的三大學科角度來進行定義。

(1) 管理學對公司治理的定義

李維安 (2000) 認為:「狹義的公司治理,是指所有者(主要是股東)對經營者的一種監督與制衡機制。其主要特點是通過股東大會、董事會、監事會及管理層所構成的公司治理結構的內部治理;廣義的公司治理則是通過一套包括正式或非正式的內部或外部的制度或機制來協調公司與所有利益相關者(股東、債權人、供應者、雇員、政府、社區)之間的利益關係」。[1]

(2) 經濟學對公司治理的定義

吳敬璉 (1994) 認為公司治理結構是指由所有者、董事會和高級執行人員即高級經理人三者組成的一種組織結構。要完善公司治理結構,就要明確劃分股東、董事會、經理人各自的權力、責任和利益,從而形成三者之間的關係。[2]

斯坦福大學錢穎一教授在他的論文《中國的公司治理結構改革和融資改革》中提出,「公司治理結構是一套制度安排,用來支配若干在企業中有重大利害關係的團體,包括投資者、經理、工人之間的關係,並從這種關係中實現各自的經濟利益。公司治理結構應包括:如何配置和行使控製權;如何監督和評價董事會、經理人和職工;如何設計和實施激勵機制」。[3]

林毅夫 (1997) 是在論述市場環境的重要性時論及這一問題的。他認為,「所謂的公司治理結構,是指所有者對一個企業的經營管理和績效進行監督和控製的一整套制度安排」,並隨後引用了米勒 (1995) 的定義作為佐證,他還指出,人們通常所關注或定義的公司治理結構,實際指的是公司的直接控製或內部治理結構。

張維迎 (1999) 的觀點是,狹義的公司治理結構是指有關公司董事會的功能與結構、股東的權力等方面的制度安排;廣義地講,指有關公司控製權和剩餘索取權分配的一整套法律、文化和制度性安排,這些安排決定公司的目標,誰在什麼狀態下實施控製,如何控製,風險和收益如何在不同企業成員之間分配這樣一些問題,並認為廣義的公司治理結構是企業所有權安排的具體化。

(3) 法學對公司治理的定義

崔勤之認為:「公司治理就是公司組織機構的現代化、法治化問題。從法學角度

---

[1] 李維安. 公司治理. 天津:南開大學出版社,2001.
[2] 吳敬璉. 現代公司與企業改革. 天津:天津人民出版社,1994.
[3] 青木昌彥,錢穎一. 轉軌經濟中的公司治理結構. 北京:經濟出版社,1995.

講，公司治理結構是指，為維護股東、公司債權人以及社會公共利益，保證公司正常、有效性地營運，由法律和公司章程規定的有關公司組織機構之間權力分配與制衡的制度體系。公司治理結構是一個法律制度體系，它主要包括法律和公司章程規定的公司內部機構分權制衡機制以及法律規定的公司外部環境影響制衡兩部分。公司的存在是離不開外界環境的」。[1]

從上面列出的這些定義可以看出，學者們對公司治理概念的理解至少包含以下兩層含義[2]：

第一，公司治理是一種合同關係。公司被看作一組合同的聯合體，這些合同治理著公司發生的交易，使得交易成本低於由市場組織這些交易時發生的交易成本。由於經濟行為人的行為具有有限理性和機會主義的特徵，所以這些合同不可能是完全合同，即能夠事前預期各種可能發生的情況，並對各種情況下締約方的利益、損失都做出明確規定的合同。為了節約合同成本，不完全合同常常採取關係合同的形式。就是說，合同各方不求對行為的詳細內容達成協議，而是對目標、總的原則、遇到情況時的決策規則、分享決策權以及解決可能出現的爭議的機制等達成協議，從而節約了不斷談判、不斷締約的成本。公司治理的安排，以公司法和公司章程為依據，在本質上就是這種關係合同，它以簡約的方式，規範公司各利害相關者的關係，約束他們之間的交易，來實現公司交易成本的比較優勢。

第二，公司治理的功能是配置權、責、利關係。合同要能有效，關鍵是要對在出現合同未預期的情況時誰有權決策做出安排。一般來說，誰擁有資產，或者說，誰有資產所有權，誰就有剩餘控製權，即對法律或合同未作規定的資產使用方式作出決策的權利。公司治理的首要功能，就是配置這種控製權。這有兩層意思：一層是公司治理是在既定資產所有權前提下安排的。所有權形式不同，比如債權與股權、股權的集中與分散等，公司治理的形式也會不同。另一層是所有權中的各種權力就是通過公司治理結構進行配置的。這兩方面的含義體現了控製權配置和公司治理結構的密切關係：控製權是公司治理的基礎，公司治理是控製權的實現。

根據以上分析，我們可以得出這樣一個結論：公司治理是針對公司制企業的一種制度性的安排，它是在監督與制衡思想指導下，處理因所有權與經營權分離而產生的委託代理關係的一整套制度安排，是圍繞公司所形成的各利益方通過一系列的內部和外部機制實施的共同治理。它包含了「制度」與「機制」兩個層面的內容，同時又是一個動態與靜態相結合的過程。靜態主要是指制度層面上的治理措施，動態主要是指公司內、外的各種治理機制通過各種不同的形式對處於相對靜態中的公司治理結構發揮著作用。公司治理的目標在於科學決策、控製代理成本、提高公司績效以及滿足各利益相關者的要求。

---

[1] 崔勤之. 對中國公司治理結構的法理分析. 法制與社會發展，1999 (2).
[2] 中國公司治理網，www.cg.org.cn.

1.3　公司治理的研究範圍

公司治理是一門涉及眾多學科領域的綜合性學科。它涵蓋了企業制度、公司管理和政府管制等眾多研究領域，跨越管理學、經濟學、金融學、法學和社會學等多個學科。本書主要從公司內部和外部制度或機制兩個角度去闡述公司治理所研究的範圍。

1.3.1　公司外部制度或機制的角度

公司治理主要研究公司外部制度及機制的相關問題。外部的制度或機制是指，由證券市場、經理市場、公司控製權市場、股東訴訟、機構投資者、銀行、公司法、證券法、信息披露、會計準則、社會審計和社會輿論等構成的外部監控機制。[1] 比如公司信息披露對公司治理的意義，銀行在公司治理中起到的作用等。

1.3.2　公司內部制度或機制的角度

根據對公司治理的定義，我們可以得出公司治理是通過一整套包括正式或非正式的制度或機制來協調公司董事會、股東與經理層等之間的利益關係，以保證公司決策的科學化，從而最終維護公司各方面利益的一種制度安排。其內部制度或機制是指由股東大會、董事會、監事會和經理層構成的內部權力機構的權力分配及其相互制衡機制。這也是從微觀層面來考慮和研究公司治理的。[2] 比如，公司董事會研究怎樣去激勵和約束經理層，使之沿著董事會的想法去工作；怎樣通過公司的業績留住股東，從而吸引更多的資金。

除了從上述公司內部和外部制度或機制兩個角度來研究公司治理外，還可以從其他的角度來研究公司治理。公司治理受到傳統文化和政治法律等因素的影響，在不同的經濟體制之下有著不同的模式。所有的公司治理制度或機制最終還是要符合當地的文化傳統、所在國家的相關法律，適應當地環境，一味地模仿和照搬都不可能起到真正的效果。

正是基於上述考慮，我們才說公司治理學是一門探索公司治理實踐中具有共性的基本原理、運作規範和方法的科學。

1.4　公司治理的意義

公司治理源自於西方發達國家，尤其是源自於美國公司制的發展進程。西方發達國家幾乎一致認為，良好的公司治理機構是公司競爭力的源泉和經濟長期增長的基本

---

[1] 李維安. 公司治理學：2 版. 北京：高等教育出版社，2009.
[2] 李維安. 公司治理學：2 版. 北京：高等教育出版社，2009.

條件。

自1911年泰勒出版《科學管理原理》一書以來，圍繞著管理的基本理論，逐步形成了財務管理學、生產管理學、營銷管理學、人力資源管理學等專業管理學科。公司治理學作為近年來形成的新興學科，在管理學科中處於什麼樣的地位，是一個需要明確的問題。

從得到國際社會普遍認可的具有權威性的《OECD公司治理準則》中不難看出公司治理的重要性。前任世界銀行行長沃爾芬森（Wolfenson James D.）指出：「對世界經濟而言，完善的公司治理和健全的國家治理一樣重要。」

公司治理問題之所以如此重要，根本原因在於良好的公司治理是現代市場經濟和證券市場健康運作的微觀基礎。具體包括以下幾個方面：[1]

（1）良好的公司治理有利於改善公司績效

公司治理與公司績效之間的關係一直是公司治理研究中的一個備受爭議的課題，實證研究並未得出一致的結論。通常，公司績效與公司治理是緊密相關的，對上市公司來說更是如此。專家通過對德國91家上市公司的治理指標研究表明，在1998—2002年間，治理得好的公司比其他公司的業績年平均高12%。

首先，良好的公司治理能夠刺激權益資本和債務資本流向那些以最有效的方式進行投資，提供市場最需要的產品和服務，同時又能提供最高回報率的企業；其次，良好的公司治理能夠有效地約束企業經營者，激勵經營者對稀缺資源進行最有效的配置，從而有利於實現公司和股東的目標；最后，良好的公司治理能夠提升公司經營層應對變化和危機的能力。

（2）良好的公司治理有利於提高投資者信賴度

由於資本市場的國際化，本國企業可以到國外去融資，但是一國能否吸引長期的有「耐心」的國際投資者，在很大程度上取決於該國的公司治理是否能夠讓投資者信賴和接受。即使該國的公司並不是依賴於外國資本，堅守良好的公司治理準則，也能夠增強國內投資者對投資該公司的信心，從而降低融資成本，最終能夠獲得更多、更穩定的資金來源。

投資者對公司治理的關注以及良好的公司治理的重視，可以從麥肯錫公司的一項問卷調查結果中體現出來。2000年，麥肯錫發布了一份投資者調查報告[2]，其主題是股東怎樣評價和衡量一個公司的治理結構的價值。這項調查是麥肯錫與世界銀行及機構投資者協會合作進行的。參與此項問卷的有200家大型機構投資者，管理著32,500萬億美元的資產。調查表明，3/4的投資者認為他們在選擇投資對象時，公司的治理結構（特別是董事會的結構）和績效與該公司的財務績效和指標至少一樣重要（圖1.1）。81%的歐洲和美國投資者、83%的拉美投資者和89%的亞洲投資者願意為治理結構好的企業支付更高的溢價（premium）。比如對英國的公司，同樣的股票、盈

---

[1] 廖理．公司治理與獨立董事．北京：中國計劃出版社，2002：40-50．
[2] Coombes, Paul, Mark Watson, The surveys on corporate governance. The Mckinsey Quarterly Quarterly, 2000 (4).

利和財務狀況，治理結構好的公司股票的溢價是 22%，而印度尼西亞的公司是 27%（圖 1.2）。而且，大多數投資者反應在他們作投資決策時，公司的治理情況是他們考慮的重要因素。可見，良好的公司治理結構能夠吸引投資者，企業治理越好，投資回報越高，企業的融資能力越強（如圖 1.1、圖 1.2、圖 1.3 所示）。

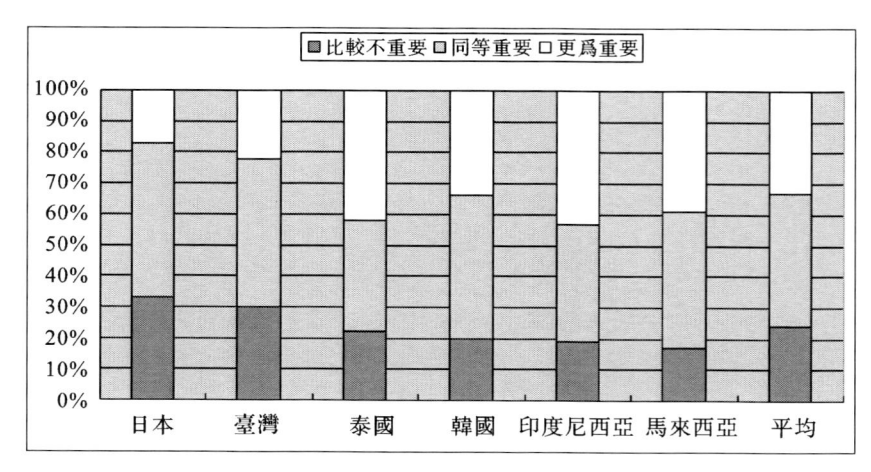

圖 1.1　投資者在亞洲尋求潛在投資時候關注的因素：
董事會績效與財務數據的重要性的評估（%）

資料來源：麥肯錫公司。

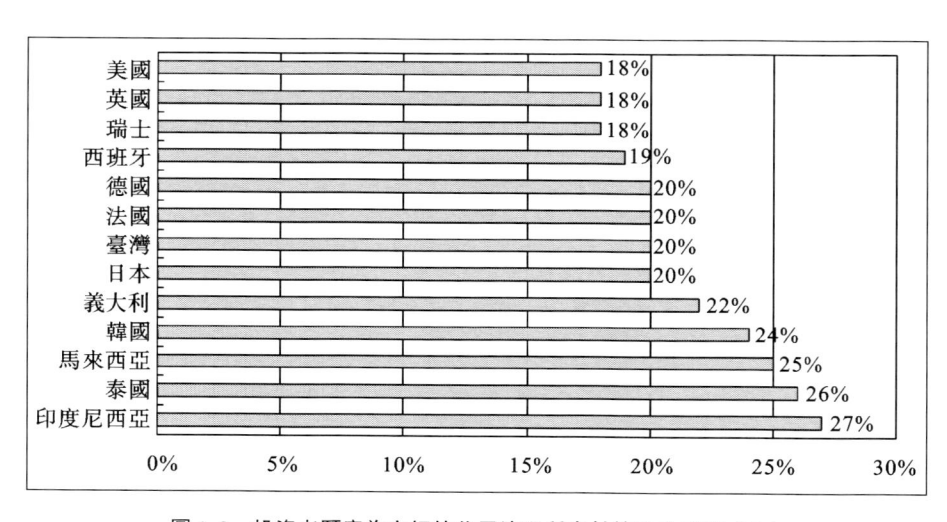

圖 1.2　投資者願意為良好的公司治理所支付的平均溢價（%）

資料來源：麥肯錫公司。

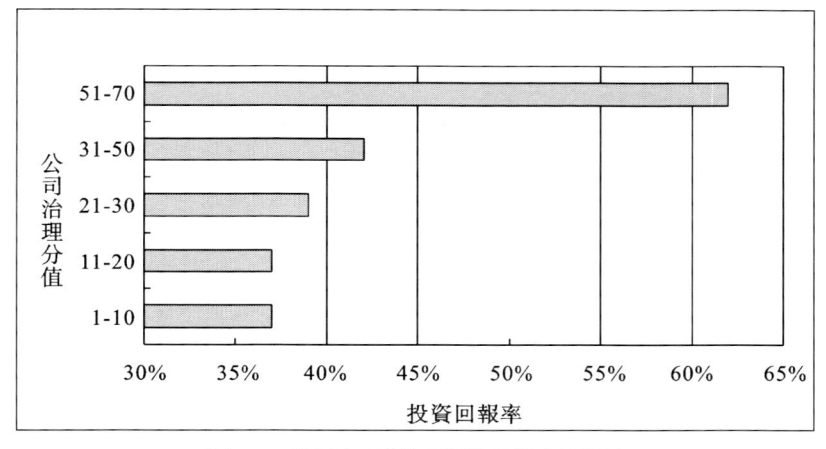

圖1.3　公司治理分值與投資回報率的關係

資料來源：CISA（里昂證券）。

（3）良好的公司治理是機構投資者的投資要求

近年來，機構投資者發展迅速。1998年，OECD國家保險公司和養老基金資產占GDP的12%，而1980年僅占38%。相應的，機構投資者對股票市場的影響也不斷加強。近期的調查研究表明，世界上20個流動性最好的股票市場，由不到100家的大型非銀行金融機構（主要是養老基金和保險公司）控製了其中的20%，機構投資的迅速增長，使得公司治理中來自機構投資者的壓力逐漸增強。如美國最有影響力的機構投資者之一——美國加州公職人員退休基金系統（Cal PERS），每年其公司治理項目都要排列出十大最差績效公司，這一排序對這些公司提高治理水平產生了重要影響。對列入該名單的62家公司的跟蹤研究表明，這些公司的股價在Cal PERS介入之前的5年內平均股價是標準普爾500強指數的85%，但是在Cal PERS介入之後的5年內它的平均股價比標準普爾500強指數還高出了54%，每年為該基金帶來1.5億美元的額外收益。

（4）良好的公司治理是發展中國家和新興市場國家經濟改革的要求

從1980年起，國際資本流動大幅度增長，增長了大約20倍，其中85%屬於私人所有（1980年大約為20%），並且這些資本流動越來越多地採取股權的形式。研究表明，1998年的金融危機使得人們開始認識到日本、東南亞、俄羅斯和其他新興市場國家的公司治理正處於危險境地。股權過於集中、缺乏對投資者的保護，以及缺乏對資本市場的有效監管，加之原有的「裙帶資本主義」，導致了投資者對於這些國家金融體系信息的崩潰。很多企業贏利能力低下，財務信息不透明，企業的負債水平往往超過財務報告的披露信息。那些公司治理標準最低的國家——尤其是在對小股東的保護方面——貨幣貶值和股市衰落也最為嚴重。經歷了金融危機後，西方銀行開始要求發展中國家政府、當地交易所和職業機構加強對企業的控製和監管，要想獲得貸款，就必須對公司治理進行實質性改革。這些對公司治理改革的要求主要集中在以下三個方面：一是通過更加嚴厲的法律和政策監管，以及徹底的調查來減少詐欺和腐敗；二是給予西方會計準則的更為詳細的財務信息披露；三是建立規模更小的同時更為獨立的董事

會來保護股東和其他利益相關者的權益，同時發揮審計委員會和獨立審計師的作用。

【思考與練習】

1. 公司治理問題是如何產生的？公司治理有哪些研究主題？
2. 公司治理學的研究對象是什麼？
3. 公司治理學有哪些特徵？
4. 公司治理的意義有哪些？
5. 怎樣學習公司治理學？

2　企業制度的演進與公司治理理論的發展

【本章學習目標】
1. 瞭解企業制度演進的脈絡與公司制企業的特徵；
2. 明確公司治理理論的歷史發展線索；
3. 掌握企業理論的相關知識。

公司治理一直以來是一個重要課題，公司治理對於企業生存和發展具有重大意義。西方經濟學家提出了委託—代理、利益相關者等一系列公司治理理論，西方經濟發達國家形成了內部治理和外部治理兩種模式。那麼企業制度是如何演進的，以及公司治理理論是怎樣發展的呢？本章通過進一步瞭解企業制度的演進與公司治理理論的發展來認識公司治理。

2.1　企業制度的演進

企業制度是指在一定的歷史條件下所形成的企業經濟關係，包括企業經濟運行和發展中的一些重要規定、規程及行動準則。

從企業制度的發展歷史看，經歷了兩個發展時期——古典企業制度時期和現代企業制度時期。古典企業制度主要是以業主制企業和合夥制企業為代表的。現代企業制度主要是以公司制企業為代表的。

業主制（the single proprietorship）是企業制度中的最早存在形式，甚至比資本主義的歷史還要悠久。業主制企業具有以下特點：一是企業歸業主所有，企業剩餘歸業主所有，業主自己控制企業，擁有完全的自主權，享有全部的經營所得。二是業主對企業負債承擔無限責任，個人資產與企業資產不存在絕對的界限，企業盈利時是如此，企業虧損時也是如此，當企業出現資不抵債時，業主要用其全部資產來抵償。業主制企業的缺點是規模小，資金籌集困難，因業主承擔無限責任所帶來的風險較大，企業存續受制於業主的生命期。上述缺點，使業主制企業逐漸被合夥制企業取代。

合夥制企業（the partnership）是由兩個或多個出資人聯合組成的企業。在基本特徵上，它與業主制企業並無本質的區別。在合夥制企業中，企業歸出資人共同所有，共同管理，並分享企業盈餘或虧損，對企業債務承擔無限責任。與業主制企業相比，合夥制企業的優點是擴大了資金來源，降低了經營風險。其缺點是合夥人對企業債務

承擔無限責任，風險較大，合夥人的退出或死亡會影響企業的生存和壽命。因為上述缺點，合夥制企業逐漸被現代意義上的公司制企業所取代。

公司制企業（the corporation）是企業制度適應經濟、社會和技術的進步，不斷自我完善的結果，是現代經濟生活中主要的企業存在形式。它使企業的創辦者和企業家在資本的供給上擺脫了對個人財富、銀行和金融機構的依賴。在最簡單的公司制企業中，公司由三類不同的利益主體組成：股東、公司管理者、雇員。與傳統的企業或古典企業相比，股份公司具有三個重要特點：一是股份公司是一個獨立於出資者的自然人形式的經濟、法律實體，從理論上講，它有一個永續的生命；二是股份可以自由地轉讓；三是出資人承擔有限責任。

現代公司的雛形可以追溯到大約14世紀，在歐洲國家開始出現了一些人將自己的財產或資金委託給他人經營的組織形式，經營收入按事先的約定進行分配。經營失敗時，委託人只承擔有限責任。15世紀末，隨著航海事業的繁榮和地理大發現的完成，迎來了海上貿易的黃金時代。1600年，英國成立了由政府特許的專司海外貿易的東印度公司，這被認為是第一個典型的股份公司。到17世紀的時候，英國已經確立了公司的獨立法人地位。公司已成為一種穩定的企業組織形式。

這種最早在歐洲興起的股份公司制度是一種以資本聯合為核心的企業組織形式。它是從業主制、合夥制基礎上發展起來的一種全新的企業制度形式。它有一些優於古典企業的地方：一是股份制企業籌資的可能性和規模擴張的便利性；二是降低和分散風險的可能性。由於股東承擔有限責任，而且股票可以轉讓，因此，對投資者特別有吸引力；三是公司的穩定性。由於公司的法人特性，使得股份公司具有穩定的、延續不斷的生命，只要公司經營合理、合法，公司就可以長期地存在下去。

公司制企業的產生與發展，對自由競爭的經濟發展，尤其市場效率的提高有著非常積極的意義。它在很大程度上克服了業主制、合夥制企業經濟上的局限性。業主制與合夥制企業在其發展過程中，不僅受到來自財力不足方面的限制，這種限制包括無力從事大規模的經濟活動，也包括承擔高風險的事業經營。而且，古典企業的發展，更受到其「自然人」特性的制約，雖然財產可以由家族世襲，但是，家族世襲並不能解決企業的持續存在和長期發展的問題。另外，市場的擴大和生產、經營技術的複雜化，越來越需要專業化的職業經營者。而股票市場交易的延展，使眾多零星小額資本得以不斷加入經濟活動的行列，因此，公司制首先解決了企業發展的資金問題；其次，以法人身分出現的公司制企業，使企業不再受到「自然人」問題的困擾；最後，專業化的企業經營者的加入，適應了變化和複雜化的經濟形勢。

2.2　公司治理的理論基石——企業理論

企業理論（the theory of the firm）是研究企業的本質、邊界和企業內部的激勵制度。企業理論的開創者是1991年諾貝爾經濟學獎得主羅納德·科斯（Ronald Coase）教授，后繼者主要包括奧利弗·威廉姆森（Oliver Williamson）、Klein、Oliver Hart、

Bengt Holmstrom、Jean Tirole 等人。與企業理論有關的理論包括交易費用經濟學（創立者為威廉姆森）、企業的產權理論（創立者為 Hart）、企業的激勵理論（創立者為 Holmstrom 和 Milgrom）以及其他非主流的企業理論。

本節在討論企業理論時，著重以契約理論為重點進行闡釋。契約理論是近 30 年來迅速發展的經濟學分支之一，也因為如此，契約理論一直處於不停的整合過程之中。按照 Brousseau & amp, Glachant（2002）的觀點，契約理論應包括：激勵理論（incentive theory）、不完全契約理論（incomplete contract theory）和新制度交易成本理論（the new institutional transaction costs theory）。Williamson（1991，2002）指出，契約的經濟學研究方法主要包括公共選擇、產權理論、代理理論與交易成本理論四種。激勵理論是在委託代理理論（完全契約理論）基礎上發展起來的，而布坎南提出的用契約研究公共財政的公共選擇方法主要用來分析「公共秩序」（public ordering, Williamson, 2002）。契約理論主要包括委託代理理論、不完全契約理論以及交易成本理論三個理論分支，這三個分支都是解釋公司治理的重要理論工具，它們之間不存在相互取代的關係，而是相互補充的關係。

（1）激勵理論（incentive theory）

在經濟發展的過程中，勞動分工與交易的出現帶來了激勵問題。激勵理論是行為科學中用於處理需要、動機、目標和行為四者之間關係的核心理論。行為科學認為，人的動機來自需要，由需要確定人們的行為目標，激勵則作用於人內心活動，激發、驅動和強化人的行為。激勵理論是業績評價理論的重要依據，它說明了為什麼業績評價能夠促進組織業績的提高，以及什麼樣的業績評價機制才能夠促進業績的提高。

自從 20 世紀二十年代以來，國外許多管理學家、心理學家和社會學家結合現代管理的實踐，提出了許多激勵理論。這些理論按照形成時間及其所研究的側面不同，可分為行為主義激勵理論、認知派激勵理論和綜合型激勵理論三大類。

第一類是行為主義激勵理論。20 世紀 20 年代，美國風行一種行為主義的心理學理論，其創始人為華生。這個理論認為，管理過程的實質是激勵，通過激勵手段，誘發人的行為。在「刺激—反應」這種理論的指導下，激勵者的任務就是去選擇一套適當的刺激，即激勵手段，以引起被激勵者相應的反應標準和定型的活動。新行為主義者斯金納在后來又提出了操作性條件反射理論。這個理論認為，激勵人的主要手段不能僅僅靠刺激變量，還要考慮到中間變量，即人的主觀因素的存在。具體說來，在激勵手段中除了考慮金錢這一刺激因素外，還要考慮到勞動者的主觀因素的需要。根據新行為主義理論，激勵手段的內容應從社會心理觀點出發，深入分析人們的物質需要和精神需要，並使個體需要的滿足與組織目標的實現一致化。

新行為主義理論強調，人們的行為不僅取決於刺激的感知，而且也決定於行為的結果。當行為的結果有利於個人時，這種行為就會重複出現而起著強化激勵作用。如果行為的結果對個人不利，這一行為就會削弱或消失。所以在教育中運用肯定、表揚、獎賞或否定、批評、懲罰等強化手段，可以對學習者的行為進行定向控制或改變，以引導到預期的最佳狀態。

第二類是認知派激勵理論。行為被簡單地看成人的神經系統對客觀刺激的機械反

應,這不符合人的心理活動的客觀規律。對於人的行為的發生和發展,要充分考慮到人的內在因素,諸如思想意識、興趣、價值和需要等。因此,這些理論都著重研究人的需要的內容和結構,以及如何推動人們的行為。認知派激勵理論還強調,激勵的目的是要把消極行為轉化為積極行為,以達到組織的預定目標,取得更好的效益。因此,在激勵過程中還應該重點研究如何改造和轉化人的行為。屬於這一類型的理論還有斯金納的操作條件反射理論和挫折理論等。這些理論認為,人的行為是外部環境刺激和內部思想認識相互作用的結果。所以,只有改變外部環境刺激與改變內部思想認識相結合,才能達到改變人的行為的目的。

第三類是綜合型激勵理論。行為主義激勵理論強調外在激勵的重要性,而認知派激勵理論強調的是內在激勵的重要性。綜合性激勵理論則是這兩類理論的綜合、概括和發展,它為解決調動人的積極性問題指出了更為有效的途徑。心理學家勒溫提出的場動力理論是最早期的綜合型激勵理論。這個理論強調,對於人的行為發展來說,先是個人與環境相互作用的結果。外界環境的刺激實際上只是一種導火線,而人的需要則是一種內部的驅動力,人的行為方向決定於內部系統的需要的強度與外部引線之間的相互關係。如果內部需要不強烈,那麼,再強的引線也沒有多大的意義。波特和勞勒於1968年提出了新的綜合型激勵模式,將行為主義的外在激勵和認知派的內在激勵綜合起來。在這個模式中含有努力、績效、個體品質與能力、個體知覺、內部激勵、外部激勵和滿足等變量。在這個模式中,波特與勞勒把激勵過程看成外部刺激、個體內部條件、行為表現、行為結果相互作用的統一過程。一般人都認為,有了滿足才有績效。而他們則強調,先有績效才能獲得滿足,獎勵是以績效為前提的,人們對績效與獎勵的滿足程度反過來又影響以後的激勵價值。人們對某一作業的努力程度,是由完成該作業時所獲得的激勵價值和個人感到做出努力後可能獲得獎勵的期望概率所決定的。很顯然,對個體的激勵價值愈高,其期望概率愈高,則他完成作業的努力程度也愈大。同時,人們活動的結果既依賴於個人的努力程度,也依賴於個體的品質、能力以及個體對自己工作作用的知覺。

主要的激勵理論有三大類,分別為內容型激勵理論、過程型激勵理論和行為修正型激勵理論。所謂內容型激勵理論,是指針對激勵的原因與起激勵作用的因素的具體內容進行研究的理論。這種理論著眼於滿足人們需要的內容,即:人們需要什麼就滿足什麼,從而激起人們的動機。內容型激勵理論重點研究激發動機的誘因,主要包括馬斯洛的「需要層次論」、赫茨伯格的「雙因素論」和麥克萊蘭的「成就需要激勵理論」等。過程型激勵理論重點研究從動機的產生到採取行動的心理過程,主要包括弗魯姆的「期望理論」、海德的歸因理論和亞當斯的「公平理論」等。行為修正型激勵理論重點研究激勵的目的(即改造、修正行為),主要包括斯金納的強化理論和挫折理論等。

(2) 不完全契約理論

不完全契約理論,是由格羅斯曼和哈特(Grossman & Hart,1986)、哈特和莫爾(Hart & Moore,1990)等共同創立的,因而這一理論又被稱為 GHM(格羅斯曼—哈特—莫爾)理論或 GHM 模型。國內學者一般把他們的理論稱之為「不完全合約理論」或

「不完全契約理論」。因為該理論是基於如下分析框架：以合約的不完全性為研究起點，以財產權或（剩餘）控製權的最佳配置為研究目的。它是分析企業理論和公司治理結構中控製權的配置對激勵與對信息獲得的影響的最重要的工具。

GHM 模型直接承繼科斯、威廉姆森等開創的交易費用理論，並對其進行了批判性發展。其中，1986 年的模型主要解決資產一體化問題，1990 年的模型發展成為一個資產所有權一般模型。GHM 模型與供需曲線圖像模型、薩繆爾森（Paul Samuelson）的重疊代模型、拉豐（Jean-Jacques Laffont）和梯若（Jean Tirole）的非對稱信息模型、戴蒙德（Douglas Diamond）和迪布維格（Philip Dybvig）的銀行擠兌模型一起，被稱為現代經濟學五大標準分析工具。在企業理論、融資理論、資本結構理論和企業治理理論等方面得到了廣泛的運用。

不過，GHM 模型本身也在理論和實際兩方面受到許多質疑、挑戰及批判。尤其是 20 世紀 90 年代末以來，隨著經濟信息化和知識化的推廣，「知識經濟」的來臨，傳統的企業性質和組織形式發生變化，人力資本的重要性得到增強，以新制度經濟學為基礎、物質資本所有權至上的主流企業理論受到了新的考驗。GHM 模型以合約的不完全性證明物質資本所有權的重要性，這一觀點和邏輯自然也受到質疑和批判。由於這一模型的特殊地位和影響，加之對其存在不同的理解，對它進行重新審視，並厘清其淵源和發展趨向，無疑具有重要的理論和實踐意義。

（3）新制度交易成本理論

所謂交易成本（Transaction Costs），就是在一定的社會關係中，人們自願交往、彼此合作達成交易所支付的成本，也即人—人關係成本。它與一般的生產成本（人—自然界關係成本）是對應概念。從本質上說，有人類交往互換活動，就會有交易成本，它是人類社會生活中一個不可分割的組成部分。它是用來分析企業空間組織和對外直接投資的理論。交易成本指產品或服務從一個單位轉移到另一個單位過程中產生的所有成本和代價。一般認為，市場不完善會導致交易成本升高，而這會使大公司傾向於採取垂直一體化的組織方式和進行海外直接投資。

2.3 公司治理理論的發展

2.3.1 公司治理理論的創建

公司治理理論的基礎源於新制度經濟學。所謂新制度經濟學（New institutional economics），即是以主流經濟學的方法分析研究制度理論，因此成為能被當代主流經濟學派所接納的新領域。正如科斯所說，就是用主流經濟學的方法分析制度的經濟學。迄今為止，新制度經濟學的發展初具規模，已形成交易費用經濟學、產權經濟學、委託—代理理論、公共選擇理論、新經濟史學等幾個支流。新制度經濟學包括四個基本理論：交易費用理論、產權理論、企業理論、制度變遷理論。

(1) 交易費用理論

交易費用是新制度經濟學最基本的概念。交易費用思想是科斯在1937年的論文《企業的性質》一文中提出的。科斯認為，交易費用應包括度量、界定和保障產權的費用，發現交易對象和交易價格的費用，討價還價、訂立合同的費用，督促契約條款嚴格履行的費用，等等。

交易費用的提出，對於新制度經濟學具有重要意義。由於經濟學是研究稀缺資源配置的，交易費用理論表明交易活動是稀缺的，市場的不確定性導致交易也是冒風險的，因而交易也有代價，從而也就有如何配置的問題。資源配置問題就是經濟效率問題。所以，一定的制度必須提高經濟效率，否則舊的制度將會被新的制度所取代。這樣，制度分析才被真正納入了經濟學分析之中。

(2) 產權理論

新制度經濟學家一般都認為，產權是一種權利，是一種社會關係，是規定人們相互行為關係的一種規則，並且是社會的基礎性規則。產權經濟學大師阿爾欽認為：「產權是一個社會所強制實施的選擇一種經濟物品的使用的權利。」這揭示了產權的本質是社會關係。在魯濱孫一個人的世界裡，產權是不起作用的。只有在相互交往的人類社會中，人們才必須相互尊重產權。

產權是一個權利束，是一個復數概念，包括所有權、使用權、收益權、處置權等。當一種交易在市場中發生時，就發生了兩束權利的交換。交易中的產權束所包含的內容影響物品的交換價值，這是新制度經濟學的一個基本觀點之一。

產權實質上是一套激勵與約束機制。影響和激勵行為，是產權的一個基本功能。新制度經濟學認為，產權安排直接影響資源配置效率，一個社會的經濟績效如何，最終取決於產權安排對個人行為所提供的激勵。

(3) 企業理論

科斯運用其首創的交易費用分析工具，對企業的性質以及企業與市場並存於現實經濟世界這一事實做出了先驅性的解釋，將新古典經濟學的單一生產制度體系——市場機制，拓展為彼此之間存在替代關係的、包括企業與市場的二重生產制度體系。

科斯認為，市場機制是一種配置資源的手段，企業也是一種配置資源的手段，二者是可以相互替代的。在科斯看來，市場機制的運行是有成本的，通過形成一個組織，並允許某個權威（企業家）來支配資源，就能節約某些市場運行成本。交易費用的節省是企業產生、存在以及替代市場機制的唯一動力。

而企業與市場的邊界在哪裡呢？科斯認為，由於企業管理也是有費用的，企業規模不可能無限擴大，其限度在於：利用企業方式組織交易的成本等於通過市場交易的成本。

(4) 制度變遷理論

制度變遷理論是新制度經濟學的一個重要內容。其代表人物是諾斯，他強調，技術的革新固然為經濟增長注入了活力，但人們如果沒有制度創新和制度變遷的衝動，並通過一系列制度（包括產權制度、法律制度等）構建把技術創新的成果鞏固下來，那麼人類社會長期經濟增長和社會發展是不可設想的。所以，諾斯認為，在決定一個

國家經濟增長和社會發展方面，制度具有決定性的作用。

制度變遷的原因之一就是相對節約交易費用，即降低制度成本，提高制度效益。所以，制度變遷可以理解為一種收益更高的制度對另一種收益較低的制度的替代過程。產權理論、國家理論和意識形態理論構成制度變遷理論的三塊基石。制度變遷理論涉及制度變遷的原因或制度的起源問題、制度變遷的動力、制度變遷的過程、制度變遷的形式、制度移植、路徑依賴等。

科斯的原創性貢獻，使經濟學從零交易費用的新古典世界走向正交易費用的現實世界，從而獲得了對現實世界較強的解釋力。經過威廉姆森等人的發揮和傳播，交易費用理論已經成為新制度經濟學中極富擴張力的理論框架。引入交易費用進行各種經濟學的分析是新制度經濟學對經濟學理論的一個重要貢獻。目前，正交易費用及其相關假定已經構成了可能替代新古典環境的新制度環境，正在影響許多經濟學家的思維和信念。

2.3.2 詹森的貢獻[①]

在公司治理不斷向縱深發展的過程中，詹森（Michael C. Jensen）的貢獻是極其重大的。1976年，詹森和麥克林（William H. Meckling）合作發表《企業理論：經理行為、代理成本和所有權結構》，這是一篇經濟和社會科學文獻中被引述得最多的論文之一，有的學者甚至認為這篇文章是公司治理理論研究的真正發端。此后，詹森就公司控製權市場、代理成本與自由現金流、績效報酬與經理激勵、控製和決策機制等公司治理問題進行了廣泛而深入的研究。另外，詹森還為公司治理理論的發展做了其他一些方面的努力，如他創辦的《金融經濟學雜誌》已經成為公司治理理論研究的重要陣地。受這本雜誌錄用稿件風格的影響，實證分析已經成為公司治理研究中的重要方法。

詹森公司治理理論的核心是代理關係和代理成本。詹森將代理關係定義為一種契約，這與威廉姆森無疑是一脈相承的，只不過前者強調降低代理成本，后者則強調降低交易成本。而實際上，代理成本是交易成本的一個方面。

詹森認為，在現代公司中，資本所有者將日常經營的控製權委託給了作為其代理人的執行經理，從而產生代理成本，公司治理就是為了降低代理成本。詹森把代理成本分為三類：一是委託人的監督成本，是指委託人對代理人進行的適當激勵，以及所承擔的用來約束代理人越軌行為的費用；二是代理人的保證成本，是指代理人為保證不採取某種危及委託人的行為而向委託人作出的補償承諾或支付的保證金；三是剩餘損失（residual loss），是指因代理人的決策與使委託人福利最大化的決策之間存在某種偏差而造成的委託人的福利損失。

代理成本是由於委託人和代理人處於不同的地位而產生的，這些不同包括他們對待風險的態度、信息不對稱的作用效果、對剩餘收益的索取權等。在代理關係中，代理人有可能出於私利而機會主義地行事，忽略委託人的利益。在股份公司的委託—代理關係中，股東並不直接參與公司的運作，執行經理往往掌握著更充分的信息，也更

[①] 高明華. 公司治理學. 北京：中國經濟出版社，2009：42-43.

密切地參與經營活動,這樣他們可以按自己的利益行事,而不利於掌握信息較少的委託人。例如,經理們可以設法將業務活動安排得讓人難以批評,或者使自己享受到很高的在職消費;他們可能容忍有違委託人利益的低利潤。因此,所有權和控製權的分離有可能造成很高的信息成本和組織成本。這一問題還包括這樣的一個事實,即瞭解經理們是否在合理地按股東利益行事需要投入很高的信息成本。由此,伯利和米恩斯將委託—代理問題視為資本主義系統的阿基里斯之踵(Achilles Heel)。[1] 而且,當公司受到股東嚴格管制時,經理人在冒險和創新的判斷力就會受到損害,從而產生管制失效。

然而,在多數發達的資本主義國家中,由經理操縱的公司的績效在整體上並不比業主經營的企業差,所以,公司治理方面的委託—代理問題沒有想像中那麼嚴重。詹森在1976年、1983年的幾篇論文中證明,對公司經理的代理人機會主義,存在著若干有力的遏制機制,這就是公司治理機制。例如公司內部的激勵和約束機制,包括定期的內部審計和外部審計、強制性預算控製、股東大會和為股東服務的審計委員會、激勵性報酬體系、按業績定職位等;公司外部的競爭性市場,包括經理市場、信息市場、公司控製權市場(又稱公司接管市場)和產品市場等。

詹森強調,競爭和確保信息透明的規則對具有機會主義傾向的經理直接構成了潛在的威脅和懲戒,從而增強了股東的控製。換言之,市場競爭的無情壓力有助於強化公司所有者的權利,減少代理成本,提高股價以衡量公司價值。以公司控製權市場與公司價值的關係為例,詹姆和魯貝克(R. S. Ruback)在1983年發表的《公司控製權市場:科學證據》中證明,儘管公司接管(即控製權轉移)會產生大量的交易成本(對經理、律師、經濟學家和財務顧問的支付等),但相對於利益來說,這些交易成本仍舊是小數,公司接管能夠消除無效的管理,進而能增加社會淨財富。詹姆和魯貝克的這篇論文引發了一大批類似的研究,一個共同的結論是:對目標公司投標,可以提高目標公司的股價,儘管並非所有的收購都會增加淨財富。

詹森和墨菲(Kevin J. Murphy)在1990年發表的《績效報酬與對高層管理的激勵》則分析了總經理的工作績效(以股東財富或公司價值衡量)與報酬激勵(包括薪金、期權、股票持有量和解雇威脅等)之間的相關性。對二者關係的估算表明,股東財富每變化1,000美元,總經理的財富會有3.25美元的變動。雖然股票所有權產生的激勵作用相對大於薪金和解雇引起的激勵作用,但大多數總經理僅持有他們公司股票的很小一部分,並且在過去的50年間所有權水平不斷下降。這說明,總經理報酬與其工作績效之間的敏感性不強。這進一步證實了詹森的基本觀點,即外部市場的競爭比內部報酬激勵更有效。

---

[1] 阿基里斯(Achilles)是古希臘神話中的勇士。他出生后,他的母親提著他的腳將他浸入冥河中,由此使他全身刀槍不入,只有未被浸入水中的腳跟除外。「阿基里斯之踵」一詞就被用來喻指一事物中的致命弱點。柯武剛,史漫飛. 制度經濟學——社會秩序與公共政策. 北京:商務印書館,2000;332.

2.3.3 布萊爾的貢獻[①]

1995 年，布萊爾（M. M. Blair）出版了《所有權與控制：面向 21 世紀的公司治理探索》，提出了她的系統的公司治理理論。布萊爾公司治理理論的核心是利益相關者價值觀，即公司不僅僅對股東，而且要對經理、僱員、債權人、顧客、政府和社區等更多的利益相關者的預期作出反應，並協調他們之間的利益關係。在布萊爾之前，儘管多得（Jr. Dodd）和威廉姆森等人也都曾強調要關注股東以外的其他利益相關者的利益，但他們分析的落腳點卻是對股東利益的保護。布萊爾的貢獻則在於：他沒有從傳統的股東所有權入手來假設股東對公司的權利、索取權和責任，而是認為公司運作中所有不同的權利、索取權和責任應該被分解到所有的公司參與者身上，並據此來分析公司應該具有什麼目標，它應該在哪些人的控制下運行以及控制公司的人應該擁有哪些權利、責任和義務，在公司中由誰得到剩餘收益和承擔剩餘風險。

布萊爾認為，儘管保護股東的權利是重要的，但它卻不是公司財富創造中唯一重要的力量。過度強調股東的力量和權利會導致其他利益相關者的投資不足，很可能破壞財富創造的能量。布萊爾強調，以股東「所有權」作為分析公司治理的出發點，是徹底錯誤的。布萊爾通過剖析三種公司治理觀，對「股東利益至上」的觀點進行了批判。

第一種觀點是所謂「金融模式」，認為公司由股東所有並進而應按股東的利益來管理。由於公司股東股票分佈在成千上萬的個人和機構手中，這些股票的持有者在影響和控制經營者方面力量過於分散，因而使得經營者在管理公司的過程中浪費資源並讓公司服務於他們的個人利益。因此，應該通過改革使經理人對股東的利益更負有責任。

第二種觀點是所謂「市場短視模式」，認為金融市場是缺乏忍耐性的和短視的，股東們更願意短期的利益大一些，不願意公司進行研究和開發等方面的長期投資。因此，改革的方法是將經理人從短期壓力中解放出來，刺激他們進行長期投資，以實現股東的長期利益。

第三種觀點是所謂「股東利益與社會利益一致論」，認為公司為股東創造更多的財富，就會形成最佳的社會總財富。

布萊爾指出，以上三種模式都有一個核心內容，即當公司為股東創造更多的財富，就會形成最佳的社會總財富。

布萊爾指出，以上三種模式其實都有一個核心內容，即當公司為股東的利益而運行時，它同時也就是最佳地服務於社會了。布萊爾認為，如果公司的運行僅僅只是為了股東的利益，那麼它對整個社會未必是最有意義的。但是公司的目標應該至少與社會的利益相和諧。

在這裡，布萊爾觸及了公司準確的社會功能以及它應該為誰的利益服務的問題。按照布萊爾的看法，包括股東、職工、社區等在內的利益相關者向公司提供了專用性資產，從而承擔了相應的公司經營風險，因而應讓他們參與公司治理，公司應關注他

[①] 高明華. 公司治理學. 北京：中國經濟出版社，2009：44 – 45.

們的利益,並使這種利益得到增長。

布萊爾特別分析了職工參與公司治理的需求問題。布萊爾認為,職工之所以被認為是相關利益者,是因為職工不可避免地要承擔與特定投資,特別是與「人力資本」投資相關的風險。這在技術密集或定向服務的企業中尤為明顯,因為在這些企業中職工的技能高度專業化,他們與持有股票一樣處於風險中。一旦失去這份工作,他們的技能就將不得不廢棄。在這種情況下,職工可能會像股東一樣擁有強烈的動機來監督公司資產的有效使用。甚至,由於他們在生產經營中的內部經驗和存在於企業成功中的利益,這使得他們與那些遙遠的和匿名的股東相比,有更強的監督經理的激勵。

由此,布萊爾認為,對於許多類型的公司來說,職工(以及其他利益相關者)比股東擁有更多的剩餘索取權,將更有利於公司的有效治理。不過,布萊爾強調,這並不意味著職工以及其他利益相關者應該取代股東擁有的投票權,而只是說明,當職工以及其他利益相關者的專用性投資實質上處於風險時,他們可以充任公司的所有者,其權利和義務應該通過回報系統、組織系統和其他制度安排來具體化,從而使公司全部有實質性意義的資產處於風險的相關利益者的控制之下,這些控制責任的分配是與不同集團所有者的資產利益大小相對應的。比如,對投資專用性人力資本並分擔風險的職工可以作為一個系列,將他們的利益與其他利益相關的利益排列在一起。

由於布萊爾的觀點與主流觀點的巨大差異,有的學者將布萊爾歸入非主流學派。

【思考與練習】

1. 企業制度是如何演進的?
2. 簡述業主制、合夥制企業、公司制企業的含義及三者之間的區別。
3. 簡述不完全契約理論的內容。
4. 公司治理理論是如何發展的?

3 公司與公司法

【本章學習目標】
1. 掌握公司的概念、基本特徵與基本類型；
2. 掌握公司法的概念、特徵以及公司法的基本制度；
3. 掌握公司章程的概念、主要法律特徵、作用與主要內容；
4. 理解公司法和公司章程對公司治理的作用與關係。

3.1 公司概述

3.1.1 公司的概念與特徵

3.1.1.1 公司的概念

公司是以營利為目的而依法設立的，具有民事權利能力和行為能力，以自有資產獨立承擔民事責任的企業法人。這一定義有四層含義：

（1）公司是法人，即公司是以法定條件和法定程序成立的具有權利能力和行為能力的民事組織。

（2）公司是社團法人，即公司是兩個或兩個以上股東共同出資經營的法人組織。

（3）公司是營利性的社團法人，即公司股東出資辦公司的目的在於以最少的投資獲取最大限度的利潤。

（4）公司應依法成立，即公司成立應依據專門的法律，並且應符合公司法規定的實質要件。此外公司的成立須遵循公司法規定的程序，履行規定的申請和審批登記手續。

3.3.1.2 公司的特徵

從上述定義可以看出，公司應具有以下三個重要的法律特徵：

（1）合法性

公司必須依照公司法規定的條件並依照法律規定的程序設立；在公司成立以後，公司也必須嚴格依照有關法律規定進行管理、從事經營活動。設立公司，需要符合法定條件。沒有這些條件，公司的生產經營活動就不能開展。從法律上分析，其中有些條件是任何公司都必不可少的，我們稱之為公司構成的基本要素。這些基本要素是資

本、章程和機關。

（2）營利性

公司作為一種企業法人，應當通過自己的生產、經營、服務等活動取得實際的經濟利益，並將這種利益依法分配給公司的投資者。這一點是公司區別於國家機關和科研、教育、衛生、慈善機構等公益法人的關鍵特徵。

（3）獨立性

公司是具有法人資格的企業。也就是說，法律賦予公司（企業）完全獨立的人格，公司就像自然人一樣，享有權利，承擔義務和責任。公司不僅獨立於其他社會經濟組織，而且還獨立於自己的投資者——股東，具體表現為：公司擁有獨立的財產、公司設有獨立的組織機構、公司獨立承擔財產責任。

3.1.2 公司的基本類型

3.1.2.1 法學理論上的分類

（1）人合公司和資合公司

人合公司、資合公司是按照公司信用標準不同，在法理上對公司所作的分類。公司如同自然人一樣，從事經營活動必須要講信用。以股東的信用作為公司信用基礎的，是人合公司；以公司的資產數額為基礎的，是資合公司。

人合公司對外的信用實際上是以股東的人格對公司信用的擔保，具有人的擔保的性質。人合公司具有如下特點：第一，股東以其個人全部財產對公司承擔責任，因此，人合公司不強調公司資產，而強調股東的資產和實力，股東的信用程度決定公司的信用程度；第二，股東相互之間承擔連帶責任，因此股東之間的信用極為重要；第三，股東之間的結合、信用是公司存續的基礎，因此，股東的意思表示對公司的組建、運作以及公司行為是至關重要的。無限責任公司是典型的人合公司。

資合公司對外的信用實際上是以公司的財產對公司信用的擔保，具有物的擔保的性質。資合公司具有如下特點：第一，以公司的全部資產對公司承擔責任，因此，公司資產的多少直接影響公司的信用，公司資產的數量與公司的信用成正比，股東個人的資產對公司信用不具有決定意義；第二，股東相互之間不承擔連帶責任，彼此之間無須建立信用關係；第三，股東的出資是公司存續的基礎，股份是股東與公司的紐帶，公司的規章制度對公司的存續、運作至關重要。股份有限公司是典型的資合公司，有限責任公司也屬於資合公司。

（2）母公司與子公司

母公司是指擁有另一公司一定比例以上股份，或通過協議方式能夠對另一公司經營實行實際控制的公司。與其相對應，其一定比例以上股份被另一公司所擁有或通過協議受另一公司實際控制的公司即為子公司。二者之間法律關係的特點是：

第一，子公司受母公司的實際控製，即母公司對子公司的重大事項有決定權，尤其能夠決定子公司董事會的組成。

第二，母公司與子公司之間的控制關係主要是基於股權的佔有，而不是直接依靠

行政權力控制。

第三，母公司、子公司都是獨立的法人。

（3）總公司與分公司

許多大型公司的業務分佈於各地，甚至不同國家。直接從事這些業務的大多數都是公司內部所設置的分支機構或附屬機構，它們就是所謂的分公司，而公司本身則成為本公司或總公司。

①分公司沒有獨立的法人地位或資格，其名稱應反應其與總公司的隸屬關係。

②分公司沒有自己的獨立財產，其業務、資金、人事均受總公司的統一管轄與安排。

③分公司的設立無須經過一般公司設立的法律程序，只需在當地履行簡單登記和管理手續。分公司實際上不是法律意義上的公司，只是總公司的組成部分或業務活動機構。

（4）本國公司與外國公司

按公司國籍不同可將公司分為本國公司、外國公司。對公司國籍的確定標準，各國立法並不統一。有的採用準據法國籍主義，以公司登記註冊地以及適用的法律為公司的國籍；有的採用設立行為地國籍主義，以發起設立行為地為公司的國籍；有的採用股東國籍主義，以多數股東的國籍或占多數股份股東的國籍為公司的國籍；有的採用住所地主義，以公司的住所地為公司的國籍。由於公司住所認定的標準不同，公司國籍的確定標準又因此而分為以公司管理機構所在地為公司的國籍，或以公司營業中心地為公司的國籍。中國公司法採用設立準據法國籍主義和設立行為地國籍主義的雙重標準。《公司法》第199條第2款規定，外國公司是指依照外國法律在中國境外登記成立的公司。本國公司是指一國按照其所確定的公司國籍標準，具有該國國籍的公司。本國公司受該國法律的保護，並受該國法律管轄。

（5）封閉式公司和開放式公司

根據公司的開放程度不同，可將公司分為封閉式公司和開放式公司。決定公司開放程度的要素包括公司股東有無最高人數限制、公司能否以發生股票的方式籌集資本、公司的出資或者股份能否自由轉讓、公司的財務狀況和經營狀況是否公開。如果股東沒有最高人數的限制，通俗點說，也就是任何人出了錢都可以成為公司的股東，而且股份可以自由轉讓，使股東處於不斷的變動狀態，就是開放式公司，對任何人都開放。作為有限責任公司，法律規定股東是50人以下，就是說最高不能超過50人，所以它就是封閉式公司。有限責任公司不能通過向社會發行股票來籌集資本，不是誰想成為有限責任公司的股東都可以，在公司成立以後，股東轉讓自己的出資還有一定的限制，即法律規定必須由公司全體股東過半數同意，也就是說股東的身分不能隨便變化，並且公司的財務狀況和經營狀況不需要公開。所有有限責任公司是封閉式公司，與之相反，股份有限公司是開放式公司。

3.1.2.2 中國公司法中公司基本類型

（1）有限責任公司

有限責任公司是指符合法定人數的股東出資設立的，股東以其出資額為限對公司

承擔責任，公司以其全部資產對公司債務承擔責任的依公司法設立的企業法人。

有限責任公司的特徵有：

第一，股東人數有限制。《合同法》規定，有限責任公司由50個以下股東共同出資方可設立。由此可見，有限責任公司設立時股東人數沒有最低限制，股東人數的最高限制為50人。

第二，股東承擔有限責任，即股東僅以其出資額為限對公司承擔責任。當公司債務超過其全部資產時，有限責任公司對超過其全部資產的那部分債務不予清償，即不承擔責任。這是有限責任公司與無限責任公司的根本區別所在。

第三，具有非公開性。有限責任公司的股東人數有限，股東對外轉讓出資受到嚴格限制，其經營狀況基本不涉及社會上其他公眾的利益，故無需公開。

第四，設立簡便。有限責任公司的設立程序比股份有限公司簡單。

中國公司法規定了兩種特殊形式的有限責任公司：

①國有獨資公司

國有獨資公司是指國家授權投資的機構或者國家授權的部門單獨投資設立的有限責任公司，是一種特殊形式的有限責任公司。國有獨資公司是中國國有企業改革的產物和法律形式。由於有限責任公司和股份有限公司形式在國有企業中普遍推行尚需一定條件和過程，因此，作為一種特殊的公司形式，公司法創制了國有獨資公司。

國有獨資公司特別適用於國家壟斷經營的領域和行業。依照公司法的有關規定，國務院確定的生產特殊產品的公司或者屬於特定行業的公司，應當採取國家獨資公司的形式。

②一人有限公司

一人有限公司是指只有一個自然人股東或者一個法人股東的有限責任公司，一人有限公司的註冊資本最低限額為人民幣10萬元，股東應當一次足額繳納公司章程規定的出資額。公司法允許成立一人公司，將其納入了公司法的監管範圍，從而增加了老百姓就業、創業的機會。

由於一人有限公司存在股東利用有限責任逃避債務的風險，中國公司法設立了5項風險防範制度：

A. 對一人公司實行嚴格的資本確定原則，一人公司的註冊資本不得低於10萬元，而且必須一次繳足；

B. 一人公司必須在公司營業執照中載明自然人獨資或者法人獨資，予以公示；

C. 一個自然人只能設立一個一人公司，該一人公司不能再設立新的一人公司；

D. 一人公司應當每年度編製財務會計報告，並經依法設立的會計師事務所審計；

E. 在發生債務糾紛時，一人公司的股東有責任證明公司的財產與股東自己的財產是相互獨立的，如果股東不能證明公司的財產獨立於股東個人的財產，股東即喪失只以其對公司的出資承擔有限責任的權利，而必須對公司的債務承擔無限連帶清償責任。

（2）股份有限公司

股份有限公司是指公司的全部資本劃分為等額股份，股東以其所持股份為限對公司承擔責任，公司以其全部資產對公司債務承擔責任並依公司法設立的企業法人。其

特徵表現為：

第一，股東人數具有廣泛性。根據《公司法》第 79 條規定，設立股份有限公司，應當有兩人以上兩百人以下為發起人，其中須有半數以上的發起人在中國境內有住所；而對股東沒有最高人數的限制。

第二，股東的出資具有股份性。股份有限公司的全部資本劃分為金額相等的股份，股份是構成公司資本的最小單位。

第三，股東責任具有有限性。股東對公司債務僅以其認購的股份為限承擔責任，債權人不得直接向公司股東提出清償債務的要求。

第四，公司經營狀況的公開性。公司的經營狀況不僅要向股東公開，而且還要向社會公開，以最大限度保護股東、債權人及社會公眾的利益。

第五，股份發行和轉讓的公開性、自由性。股份有限公司通常以發行股票的方式公開募集資金，且股票具有較高程度的流通性，能自由轉讓和交易，此外還可申請在證券交易所掛牌上市交易。

第六，公司信用基礎的資合性。股份有限公司的信用基礎在於公司的資本和資產。股東只能以貨幣、實物出資，而不能以信用或勞務出資。

上市公司是一種特殊形式的股份有限公司。所謂上市公司，是指發行的股票經批准在證券交易所公開上市的股份有限公司。上市公司具有以下特徵：上市公司是股份有限公司的一種，集中體現在其很強的公開性上；上市公司的股票上市必須符合法定條件並經有關機關批准；上市公司的股票在證券交易所上市交易。公開交易不等於上市，公開交易有不同的市場範圍和交易方式，如證券市場有一級市場、二級市場和場外交易市場。

（3）外國公司分支機構

外國公司是指依外國法律在中國境外設立的公司，外國公司分支機構是公司依照中國法律在中國境內設立的分支機構。

外國公司在中國境內設立分支機構，必須向中國有關機關提出申請，提交其公司章程、所屬國籍的公司登記證書等有關文件，領取中國公司登記機關發給的營業執照。外國公司分支機構是以盈利為目的的經營機構，外國公司必須指定代表人或者代理人管理其在中國境內設立的分支機構，同時要撥付與其經營活動相適應的資金，其經營資金所屬的最低限額由國務院另行規定。外國公司分支機構的名稱應當標明其所屬公司的國籍及責任形式，同時要將其公司章程置備於外國公司分支機構。

外國公司分支機構是依中國法律設立的，其權益受中國法律保護，但是外國公司分支機構是外國公司在中國境內設立的分公司，它不同於外國投資者在中國境內設立的外商獨資文化宮。外國分支機構不具有中國法人資格，而外商獨資企業肯定是中國的法人，因此，外國公司分支機構在中國境內不能獨立承擔民事責任，因為它沒有自己獨立支配的財產，其經營活動所產生的民事責任由其所屬的公司承擔。

外國公司分支機構解散后未清償全部債務之前，不得將財產轉移至中國境外。

3.2 公司法概述

3.2.1 公司法的概念、特徵與作用

3.2.1.1 公司法的概念

公司法是調整公司的設立、變更、消滅和公司內外關係的法律規範的總稱，公司法有廣義和狹義之分。狹義的公司法僅指冠以「公司法」之名的一部法律。中國現行公司法就是1993年12月29日第八屆全國人民代表大會常務委員會第五次會議通過的。根據2005年10月27日第十屆全國人民代表大會常務委員會第十八次會議修訂的《中華人民共和國公司法》（本書簡稱《公司法》），該法共十三章計二百一十九條，於2006年1月1日起正式實施。廣義的公司法包括以《公司法》為核心的本法和其他有關的法律、法規、行政規章，最高人民法院關於公司法律制度的司法解釋，中國參加和承認的國際條約，地方性法規等，統稱公司法。

公司法主要確立了如下法律制度：公司設立的法律制度、公司資本法律制度、公司治理法律制度、公司終止清算法律制度等。

3.2.1.2 公司法的特徵

（1）公司法既是組織法，又是活動法

公司法調整的對象是公司內外部的組織關係。公司法作為組織法，具體包括公司的設立、變更和清算，公司的章程，公司的權利能力和行為能力。公司的組織機構，股東權利和義務等內容。公司是財產的組織形式，公司法還就公司財產的構成、股東對公司利益的分配等做出規定。同時公司又是以營利為目的的經營組織體，它要從事各種管理活動、交易活動。公司法須對公司的組織機構的管理活動進行規範，同時對股票債券的發行、轉讓等行為進行規範。

（2）公司法既是實體法，又是程序法

公司法調整公司組織活動，就必須對參與公司活動的各種主體做出規定，規定這些主體的資格條件、權利義務以及法律責任等，這些都是實體法的內容。公司法又有關公司的設立、合併、分立、清算與解散，以及股東會、董事會的召集、表決等程序的規定。僅有實體的規定而無程序的保障，公司法很難達到有效規範公司交易行為、保護社會交易安全的目的。因此，公司法是實體法和程序法的有機結合和統一。

（3）公司法既是強制性規範，也有任意性規範

公司法中的規定，既有強制性規範，也有任意性規範，但強制性規範佔大多數。公司法是商法的重要組成部分，屬於私法的範疇。然而，私法活動的主體必須遵守共同的行為規範，且這種行為規範具有法律上的強制性效力。公司法還體現了國家干預的原則，因為公司設立不純粹是個人的私事，而是影響社會利益的事。在現代社會，公司已在商品經濟活動中佔主導地位，它影響社會生活的各個方面。國家通過立法干

預公司，是為了保障社會交易的安全，促進經濟秩序的穩定。

3.2.1.3 公司法的作用

現代公司法的完善和進步是資本主義商品經濟高度發展的要求和結果，而公司法對鼓勵投資、集中資本興辦企業、維護商業組織、繁榮資本主義經濟更起著至關重要的作用，在中國社會主義市場經濟條件下，公司法對於促進經濟改革，保證現代化建設的健康順利進行，亦有著重要的意義。具體來說，公司法的作用主要表現在對以下四個方面利益的保護：

（1）保護公司本身的利益

公司法確認了公司的法律地位，賦予其法人資格，使其存在取得了法律的效力。同時公司法也明確地規定了公司的權利能力和行為能力、公司管理機關的組成和職責、股東對公司應承擔的義務等。一方面使公司本身的活動有法可依，另一方面也防止了他人限制和侵犯公司的權利，防止了公司管理人員濫用權力以及股東只考慮個人眼前利益，而不顧公司整體、長遠利益等危害公司利益的行為。

（2）保護股東的合法權益

公司法中的許多規定是尋求對股東權益的嚴密保護。其中包括確認股東對公司債務只以其出資額承擔有限責任、股東有權分配公司盈利、有權轉讓自己的股份，以及在公司解散時有權分配公司的剩餘財產。另外，股東也有權組成股東會參與公司事務管理等。在中國，由於多年前存在政策多變的客觀情況，許多人對投資的安全性和盈利性還存在或多或少的疑慮，公司法的制定無疑有助於消除這種不應有的顧慮。

（3）保護債權人的利益

公司成立後，必然要與他人進行廣泛的經濟往來，形成大量的債權、債務關係，因此，公司法的重要作用之一是對債權人利益提供有效的保護。在中國，由於一些公司商業信用低下、惡意逃避債務和動輒陷入支付不力或破產等嚴重危害債權人利益的情況，公司法這方面的作用更為突出。公司法通過規定公司的財產制度和活動，包括確定其最低資本額、加強資信審查、嚴格公司會計和盈餘分配制度等，使依法成立的公司都具有基本的開展經營活動和履行法定義務的能力，以及必要時承擔法律責任的能力。

（4）維護社會交易安全和經濟秩序的穩定

在現代市場經濟條件下，公司是最主要的經濟組織，尤其是股份有限公司，資本雄厚，經營規模大，業務範圍廣，在社會經濟生活中舉足輕重。公司法將各種公司的活動納入法律的軌道，包括嚴格公司設立登記條件和程序，實行公司會計事務的公開化原則，加強有關部門、特別是銀行、稅務、審計部門對公司的檢查和監督等，對於保護整個社會交易的安全和經濟秩序的穩定，也具有重要作用。

3.2.2 公司設立的法律制度

3.2.2.1 公司設立的基本概念

公司設立，是指發起人為組建公司並取得法律人格，按照法定條件和程序所進行

的一系列行為的總稱。公司設立的本質是使一個尚不存在或正在形成的公司逐漸具備條件從而取得民事（或商事）主體資格。由此可見，公司設立不同於公司內部機構的設置，它既是發起人實施發起行為，使公司得以成立的過程，也是公司法律人格形成的過程；它既是發起人設立公司客觀行為的過程，也是發起人、認股人成為公司股東，彼此之間達成合意並形成公司組織體意識的過程。

公司設立與公司成立是兩個完全不同的概念。公司成立是指公司經過設立程序，具備了法律規定的條件，經主管機關核准登記，發給營業執照，取得法人資格的一種狀態或事實。而公司設立則是發起人創設一個具有法律人格的社會組織的過程或行為。

3.2.2.2 公司設立的原則

公司設立的原則並非通常意義上所稱的「原則」，而是指公司設立的基本依據及基本方式。公司設立的原則不但設定了公司設立的基本方式（模式），還反應了國家對公司設立的態度。隨著歷史的演變，在公司制度發展史上出現了四種不同的原則。

（1）自由設立主義

自由設立主義也稱放任主義，是指公司的設立依發起人的自由意志，國家不予干涉，也沒有法律上的限制。自由設立主義是中世紀初期歐洲國家對商事主體的立法態度，這一原則的採用是與法人理論和法人制度尚未完善密不可分的。從羅馬社會到中世紀，商業社團是依事實而存在的，而不是依法創設，這一時期的並非現代意義上的公司，它的存在只是一種事實狀態，並無法律依據，國家對其持放任的態度。這一原則有利於公司的產生，但很難區分公司同合夥，極易導致虛假公司泛濫，危及債權人的利益，進而影響交易安全。公司設立的放任自流也使國家難以有效控製而弊端叢生，於是這一原則隨著法人制度的完善而被淘汰。

（2）特許主義

所謂特許主義，是指公司的設立需要王室或議會通過頒發專門的法令予以特別許可。自13世紀起，歐洲國家對商事主體就採取了特別許可設立的制度，以保護一些特別商事主體的特殊利益。「特許主義下設立的公司，通常被視為早期資本同絕對主義和極權主義王權相結合的產物，是國家權力的延伸。」[①]「公司是在從自由設立到特許設立的過程中轉變為法人的，而導致這種轉變的原動力是對行政性壟斷（即憑藉國家權力形成的壟斷）的追求。」[②] 早期著名的英國東印度公司、荷蘭東印度公司等大公司都是經特許而設立的，是那個時代的產物。近代以來，除某些特殊的公司需要國家特別許可設立外，世界各國一般不再採用這種立法制度。

（3）核准主義

核准主義也稱行政許可主義或審批主義，是指設立公司不僅要符合法定的條件和程序，而且要事先經過行政主管機構審查許可。核准主義由1673年法國《商事條例》最先採用。核准主義與特許主義相比，對公司的設立較為有利，后為德國等其他歐洲

---

① 江平. 法人制度論. 北京：中國政法大學出版社，1994：114-115.
② 方流芳. 中西公司法律地位歷史考察. 中國社會科學，1994（4）.

國家所採用。但核准主義與特許主義在本質上都是某種特權的體現，與市場經濟的基本要求不相吻合。中國計劃經濟體制時代和改革開放初期的公司設立基本上採用的是核准主義。核准主義比特許主義前進了一步，它使公司的設立便利了，但在核准制下設立公司的制度仍過於嚴格，有礙公司的成立和發展。

（4）準則主義

準則主義又稱登記主義，它經歷了由單純準則主義到嚴格準則主義兩個階段。單純準則主義，是指由法律規定成立公司的條件，如果發起人認為公司具備法律規定的條件，就可直接向登記機關申請，無須經過主管機關審批。[①] 單純準則主義簡化了公司設立的程序，方便了公司的設立，但同自由設立主義一樣，容易造成濫設公司的后果。因此，在19世紀末，西方國家為了適應社會經濟的發展，紛紛在摒棄核准主義改行準則主義後不久，著手對準則主義進行某些修正，以彌補單純準則主義之不足。特別是進入壟斷資本主義時期以後，由於公司設立的條件過於寬鬆，在發起人人數等方面規定了嚴格的條件，並不斷強化發起人的責任和法院及行政機關對公司的監督。這種公司設立原則與單純準則主義稍有不同，稱為嚴格準則主義。所謂嚴格準則主義，就是指在公司設立時，除了具備法律規定的條件外，還在法律中規定了嚴格的限制性條款，設立公司雖無須經過行政主管機關批准，但要符合法律規定的限制性條款，否則即應承擔相應的法律責任的公司設立原則。嚴格準則主義避免了特許主義和核准主義程序繁瑣、不利於公司設立的缺點，也不像自由主義和單純準則主義那樣對公司設立放任自流，因而是一種比較理想的設立原則，為現代大多數國家立法所普遍遵循和使用。

3.2.2.3 公司設立的條件

（1）有限責任公司設立的條件

公司是現代企業制度中的法人，其設立條件是有嚴格的法律規定的。有限責任公司是法定公司形式中最為常見的一種，根據中國《公司法》第二十三條的規定，設立有限責任公司應當具備以下幾個條件：

①股東人數符合法定的要求。法定人數包含法定資格和法定人數兩重含義。法定資格是指國家法律、法規和政策規定的可以作為股東的資格。法定人數是公司法規定的設立有限責任公司的股東人數。中國《公司法》第二十四條規定：「有限責任公司由五十個以下股東出資設立。」沒有最低限制只有最高限制，即可以設立一人公司。

少數國家（如美國、德國）沒有要求公司股東人數必須符合法律規定，其他的大多數國和地區都對此作了嚴格的限制，如日本、法國的商法或者公司法都要求有限責任公司應當有兩個以上的股東和數十個以下的股東，即股東人數既有最低限制，也有最高限制。

②股東出資達到法定資本最低限額。對於有限責任公司的最低註冊資本額，各國公司法的規定是不一樣的，見表3.1 國家最低資本額的比較。

[①] 石少俠. 公司法教程. 北京：中國政法大學出版社，2003：41.

表 3.1　　　　　　　　　　　一些國家最低資本額的比較

國家	發起設立股份公司	募集股份公司	有限公司
法國	10 萬法國法郎	50 萬法國法郎	2 萬法國法郎
德國	10 萬德國馬克	5 萬德國馬克	
義大利	2 億里拉	5 億里拉	
荷蘭	35,000 荷蘭盾	—	
比利時	125 萬比利時法郎	25 萬比利時法郎	
日本	1,000 萬日元	200 萬日元	
中國	500 萬人民幣	3 萬人民幣	

中國關於股東出資的最低限額規定在《公司法》第二十六條有明確表述：「有限責任公司的註冊資本為在公司登記機關登記的全體股東的出資額。公司全體股東的首次出資額不得低於註冊資本的百分之二十，也不得低於法定的註冊資本最低限額，其餘部分由股東自公司成立之日起兩年內繳足；其中，投資公司可以在五年內繳足。有限責任公司註冊資本的最低限低限額為人民幣三萬元。法律、行政法規對有限責任公司註冊資本的最低限額有較高規定的，從其規定。」同時還規定，股東可以用貨幣（現金）、實物、知識產權、土地使用權等多種形式出資，只要能滿足下列 3 個條件即可：可用貨幣評估、可以轉讓、法律不禁止。

③股東共同制定公司章程。公司章程是公司經營活動的準則，是公司存在的基礎，各國公司法都要求設立有限責任公司必須訂立章程。訂立公司章程是設立公司過程中關鍵的一環，它要求體現股東之間的權利、義務，所以，公司章程直接關係到公司日後的生產經營活動及股東之間的權利和義務。現行《公司法》規定，很多事項都可以由公司的章程規定。比如，按照《公司法》，股東之間的利潤分配可以按照章程規定，不一定要按照出資比例分配。但是章程約定的事項必須合法，否則無效。

法律賦予股東自由決定公司事務的權利，股東可以按照其自身能力等決定收益分配和業務執行等事項，並借助公司章程予以「法律化」，中國現行《公司法》第二十五條規定：「有限責任公司章程應當載明下列事項：公司名稱和住所；公司經營範圍；公司註冊資本；股東的姓名或者名稱；股東的出資方式、出資額和出資時間；公司的機構及其產生辦法、職權、議事規則；公司法定代表人；股東會議認為需要規定的其他事項。股東應當在公司章程上簽名蓋章。」

④有公司的名稱，建立符合有限責任公司要求的組織機構。公司名稱是公司組成的一部分，一個好的公司要有一個好的名稱，更重要的是公司名稱是司法管轄和公司對外交往的重要工具，是國家對公司進行工商行政管理的標誌，公司一定要有屬於自己的名稱。公司的組織機構則應當按照公司法的規定建立，這是保護股東權益和進行公司治理的基礎；否則，公司不但無法正常經營，而且違反了法律規定。

⑤有公司住所。公司住所同公司的名稱一樣，都是公司登記的重要事項。公司住所即公司主要辦事機構所在地，也包括固定的生產經營場所和必要的生產經營條件。

沒有住所的公司不僅不能進行正常的生產經營活動，而且無法確定司法管轄和進行工商、稅務登記等。

（2）股份有限公司設立的條件

從各國公司法對股份有限公司的設立規定來看，股份有限公司的設立是各種公司中最為嚴格的。如公司資本要求達到法定最低限額，股東出資比例必須符合法律的嚴格規定。在中國現有的兩種公司中，股份有限公司的設立條件也較有限責任公司嚴格得多，《公司法》第七十七條規定，設立股份有限公司，應當具備以下條件：

①發起人符合法定人數。中國《公司法》第七十九條規定：「設立股份有限公司，應當有二人以上二百人以下為發起人，其中須有半數以上的發起人在中國境內有住所。」在這裡，有一點需要注意，就是對於股份有限公司的發起人人數的規定，既有上限（200 人以下）又有下限（2 人以上），這一點較有限責任公司嚴格。

發起人是指《公司法》規定認購公司股份、承擔公司發起行為的人。發起人為公司設立中的機構，發起人的行為即為設立中的公司的行為，因此，發起人對外代表設立中的公司，對內辦理設立的各項事務。公司依法成立后，發起人即轉為公司股東，其發起行為所產生的一切權利義務轉由公司承擔。若公司不能成立，發起行為的后果只能由發起人自己承擔。

關於什麼人可以作為股份有限公司的發起人，大多數國家有限制，法人和自然人、本國人和外國人、在當地居住和不在當地居住的人均可作為發起人，但個別國家對發起人的國籍有限制性規定。如瑞典公司法規定，股份有限公司發起人必須是在瑞典居住的瑞典國民或瑞典法人。[①] 此外，有的國家公司法規定發起人中必須有一定比例的人是本國人或在當地有住所。中國《公司法》對發起人資格亦無特殊限制，自然人和法人均可作為發起人，但第七十五條規定發起人中必須有過半數的人在中國境內有住所。

股份有限公司的設立主要依賴發起人的發起行為，因此各國公司法均對發起人的發起行為作了具體的規定，這些規定即為發起人在公司設立過程中的義務。與此相對應，各國公司法也規定了發起人享有獲取報酬、取得優先股等權利。由於股份有限公司的設立與否與發起人有密切關係，因此各國公司法在規定發起人權利、義務的同時，還規定了發起人應承擔的責任。根據《公司法》第九十五條規定，股份有限公司的發起人應承擔下列責任：「公司不能成立時，對設立行為所產生的債務和費用負連帶責任；公司不能成立時，對認股人已繳納的股款負返還股款並加算銀行同期存款利息的連帶責任；在公司設立過程中，由於發起人的過失致使公司利益受到損害的，應當對公司承擔賠償責任。」

②發起人認購和募集的股本達到法定資本最低限額。股份有限公司是典型的資合公司，公司存在及對外信用的基礎在於公司的資本。為了保護股東及社會公眾的利益，各國公司法對股份有限公司資本的要求均較嚴格，除要求公司設立時必須擁有一定的資本外，還對資本的最低限額作了統一規定，以確保公司成立之后的經營規模及對外承擔財產責任的能力達到一個起碼的底線。由於股份有限公司的資本是由發起人認繳

[①] 徐曉松. 公司法學. 北京：中國政法大學出版社，2001：117.

或發起人認繳和社會公開募集的股本構成的，因此，發起人認繳和社會公開募集的股本達到法定的資本最低限額，是股份有限公司的設立的基本條件。中國《公司法》在第八十一條對此也作了相應的規定：「股份有限公司採取發起設立方式設立的，註冊資本為在公司登記機關登記的全體發起人認購的股本總額。公司全體發起人的首次出資額不得低於註冊資本的百分之二十，其餘部分由發起人自公司成立之日起兩年內繳足；其中，投資公司可以在五年內繳足。在繳足前，不得向他人募集股份。股份有限公司採取募集方式設立的，註冊資本為在公司登記機關登記的實收股本總額。股份有限公司註冊資本的最低限額為人民幣五百萬元。法律、行政法規對股份有限公司註冊資本的最低限額有較高規定的，從其規定。」

③股份發行、籌辦事項符合法律規定。向社會公開發行股份籌集公司資本，是股份有限公司的一大特點。為了保護社會公眾的利益，包括中國在內的各國公司法對股份有限公司股份發行的條件、程序都作了嚴格的規定。因此，股份有限公司設立時，公司股份發行、籌辦事項必須符合法律規定；否則，公司不能成立。

④發起人制定章程，採用募集方式設立的須經創立大會通過。公司章程是股份有限公司組織及活動的依據。股份有限公司的設立活動是由發起人進行的，公司章程由發起人制定。但在公司採用募集方式設立時，發起人制定的公司章程還必須經創立大會通過。中國《公司法》第八十二條規定了公司章程應當記載的12項內容。

⑤有公司名稱，建立符合股份有限公司要求的組織結構。公司名稱是公司用以經營並區別於其他公司的標誌，是公司進行經營活動，並以其名義承擔民事責任的重要條件。公司組織機構是形成公司法人意志、對內進行管理、對外代表公司的各種機構的總稱。組織機構的不同形式體現著公司的不同性質，而公司名稱所體現的公司種類決定了公司組織機構的類型。因此《公司法》規定設立股份有限公司，不僅要有公司名稱，還必須建立符合股份有限公司要求的組織機構。

⑥有公司住所。公司的住所是指公司作為獨立主體資格的法人所享有的，類似於自然人的「棲息」地，是公司長期固定進行業務活動的基本地點。法律對公司住所的確定，使公司能夠基於這一固定地點與相應的法律制度形成穩定的聯繫。在中國境內的公司受中國法律所管轄，在中國某一地區的公司受當地地方法律制度所管轄。公司住所作為公司法人人格的基本要素，是公司章程的絕對必要記載事項，也是公司設立登記和變更登記的必要事項。

3.2.3 公司資本法律制度

3.2.3.1 公司資本的概念

公司資本又稱股本，是指公司章程所確定的由股東出資構成的公司法人財產總額。公司一經註冊登記成立，該公司資本就成為註冊資本，公司就合法擁有了由股東出資構成的公司法人財產，除非公司解散，否則公司就可以無限期地使用這些財產。不同於公司營運過程中的實有資產，公司資本是一個不變的觀念上的數額，有法定最低限額的要求。這一限額是公司成立和存在必不可少的條件，它不因公司經營狀況的好壞

和公司實有資產的增減而變動，因為公司資本的變動須經過法定程序。

與公司資本相關的幾個概念有：

（1）公司資產

公司資產是指公司可供公司支配的全部財產，其表現形式包括貨幣、實物、無形財產等。它既包括由股東出資構成的公司自有財產——公司資本，也包括公司對外發行的債券、向銀行貸款等形成的公司負債及其他股東權益。所以，公司資產是個外延比公司資本寬泛得多的概念。一般而言，公司資產總是大於公司資本的。但如果公司經營不善，虧損嚴重，則可能出現公司資產小於公司資本的情況。

與公司資產相關的另一個概念是公司淨資產。公司淨資產是指公司全部資產減去全部負債後的淨額。淨資產是反應公司經營狀況的重要指標。經營得好的公司，其淨資產可能大大高於其資本額；經營不善的公司，則可能出現淨資產為零或負數的情況。

（2）註冊資本

註冊資本是公司設立時所有的資產，是投資者在公司登記機關登記的出資額的總和。在中國，公司資本僅指註冊資本，就是公司成立時在登記機關登記並由公司章程確定的出資額的總和。按照中國現行的《公司法》規定，公司註冊資本並不需要全部認足，發起人或股東只需認足公司註冊資本中的一部分，公司即可成立。所以，註冊資本只不過是公司預計將要發行（或籌足）的公司自有資本總額和政府允許公司發行資本的最高限額。只要註冊資本沒有發行完畢，章程中所記載的公司註冊資本數就是個「名義資本」或「核准資本」。在有限責任公司，註冊資本為公司股東認繳的出資總額。在股東繳清其所認購的出資前，公司的註冊資本總是大於其實收資本的。

（3）發行資本

發行資本是公司依法律或公司章程的規定，在註冊資本額度內已經發行的、由股東認購的資本總額。由於註冊資本限定了發行資本的數據，發行資本總額不可能超過註冊資本總額。在公司股本沒有全部發行完畢之前，發行資本總是小於註冊資本的，當公司股本全部發行完時，發行資本就等於註冊資本。

（4）實繳（收）資本

不少國家的公司法不僅允許公司資本分次發行，而且允許已發行的資本分期繳納股款。所以，實繳（收）資本就是全體股東實際繳納的或者公司實際收到的資本總額。除非發行資本一次繳清；否則，實繳（收）資本總是小於發行資本的。當發行資本全部繳清時，實收資本就等於發行資本。但在任何情況下，實繳（收）資本都不會大於發行資本。

（5）催繳資本

催繳資本又稱未收資本，是指股東已經認購但尚未繳納股款，而公司隨時可向股東催繳的那部分資本。所以，催繳資本總是等於發行資本減去實繳資本後的余額。

3.2.3.2 公司資本的原則

公司資本的原則是傳統公司法在發展過程中形成並確認的關於公司資本的基本原則，具體指資本確定原則、資本維持原則和資本不變原則。它最初體現在大陸法系國

家公司法關於股份有限公司資本制度的規定中,以后又逐漸適用於有限責任公司,並對包括中國在內的世界各國公司資本制度產生了重要的影響。

(1) 資本確定原則

資本確定原則是指發起人在設立公司時,必須在公司章程中對公司資本總額做出明確的規定,而且由章程規定的資本總額必須由發起人和認股人全部認足並募足;否則,公司不能成立。資本確定原則由近代大陸法系國家的公司法確定,迄今仍為一些大陸國家所採用。資本確定原則能保證公司的資本真實可靠,有效防止公司設立中的投機詐欺。但由於這一制度有非常嚴格的資本條件,使得公司設立非常困難,發起人責任重大。再者由於公司設立之初資金的需求量一般較少,公司資本全部發行極易造成資金閒置。因此一種新的資本原則即認可資本原則開始被各國所採用。

中國《公司法》關於公司設立條件的規定,充分體現了資本確定原則的要求。無論有限責任公司還是股份有限公司,都必須在公司章程中明確規定公司資本總額並須上股東全部認足或繳足,公司才能成立。

(2) 資本維持原則

資本維持原則是指公司在存續過程中,應經常保持其註冊資本額相當的財產。而要做到這一點,實際上是要求公司以具體的財產來充實抽象資本,故該原則又被稱為資本充實原則。

資本維持原則的意圖,一方面是為了保證公司有足夠有償債能力,以達到保護公司債權人的利益、維護公司信用基礎的目的;另一方面也是為了防止股東對盈餘分配的過高要求而導致公司資本的實質性減少。中國《公司法》中體現資本維持原則的規定有:有限責任公司的初始股東對非貨幣財產的出資價值負保證責任;股票發行價格不得低於票面金額;除法定情形外,公司不得收購本公司的股票;在公司彌補虧損之前,不得向股東分配利潤等。

(3) 資本不變原則

資本不變原則是指公司資本一經確定,非依法定程序變更章程,不得改變。所以,資本不變原則並非指資本數量絕對不得變更,而是指不得隨意變更。資本不變原則的本意,一是為了防止公司隨意減少資本而損害債權人的利益;二是為了避免資本過剩而降低投資回報率,從而使股東承擔過多的損失。

中國《公司法》有關公司增減資本的規定也是符合資本不變原則的要求的:公司若欲增加資本,應先由董事會制訂增加資本的方案,然后由股東(大)會對增加資本做出決議並修改公司章程,最后應依法向公司登記機關辦理變更登記並公告。公司若欲減少資本,除如上程序外,還須依《公司法》關於對公司債權人的特別保護程序的要求,通知或公告債權人,並應債權人的要求或者清償債務,或者提供相應的償債擔保,之後再依法辦理公司資本的變更登記並公告。

3.2.3.3 公司資本的構成

公司資本固然應以一定的貨幣金額來表示,但就其具體構成而言,並不以貨幣為限。綜觀各國公司法有關規定,一般允許資合公司的股東以貨幣(現金)、實物、工業

產權、非專利技術、土地使用權等多種形式。中國《公司法》的有關規定也是如此。

（1）貨幣

貨幣，是公司資本中最常見也是最基本的構成形式，幾乎所有不同類別的公司都離不開貨幣資本，因為貨幣具有其他形式的資本所不具有的一些優點。

（2）實物

實物，主要是建築物、廠房和機器設備等有形資產。不過對於股東以實物形式出資的，除必須依法進行資產的評估作價外，還應及時辦理財產所有權的轉移手續。

（3）知識產權

知識產權主要是指專利權、商標權及未取得專利的技術秘密和技術訣竅等無形資產部分，這也是各國公司法普遍確認的股東出資方式。中國《公司法》對此另有較為嚴格的要求：第一，該知識產權必須經合法註冊登記，是投資者合法的權利；第二，該知識產權沒有法律上的爭議，是投資者無可爭辯的權利；第三，該知識產權必須經過法定資產評估機構的市場評估。資產評估不實的，除了評估機構需要承擔法律責任外，由於不實部分造成股本減少的，其他股東應當對公司登記部門和公司清算承擔連帶責任；第四，該知識產權是一種無形財產權利，作為非貨幣財產的出資，應當辦理財產轉移手續。

（4）土地使用權

依《中華人民共和國憲法》規定，土地所有權屬於國家或集體，各類社會經濟組織只能依法獲得使用權。公司取得該權利的方式有兩種：第一種是以公司作為受讓方或承租方，通過與出讓方或出租方簽訂土地使用權出讓商事合同或租賃合同，並繳納土地使用權出讓租金后獲得土地使用權。第二種是股東以土地使用權作價后向公司出資而使公司獲得土地使用權。兩種方式，只有第二種情況才能作為公司資本組成部分。

3.2.4 公司變更與終止法律制度

3.2.4.1 公司的合併與分立制度

公司的合併、分立是公司的主體資格發生變化，意味著原來股東的財產權利也隨之發生變化。

3.2.4.1.1 公司合併的概述

（1）公司合併的概念

公司合併是指兩個或兩個以上的公司訂立合併協議，依照公司法的規定，不經過清算程序，直接合併為一個公司的法律行為。

公司合併可分為吸收合併和新設合併兩種類型：吸收合併（Merger），也稱兼併，是指一個公司吸收其他公司，被吸收的公司解散。例如1996年12月美國的世界第一大航空公司對世界第三大航空公司麥道航空的合併，具有76年歷史的麥道航空公司在合併之后不再存在。新設合併（Consolidation）是指兩個以上公司合併設立一個新的公司，合併各方解散。例如1998年國泰證券公司與君安證券公司合併，原國泰證券有限公司和原君安證券有限公司不再存在，而成立一個新的公司——國泰君安證券股份有

限公司。

公司合併與公司併購的區別：公司併購（Merger & Acquisition）是指一切涉及公司控製權轉移與合併的行為，它包括資產收購（營業轉讓）、股權收購和公司合併等方式。其中所謂「並」（Merger），即公司合併，主要指吸收合併；所謂「購」（Acquisition），即購買股權或資產。

（2）合併的程序

①訂立合併協議。

②通過合併協議。公司合併是導致公司資產重新配置的重大法律行為，直接關係股東的權益，是公司的重大事項，所以公司合併的決定權不在董事會，而在股東會（股東大會）。參與合併的各公司必須經各自的股東大會以通過特別決議所需要的多數贊成票同意合併協議。

③編製資產負債表和財產清單。

④通知債權人和公告。中國《公司法》第一百八十四條規定：公司應當自作出合併決議之日起十日內通知債權人，並於三十日內在報紙上至少公告三次。債權人自接到通知書之日起三十日內，未接到通知書的自第一次公告之日起九十日內，有權要求公司清償債務或者提供相應的擔保。不清償債務或者不提供相應的擔保的，公司不得合併。

⑤主管機關批准。《公司法》第183條規定，股份有限公司的合併「必須經國務院授權的部門或者省級人民政府批准」。所以，主管機關批准是公司合併的必經程序。

⑥辦理公司變更或設立登記。

（3）合併的法律效果

公司合併發生下列法律效果：

①公司的消滅。公司合併后，必有一方公司或雙方公司消滅，消滅的公司應當辦理註銷登記。由於消滅的公司的全部權利和義務已由存續公司或新設公司概括承受，所以，它的解散與一般公司的解散不同，無須經過清算程序，公司法人人格直接消滅。

②公司的變更或設立。在吸收合併中，由於存續公司因承受消滅公司的權利和義務而發生組織變更，如註冊資本、章程、（有限責任公司）股東等事項，應辦理變更登記。在新設合併中，參與合併的公司全部消滅而產生新的公司，新設公司應辦理設立登記。

③權利和義務的概括承受。《公司法》第184條規定：公司合併時，合併各方的債權、債務，應當由合併后存續的公司或新設的公司承繼。

3.2.4.1.2 公司分立的概述

（1）公司分立的概念

公司分立是指一個公司通過簽訂協議，不經過清算程序，分為兩個或兩個以上的公司的法律行為。1966年法國公司法首次創立公司分立制度，其後為許多國家公司法所接受。

公司分立主要有派生分立和新設分立兩種形式。派生分立，也稱存續分立，是指一個公司分離成兩個以上公司，本公司繼續存在並設立一個以上新的公司。新設分立，

也稱解散分立，是指一個公司分解為兩個以上公司，本公司解散並設立兩個以上新的公司。

（2）分立的程序

①作出決定和決議。公司分立需經股東會（股東大會）特別決議通過。

②訂立分立協議。

③編製資產負債表和財產清單。

④通知債權人。《公司法》第一百八十五條規定：公司分立，其財產作相應的分割。公司分立時，應當編製資產負債表及財產清單。公司應當自作出分立決議之日起十日內通知債權人，並於三十日內在報紙上至少公告三次。債權人自接到通知書之日起三十日內，未接到通知書的自第一次公告之日起九十日內，有權要求公司清償債務或者提供相應的擔保。不清償債務或者不提供相應的擔保的，公司不得分立。

⑤報有關部門審批。股份有限公司的分立須經國務院授權的部門或者省級人民政府批准，外商投資企業的公司分立須經原審批機關（對外經濟貿易主管部門）的批准。

⑥辦理登記手續。在派生分立，原公司的登記事項如註冊資本等發生變化，應辦理變更登記，分立出來的公司應辦理設立登記；在新設分立中，原公司解散，應辦理註銷登記，分立出來的公司應辦理設立登記。

（3）分立的法律效果

公司的分立會產生如下法律後果：

①公司的變更、設立和解散。在派生分立，原公司的登記事項如註冊資本等發生變化，並產生新的公司人格——分立出來的公司；在新設分立中，原公司解散，人格消滅，但產生兩個或兩個以上的新的公司（分立出來的公司）。

②股東和股權的變動。公司的分立不僅導致公司資產的分立，而且導致股東和股權的變動，在派生分立中，原公司的股東可以從原公司中分立出來，成為新公司的股東，也可以減少對原公司的股權，而相應地獲得對新公司的股權；在新設分立中，股東對原公司的股權因原公司消滅而消滅，但相應地獲得對新公司的股權。

③債權、債務的承受。《公司法》、《合同法》和《最高人民法院關於審理與企業改制相關的民事糾紛案件若干問題的規定》對這一問題作了一系列的規定。歸納起來，處理的一般原則：一是，如果分立協議對債務的分配作出規定，按照《公司法》第一百八十五條的規定：「公司分立前的債務按所達成的協議由分立后的公司承擔。」二是，如果分立協議對債務的分配沒有作出約定，按照《合同法》第九十條的規定：「當事人訂立合同后分立的，除債權人和債務人另有約定的以外，由分立的法人或者其他組織對合同的權利和義務享有連帶債權，承擔連帶債務。」

3.2.4.2 公司的終止制度

在一個完善的市場經濟法律體系中，市場主體的退出法律制度是不可或缺的。公司終止即是關於公司退出市場並消滅主體資格的法律制度，公司清算則是公司終止的必備前置程序。為方便論述，本節先對公司終止、解散的概念進行了界定後，再介紹導致公司終止的兩類原因——破產和解散及其法定程序。此外，考慮到清算程序的重

要性，單設一節對其進行了介紹。

3.2.4.2.1 公司的終止

(1) 公司終止的概念和效力

公司終止是指公司根據法定程序徹底結束經營活動並使公司的法人資格歸於消滅的事實狀態和法律結果。它既可以指消滅法人資格的一種最終結果，也可以指消滅法人資格的一系列法律過程。

公司終止法律制度是公司法的重要部分。在市場經濟中，必須遵從的一條基本原則便是競爭原則，競爭導致優勝劣汰。因此，企業的進入和退出機制是一個充分競爭市場的基礎制度之一，在一個完善的市場經濟法律體系中，市場主體的退出法律制度是不可或缺的。公司終止即是關於公司退出市場並消滅主體資格的法律制度。其特徵如下：

①公司終止的法律意義是使公司的法人資格和市場經營主體資格消滅。

②公司終止必須依據法定程序進行。公司作為多種社會經濟關係的複雜綜合體，它的消滅影響到債權人、公司員工、股東等各方面的利益，因此它的終止不可以隨意進行，而必須按照法律規定的程序進行。只有在法律沒有強制性規定的情況下，才可由公司章程或股東決定。

③公司終止必須要經過清算程序，只有在以公司財產對債務進行清償並對剩餘財產分配完畢之後，公司方可以最終消滅。

公司是法人企業，而法人為法律擬制的人，不可能具有自然人出生、死亡的自然生理過程，其主體能力由法律賦予。因此，其產生和消滅需要依法律規定程序進行並以法律規定的事由為標誌。公司法人的權利能力和行為能力從公司登記成立時起，至公司終止註銷時止。

(2) 公司終止的原因

公司法就其屬性而言是國內法。各國對公司終止的原因所作的規定差別不是很大，概括起來主要有自願解散、司法解散、倒閉或破產、行政機關命令解散等四種情況。其中：自願解散是指由公司的權力機關因各種理由的發生而決議終止公司的存在情況，包括公司被合併、公司分立而發生的終止。司法解散主要指公司得以繼續存在的某種條件已經喪失，雖經努力而不得恢復，由利害關係人向法院申請解散的情況。公司倒閉一般是指公司經營出現嚴重困難，不得不結束營業的狀況。倒閉的說法在許多國家並不具有嚴格的法律含義，但在英國則是公司企業被動終止的法律程序，破產制度適用於不能清償到期債務的自然人。行政命令解散大多數國家均有規定，是政府為維護社會秩序和公共利益對嚴重違反法律的公司的一種處罰和保護手段。

根據中國《公司法》的規定，公司終止的原因主要包括：

①破產。公司因不能清償到期債務，被依法宣告破產並對其全部財產強制進行清算和分配，最後終止公司。根據申請破產人的不同，破產包括由債權人申請破產和由公司自己申請破產兩種。

②解散。即公司因發生法律或章程規定的解散事由而停止業務活動，並進行清算，最後使公司終止。根據中國《公司法》，解散事由主要包括以下四種情形：公司章程規

定的營業期限屆滿或者公司章程規定的其他解散事由出現時；股東會決議解散；因公司合併或者分立需要解散；公司違反法律、行政法規被依法責令關閉。

3.2.4.2.2　公司的解散

（1）解散的概念

「解散」這一概念在中國的使用還比較混亂，在立法和學理上均未形成統一認識。在立法上，各種法律、行政法規、部委規章、司法解釋在涉及行政處罰方式時，通常混用解散、撤銷、吊銷、關閉、責令停產等詞語。有的將解散作為上位概念，即解散包括撤銷、吊銷等行政處罰。例如：《公司法》第一百九十二條規定：「公司違反法律、行政法規被依法責令關閉的，應當解散」；而有的則將解散與撤銷、吊銷、關閉等行政處罰方式並列，列為同位階概念，而在具體使用上又有多種排列組合方式，此時，解散一般僅指任意解散，例如：最高人民法院《關於貫徹執行〈中華人民共和國民法通則〉若干問題的意見》第五十九條規定：「企業法人解散或者被撤銷的，應當由其主管機關組織清算小組進行清算」，而《中華人民共和國證券法》第五十六條規定：「公司解散、依法被責令關閉或者被宣告破產的，由證券交易所終止其公司債券上市，並報國務院證券監督管理機構備案。」又如《互聯網上網服務營業場所管理辦法》第十九條規定：「在限定時間外向18周歲以下的未成年人開放其營業場所⋯⋯對三次違反規定的，處1萬元以上3萬元以下的罰款，責令關閉營業場所，並由有關主管部門撤銷批准文件，吊銷經營許可證和營業執照」。

在學理上認識也不盡相同，但一般都認為解散不僅包括自願解散，也包括行政機關強制解散，即包括撤銷、吊銷、關閉、責令停產停業等行政處罰方式。但對於是否將破產列為解散原因認識差異較大，有人認為解散為一上位概念，基本等同於公司終止，而破產只是解散的一種方式；有人則認為解散與破產為並列概念，都是公司終止方式之一。根據中國《公司法》的結構，本書採用後一種概念定義及分類方式，將解散定義為公司因發生章程規定或法律規定的除破產以外的解散事由而停止業務活動，並進行清算的狀態和過程。

公司解散的特徵為：

①公司解散的目的和結果是公司將要永久性停止存在並消滅法人資格和市場經營主體資格。

②債權人或有關機構在作出公司解散決定後，公司並未立即終止，其法人資格仍然存在，一直到公司清算完畢並註銷後才消滅其主體資格。

③公司解散必須要經過法定清算程序。為了維護債權人和所有股東的利益，法律規定公司解散時須組成清算組織進行清算，以公平地清償債務和分配公司財產。但是，在公司因合併或分立而解散時，則不必進行清算。這是因為公司合併和分立必須要對債權人清償債務或者提供相應的擔保，否則公司不得合併、分立。此外，公司合併或分立後仍有債權債務承繼者，債權債務關係也不會消滅。

（2）解散的分類與原因

因解散原因的不同，解散可以分為兩類：

A. 任意解散

任意解散，也稱為自願解散，是指依公司章程或股東決議而解散。這種解散與外在意志無關，而取決於公司股東的意志，股東可以選擇解散或者不解散公司，因此稱為任意解散。但是，任意解散不等於解散的程序也為任意，其解散仍必須依法定程序進行。

任意解散的具體原因包括：

①公司章程規定的營業期限屆滿，公司未形成延長營業期限的決議。中國《公司法》既未規定公司的最高經營期限，又未強制要求公司章程對其規定，因此，經營期限是中國公司章程任意規定的事項。如果公司章程中規定了經營期限，在此期限屆滿前，股東會可以形成延長經營期限的決議，如果沒有形成此決議，公司即進入解散程序。

但是，在中外合資經營的有限責任公司中，《中外合資經營企業法》規定不同行業、不同情況的合營企業的合營期限應作不同的約定。有的行業的合營企業，應當約定合營期限；有的行業的合營企業，可以約定合營期限，也可以不約定合營期限。約定合營期限的合營企業，合營各方同意延長合營期限的，應在距合營期滿六個月前向審查批准機關提出申請。審查批准機關應自接到申請之日起一個月內決定批准或不批准。

②公司章程規定的其他解散事由出現。解散事由一般是公司章程相對必要記載的事項，股東在制定公司章程時，可以預先約定公司的各種解散事由。如果在公司經營中，規定的解散事由出現，股東會可以決議公司解散。

③股東會形成公司解散的決議。有限責任公司經代表三分之二以上表決權的股東通過；股份有限公司經出席股東大會的股東所持表決權的三分之二通過，股東會或股東大會可以作出解散公司的決議。國有獨資公司因不設股東會，其解散的決定應由國家授權投資的機構或部門作出。中外合資有限責任公司也不設股東會，其董事會可以決議解散，如果董事會不能形成決議，則由合資一方向政府機關提出解散申請，由政府機關協調處理。

④公司合併或分立。當公司吸收合併時，吸收方存續，被吸收方解散；當公司新設合併時，合併各方均解散。當公司分立時，如果原公司存續，則不存在解散問題；如果原公司分立后不再存在，則原公司應解散。公司的合併、分立決議均應由股東會作出。

B. 強制解散

強制解散是指因政府有關機關決定或法院判決而發生的解散。具體分為：

①行政解散。中國《公司法》規定：公司違反法律、行政法規被依法責令關閉的，應當解散。這種解散屬於行政處罰方式，在公司經營嚴重違反了工商、稅收、勞動、市場、環境保護等對公司行為進行規制的法律法規和規章時，為了維護社會秩序，有關違法事項的主管機關可以作出決定以終止其主體資格，使其永久不能進入市場進行經營。在不同的法規、規章中，解散、撤銷、吊銷、責令停產停業、關閉一般均屬於行政解散。例如，《產品質量法》規定在產品中摻雜、摻假，以假充真，以次充好，或

者以不合格產品冒充合格產品,情節嚴重的,吊銷營業執照。

②司法解散。當公司出現股東無力解決的不得已事由或者公司董事的行為危及公司存亡,或者當公司業務遇到顯著困難,公司財產和股東的權利可能遭受嚴重損失時,持有一定比例股份的股東有權請求法院強制解散公司。法院通過特殊程序審理后,可以判決公司解散。中國對司法解散方式未作規定。但在日本商法和臺灣地區公司法中,均有司法解散的規定。通常,為了避免股東濫用訴權,法律對司法解散規定了嚴格限制條件,譬如要求提出申請的股東必須在一定時間內持續持有公司一定比例股份等條件。

3.2.4.2.2 公司的清算

(1) 清算的概念與法律意義

公司清算是指公司解散或被宣告破產后,依照一定程序了結公司事務,收回債權、清償債務並且分配財產,最終使公司終止消滅的程序。

清算是公司終止的必要步驟。因為:

首先,公司往往並非由一人控製,其股東眾多,並且,隨著所有權與經營權分離,董事、經理開始掌握公司控製權。因此,為了防止實際控製公司的董事、經理或控股股東在公司終止之前私自處分公司財產或不公平地分配公司的財產,從而損害公司股東的利益,就需要以法定的程序對公司財產進行公平的清算,以保護所有股東的利益。此外,公司股東人數較多,如果每個公司終止前都需要股東對財產分配方式和程序形成決議,則不僅難以達成一致意見而且容易引發爭議,所以僅從經濟和效率的角度出發,也需要法律相對統一地規定一套普遍適用的清算制度。

其次,公司的股東對公司承擔的是有限責任,以其投資為限,股東不再對公司承擔任何責任。公司的債務是由公司的財產進行清償,因而公司財產是公司債權人利益的保障。如果公司未經清算清償而終止,從而消滅主體資格,則債權人的債權將無法實現。因此,必須在公司終止前依法定的清算程序以公司的財產對債權人進行清償,從而保障債權人的利益和經濟秩序的穩定。為公司企業的終止而進行的清償就是清算。

最后,公司的終止不僅影響股東和債權人的利益,還會影響許多利益相關人的利益,其中最重要的便是公司的職工,為了保障職工的利益,也必須通過法定程序分配公司財產。

在進入清算程序后,公司便進入終止前的特殊階段,其權利能力和行為能力均出現重大變化。清算的法律意義為:

①清算期間,公司仍具有法人資格。公司解散或被宣告破產后,公司法人資格和主體資格並未立即消滅,在清算期間,公司仍為法人,只是業務活動範圍有所限制。

②清算期間,公司的代表機構為清算組織。公司的董事會不再依其職責代表公司,公司的財產、印章、財務文件等均由清算組織接管。清算組織負責處理公司未了結的事務,並代表公司對外進行訴訟。

③清算期間,公司的權利能力、行為能力有所限制。雖然公司仍具有法人資格,但清算前和清算期間的公司的主體能力有很大差異,有些國家將處於清算階段的公司稱為「清算法人」或「清算公司」。在清算期間,公司不得再進行新的經營活動,公

司的全部活動應局限於清理公司已經發生但尚未了結的事務，包括清償債務、實現債權以及處理公司內部事務。

④清算期間，公司財產在未按法定程序清償前，不得分配給股東。公司財產必須先支付清算費用、職工工資和勞動保險費用、繳納所欠稅款、清償公司債務，這之後如果還有剩餘財產，才能對股東進行分配。

⑤公司清算的最終結果是導致公司法人資格消滅，公司終止。清算結束後，公司所有事務均已了結，債務清償完畢，公司財產已全部被分配，這時，清算組織即可向公司登記機關申請公司註銷，最終消滅公司全部權利義務關係，公司終止。

（2）清算的分類

清算因清算對象、清算原因及清算的複雜程度不同而在立法上有不同的分類。一般而言，清算可以分為如下幾類：

①任意清算與法定清算。任意清算是指不須依法律規定的方式、程序，而僅依全體股東的意見或章程規定進行的清算，它只適用於無限公司、兩合公司這類結構簡單且股東對公司債務負無限責任的公司。但是對於有限責任公司和股份有限公司，其社會影響面相對廣泛，相關利害關係人較多，並且其股東僅對公司債務承擔有限責任，因此，為了保護債權人和相關利害關係人的利益，以使公司財產公平分配，也為了提高公司清算的效率，各國均規定了法定清算制度，即必須按法律規定的程序進行的清算。有限責任公司和股份有限公司必須進行法定清算。本章所提公司清算均指法定清算。

②破產清算與非破產清算。破產清算，是指公司被宣告破產，依破產程序進行的清算。中國《公司法》第一百八十九條規定，公司因不能清償到期債務，被依法宣告破產的，由人民法院依照有關法律的規定，組織股東、有關機關及有關專業人員組成清算組，對公司進行破產清算。

③普通清算和特別清算。普通清算是指公司在解散後自行組織清算機構進行清算；特別清算是指公司因某些特殊事由解散後，或者被宣告破產後，或者在普通清算發生顯著障礙無法繼續時，由政府有關部門或者法院介入而進行的清算。它們都屬於法定清算。

中國《公司法》第一百八十九條規定：被依法宣告破產的，由人民法院依照有關法律的規定，組織股東、有關機關及有關專業人員成立清算組，對公司進行破產清算；第一百九十二條規定：公司違反法律、行政法規被依法責令關閉的，應當解散，由有關主管機關組織股東、有關機關及有關專業人員成立清算組，進行清算；第一百九十一條規定：公司解散逾期不成立清算組進行清算的，債權人可以申請人民法院指定有關人員組成清算組，進行清算。

此外，在中國唯一專門規範清算制度的行政法規《外商投資企業清算辦法》中，明確區分了普通清算與特別清算，該辦法第三條規定：「企業能夠自行組織清算委員會進行清算的，依照本辦法關於普通清算的規定辦理。企業不能自行組織清算委員會進行清算或者依照普通清算的規定進行清算出現嚴重障礙的，企業董事會或者聯合管理委員會等權力機構（以下簡稱企業權力機構）、投資者或者債權人可以向企業審批機關

申請進行特別清算。企業審批機關批准進行特別清算的，依照本辦法關於特別清算的規定辦理。企業被依法責令關閉而解散，進行清算的，依照本辦法關於特別清算的規定辦理。」

（3）清算組織

清算組織也稱清算機構，是清算事務的執行人。公司解散、宣告破產后，在清算終結前，公司的法人資格仍然存在，其股東會和監事會作為公司機構仍然存在，只是作為公司決策機構和對外代表的董事會以及作為公司執行機構的經理不再履行其職責，而由清算組織替代，負責公司清算期間事務的處理。

各國公司法對清算組織的稱謂有所不同，《美國標準公司法》稱之為財產管理人及保管人；德國公司法稱之為清算人，並且規定法人可以是清算人；中國香港稱之為清盤官。中國公司法規定清算機構為清算組，其中，破產時稱為破產清算組，外商投資公司則稱為清算委員會。

①清算組織的成立和組成。在公司被宣告破產、決定或被決定解散之日起，公司即進入清算階段，首先就需要及時選任公司的清算組織，以行使清算職權。清算組織的人員一般由公司股東、董事等公司原組織機構人員及會計、法律等方面的專業人員組成。關於具體人員的選任，各國規定並不相同，有的規定由公司執行業務的股東或者執行業務的董事擔任，有的規定由股東會選任，等等。如果為特殊清算，則還會有法院或有關政府機關的人員參加，其人員由法院或有關機關指定。

在中國公司法中，公司自行解散的，應當自決定解散之日起15日內成立清算組，有限責任公司的清算組由股東組成，股份有限公司的清算組由股東大會確定其人選。特別清算中，在宣告破產或決定撤銷、關閉之日起15日內，應由法院（破產時）或有關主管機關（強制解散時）組織股東、有關機關及有關專業人員成立清算組。

在外商投資公司中，在企業經營期限屆滿之日或企業審批機關批准企業解散之日，或人民法院判決或仲裁機構裁決終止企業合同之日起15日內，成立至少3人組成的清算委員會，普通清算的清算委員會成員由企業權力機構在企業權力機構成員中選任或者聘請有關專業人員擔任，特殊清算的清算委員會由企業審批機關或其委託的部門組織中外投資者、有關機關的代表和有關專業人員組成。

②清算組織的職權職責。公司進入清算程序後，即進入特殊狀態，由清算組織負責執行公司與清算有關的必要事務並對外代表公司，因此，法律需要明確規定清算組織的職權職責。

清算組織的職權主要包括：清理公司財產，分別編製資產負債表和財產清單；通知和公告債權人；處理與清算公司未了結的事務；繳納公司所欠稅款；提出財產評估和作價依據；清理債權、債務；處理企業清償債務後的剩餘財產；代表企業參與民事訴訟活動。

為了約束清算組成員的行為，各國法律均對清算組織的成員設定了忠實義務，譬如清算人員應當忠於職守、依法履行清算義務；不得利用職權收受賄賂或者其他非法收入；不得侵占公司財產等，如果清算人員因故意或者重大過失給公司或者債權人造成損失的，則應當承擔賠償責任，構成犯罪的，還應承擔刑事責任。

（4）清算程序

清算組織正式成立後，公司即開始進入實質性清算程序。具體包括：

①清理公司財產。清算組織要全面清理公司的全部財產，不僅包括固定資產，還要包括流動資產；不僅包括有形資產，還包括商標、知識產權等無形資產；不僅包括債權，還要包括債務。在清理後，清算組織需要編製資產負債表和財產清單，以作為下一步工作的基礎。

②通知、公告債權人並進行債權登記。清算組織成立後應立即在法定期限內直接通知已知的債權人並公告通知未知的債權人，以便債權人在法定期限內向清算組申報債權。債權人申報並提供相應證明後，清算組織應進行登記，以此作為財產分配的依據。中國公司法規定清算組應當自成立之日起十日內通知債權人，並於六十日內在報紙上至少公告三次。債權人應當自接到通知書之日起三十日內，未接到通知書的自第一次公告之日起九十日內，向清算組申報其債權；債權人申報其債權，應當說明債權的有關事項，並提供證明材料，清算組應當對債權進行登記。

③提出財產估價和清算方案。清算組織要提出合理的財產估價方案，計算出公司可分配財產的數額，並提出分配方案。以供股東、債權人、有關機關的審查和質疑，在解散程序中須將清算方案報股東會或者有關主管機關確認，在破產程序中則須經債權人會議決議通過並報法院審查裁定。

④分配財產。清算的核心是分配財產。財產法定分配順序依次為：第一，支付清算費用；第二，支付職工工資及勞動保險費用；第三，清繳所欠稅款；第四，清償企業債務；第五，清償完畢前述四項款項後的公司剩餘財產，有限責任公司按照股東的出資比例分配，股份有限公司按照股東持有的股份比例分配。同時，清算組如果發現公司財產不足以清償債務，應當立即向人民法院申請宣告破產，在公司經人民法院裁定宣告破產後，清算組應當將清算事務移交給人民法院，進入破產清算程序。

3.3　公司章程

3.3.1　公司章程概述

3.3.1.1　公司章程概念

公司章程是指公司必須具備的由發起設立公司的投資者制定並對公司、股東、公司經營管理人員具有約束力的調整公司內部組織關係和經營行為的自治規則。對於公司來講，章程是最為重要的自治規則，是公司高效有序運行的重要基礎，是維護公司利益、股東利益、債權人利益的自治機制，是公司、公司股東，特別是公司大股東和公司高級管理人員的行為規則。公司法與公司章程的有機結合，是規範公司組織和活動的重要保障。

3.3.1.2　公司章程的主要法律特徵

作為公司自治規則，公司章程即公司憲章，在公司自治規則體系中居於十分重要

的地位。公司章程是公司設立的必備條件，也是公司經營行為的基本準則，還是公司制定其他規章的重要依據。因此，公司章程對於公司的設立和營運都有非常重要的意義。公司章程的主要法律特徵可以概括為：

(1) 法定性

所謂法定性是指公司章程的制定、內容、效力和修改均由公司法明確規定。這是各國的立法通例。具體來講，公司章程的法定性表現在以下幾方面：

①制定的法定性。中國《公司法》第十一條規定，設立公司必須依照該法制定公司章程。公司章程制定於公司設立階段，成為公司的設立依據，是公司得以成立必不可少的法律文件。

②內容的法定性。各國公司法對公司章程應當記載的事項均有明確的規定，而且，絕對必要記載事項的欠缺可能會導致章程的無效。

③效力的法定性。公司章程的效力是由公司法賦予的。中國《公司法》第十一條明確規定，公司章程對公司、股東、董事、監事、經理具有約束力。這一規定明確規定了公司章程的效力範圍。

④修改權限和程序的法定性。公司章程的修改必須遵照公司法的明確規定進行。例如，根據中國公司法的規定，公司章程的修改須經股東會或者股東大會以特別決議的方式為之。

⑤公司章程須經登記。登記程序的設定是保證章程內容合法和相對穩定的措施之一。中國《公司法》第二十七條、第八十二條第二款、第九十四條均規定了公司章程是申請設立登記必須報送的文件之一。同時，公司章程經修改變更內容之後，也必須辦理相應的變更登記。

(2) 公開性

公司章程記載的所有內容都是可以為公眾所知悉的。而且，公司和公司登記機關應當採取措施，方便股東及潛在的投資者、債權人及潛在的交易對象可以不同的方式從不同的途徑瞭解公司章程的內容。公司章程的公開性特徵制度化地表現在以下幾方面：

①公司章程須經登記。公司章程須經登記本身即是章程公開性的表現之一。

②股東有權查閱公司章程。在公司日常經營過程中，股東有權查閱公司章程，公司應當將公司章程置備於本公司，中國《公司法》第一百零一條和第一百一十條均做了相應的規定。

③公司章程是公司公開發行股票或者公司債券時必須披露的文件之一。如發起人向社會公開募集股份時，在向國務院證券管理部門遞交募股申請的同時，公司章程也是必須報送的文件之一。

(3) 自治性

公司章程是公司的自治規則，是公司的行為規範，對特定公司的權利能力和行為能力均有重要影響。公司章程的自治性特徵，表現為公司不同則章程也有所不同。每個公司在制定章程時，都可以在公司法允許的範圍內，針對本公司的成立目的、所處行業、股東構成、資本規模、股權結構等不同特點，確定本公司組織及活動的具體規則。因此，不同公司的章程必然會存在差異。公司章程的自治性特徵，體現了公司經

營自由的精神。

3.3.1.3 公司章程的作用

（1）公司設立的最主要條件和最重要的文件

公司章程司的設立程序以訂立公司章程開始，以設立登記結束。中國《公司法》明確規定，訂立公司章程是設立公司的條件之一。審批機關和登記機關要對公司章程進行審查，以決定是否給予批准或者給予登記。公司沒有公司章程，不能獲得批准；公司沒有公司章程，也不能獲得登記。

（2）公司章程是確定公司權利、義務關係的基本法律文件

公司章程一經有關部門批准，並經公司登記機關核准即對外產生法律效力。公司依公司章程，享有各項權利，並承擔各項義務，符合公司章程行為受國家法律的保護；違反章程的行為，有關機關有權對其進行干預和處罰。

（3）公司對外進行經營交往的基本法律依據

由於公司章程規定了公司的組織和活動原則及其細則，包括經營目的、財產狀況、權利與義務關係等，這就為投資者、債權人和第三人與該公司的進行經濟交往提供了條件和資信依據。凡依公司章程而與公司進行經濟交往的所有人，依法可以得到有效的保護。

（4）公司章程是公司的自治規範

公司章程作為公司的自治規範，是由以下內容所決定的：其一，公司章程作為一種行為規範，不是由國家，而是由公司股東依據公司法自行制定的。公司法是公司章程制定的依據。作為公司法只能規定公司的普遍性的問題，不可能顧及各個公司的特殊性。而每個公司依照公司法制定的公司章程，則能反應本公司的個性，為公司提供行為規範。其二，公司章程是一種法律外的行為規範，由公司自己來執行，無需國家強制力保障實施。當出現違反公司章程的行為時，只要該行為不違反法律、法規，就由公司自行解決。其三，公司章程作為公司內部的行為規範，其效力僅及於公司和相關當事人，而不具有普遍的效力。

3.3.2 公司章程的內容

3.3.2.1 公司章程內容的分類

公司法將公司設立及組織所必備事項預先規定在公司法之中，成為公司章程的準據，並由公司章程予以針對性地細化和做出具體規定。公司法關於公司章程記載事項的規定，依據其效力不同，可分為絕對必要記載事項、相對必要記載事項、任意記載事項。

（1）絕對必要記載事項

所謂絕對必要記載事項，是指公司法規定的公司章程必須記載的事項，公司法有關公司章程絕對必要記載事項的規定屬於強行性規範。從法理角度講，若不記載或者記載違法，則章程無效。而章程無效的法律后果之一就是公司設立無效。絕對必要記載事項一般都是與公司設立或組織活動有重大關係的基礎性的事項，例如公司的名稱

和住所、公司的經營範圍、公司的資本數額、公司機構、公司的代表人等。

（2）相對必要記載事項

所謂相對必要記載事項，是指公司法中規定的可以記載也可以不記載於公司章程的事項。就性質而言，公司法有關相對必要記載事項的法律規範，屬於授權性的法律規範。這些事項記載與否，都不影響公司章程的效力。事項一旦記載於公司章程，就要產生約束力。當然，沒有記載於公司章程的事項不生效。

（3）任意記載事項

所謂任意記載事項，是指在公司法規定的絕對必要記載事項及相對必要記載事項之外，在不違反法律、行政法規強行性規定和社會公共利益的前提下，經由章程制定者共同同意自願記載於公司章程的事項。任意記載事項的規定充分地體現了對公司自主經營的尊重。

3.3.2.2 中國公司章程的記載事項

（1）中國《公司法》的規定

中國《公司法》第二十二條規定了有限責任公司章程應當載明的事項：（一）公司名稱和住所；（二）公司經營範圍；（三）公司註冊資本；（四）股東的姓名或者名稱；（五）股東的權利和義務；（六）股東的出資方式和出資額；（七）股東轉讓出資的條件；（八）公司的機構及其產生辦法、職權、議事規則；（九）公司的法定代表人；（十）公司的解散事由與清算辦法；（十一）股東認為需要規定的其他事項。

中國《公司法》第七十九條規定了股份有限公司章程應當載明的事項：（一）公司名稱和住所；（二）公司經營範圍；（三）公司設立方式；（四）公司股份總數、每股金額和註冊資本；（五）發起人的姓名或者名稱、認購的股份數；（六）股東的權利和義務；（七）董事會的組成、職權、任期和議事規則；（八）公司法定代表人；（九）監事會的組成、職權、任期和議事規則；（十）公司利潤分配辦法；（十一）公司的解散事由與清算辦法；（十二）公司的通知和公告辦法；（十三）股東大會認為需要規定的其他事項。

（2）其他規範文件的規定

為維護證券市場的健康發展，適應上市公司規範運作的實際需要，1997年12月16日中國證監會制定了《上市公司章程指引》（以下簡稱為《指引》），作為上市公司章程的起草或修訂工作依據。為適應股份有限公司向境外募集股份和到境外上市的需要，規範到境外上市的股份有限公司的行為，國務院證券委、國家體改委1994年8月27日制定了《到境外上市公司章程必備條款》。因此，上市公司和到境外上市的公司，應當依據這兩個規範性文件制定公司章程。

3.3.3 公司章程的制定與變更

3.3.3.1 章程的制定

章程的制定是針對公司的初始章程而言的，章程是公司的設立要件之一，因此，章程的制定發生在公司設立環節。

根據中國公司法的規定，公司章程的制定主體和程序因公司的種類不同而異，具體而言，有限責任公司與股份有限公司不同，發起設立的股份有限公司與募集設立的股份有限公司也不同。當然，無論是上述何種情形，發起設立公司的投資者都是制定公司章程的重要主體。

在中國，公司章程是要式文件，必須採用書面形式。有的國家公司章程不僅要採用書面形式，而且還應當辦理公證登記等手續，中國沒有類似的強行性要求。

（1）有限責任公司章程的制定

根據《公司法》第十九條規定，設立有限責任公司，應當由股東共同制定公司章程；第六十五條規定，國有獨資公司的公司章程由國家授權投資的機構或者國家授權的部門依照公司法制定，或者由董事會制訂，報國家授權投資的機構或者國家授權的部門批准。可見，國有獨資公司章程制定主體有兩類：第一類是國家授權投資的機構或者國家授權的部門；第二類則是國有獨資公司的董事會。不過，這兩類主體的權限並不完全相同。

（2）股份有限公司章程的制定

《公司法》第七十三條規定，設立股份有限公司，發起人制訂公司章程，並經創立大會通過。這是針對股份有限公司的一般要求。由於股份有限公司有發起設立和募集設立兩種方式，公司章程的制定過程並不完全一致。

①發起設立的股份有限公司。對於發起設立的股份有限公司，在公司成立之後將成為公司股東的投資者還是限於發起人，投資者並沒有社會化。因此，發起設立的股份有限公司仍然具有封閉性的特點。發起人所制訂的章程反應了公司設立時的所有投資者的意志。根據《公司法》第八十二條規定，以發起設立方式設立股份有限公司的，發起人交付全部出資後，應當選舉董事會和監事會，由董事會向公司登記機關報送包括公司章程在內的系列文件，申請設立登記。

②募集設立的股份有限公司。對於募集設立的股份有限公司，在公司成立之後成為公司初始股東的不僅有發起人，而且還有眾多的認股人，公司的股東已經社會化，因此，募集設立的股份有限公司屬開放式的公眾性公司。這樣，發起人制訂的公司章程並不一定能夠反應公司設立所有投資者，特別是認股人的意志。因此，在公司申請設立登記之前，必須召開創立大會，對公司章程等與設立公司有關的事宜進行審議。根據《公司法》第九十二條第二款規定，由認股人組成的創立大會，其職權之一就是通過公司章程。只有經過創立大會通過的章程，才能反應公司設立階段的所有投資者的意志。可見，對於這類公司，其章程的制定過程比較複雜，既需發起人制訂，又需創立大會決議通過。

3.3.3.2 公司章程的修改

為了更好地適應經營環境的變化，需要適時地修改章程的內容。在不違反法律、行政法規強行性規範的前提下，公司可以修改包括絕對必要記載事項、相對必要記載事項和任意記載事項在內的所有內容。公司法規定了修改公司章程的規則。

①修改公司章程的權限專屬於公司的權力機構。在大陸法系國家，例如德國、法

國、日本、義大利等國家，修改公司章程的權限屬於公司股東會。中國《公司法》規定，有限責任公司、股份有限公司章程的修改，分別屬於股東會和股東大會的職權範圍。

②修改公司章程須以特別決議為之。公司章程的修改涉及公司組織及活動的根本規則的變更，對公司關係甚大，而且還可能關係到其他不同主體的利益調整，因此，公司法將公司章程的變更規定為特別決議事項，從而提高了通過章程修改所需表決權的比例。

此外，公司變更章程須辦理相應的變更登記，登記程序的設定可以保證章程內容合法和相對穩定。中國《公司法》第二十七條、第八十二條第二款、第九十四條均規定了公司章程是申請設立登記必須報送的文件之一。因此，公司章程經修改變更內容之後，也必須辦理相應的變更登記；否則，不得以其變更對抗第三人，這是章程變更的效力。

【思考與練習】

1. 什麼是公司？公司的主要特徵是什麼？
2. 公司的主要類型有哪些？
3. 什麼是公司資本三原則？
4. 如何實施公司的合併與分立？
5. 比較有限責任公司和股份有限公司的異同，當你創業時在什麼情況下選擇有限責任公司？什麼情況下選擇股份有限公司？
6. 公司章程的主要法律特徵有哪些？公司法規定公司章程的記載事項是什麼？
7. 案例分析

【案情】　　　　　　　股東要求更改公司章程

2001年11月14日，黃某、何某和龔某三人作為股東成立了寧波華昌電器有限公司（下稱華昌公司）。該3人各自持有該公司三分之一的股份。該公司章程的第十九條規定：「股東會決策重大事項時，必須經過全體股東通過。」何某為執行董事，而且是公司的法定代表人，華昌公司的所有經營活動和管理工作都由他負責。2001年12月，龔某在徵得黃某和何某同意后，將自己持有的股份全部轉讓給了俞某，同時向工商部門辦理了股東變更手續。

2003年，一直未參加公司具體經營活動的黃某和俞某覺得公司的經營狀況出現了一些問題，在幾經交涉后，兩個人正式提出要求修改公司章程或者解散公司。在遭到何某的拒絕后，黃某和俞某於2003年12月23日向法院提起訴訟，要求法院判令變更公司章程第十九條的內容。

2004年2月4日，余姚市人民法院開庭審理此案。法院認為《公司法》第一條開宗明義地提出了該法的立法精神在於規範公司的組織和行為，保護公司、股東和債權人的合法利益，維護社會經濟秩序，促進社會主義市場經濟的發展。為了實現《公司法》的宗旨，《公司法》明確規定了「重大事項必須經三分之二以上有表決權的股東

通過」來實現「多數資本決」這一各國公司法都通行的根本制度。

本案公司章程條款由全體股東參加制定，並由全體股東簽字確認，章程作為全體股東的契約，每一個股東都要受到公司章程的約束。但是，由於本公司的章程條款內容的特別規定，在公司運作過程中，遇到了根據公司章程內容無法實現公司管理的異常情況，這顯然是不利於實現《公司法》的宗旨和基本價值目標的，不利於公司正常經營活動的開展，對於章程中的這種阻礙公司正常運作和管理的條款應該加以修改和完善。當然，根據本案公司章程的規定，公司章程的修改，必須由全體股東通過，被告作為掌控公司的經營者不願意變更公司章程內容，導致兩原告的合法權益無法實現，兩原告作為公司股東簽訂了公司章程這一特定的合同，他們無法行使公司的重要權利，從合同法的角度來說，顯然合同的目的無法實現。在本案中，華昌公司章程第十九條雖然在形式上並不違反《公司法》的規定，但實質上與立法精神相悖，是對《公司法》「多數資本決」的否定，客觀上造成少數股東的意見左右股東會甚至決定了股東會的意見，以致公司無法正常運行的局面，故依法應予變更。

【思考問題】
(1) 新公司法將哪些公司管理制度的制定權賦予了公司章程？
(2) 你對本案中依據公司法的宗旨和精神進行判決有何看法？

8. 案例分析

【案情】　　　　　　　　運發公司資本不實案

2006年1月，楊某與趙某二人成立了運發布業有限公司。公司註冊資本3.5萬元，其中楊某以其一套商品房的使用權出資作價2.5萬元，此外有趙某出資一萬元。公司成立時，趙某按時交付了出資，而楊某的商品房卻因故遲遲未能到位。二人經協商，還是開始了生產經營。

【思考問題】
你認為本案中運發布業有限公司的出資有何不當之處？應當如何處理？法律依據何在？

內部治理篇

　　內部治理主要是公司權力的分配和制衡，即在股東大會、董事會、監事會、執行層等機關之間如何分配權力並進行制衡的組織結構安排以及機制的安排，以保證公司內部利益的最大化。

　　從公司治理的具體內部治理對象來看，公司治理不僅包括權力的制衡，還包括股東大會投票表決機制、董事會戰略決策機制、獨立董事和監事會的監督機制、高層管理人員的激勵約束機制等公司內部治理機制。

4　股東權利與股東會制度

【本章學習目標】
1. 理解股東的概念並掌握股東權利的分類內容，掌握中國股東權利制度相關規定；
2. 理解股東會的概念並掌握股東會決議等相關內容；
3. 瞭解股東投票方式，重點掌握幾種常用投票制度；
4. 瞭解中國公司治理中小股東現狀，掌握中小股東權益保護救濟制度。

4.1　股東與股東權利的分類

4.1.1　股東

4.1.1.1　股東的概念

股東是指公司投資或基於其他的合法原因而持有公司資本的一定份額並享有股東權利的主體。投資者通過認購公司的出資或股份而獲得股東資格，主要包括發起人的認購、發起人以外的認購人的認購、公司成立后投資人對公司新增資本的認購。

4.1.1.2　股東資格的確認

依照《公司法》及相關規定，股東資格的確認須具備以下條件：

（1）股東姓名或名稱應當記載在公司章程中，一旦投資人的姓名或者名稱被記載在公司章程中，則該姓名或名稱所代表的人或公司、企業單位、社會組織就應該是公司的股東，除非有確切的證據表明記載有誤。

（2）股東名冊記載。股東名冊的記載通常可確認股東資格，但股東名冊未記載的股東也不是必然沒有股東資格，這不能產生剝奪股東資格的效力。

（3）股東出資須具備合法驗資機構的驗資證明，所有股東以貨幣、實物、知識產權、土地所有權等出資后必須依法經合法的驗資機構驗資並取得驗資證明，這是具有股東資格的必要條件。

（4）公司工商註冊登記中載明股東或發起人的姓名或名稱、認繳或實繳的出資額、出資時間、出資方式，對善意第三人宣示股東資格。

一般來講，在合法、規範的情況下，公司章程的記載、股東名冊的記載、登記機

關的登記應當是一致的,能夠客觀反應公司股東的情況。但有時因公司操作不規範,上述記載可能與實際情況不一致,這就需要綜合考慮多種因素,根據當事人真實意願表示選擇確認股東資格的標準。通常情況下,當公司或其股東與公司外部人員對股東資格發生爭議時,應當根據工商登記認定股東資格;當股東與公司之間或股東之間就股東資格發生爭議時,應優先考慮股東名冊的記載。

4.1.1.3 股東的特徵

一般來說,股東具有資合性、平等性與責任有限性三大特徵。

(1) 資合性,是指股東間因共同對公司投資而擁有公司的股票或股權,以此發生的公司法上的關係。

(2) 平等性,是指股東具備股東資格后,公司與股東以及股東之間發生的法律關係中,股東依照所持有股份的性質、內容和數額而享有平等的待遇。股東的平等性不僅體現在法律地位上的平等,而且體現在股東從公司獲取利益的平等等方面。

(3) 責任有限性,是指股東依其出資額的多少對公司承擔責任。責任有限性鼓勵投資者的投資,也加快了公司治理中所有權和經營權的分離,同時促進了公司規模的擴大。但責任有限性並不是絕對的,在某些情況下股東的有限責任例外適用,原本享受有限責任保護的股東,不僅不能再以有限責任為借口獲得相應的保護,而且可能面臨完全的個人責任。

4.1.1.4 股東類別

股東按照不同的分類標準可以分為發起人股東與非發起人股東、自然人股東與法人股東、公司設立時的股東與公司設立后的股東、控股股東與少數股東。

(1) 發起人股東與非發起人股東

發起人股東參加公司設立活動並對公司設立承擔責任,為公司首批股東,並依公司法規定必須持有一定比例的公司股份;除發起人股東外,任何公司設立時或公司成立后認購或受讓公司出資或股份的股東稱為非發起人股東。

(2) 自然人股東與法人股東

自然人與法人均可成為公司的股東,自然人股東指包括中國公民和具有外國國籍的人,可以通過出資組建或繼受取得出資、股份而成為有限責任公司、股份有限公司的股東。此處自然人作為股份有限公司的發起人股東,作為參加有限責任公司組建的設立人股東,應該具有完全行為能力,還應符合國家關於特殊自然人股東主體資格的限制性規定。法律規定禁止設立公司的自然人,不能成為公司股東。如中國有關組織法規定,國家公務人員不能成為有限責任公司的股東、股份有限公司的發起人股東。

法人股東在中國包括企業法人(含外國企業、公司)、社團法人以及各類投資基金組織和代表國家進行投資的機構,但法律規定禁止設立公司的法人(如黨政機關、軍隊)不能成為公司法人。

(3) 公司設立時的股東與公司設立后的股東

公司設立時的股東是指認購公司首次發行股份或原始出資的股東,包括參加公司設立活動的有限責任公司首批股東(設立人股東)、股份有限位公司的發起人股東,也

包括認購公司首次發行股份的股份有限公司非發起人股東。

公司設立后的股東包括設立后通過繼受方式取得公司股份的繼受股東和公司設立后因公司增資而認購新股的股東。繼受股東是指公司設立后從原始股東手中繼受取得股東資格的人，包括因股東的依法轉讓、贈與、繼承或法院強制執行等原因而取得股份而成為公司股東的人。新股東不同於繼受股東，從股東資格的取得方式看，他們是從公司直接取得股份，而不從原始股東手中繼受取得，因而也屬於股東資格的原始取得。這類股東也不同於公司設立時的原始股東，他們沒有參加公司的設立活動，其出資沒有構成公司的原始資本，只構成公司的新增資本。

（4）控股股東與少數股東

控股股東與少數股東與前面分類的股東多有交叉，單獨將此作為股東的一種分類是因為一些公司治理的問題常涉及它，如控股股東控製股東會、少數股東利益受到侵害等問題。控股股東，也稱為大股東，是指出資佔有限責任公司資本總額50%以上或者持有的股份占股份有限公司股本總額50%以上的股東；出資額或者持有股份的比例雖然不足50%，但依其出資額或者持有的股份所享有的表決權已足以對股東會、股東大會的決議產生重大影響的股東。

根據《上市公司章程指引》的規定，控股股東必須具備下列條件之一：

①此人單獨或者與他人一致行動時，可以選出半數以上的董事；

②此人單獨或者與他人一致行動時，可以行使公司30%以上的表決權或者可以控製公司30%以上表決權的行使；

③此人單獨或者與他人一致行動時，持有公司30%以上的股份；

④此人單獨或者與他人一致行動時，可以以其他方式在事實上控製公司。

上述所稱「一致行動」是指兩個或者兩個以上股東以協議的方式（口頭或者書面）達成一致，通過其中任何一方取得對公司的投票權，以達到或者鞏固控製公司的目的的行動。

除此以外的股東統稱為少數股東，也稱為非控股股東。

4.1.2 股東權利

股東權利是指股東因為出資而享有的對公司的權利。

按照中國《公司法》以及相關法律、法規的規定，股東權利可以劃分為四大類：財產權、管理權、知情權和救濟權。

（1）財產權

股東依其出資額享有對公司現在淨資產、營運所得現實利潤、公司整體價值潛在增加值的分配權，包括股利分配權、清算剩余分配權、新股認購優先權。

①股利分配權。股利分配權是股東基於其公司股東的資格和地位所擁有的參與公司的可分配利潤分配的權利，是公司股東的一種固有權，由公司的盈利本質所決定，反應股東投資目的的必然要求。

②清算剩余分配權是公司被解散、撤銷、破產或人格被註銷之前，公司一切債權、債務關係清算完畢後，公司的資產還有剩余，股東有權參與剩余財產的分配的權利。

③優先受讓和認購新股權。經股東同意轉讓的出資,在同等條件下,其他股東對該出資有優先購買權;在公司增資發行新股時,股東基於其公司股東的資格享有優於一般人而按照原有的持股比例認購新股的權利。

(2) 管理權

股東以其所持股票比例有參與管理的權利。管理權使股東可以通過各種途徑對公司經營事務施加直接的影響,主要有參與股東大會權、表決權、提議權、諮詢權。

①參與股東大會權。這是一種固有權,是行使管理權的一種先決權利。只要在股東大會召開前、停止過戶期間之前登記在冊,股東就能夠行使這種權利,公司不得以任何理由排除,也不得附加任何其他行使條件。

②表決權。此權利是指股東基於其股東地位而享有的對股東大會的方案做出一定意思表示的權利。股東表決權包括兩類:一是對涉及公司事務根本性變化的事項表決;二是對公司董事、監事的選舉。這是一種固有權利,不能絕對排除,通行一股一權。除非發行、表決權受限制的股票,除非有法律、章程規定,不得對表決權施加任何相對限制,或剝奪。

③召集權與提議權。股東可以提議召開臨時股東大會,也可以提議股東大會以討論事項、表決事項。只有持有法律規定的最低比例或者以上公司股份的股東才有召集權。而提議權則為每個股東所享有,但提議的範圍受股東大會可以決議的事項所限,並不得向臨時股東大會提議。股東提議還必須經過董事會的篩選,並不是所有的提議都能記載到股東大會的開會通知上。

(3) 知情權

知情權就是股東有權獲得管理、監督、救濟的權利。知情權的內容主要包括財務會計報告查閱權、會計帳簿查閱權、對股東大會記錄和公司章程的查閱權、對股東名冊的查閱權、對公司重事項的行情權,以及請求法院指定專門審計人,對公司的業務進行審計。

(4) 救濟權

所謂救濟權,是指股東利益因與經營相關的行為或決定而受到損害或可能受到損害時,股東有權運用各種救濟手段予以救濟,大體包括股份買入請求權、危害行為停止請求權、申請法院解散或者清算公司的權利和股東訴訟權。

①股份買入請求權。在某些情況下,如有限責任公司中股份轉讓有限制而股東又要轉讓其股份,或股東大會通過公司營業轉讓或者公司合併的決議,有些股東反對該決議,請求公司以公正的價格買入自己的股份的權利。

②危害行為停止請求權。危害行為發生前的消極防衛權利,是股東對董事違法行為的制止,當公司的董事或其他高級人員對外代表公司活動時超越公司組織章程或條例,違反公司的規定,公司的股東有請求董事或其他高級人員停止其越權或違法行為。

③申請法院解散或者清算公司的權利。當控股股東濫用控製力對其他股東進行壓榨,嚴重迫害公司或其他中小股東利益時,若有理由相信股東共存於一個公司的基本信賴基礎已經喪失,中小股東有權申請法院質疑公司是否應該繼續存在,包括請法院解散公司、對公司進行重組。

④股東訴訟權，即當股東個人權利或公司權利受到侵害時，應當給予股東以請求法院進行保護的權利，包括為了個人利益的直接訴訟權和為了公司的利益的派生訴訟權。直接訴訟權則是當股東的個人利益受到侵害時，他可以基於其作為公司所有權人的股東身分提起旨在保護自己利益的訴訟，解決股東與公司之間的矛盾。派生訴訟權則指當公司的合法權益受到不法侵害而公司卻怠於起訴時，為了保護公司的整體利益，公司的股東以自己的名義代表公司起訴的權利。

股東訴訟權作為股東權益侵害的法律保護措施，除直接訴訟外，派生訴訟權作為維護公司利益進而維護中小股東利益的有效手段日益受到重視，中國《公司法》裡也寫入了這點。

4.2　股東(大)會及其運作機制

4.2.1　股東（大）會

股東（大）會（有限公司稱「股東會」，股份公司稱「股東大會」，以下統稱「股東會」），是指由公司全體股東組成的一個公司機構，它是公司的權力機關，是股東行使股東權利的組織。

在公司治理結構中，股東會作為公司權力機構是不可或缺的，股東會具有以下特徵：

（1）股東會由全體股東組成

公司的股東是公司股東會的當然成員，任何一名股東都有權出席股東會會議，而不論其所持股份的多少、性質。任何股東都有權行使作為股東會的一員所應當享有的權利，同樣也應該履行作為股東所應盡的義務。

（2）股東會是公司的最高權力機構

公司的資本來源於股東的出資，作為公司資產所有者的股東，理應對公司的營運、發展提出自己的要求，公司的發展應體現股東的意志。股東會最高權力機構的地位是從公司內部來說的，對外，股東會不代表公司進行活動。

（3）股東會是公司的必設機構

只有在特殊情況下，才可以不設立股東會，如中國《公司法》第六十七條關於國有獨資公司的特別規定：國有獨資公司不設立股東會，由國有資產監督管理機構行使股東會職權。

4.2.2　股東會權利

根據中國新《公司法》第三十六條的規定，股東會主要行使以下職權：

（1）決定公司的經營方針和投資計劃；

（2）選舉和更換非由職工代表擔任的董事、監事，決定有關董事、監事的報酬事項；

（3）審議批准董事會的報告；

（4）審議批准監事會或者監事的報告；

（5）審議批准公司的年度財務預算方案、決算方案；

（6）審議批准公司的利潤分配方案和彌補虧損方案；

（7）對公司增加或者減少註冊資本做出決議；

（8）對發行公司債券做出決議；

（9）對公司合併、分立、解散、清算或者變更公司形式作出決議；

（10）修改公司章程；

（11）公司章程規定的其他職權。

股東大會除具有法律規定的職權外，公司的出資人——股東還可以從公司實際出發，在不違背法律強制性規定的情況下，通過章程為股東大會規定必要的職權，例如規定由股東大會決定承辦公司審計業務的會計師事務所的聘任或解聘等。

上市公司股東大會職權還包括：

（1）有權對公司聘用、解聘會計師事務所作出決議；

（2）審議代表公司發行在外有表決權股份總數的5％以上的股東的提案；

（3）回購本公司股票；

（4）非經股東大會特別決議，公司不得與高級管理人員以外的人訂立將公司全部或重要業務的管理交予該人負責的合同；

（5）獨立董事由股東大會決定；

（6）依《證券法》上市如改變招股說明書中募集資金的用途，必須經股東大會批准。

4.2.3 股東會會議的類型及運行機制

由於股東會是由全體股東組成的，而股東會作為最高權力機構必須形成自己的意志，因此股東會只能通過會議的方式來形成決議，行使對公司的控製權。顯然股東會與股東會會議是不同的兩個概念，股東會是指公司的組織機構，而股東會會議是指股東會的工作方式，是股東會為了解決公司的問題，依據公司法或者公司的章程而召開的會議。

4.2.3.1 股東會會議類型

股東會會議一般分為定期會議和臨時會議兩類。

（1）定期會議，也稱為普通會議、股東會議、股東年會，是應當依照公司章程的規定按時必須召開的股東會會議。

定期會議每年至少應該召開一次，以便審議批准董事會的報告、監事會或者監事的報告、公司的年度財務預決算方案、公司的利潤分配方案和彌補虧損方案，並且與公司的財務核算年度相互協調，通常是在上一會計年度結束後的一定時期內召開。

（2）臨時會議，也稱為特別會議，是指在必要時，根據法定事由或者由於法定人員的提議而臨時召開的股東會會議，是相對於定期會議而言的。

法律規定的法定人員有三種：代表十分之一以上的表決權的股東；三分之一以上的董事；監事會或者不設監事會的公司的監事。這裡的「以上」包括本數，若是由監事會提議召開臨時股東會，還應當由監事會做出決議。這三類主體提議召開股東會會議時，董事會應當履行召集職責，使股東會依法召開。

公司章程還可以規定，當某些事由出現時公司應當召開臨時會議，比如公司需要就重大事項做出決策，或公司出現嚴重虧損，或公司的董事、監事少於法定人數，或公司董事、監事有嚴重違法行為需立即更換等情況。

4.2.3.2 股東大會的運作

4.2.3.2.1 會議的召集

股東大會是由全體股東組成的會議體機關，其權利的行使需召開由全體股東所組成的會議。但由於股東大會的性質以及公司的正常營運需要，股東大會不可能也沒有必要經常、隨意召開；另一方面，股東大會制度是為維護股東權益而存在，也應該在必要時發揮其應有的作用和功能，以防止該制度被不合理「架空」，損及股東利益。因此，由法律規定合理的股東大會召集制度便成為了必要。一般認為，股東大會的召集制度是關於股東大會召集條件，召集權利人，召集通知等各項規定的總和。規定合理、科學、完備的召集制度，對股東尤其是中小股東權利的保護以及股東大會和公司的正常運作意義重大。

（1）會議的召集人

中國現有《公司法》第四十一條規定，有限責任公司設立董事會的，股東大會會議由董事會召集，董事長主持；董事長不能履行職務或者不履行職務的，由副董事長主持；副董事長不能履行職務或者不履行職務的，由半數以上董事共同推舉一名董事主持。不設董事會的，股東會會議由執行董事召集和主持。董事會或者執行董事不能履行或者不履行召集股東會會議職責的，由監事會或者不設監事會的公司的監事召集和主持；監事會或者監事不召集和主持的，代表十分之一以上表決權的股東可以自行召集和主持。

（2）召集通知和時間

股東會是由全體股東組成的，所以召開股東會會議時要通知，這樣才可能保證股東知情並來參加會議。中國現行《公司法》第四十二條規定，召開股東會會議，應當於會議召開十五日以前通知全體股東，公司章程另有規定或者全體股東另有約定的除外。第九十一條規定，發起人應當在創立大會召開十五日前將會議通知各認股人或者予以公告。

4.2.3.2.2 會議的議事規則

股東會作為公司的最高權力機構，其權力是通過股東會會議來行使的，股東會會議對於公司來說是很重要的，股東會會議的召開有一定的議事規則，主要包括：

①股東的出席率。股東的出席率是指出席股東會會議的股東占全體股東的百分比。法律為了保護廣大小股東的利益，避免大股東運用自己對公司的控制優勢損害中小股東的利益，規定股東會會議必須有一定比例的股東出席才能召開，這樣通過的決議才

合法有效。對於股東出席率，中國現行《公司法》第九十一條規定，創立大會應有代表股份總數過半數的認股人出席方可舉行。

②表決要求。一項決議的通過要經過股東會會議的決議，而在表決時一般都要求經過出席會議的多數表決通過，學界稱此為多數決規則。多數決規則又可以分為簡單多數和絕對多數。簡單多數是指一項事件的通過只需要簡單多數，即 1/2 通過即可。絕對多數是指一項事件在表決通過時，要求絕對多數（2/3）同意才能通過。中國現行《公司法》對此有明確的規定。

對於有限責任公司，中國現行《公司法》第四十四條第二款規定，股東會會議做出修改公司章程、增加或者減少註冊資本的決議，以及公司合併、分立、解散或者變更公司形式的決議，必須經代表三分之二以上表決權的股東通過。該條第一款的規定是，股東會會議的議事方式和表決程序，除本法有規定的外，由公司章程規定。由此可以看出，中國《公司法》對一般決議的表決要求規定得不是很嚴格，把它賦予給了公司自己去解決。

對於股份有限公司，現行《公司法》第一百零四條規定，股東大會做出決議，必須經出席會議的股東所持表決權過半數通過。但是，股東大會做出修改公司章程、增加或者減少註冊資本的決議，以及公司合併、分立、解散或者變更公司形式的決議，必須經出席會議的股東所持表決權的三分之二以上通過。

③表決方式。對於有限責任公司，中國現行《公司法》第四十三條規定，股東會會議同股東按照出資比例行使表決權；但是，公司章程另有規定的除外。中國現行《公司法》對於表決方式的規定較為靈活，給予了充分自由。股東表決權行使的方式包括：一是本人投票制與委託投票制；二是現場投票制與通訊投票制；三是直接投票制與累積投票制。

對於股份有限公司，中國現行《公司法》第一百零四條規定，股東出席股東大會會議，所持每一股份有一個表決權；但是，公司持有的本公司股份沒有表決權。第一百零六條規定，股東大會會議選舉董事、監事，可以根據公司章程的規定或者股東大會的決議，實行累積投票制。第一百零七條規定，股份有限公司有股東可以委託代理人出席股東大會會議，代理人在授權範圍內行使表決權。

④會議記錄。《公司法》第四十二條第二款規定，有限責任公司的股東會應當對所議事項的決定做成會議記錄，出席會議的股東應當在會議記錄上簽名。

《公司法》第一百零八條規定，股份有公司的股東大會應當對所議事項的決定做成會議記錄，主持人、出席會議的董事應當在會議記錄上簽名。會議記錄應當與出席會議股東的簽名冊及代理出席委託書一併保存，以備后續查閱參考。

4.3 中小股東的權益與維護

4.3.1 中小股東及其權益

中小股東一般是指在公司中持股較少、不享有控股權，處於弱勢地位的股東，其相對的概念是大股東或控股股東。在上市公司中，主要指社會公眾股股東。

中小股東權益是上市公司股東權益的重要組成部分，上市公司的中小股東往往也是證券市場上的中小投資者。中國《公司法》第一百三十條規定「同股同權、同股同利」的股份平等原則，每一股份所享有的權利和義務是平等的。因此，中小股東與大股東同為公司的股東，在法律地位上是一致的，都享有內容相同的股東權，其權益本質也是一致的。

但是，由於中國證券市場是從計劃經濟環境中產生的，因而從其誕生的那一天起，在制度設計方面就存在某些局限性。而股權分置狀況的存在，導致大股東和社會公眾股股東客觀上存在利益矛盾和衝突，社會公眾股股東利益的保護難以真正落到實處。如上市公司再融資時，「大股東舉手，小股東掏錢」的現象還普遍存在。大股東對小股東侵害行為的根源主要在於「一股獨大」和法律制度的欠缺。一方面，國有股（或法人股）「一股獨大」，對控投股東行為缺少有效制約，中小股東的權益得不到有效保護，投資者和經營管理層之間有效約束機制難以建立。國家所有權的代理行使缺乏妥善措施，上市公司往往出現內部人控製的現象。內部人控製下的一股獨大是形成大股東對中小股東侵害行為的直接原因。另一方面，中國《公司法》對表決權的規定比較簡單，基本原則為股東所持每一股份有一表決權；股東可以委託代理人行使表決權。一股一票表決權在使大股東意志上升為公司意志的同時，卻使小股東的意志對公司決策變得毫無意義，使股東大會流於形式，從而出現小股東意志與其財產權益相分離的狀態，這在一定程度上破壞了股東之間實質上的平等關係。

為了促進中國證券市場的良性發展，切實保護中小股東的權益，我們應該切實解決上述兩個根源性問題。

「一股獨大」是證券市場設立初期制度上造成的特殊現象，它使得國家股、法人股上市流通問題成為中國證券市場「牽一發而動全身」的歷史遺留問題。這個問題之所以遲遲未能得到解決，其癥結主要在於：①國家股、法人股歷史存量太大。證券市場發展的二十多年來，二者合計占總股數的比例一直維持在 60%～70%。②國家股、法人股的上市會影響國家的控股地位，容易導致國有資產的流失和國家經濟控製力的喪失。

4.3.2 中小股東權益的維護

縱觀世界各國，維護中小股東合法權益的舉措大致有以下幾種：

4.3.2.1 累積投票權制度

累積投票權制度作為股東選擇公司管理者的一種表決權制度，最早起源於美國伊利諾伊州《憲法》的規定。后逐漸為各國效法。

按照適用的效力不同，累積投票權制度可以分為兩種：

①強制性累積投票權制度，即公司必須採用累積投票權制度，否則屬於違法。

②許可性累積投票權制度。許可性累積投票權制度又分為選出式和選入式兩種，前者是指除非公司章程做出相反的規定，否則就應實行累積投票權制度；後者是指除非公司章程有明確的規定，否則就不實行累積投票權制度。累積投票權制度的立法政策隨著現代制度的成熟與公司治理結構的完善而呈現漸趨寬鬆的發展趨勢。

2002年中國證監會頒布的《上市公司治理準則》規定：「控投股東控股比例在30%以上的上市公司，應當採用累積投票制。採用累積投票制度的上市公司應在公司章程裡規定該制度的實施細則。」中國證監會以規章的形式肯定了累積投票制，是對這方面法律空白的填補。目前中國已有許多上市公司在公司章程中添加了該細則。

【閱讀】

直接投票制與累積投票制

直接投票制奉行資本多數決原則，貫徹大股東控制公司的權利義務對等理念。股東會議決議與大股東意志一致，在行使表決權時，針對某一項決議，股東只能將其持有股份代表的表決票數一次性直接投在這些決議上。

累積投票制是指股東大會選舉董事或監事時，每一股份擁有與應選董事或者監事人相同的表決權，股東擁有的表決權可以集中使用，即股東大會在選舉兩名以上董事時，一個股東可以投票的總數等於其所持有的股份數額乘以應選董事的人數；票數多的董事候選人將按順序當選，股東可以不必為每位董事投票，而將其總票數投給一位或幾位候選人，從而產生代表己方利益的董事。

這兩種投票制均以同股同權、一股一權為基礎，但在表決票數的計算和具體投向上存在根本差異。

如何保證小股東選舉候選人的最低股份數？威廉姆斯和坎貝爾關於精確計算股東選舉特定董事所需的股份數有公式如下：

$$X = (Y \times N_1) / (N_2 + 1) + 1$$

其中，X代表某位股東欲選出特定數額董事所需的最低股份數；Y代表股東大會上享有投票權的股份總數；N_1代表某股東欲選出的董事人數；N_2代表應選出的董事總人數。

由上述公式可知，被選舉人數越少，累積投票制發揮的作用就越小，在極限狀態下，即僅有1名候選人的情況下，與直接投票制度一致，沒有差別。

累積投票制是為了保護中小股東權益而設立的，累積投票制可在股份相對較少的情況下，仍然能集中選票，為代表己方利益的候選人爭得席位。但在大股東股份占絕對優勢的情況下或候選人數量太少的情況下，效果與直接投票制無二。

實施累積投票制需要滿足以下要求：第一，以中小股東積極參與投票為前提；第二，小股東持有或合計持有一定數量的表決權為條件；若小股東持股數量過低，與大股東相差太大或者中小股東一致行動缺乏有效性，則累積投票制難以發揮積極作用。第三，中小股東有自己的候選人，否則累積投票制度無實質意義；第四，大股東即控股股東不可利用其控制權設置障礙。

累積投票制給予小股東將其代言人選入董事會的機會，在一定程度上達到抑制大股東操縱公司的目的。累積投票制在不違背資本多數決的原則下，有效補充了其不足，實現了實質意義上的股權平等。該投票制度也是現代公司「三權分立」領導體制的權力制衡方式，有利於保障公司準確決策、統一執行和有效監督。小股東選舉的董事牽制代表大股東的董事的行為，最重要的體現是公司治理的目的———保護中小股東的權益，刺激小股東的投資積極性、參與監督的積極性，有利於中小股東「用腳投票」轉為「用手投票」，弱化投機行為，完善股票市場。

4.3.2.2 強化小股東對股東大會的請求權、召集權和提案權

（1）請求權的強化

中國《公司法》第一百零四條規定，持有公司股份10%以上的股東請求時，董事會應當召集臨時股東大會。從目前看，此比例過高，建議將10%的持股比例降至一個合理的程度，如5%或3%。

（2）自行召集權

中國《公司法》規定，股東有召集請求權，但沒有規定董事會依請求必須召開股東大會，也沒有規定董事會拒絕股東的該項請求時應如何處理，故法律還應規定小股東有自行召集股東大會的權力。

（3）提案權

股東提案權是指股東可就某個問題向股東大會提出議案，以維護自己的合法權益，抵制大股東提出的或已通過的損害小股東利益的決議。股東提案權能保證中小股東將其關心的問題提交給股東大會討論，實現對公司經營決策的參與、監督和修正。

4.3.2.3 類別股東表決制度

類別股東是指在公司的股權設置中，存在兩個以上的不同種類，不同權利的股份。具體區分包括發起人股、非發起人股；普通股、優先股；無表決權股份，特殊表決權股份（如雙倍表決權）；不同交易場所的股份，如在香港聯交所、倫敦交易所、紐約交易所上市股份；關聯股東股份、非關聯股東股份等。進行股東類別區分的實質是優化股東的優勢，保護弱勢股東的利益。類別股東大會在中國尚未有明確的規定，但實際上已存在國有股、法人股、個人股或從主體角度劃分的發起人股和社會公眾股。

類別股東表決制度是指一項涉及不同類別股東權益的議案，需要各類別股東及其他類別股東分別審議，並獲得各自的絕對多數同意才能通過。如根據香港公司條例的規定，只有獲得持該類別面值總額的3/4以上的絕大多數同意或該類別股東經分別類別會議的特別批准，才能通過決議；歐盟《公司法》第五號指令第四十條、臺灣地區

所謂的公司法第一百五十九條也有類似制度的規定。第五號指令第四十條就明確指出，如果公司的股份資本劃分為不同的類別，那麼股東大會決議要生效，就必須由全體受該決議影響的各類股東分別表決並同意。這樣，中小股東就有機會為自身的利益對抗大股東的不公正表決。

但是「類別股東投票」也有自身的局限性：不能過分強化股東的分別，不能過度使用，否則會造成各類股東代表過分追求自身利益的最大化，致使衝突升級，從而影響公司的穩定發展。

為了穩定有效地推行「類別股東表決制度」，我們認為：

（1）「類別股東表決制度」要逐步推行。對於類別股東投票制度的實施是有成本的，同時還需要相關配套條件作支撐，即會帶來治理成本的增加；雖然從長期來看，這種投資是適應的，但在目前流通股東參與較少、網上投票、徵集投票權尚未實行的現實情況下，公司實行這種制度時還應量力而行。

（2）平衡各類股東的利益是實施成功的關鍵。在中國國有非流通股「一股獨大」的現實情況下，流通股股東的合法權益難以保障，已是不爭的事實。完善並推廣類別股東表決機制無疑是治「病」的一劑良藥。但是，我們採用類別股東投票機制來保護中小股東利益，並不是要削弱或否定非流通股東的控制權，減弱或影響他們正常的決策權利，干預公司高層的日常管理，而是要在大股東單獨做出決定之前，給中小流通股股東代表自身利益說話的機會，尊重他們的意見，即兼顧和平衡非流通股股東和流通股東的權益，實現公司價值的最大化。

（3）完善配套制度是制度保障。關於「類別股東表決制度」的具體實施，還需要一系列配套制度的支持。類別股東大會的召開形式無非是三種：傳統的現場形式、通訊形式、網上投票。目前應該大力推廣網上投票，讓更多的流通股股東參與投票。流通股股東網上投票機制可以極大彌補分散在各地的流通股股東不能及時到達會場參加股東大會的缺陷，盡可能促使更多的中小股東關心自身的利益。

（4）加強投資者關係管理是基礎。公眾股東要有效地參與表決，首先要對將要表決的事項有較準確的、詳細的瞭解，這些都要求公司大力加強與公眾股東的溝通與交流，即加強投資者關係管理，這是「類別股東表決機制」成功實施的基礎。

中國證監會於2004年12月7日頒布了《關於加強社會公眾股股東權益保護的若干規定》，規定要求中國上市公司建立和完善社會公眾股股東對重大事項的表決制度。

4.3.2.4　建立有效的股東民事賠償制度

中國現行的《公司法》為股東民事賠償提供了權利根據，仲介程序法上的訴權領域尚有空白。《公司法》第六十三條規定：「董事、監事、經理執行公司職務時違反法律、行政法規或者公司章程的規定，給公司造成損害的，應當承擔賠償責任。」《公司法》第一百一十八條規定：「董事會的決議違反法律、行政法規或者公司章程，致使公司遭受嚴重損失的，參與決議的董事對公司負賠償責任。」根據上述規定，一旦中國建立了股東代表訴訟制度和投資者集體訴訟制度，可以將蓄意侵犯股東利益特別是中小股東利益的公司董事、監事、經理及其他管理人員告上法庭，那些以身試法者必將為

此付出沉重的代價。

4.3.2.5 建議表決權排除制度

表決權排除制度也被稱為表決權迴避制度，是指當某一股東與股東大會討論的決議事項有特別的利害關係時，該股東或其代理人均不得就其持有的股份行使表決權的制度。這一制度在德國、義大利等大陸法系國家得到了廣泛的應用。如韓國商法規定，與股東大會的決議有利害關係的股東不能行使其表決權。臺灣地區和香港地區的立法也採納了表決權排除制度。確立表決權排除制度實際上是對利害關係和控股股東表決權的限制和剝奪，因為有條件、有機會進行關聯或者在關聯交易中有利害關係的往往都是大股東。這樣就相對地擴大了中小股東的表決權，在客觀上保護了中小股東的利益。通常認為，在涉及利益分配或自我交易的情況下，股東個人利益與公司利益存在衝突，因此實施表決權排除制度是必要的。

4.3.2.6 完善小股東的委託投票制度

委託投票制是指股東委託代理人參加股東大會並代行投票權的法律制度。在委託投票制度中，代表以被代表人的名義，按自己的意志行使表決權。中國《公司法》第一百零八條規定：「股東可以委託代理人出席股東大會，代理人應當向公司提交股東授權委託書，並在授權內行使表決權。」《上市公司治理準則》第九條規定：「股東既可以親自到股東大會現場投票，也可以委託代理人代為投票，兩者具有同樣的法律效力。」但在中國現實中，委託代理制被大股東作為對付小股東的手段，發生了異化。中國公司法立法的宗旨是為了保護小股東，國際上近來對此採取了比較嚴格的限制措施。義大利公司法規定，董事、審計員、公司及其子公司雇員、銀行和其他團體不得成為代理人。

4.3.2.7 引入異議股東股份價值評估權制度

異議股東股份價值評估權具有若干不同的稱謂，如公司異議者權利、異議股東司法估價權、異議股東股份買取請求權、解約補償權或退出權等。它是指對於提交股東大會表決的公司重大交易事項持有異議的股東，在該事項經股東大會資本表決通過時，有權依法定程序要求對其所持有的公司股份的「公平價值」進行評估並由公司以此買回股票，從而實現自身退出公司的目的。該制度的實質是一種中小股東在特定條件下解約退出權。它是股東從公司契約中的直接退出機制，導致了股權資本與公司契約的直接分離。

各國公司法對異議股東股份價值評估權制度適用範圍的規定各不相同，但一般都適用於公司併購、資產出售、章程修改等重大交易事項，並允許公司章程就該制度的適用範圍做出各自的規定。從而，使中小股東對於在何種情況下自身享有異議者權利有明確的預期，並做出是否行使異議者權利的選擇。

4.3.2.8 建立中小股東維權組織

建立專門的維護中小股東和中小投資者權益的組織、機構或者協會，為中小股東維護合法權益提供后盾和保障。中小股東的權益受到侵害時，往往由於其持股比例不

高、損害不大而且自身力量弱小、分散的特點而怠於尋求救濟和保護。在這方面，我們可以借鑑德國、荷蘭和臺灣等國家和地區的股東協會制度和中小投資者保護協會制度，由協會代表或組織中小股東行使權利。這樣可以降低中小股東或者中小股東權利的成本，減少中小股東因放棄行使權利而導致大股東更方便控制股東大會、董事會及公司經營的情況。應該說，中國現在有越來越多的小股東有維權意識，但是還沒有一個組織能夠提供有效的幫助。

【思考與練習】

1. 什麼是股東？公司的股東可分成哪些類型？
2. 什麼是股東大會？臨時股東大會與定期股東大會有何區別？作用如何？
3. 股東投票制度如何操作？有哪些適用制度？
4. 中小股東權益保護如何進行？可用途徑有哪些？有何限制條件？
5. 案例分析題

案例一　股東會是否有權決定股東股份轉讓價格

案情：甲有限公司章程規定：「當股東職位由高職位變為低職位時，對超過低職位標準部分的出資額必須轉讓」；「股東有參加股東會會議並執行股東會決議的義務」。乙為甲公司股東之一，並在甲公司擔任中層幹部，后乙提出辭去職務，獲準后被調任一般職員。於是甲公司股東會經決議作出「該年度因各種原因轉受股份的價格為每股1.2元」的決定，甲公司據此向乙發出通知，要求乙按此價格轉讓其股份。乙明確表示不接受，雙方便對簿公堂。

分歧意見：

第一種觀點認為，股東會決議有權決定股份轉讓價格，乙拒不執行股東會決議損害公司的合法權益。理由是：①公司法並未規定股份轉讓價格的確定方法，不排除可通過股東會決議形式予以確定。②股權是財產權，但並不具所有權性質，公司章程既然規定股東在條件成就時應無條件轉讓其股份，應視為公司股東約定了股東在此條件成就時對股權的處分權的喪失，此處分權應包括對股份的轉讓與否及價格兩方面內容。

第二種觀點認為，公司以股東會決議形式決定股份轉讓價格是對股東權的侵犯。該案中股東會以決議形式確定的股權轉讓價格，只能是一個基礎價格，應當由轉、受讓雙方結合公司不良資產率、國家產業政策、公司發展前景等對股權價值有重大影響的因素，在充分協商的基礎上加以確定。即使協商不成，也應以雙方共同委託的第三方依據通行做法提供參考價格後再行確定，或者通過訴訟途徑解決。

【思考問題】

你認為該案例產生的分歧意見的根源是什麼？你較為讚同哪一種觀點？為什麼？

案例二　矽肺病農民工索賠案中的責任有限性

2005年12月20日完結的赤峰航峰礦產開發公司（簡稱「航峰公司」）矽肺病農民工索賠一案中，北京航星公司和松山區老府鎮政府為投資方，同時雙方也是航峰公

司的管理方。作為出資人，出資雙方都按時履行了出資義務，不存在虛假出資和抽逃資金等問題，但是由於雙方都參與到航峰公司的管理中，應該知曉公司在經營過程中存在的忽視工人生命健康安全問題。所以在明知經營運作可能致使工人患矽肺病的情況下，仍然維持公司的原有運作，給工人帶來了不可挽回的傷害。因公司1999年已宣告破產，北京航星公司以責任有限性和自己完全履行出資義務作為該索賠抗辯理由。

【思考問題】

北京航星公司是否應當承擔民事責任？

案例三　累積投票的作用

一公司共有100股，股東甲擁有15股，乙擁有另外85股。每股具有等同於待選董事或監事人數的表決權（如選7人即每股有7票）。

【思考問題】

請對比分析普通投票制與累積投票制結果，說明累積投票是如何發生作用的？

5　董事會模式及董事的責任

【本章學習目標】
1. 瞭解董事會的概念以及董事會的特徵；
2. 理解獨立董事的「獨立性」含義與獨立董事的作用；
3. 掌握董事的分類、董事的選舉、任期以及任職資格；
4. 重點掌握董事會的模式、董事的權利與義務，以及中國法律、法規對獨立董事的相關規定。

5.1　董事

5.1.1　董事及其類別

5.1.1.1　董事

董事就是董事會的成員，是由股東大會選舉產生的。由於公司並無實際的形態，其事務必須由某些具有實際權力和權威的人代表公司進行管理，這些人被稱為「董事」。董事是公司治理的主要力量，對內管理公司事務，對外代表公司進行經濟活動。不僅自然人可以擔任公司董事，法人也可以擔任公司董事。但是在法人擔任公司董事時，需要指定一名符合條件的自然人作為其法定代表，即為董事長。

董事具有以下權利：①業務執行權，即對日常事務的業務執行權與重大事項的具體業務的執行權；②出席董事會和股東大會並對決議事項投票表示讚成或反對的權利；③在特殊情況下代表公司的權利，主要有代表公司向政府主管機關申請設立、修改公司章程，發行新股，發行公司債券，變更、合併以及解散等各項登記的權利；④依照公司章程獲取報酬津貼的權利。

董事具有以下義務：①謹慎和忠實義務。董事應具有謹慎和善良的品質，能夠盡最大努力來履行自己的義務，並必須能夠保守本公司的商業秘密，如果這方面出現失職行為必須承擔責任。②對公司承擔不得逾越權限的義務。董事應當對董事會的決議承擔責任，董事會的決議違反法律、行政法規或者公司章程，致使公司遭受嚴重損失時，參與決議的董事對公司負賠償責任。③競業禁止義務。董事不得自營或者為他人經營與其任職公司同類的經營活動。

【思考】董事可以辭職嗎？

A公司系一家依法設立的中外合資股份有限公司，A公司章程規定董事的任期為3年。

2004年5月，孫某出任A公司董事。

2006年9月和11月，孫某三次發函表示不再繼續擔任A公司董事和履行董事職責。

2007年1月，A公司通過股東會及董事會決議，以公司章程規定董事任期為3年、孫某還沒有完成任期為由，拒絕孫某辭去董事職務。

為此，孫某將A公司告上法庭。請求判令：依法解除原告孫某擔任被告A公司董事職務。

被告A公司辯稱，A公司章程規定董事的任期為3年，原告任職僅2年多，任期未滿；另原告的辭職導致A公司董事會僅有2人，低於法定3人，在公司董事依法變更登記前，原告應繼續履行董事職務。

請問：原告孫某是否有權提出辭職？

5.1.1.2 董事的類別

根據董事的來源和獨立性，可以把董事劃分為內部董事和外部董事。內部董事是相對於外部董事而言的，一般是指出任公司董事的是本企業的職工或管理人員。而在外部董事當中，也可能有與本企業的員工有著某種關係（如親戚關係）或者與本企業有著經濟利益關係的董事，所以外部董事又可以劃分為非執行董事和獨立董事。

（1）內部董事

內部董事也稱作執行董事，一般指現任公司的管理人員或雇員以及關聯方經濟實體的管理人員或雇員。他們既是公司的雇員，也可以是與本企業有著經濟關聯的企業的員工，如母公司的總經理出任子公司的董事。出席董事會是內部董事的義務，他們一般不能領取作為董事的薪金。由於內部董事是公司的內部員工，所以他們在公司治理結構中的監督作用有限。

（2）非執行董事

非執行董事也叫灰色董事，或者非獨立非執行董事，指與本公司或管理層有著個人關係的或者經濟利益聯繫的外部董事。灰色董事可以是執行董事的家庭成員、代表公司的律師、長期的諮詢顧問、與公司具有密切的融資關係的投資者或商業銀行家，或者其他來自與本公司發生真實商業交易的公司的人。灰色董事可能由代表董事、專家董事等構成，目前這種由非執行董事為多數的董事會是中國上市公司董事會組成的一種主要表現形式，但是這種形式的董事會的監督作用依然有限，對它所發揮的作用仍需做出鑑別。

（3）獨立董事

獨立董事（Independent Director）又稱獨立非執行董事，是指獨立於管理層，與公司沒有任何可能嚴重影響其做出獨立判斷的關係的董事。非執行董事可區分為獨立非

執行董事（即獨立董事）和非獨立非執行董事（即灰色董事）。獨立董事的獨立性一般體現在三個方面：①與公司不存在任何雇傭關係；②與公司不存在任何交易關係；③與公司高層職員不存在親屬關係。有關獨立董事相關內容於本章第三節專門討論。

董事的分類可以概括為圖5.1。

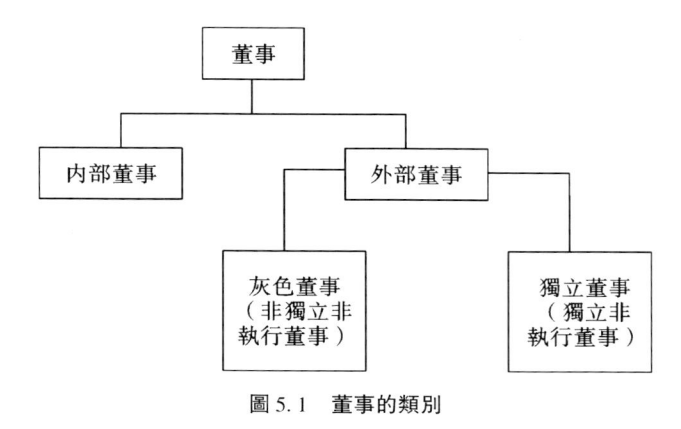

```
                    董事
                     │
         ┌───────────┴───────────┐
         │                       │
       內部董事                 外部董事
                                 │
                       ┌─────────┴─────────┐
                       │                   │
                    灰色董事             獨立董事
                   （非獨立非           （獨立非
                    執行董事）          執行董事）
```

圖5.1　董事的類別

5.1.2　董事的提名、選舉、任免與任期

5.1.2.1　董事的提名與選舉

董事是由股東大會選舉產生的。中國《公司法》第三十八條第二款規定，股東會有選舉和更換非由職工代表擔任的董事、監事的權利。在提名與選舉董事的時候應該考慮以下幾個問題：首先，董事應該是成年人。其次，要考慮董事的管理背景，董事畢竟是管理職位，擁有豐富管理背景的人更適合擔任董事職位。最後，要考慮董事的知識結構，在知識經濟時代，董事的知識結構顯得特別重要，根據行業的性質選擇更加專業的董事能對公司的重大決策起到關鍵的作用。

5.1.2.2　董事的任免

董事一般由股東會任免，當董事會中需要有職工代表時，作為職工代表的董事應由職工通過民主選舉的方式產生。對此，中國《公司法》第四十五條規定：兩個以上的國有企業或者兩個以上的其他國有投資主體設立的有限責任公司，其董事會成員中應當有公司職工代表；其他有限責任公司董事會成員中可以有公司職工代表。董事會中的職工代表由公司職工通過職工代表大會、職工大會或者其他形式民主選舉產生。董事會設立董事長一人，可以設副董事長一人。董事長、副董事長的產生辦法由公司章程規定。

5.1.2.3　董事的任期

中國《公司法》第四十六條規定：董事任期由公司章程規定，但每屆任期不得超過三年。董事任期屆滿，連選可以連任。

董事任期屆滿未及時改選，或者董事在任期內辭職導致董事會成員低於法定人數

的，在改選出的董事就任前，原董事仍應當依照法律、行政法規和公司章程的規定，履行董事職務。

5.1.3 董事的任職資格

董事與股東不同，不是任何人都可以成為董事，而對股東來說任何持有公司股份的人都是公司的股東。董事是由股東會或者職工民主選舉產生的，當選為董事後就成為董事會成員，就要參與公司的經營決策，所以董事對公司的發展具有重要的作用，各國公司法對董事任職資格均做出了一定限制。

中國《公司法》第一百四十七條規定，有下列情形之一的，不得擔任公司的董事：
（1）無民事行為能力或者限制民事行為能力；
（2）因犯有貪污、賄賂、侵占財產、挪用財產或者破壞社會主義市場經濟秩序，被判處刑罰，執行期滿五年，或者因犯罪被剝奪政治權利，執行期滿未逾五年；
（3）擔任破產清算的公司、企業的董事或者廠長、經理，對該公司企業的破產負有個人責任的，自該公司、企業破產清完結之日起未逾三年；
（4）擔任因違法被吊銷營業執照、責令關閉的公司、企業的法定代表人，並負有個人責任的，自該公司、企業被吊銷營業執照之日起未逾三年；
（5）個人所負數額較大的債務到期未清償。

公司違反前款規定選舉、委派董事、監事或者聘任高級管理人員的，該選舉、委派或者聘任無效。董事在在任職期間出現上述情形之一的，公司應當解除其職務。

5.2 董事會

5.2.1 董事會及董事會模式

5.2.1.1 董事會

董事會是由股東大會選舉的董事組成的，它是代表公司行使其法人財產權的會議體機關。董事會是公司法人的經營決策和執行業務的常設機構，經股東大會的授權能夠對公司的投資方向及其他重要問題作出戰略決策，董事會對股東大會負責。

董事會在性質上與股東大會不同，股東大會是公司最高權力機關，董事會是公司常設的決策機構。董事會對作為行使法人財產權的機構，其主要職責是對公司經營進行戰略決策以及對經理人員實施有效的監督，因此，可以說董事會處於公司治理結構中的核心地位，規範董事會的建設是規範公司治理結構的中心環節。大型企業的董事會，因其決策職能涉及面寬、工作量大，常常需要在董事會下設立一些專門委員會，如執行委員會、財務委員會、審計委員會、人事任免委員會、法律委員會等。

5.2.1.2 董事會模式

由於各國的歷史文化、政治經濟等因素的不同，各國的董事會模式也有所不同，

概括起來大體可以分為三種模式：單層制的英美模式、雙層制的德國模式以及業務網絡制日本模式。

（1）單層制董事會

單層制董事會即股東將經營決策權和監督權全部委託給董事會，由董事會全權代理股東負責管理公司的經營。單層結構在外部市場監督強而內部監督弱的情況下，開始著手於董事會內部執行與監督的分離。單層制董事會由執行董事和獨立董事組成，這種董事會模式是股東導向型。美、英、加、澳大利亞和其他普通法國家一般採用這種模式。

英美單層委員會制以經營者控製為特徵，高度依賴資本市場，主要通過外部治理實現對企業「制衡」所有權集中度較低，是一種以股東意志為主導的治理模式。其特點主要為：

①股東高度分散，以股票市場和經理人市場為主導的外部控製機制高度發達。英美國家股東很少有積極性去監督公司經營管理，他們一般不長期持有某種股票，在所持有股份的公司業績不好時，投資者一般不干預公司運轉，而是賣出該公司股票。因此，單個股東對公司的控製主要是通過證券市場，表現為「用腳投票」。

②在董事會內部設立不同的以獨立董事為主的職能委員會（見圖5.2），以便協助董事會更好地進行決策與監督。英美公司治理結構由股東大會、董事會及經理層三者構成。股東大會是公司最高權力機構，董事會是公司決策和監督機構，擁有較大的權力，不單設監事會。職能委員會的設置依公司的規模、性質而有所差異，但是大部分英美公司中，多數公司都設置了下述的職能委員會如執行委員會、審計委員會、提名委員會、報酬委員會、公共政策委員會等。從整體上看，董事會的委員結構實現了業務的分立執行與監督，其獨特的結構設計使董事會與外部治理相融合，並在以執行職能為主的運作中，保持一定的監督上的獨立性。

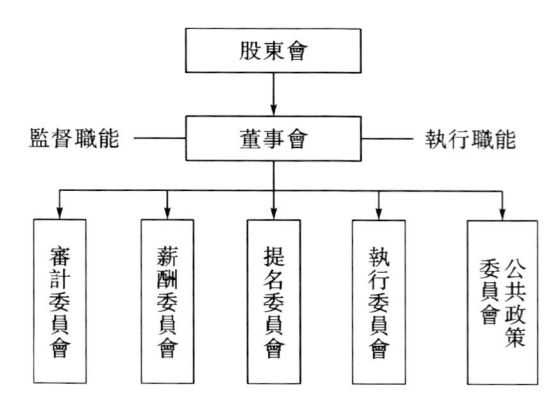

圖5.2　英美製單層董事會模式結構

在眾多職能委員會中，審計委員會、薪酬委員會和提名委員會是最為基本和關鍵的三個，分別對公司內部的財務審計、高級經理的薪酬組合，以及繼任董事的提名負責，其中提名委員會同時還包括對現有董事會的組成、結構、成員資格進行考察，以

及進行董事會的業績評價。需要強調一點的是，將董事會業績評價作為公司治理的持續驅動力，通過實施科學而全面的業績評估，能夠有效幫助董事會及時發現在履職能力和履職效果方面的薄弱環節，進而協助董事會制定出富有針對性的改善計劃，實現董事會的持續優化。

③20世紀80年代，隨著企業在業務和地域上的擴張和企業之間競爭的加劇，企業經營所面對的複雜性、動態性增加，傳統的董事會董事長——總經理模式把決策與執行相分離，增加了管理層次，降低了企業的反應速度，不適應日益激烈競爭的市場需要。這樣CEO制度應運而生，依附於董事會，負責公司戰略管理和日常經營，美國大多數公司的董事長兼任CEO。

④採取了大量的措施來改進董事會，如增加大量的外部人，特別是獨立董事，委員會主要由外部人組成，削弱董事會和CEO之間的權力。

（2）雙層董事會模式

雙層董事會即股東將經營決策權委託給執行董事會（簡稱董事會），另設一個監督董事會（簡稱監事會）專門行使監督職能（見圖5.3所示）。雙層制董事會一般來說由一個地位較高的董事會監管一個代表相關利益者的執行董事會。股東大會選舉監事會，再由監事會任命董事。監事會對股東大會負責，董事會對監事會負責。雙層結構在外部市場監督弱而內部監督分散化的情況下，開始致力於董事會和監事會在監督職能方面的整合。這種董事會模式是社會導向型的，德國、奧地利、荷蘭和部分法國公司等均採用該模式。

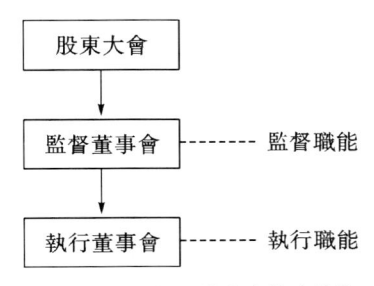

圖5.3 德國雙層董事會模式結構

以德國為主的雙層董事會的特點：

①股東相對集中、穩定。在雙層制董事會的典型國家——德國，法人相互持股，商業銀行也可是公司的主要股東，股東監督是主動的和積極的。公司股東通過一個可依賴的仲介組織來行使股東權力，通常是一家銀行，即所謂「主銀行」來代替他們控制與監督執行董事會和CEO的行為，憑藉內部信息優勢，發揮實際的控製作用。如果對經理層不滿意，就直接「用手投票」。與英美相比，德國證券市場欠發達，股權集中度高，外部市場約束在公司治理中的作用非常有限。

②監督董事會的權力高於執行董事會。在德國公司中，執行董事會和監督董事會雖然同設於股東會之下，但監督董事會的地位和權力在某些方面要高於執行董事會。監事會的權責主要體現在決策和監督，執行董事會的主要職責是執行。執行董事會每

年應向監督董事會報告公司的經營政策和長遠計劃以及經濟效益的情況，每季度報告經營狀況，對公司重大的經營狀況也應及時報告。如果監督董事會有要求，董事會還應對某事務做專門的匯報。所以，儘管監督董事會並不參與公司的實際經營管理，但對公司的經營方針會產生重要的影響。雙層制董事會的監事會是一個實實在在的股東行使控製與監督權力的機構。

③在公司內部，監督董事會成員不能再兼任執行董事。法律規定，被控股公司不得向控股公司派出監事，兩個公司也不得互相派遣自己的董事出任對方的監事，只能是以一方派出的董事出任另一方的監事。

④監督董事會由股東代表和雇員共同組成。德國公司的監督董事會一般由 3～21 人組成，其中股東代表和雇員代表各占一半。在大多數公司的監督董事中，還包括一名從公司外部聘請的「中立」的監事，一般是專家學者、著名企業家或退職的政府官員，他的一票有可能在監督董事會表決中起決定性作用。監督董事會的成員一般要求有比較突出的專業特長和豐富的管理經驗。在德國公司共同決策的營運模式下，股東代表由股東大會選舉產生，但公司章程也可以規定授予某些人或機構一定的任命監事會成員的權力。雇員代表則由雇員投票選舉產生，選舉通常有一定的法律程序，並將選舉權按一定比例分配給藍領工人、白領工人和管理人員。

(3) 業務網絡模式

業務網絡模式又稱為日本模式，特指日本公司的治理結構（見圖 5.4 所示）。日本企業的股權結構的一大特徵就是法人相互持股，這主要是指日本對企業間的相互投資不加限制，不同的企業法人相互之間持有對方的股份。日本的法人股東和德國的一樣，主要也是由銀行、保險等金融機構以及企業法人組成。日本法人相互持股的一個重要原因是為了加強企業之間的聯繫，日本主銀行和企業保持的是一種相互持股關係，即以主銀行為主，若干個大型工商企業及金融機構等相互交叉持股，彼此間形成事實上相互控製的網絡關係。日本企業董事會治理模式與德國的有些相似，但又不完全相同，其主要特點有：

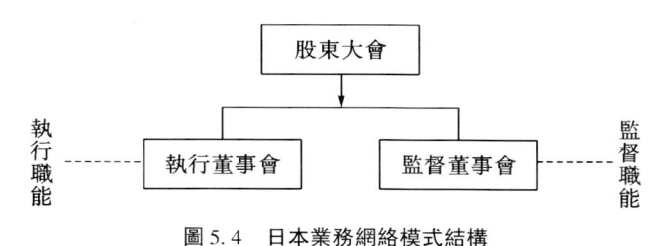

圖 5.4　日本業務網絡模式結構

①設立監事會。公司治理結構由股東大會、董事會和監事組成。董事會集業務執行與監督職能於一身，但同時又設有專門從事監督工作的監事會，即雙層制公司治理模式。監事會和董事會是平等機構，均由股東大會選任和罷免，相互之間沒有隸屬關係。

②內部董事居多。日本公司的董事幾乎全部由內部董事構成，決策與執行都由內部人員承擔，大多數董事由事業部部長或分廠的領導兼任。此外，董事會也是個等級

型結構，其中名譽董事長的地位最高，一般由前任總經理擔任，主要利用其聲望與外界進行聯繫，其次是總裁，董事又按職位高低分高級管理董事、管理董事以及董事。

【閱讀】中國董事會模式

中國董事會模式某種意義上屬於雙層制模式，即除了股東大會和董事會以外，還有監事會，但又不是純粹的德國或者日本的雙層制模式，因為中國的董事會也效仿英美模式設立了獨立董事制度。中國的董事會模式與德日的雙層制董事會的主要區別有：

第一，中國的監事會不像德國的監督董事會那樣，可以任命董事會的成員。

第二，中國的監事會的權力僅限於監督權，不像德國的監督董事會一樣擁有公司管理與決策權。

第三，中國是獨立董事與監事會雙管齊下的監督制度。中國的獨立董事制度在日益發展，目前對上市公司的規定除了要求設置監事會以外，還要求董事中要有三分之一以上的獨立董事。

5.2.2 董事會的職權

中國《公司法》第四十七條、第一百零九條規定，董事會對股東負責，行使下列職權：

①負責召集股東大會，並向大會報告工作；
②執行股東大會的決議；
③決定公司的經營計劃和投資方案；
④制訂公司的年度財務預算方案、決算方案；
⑤制訂公司的利潤分配方案和彌補虧損方案；
⑥制訂公司增加或者減少註冊資本、發行債券或其他證券及上市方案；
⑦擬訂公司重大收購、回購本公司股票或者合併、分立和解散方案；
⑧決定公司內部管理機構的設置；
⑨聘任或者解聘公司總經理、董事會秘書；根據總經理的提名，聘任或者解聘公司副總經理、財務負責人等高級管理人員，並決定其報酬事項和獎懲事項；
⑩制定公司的基本管理制度；
⑪公司章程規定或股東大會授予的其他職權。

5.2.3 董事會的特徵

無論是單層制的英美模式，還是雙層制的德日模式，董事會都是公司治理的核心。各國的董事會都具有其各自的特徵，根據中國《公司法》的規定，中國的董事會主要具有以下一些特徵：

（1）董事會是股東會的執行機關

現代企業隨著規模的不斷擴張，股東越來越多，業務日益複雜，受管理成本的限

制，股東們只能每年舉行為數不多的幾次會議，而無法對公司的日常經營做出決策。因此公司需要一個常設機構來執行股東會的決議，並在股東會休會期間代表股東對公司的重要經營做出決策，這個機構就是董事會，所以說，董事會是股東會的執行機關。

（2）董事會是法定常設的常設機關

董事會作為公司的一個機構，是法定常設的。董事會會議不是常開的，但作為機構的董事會是常設的，即使董事會中有組成成員的改變，但董事會作為公司的一個機構是不受人員的變動影響。

（3）董事會是集體執行公司事務的機關

董事會的權利是董事會集體的權利，而不是某個董事的權利，任何個人都不能以個人的名義行使董事會的權利。董事會行使權利只能通過召開會議，通過一定的表決方式形成董事會集體意思。

（4）董事會的表決制度是一人一票

董事會在對公司的事項進行決策時，全體董事都有權參與，按一人一票的方式進行表決，最終按多數人的意志形成決議。

5.2.4 董事會的規模

董事會的規模是指董事會成員的多少。一般認為，隨著公司規模的擴張，董事數量是增加的。然而，迄今為止，還沒有證據表明公司董事會規模與公司的資本總額、淨資產或銷售量成比例增加。影響董事會規模的因素包括：

第一，行業性質，例如在美國，銀行和教育機構董事會人數較多。

第二，是否發生兼併事件。當兼併剛剛發生時，一般不會大規模解雇董事，此時兩個公司的董事合在一起組成董事會，董事會規模達到最大。隨著一方漸漸控製了公司，另一方的董事將不得不離開董事會，董事會規模趨於縮小。

第三，CEO 的偏好。為了減少董事會的約束，CEO 採用增大或減少董事人數的辦法加強對董事會的控製。

第四，外部壓力。隨著要求增加外部董事、少數民族董事、婦女董事的社會呼聲日漸提高，董事會呈擴張之勢。

第五，董事會內部機構設置。設置多個下屬次級委員會的董事會要比單一執行職能的董事會規模大。因為每一個下屬次級委員會要行使職能，組成人數必須達到一定數量（法律規定），因此下屬次級委員會越多，職能劃分越細，董事會人數越多。一些學者對董事會規模進行了經驗研究。1935 年，全美 155 家最大公司董事會的平均人數是 13.5 人；1947 年，一項類似的關於 101 家全美大公司的調查，結果是 12.3 人；1985 年，Korn & Ferry 對全美 200 家最大公司的董事會規模進行了調查，結果是 13～14 人。據對百家中國上市公司的調查，董事會的平均規模是 11 人。

5.2.5 董事會會議

董事會以會議體的方式行使權力，會議質量是企業管理和公司治理中非常具體、關鍵的問題。有效的董事會會議需要會前做好充分準備，會中遵循必要的程序，會後

確保董事會的決議能夠得到切實的貫徹執行。

（1）董事會會議的種類

可以將董事會的會議分為四種類型：首次會議、例行會議、臨時會議和特別會議。首次會議就是每年年度股東大會開完之後的第一次董事會會議。國際規範做法都是每年股東大會上要選舉一次董事，即使實際並沒有撤換，也要履行一下這個程序。這樣每年度的首次會議就具有一種「新一屆」董事會亮相的象徵性意義。中國公司普遍實行三年一屆的董事會選舉制度，會議按第幾屆第幾次會議的順序，淡化了每年度首次會議的意義。

例行會議就是董事會按著事先確定好的時間按時舉行的會議。首次會議上就應該確定下來董事會例行會議的時間，比如每個月第幾個星期的星期幾。這樣做能夠有效地提高董事會的董事出席率，也能確保董事會對公司事務的持續關注和監控。在每次董事會例行會議結束時，董事長或董事會秘書，要確認下次董事會例行會議的時間和地點。臨時會議是在例行會議之間，出現緊急和重大情況、需要董事會做出有關決策時召開的董事會會議。建立起一套董事會的例行會議制度，也許是很多中國公司董事會實際運作到位的一個有效辦法。

並不是一定要有重大決策做時才需要召開董事會會議。董事會的特別會議或者說是「非正式會議」、「務虛會」、「戰略溝通與研討會」等，與前三種董事會會議不同，它的目的不是要做出具體的決策，也不是要對公司營運保持持續監控，而是提高董事會戰略能力，加強董事會與管理層的聯繫等。這種會議很多公司治理專家都用不同的名稱提出過，一年或者兩年一次，一定不能在公司總部等正式場合召開，可以擴大範圍，邀請一些非董事會成員的公司高管參加，也可以請外部專家作為會議引導者，提升這類會議的「溝通」和「研討」水準。

（2）董事會的會議頻率與有效性

一個不能定期召開會議的董事會，處於不能履行其對股東和公司所負職責的危險之中。董事們不能定期會面，其自身也會遭遇來自法律或者股東訴訟方面的沒有履行董事職責的風險。

就正式的董事會會議來說，會議的頻率取決於公司的具體情況，其內部和外部的事件和情況。有時可能需要天天開會，如發生標購或被標購情況時。即使在平靜期，可能也有一些需要召開董事會緊急會議處理的問題。國外優秀公司一般每年召開 10 次左右的董事會會議。中國公司法規定每年至少召開兩次董事會會議。為了加強董事會的監督和決策作用，作為一個規則，公司至少要每年召開 4 次董事會會議，即每個季度召開一次。可以充分利用各種現代化的通訊手段，提高董事會的效率，加強董事之間、董事與公司之間的聯繫。董事會的專業委員會會議相對較少一些，一年可能兩到三次，這也要取決於公司的具體情況。

中國《公司法》有關董事會會議的規定：董事會每年度至少召開兩次會議，每次會議應當於會議召開 10 日以前通知全體董事和監事。

董事會會議應由 1/2 以上的董事出席方可舉行，董事會做出決議必須經全體董事的過半數通過。董事會會議表決實行一人一票。董事會會議應由董事本人出席，董事

因故不能出席可以書面委託其他董事代為出席董事會，委託書中應載明授權範圍。

（3）董事會的會議資料

為每次董事會會議準備文件會有所不同，這取決於公司及每次會議自身的具體情況。但有一些基本的文件，是使董事們能夠在董事會中真正發揮作用所必需的。這些基本文件包括：會議議程表，一般由董事長準備或批准；上次會議的會議紀要，通常由董事會秘書提供；首席執行官的業務營運報告，給出一個自上次董事會會議以來影響公司業務的主要事件的概述；財務報告，提供直到最近的經營損益表、現金流量表和融資情況；還應該有一些由高級經理層提供給董事會成員、支持會議議程中所列事項的書面報告。

在董事會會議召開之前，要盡可能早地將有關議事項目和有關公司業務的一些重要信息和數據資料以書面形式發給董事。這樣可以給董事會成員以充分的通知和提醒，以保證他們能夠參會並且有足夠的時間為會議做準備工作。通常情況下，一些專題和背景資料也應在董事會召開前幾天送發給董事會成員，使董事們對討論的問題有所準備，以便縮短會議時間。

在董事會會議召開之后，董事會應當對會議所議事項的決定做成會議記錄，出席會議的董事應當在會議記錄上簽名。

【思考】表示不同意的董事可以不在董事會會議記錄上簽字嗎？

A公司系按照《公司法》設立的股份有限公司，其董事會由甲、乙、丙、丁、戊五名董事組成。2009年2月，A公司召開董事會臨時會議審議A公司為B公司提供擔保事項，其中董事甲因故未出席，也未委託代理人出席，其余四名董事按時出席了本次會議。與會董事經審議，表決結果為：丙、丁、戊同意為B公司提供擔保並在會議記錄和會議決議上簽名，乙考慮到本次擔保的風險性便表示不同意，並拒絕在董事會會議記錄上簽名。

問題：①乙可以不在董事會會議記錄上簽字嗎？②在乙拒絕簽字的情況下，本次董事會決議是否有效？

5.3　獨立董事制度

5.3.1　獨立董事制度概述

5.3.1.1　獨立董事的產生與發展

獨立董事最早出現在美國，1940年美國頒布的《投資公司法》中明確規定，投資公司的董事會中，至少要有40%成員獨立於投資公司、投資顧問和承銷商。投資公司設立獨立董事的目的，主要是為了克服投資公司董事為控股股東及管理層所控製從而背離全體股東和公司整體利益的弊端。經過幾十年的實踐，獨立董事在美英等發達國

家各種基金治理結構中的作用已得到了普遍認同，其地位和職權也在法律層面上逐步得到了強化。20世紀80年代以來，獨立董事制度被廣泛推行。據科恩—費瑞國際公司2000年5月份發表的研究報告，《財富》美國公司1000強中，董事會的平均規模為11人，其中內部董事2人，佔18.2%；獨立董事9人，佔81.1%。西方把獨立董事在董事會中比例迅速增長的現象稱之為「獨立董事革命」。

5.3.1.2 獨立董事資格

2001年8月16日，證監會發佈《關於在上市公司建立獨立董事制度的指導意見》以專條規定了獨立董事資格，擔任獨立董事應當符合下列基本條件：

（1）根據法律、行政法規及其他有關規定，具備擔任上市公司董事的資格；
（2）具有本《指導意見》所要求的獨立性；
（3）具備上市公司運作的基本知識，熟悉相關法律、行政法規、規章及規則；
（4）具有五年以上法律、經濟或者其他履行獨立董事職責所必需的工作經驗；
（5）公司章程規定的其他條件。

並且，由於獨立董事必須具有獨立性。下列人員不得擔任獨立董事：

（1）在上市公司或者其附屬企業任職的人員及其直系親屬、主要社會關係（直系親屬是指配偶、父母、子女等；主要社會關係是指兄弟姐妹、岳父母、兒媳女婿、兄弟姐妹的配偶、配偶的兄弟姐妹等）；
（2）直接或間接持有上市公司已發行股份百分之一以上或是上市公司前十名股東中的自然人股東及其直系親屬；
（3）在直接或間接持有上市公司已發行股份百分之五以上的股東單位或者在上市公司前五名股東單位任職的人員及其直系親屬；
（4）最近一年內曾經具有前三項所列舉情形的人員；
（5）為上市公司或者其附屬企業提供財務、法律、諮詢等服務的人員；
（6）公司章程規定的其他人員；
（7）中國證監會認定的其他人員。

根據上面的規定我們可以看出，獨立董事是沒有股東背景，與公司沒有利害關係，且具有公司營運所必需的法律、財務與管理知識經驗的人士，他們作為公司的董事，參與公司的日常經營決策。由於獨立董事與公司沒有利害關係，其身分獨立於公司，所以，獨立董事可以相對科學地參與決策，避免因利益關係而不識公司科學經營的「廬山真面目」。

公司是以營利為目的的組織，同時也承擔著許多社會責任，也需要公司日常決策的科學性。所以，設有獨立董事就可以從董事會內部糾正公司經營決策的方向偏離，使公司穩健營運。

【思考】 獨立董事代表誰的利益？

很多人認為，公司是股東投資的，就應由股東來控制；董事是由股東選舉產生的，所以董事在對公司的日常事務進行決策時，應代表股東的利益。但是，獨立董事要具

有獨立性，不能持有公司股票，不能在公司中擁有利益，不能和公司之間產生關聯關係，那獨立董事代表誰的利益呢？

事實上，所有的董事，不論其是一般董事還是獨立董事，都是由全體股東通過投票來選舉產生的，因此，其必須代表全體股東的利益。從公司設立的目的來說，公司的目的就是要實現全體股東的利益最大化。基於這一出發點，董事在進行公司決策時，應站在公司的立場上實現公司利益最大化，而不是單為某個股東的利益考慮。也就是說，任何董事都不能為了某個股東的利益來犧牲公司的利益。而獨立董事由於其相對於公司以及公司的股東所享有的獨立地位，因此，其更能從公司全體股東的利益出發參與公司的日常經營決策。

在上市公司中，公司的股東有相當一部分為公眾股東，而公眾股東人數多、單個持股數比較少、因股票交易而帶來股東的流動性很大。所以，上市公司中公眾股東的利益經常容易受到損害。獨立董事制度的建立，將有效地保護上市公司公眾股東的合法權益不受損害。

中國從 2001 年在證券市場引入獨立董事制度，並對證券市場的良性發展起到了重要作用。但是，獨立董事由於未盡勤勉義務而受處罰的案例也時有發生。2001 年，「鄭百文」獨立董事陸家豪由於將獨立董事「這一職務認定為榮譽職務」，沒有實際盡到獨立董事的監督、勤勉義務，受到中國證監會 10 萬元罰款。陸家豪卻認為自己從未在與「鄭百文」有關的單位領取過任何的工資、報酬或津貼，在「鄭百文」相當於一個顧問角色，不應受到處罰而提起行政訴訟。這一處罰案例成為中國第一起獨立董事受罰案例，並因此引起了人們對獨立董事職責的關注和思考。2004 年 12 月深圳證券交易所總經理張育軍指出，由於未能勤勉盡責，迄今共有 54 名上市公司的獨立董事受到深交所處分。2005 年 7 月 14 日，在股市引起軒然大波的「科龍罷免風波」更是直指獨立董事不獨立的問題。2006 年 4 月，中國證監會發布《關於對麗江玉龍旅遊股份有限公司前獨立董事楊蒼予以公開譴責的公告》，原因就是楊蒼自 2005 年 8 月 18 日公司第二屆董事會第四次會議以來一直沒有親自出席董事會，也沒有委託其他獨立董事出席董事會，連續缺席董事會達到六次之多，沒有盡到獨立董事的勤勉義務。2006 年 12 月 8 日，中國證監會對「新太科技」（股票代碼 600728）包括獨立董事在內的全部公司高管予以罰款和警告等行政處罰，原因就在於上述人員在同意通過相關年度報告、中期報告的董事會決議上簽了字。2008 年 6 月，深圳證券交易所發布的《2007 年證券市場主體違法違規情況報告》披露了一些獨立董事違法違規而受處罰的案例。

以上是獨立董事受罰中的一小部分案例，從上面的案例和有關數據可以看出，獨立董事制度目前在中國還不成熟，並且沒有起到其應有的作用，因此，還有待進一步的完善。

（資料來源：根據網上資料整理）

5.3.2 獨立董事的特徵

（1）獨立性

一是法律地位的獨立。獨立董事是由股東大會選舉產生，不是由大股東推薦或委派，也不是公司雇傭的經營管理人員，他作為全體股東合法權益的代表，獨立享有對董事會決議的表決權和監督權；二是意願表示獨立。獨立董事因其不擁有公司股份，不代表任何個別大股東的利益，不受公司經理層的約束和干涉，同時也和公司沒有任何關聯業務和物質利益關係。因此，決定了他能以公司整體利益為重，對董事會的決策作出獨立的意願表示。

（2）客觀性

獨立董事作為擁有與股份公司經營業務相關的經濟、財務、工程、法律等專業知識、勤勉敬業的執業道德、一定的經營管理經驗和資歷，以其專家型的知識層面影響和提高了董事會決策的客觀性。

（3）公正性

與其他董事相比而言，獨立董事能夠在一定程度上排除股份公司所有人和經理人的「權」、「益」干擾，代表全體股東的呼聲，公正履行董事職責。

獨立性是獨立董事的基本法律特徵，客觀性和公正性都產生於獨立性的基礎之上，而客觀性和公正性則又保證了獨立董事在股份公司董事會依法履行董事職務的獨立性。

5.3.3 獨立董事的作用及制約因素

5.3.3.1 獨立董事的作用

（1）提高了董事會對股份公司的決策職能

通過修改《公司法》和《證券法》，制定獨立董事制度，明確獨立董事的任職條件、獨立董事的職責、獨立董事在董事會成員中的比例，以及對股份公司應承擔的法律責任等條款，保障了獨立董事依法履行董事職責。獨立董事以其具有的專業技術水平，經營管理經驗和良好的職業道德，受到廣大股東的信任，被股東大會選舉履行董事職責，提高了董事會的決策職能。

獨立董事制度的確立，改變了股份公司董事會成員的利益結構，彌補了同國有資產管理部門、投資機構推薦或委派董事的缺陷和不足。中國《公司法》雖然在「股份有限公司的設立和組織機構」一章的九十二條和一百零三條中，分別授予創立大會和股東大會「選舉董事會成員」的職權。但由於沒有具體規定董事的專業資格條件，而在實踐中一般參照第六十八條國有獨資公司董事「由國家授權投資機構或者國家授權的部門按照董事會的任期委派或更換」的規定，由股份有限公司發起人等公司大股東按出資比例推薦或委派。這導致了股東資本的多少直接決定了董事的任免。大股東通過股東大會決議操縱或左右董事會就不可避免，董事往往成為大股東在公司和董事會利益的代言人也就順理成章。公司股東會對董事的選舉實際上成為大股東按出資比例對董事的委派。獨立董事制度改變了董事會內部的利益比例結構，使董事會決策職能

被大股東控制的現象得以有效的制衡。

獨立董事制度的確立，改變了股份公司董事會成員的知識結構。《公司法》在董事會組織結構中，對董事會組織的人數，選舉產生的程序、方法和一般資格條件作了規定，但對董事應當具備的專業資格條件卻沒有明確。《創業板股票上市規則》不但明確規定了獨立董事應當具備的條件，而且還規定了不得擔任獨立董事的禁止性條款，對獨立董事的任職條件從選舉程序、專業知識、工作經歷、執業登錄和身體條件等方面都進行了規範，從而保證了獨立董事參加董事會議事決策的綜合素質，彌補了董事會成員專業知識結構不平衡的缺陷，提高了董事會決策的科學性。同時，通過法律賦予獨立董事的獨立職權，也從董事的善管義務、忠實義務方面要求和督促其從維護全體股東的合法權益出發，客觀評價股份公司的經營活動，尤其是敢於發表自己的不同意見，防止公司經營管理層操縱或隱瞞董事會的違法、違紀行為，為董事會提供有利於股份公司全面健康發展的客觀、公正的決策依據。

（2）增強了董事會對股份公司經營管理的監督職能

從1984年中國開展股份制改造試點工作以來，中國滬、深兩市上市公司已逾千家，股票總市值超過4萬億元，約占國內生產總值的50%。中國先後制定頒布了以《公司法》、《證券法》為體系的證券法律、法規和制度300多部，對於建立現代企業制度，保障社會主義市場經濟的發展起到了積極作用。但是，我們也應該看到，由於中國還處在市場經濟發展的初期，公司法律制度尚未完全建立健全，法人治理機制還沒有完全擺脫「人治」的影響。其中最突出的表現之一就是相當一部分由上級行政主管部門或投資機構推薦委派擔任股份公司的董事，往往成為大股東在公司董事會中的代言人，只代表其出資方的利益，沒有體現股份公司「股東利益最大化」的基本特徵。震動證券市場的「鄭州百文現象」，關鍵問題之一就是由於股份公司董事會制度不完善，缺少超脫於公司利益之外的獨立董事，使公司經營者集決策、經營大權於一身。股東會、董事會和監事會有名無實，形同虛設，成為企業管理層的「橡皮圖章」，失去了對股份公司經營管理的有效監督，從而導致了企業經營的嚴重虧損，損害了廣大投資者的合法權益。

（3）有利於股份有限公司兩權分離，完善法人治理機制

股份公司實現所有權與經營權的分離，所有權與決策權分離的關鍵，就是如何在建立和完善適應二者之間相互制衡法律制度的基礎上，保護股份公司的整體利益。同時，這也是現代公司制度的精髓所在，是股份制公司推動社會主義市場經濟發展和科學進步的組織保證。

獨立董事制度改變了由政府任命、主管機關推薦，委派董事的董事會組成方式。獨立董事不是公司的股東，不具有股份公司的所有權，但依照法律規定享有代表全體股東行使對公司經營管理的決策權和監督權。從法律制度、組織機構兩個方面保證了股份公司所有權與經營權的分離：一是在公司法人治理結構中，由於獨立董事參與董事會決策，對於董事會始終處於股份公司樞紐地位，對公司生存和發展起到了更好的監督作用，為避免董事會更多地陷入公司的具體事務性工作提供了保證。二是在股份公司法人治理結構中，設立獨立董事制度對於完善董事會內部的組織結構，股東會、

董事會和經營管理層三者之間的分工協調關係，提供了組織機構上的保障。公司法理認為，表決權是股份公司股權制度的核心，而股東權益的最終實現就體現在董事對公司經營決策權的表決權和監督權上，獨立董事制度是防止股份公司「所有者缺位」和「內部人」控製的有效手段之一。

獨立董事在董事會中的特殊作用不僅代表了市場經濟競爭的公正和公平性，同時，也標誌著現代公司法律制度的完善程度。因此，修改《公司法》，建立獨立董事制度勢在必行。

5.3.3.2 制約獨立董事作用發揮的因素

獨立董事的作用在於他能夠獨立決策而不受任何股東的局部利益牽制，從而立足於企業長期發展的角度，公正地把握公司的方向，對股東的權益制衡。然而，由於各種因素的制約，企業的很多獨立董事還是成為了「花瓶董事」、「人情董事」。總的來說，制約獨立董事作用發揮的因素主要有以下幾方面：

（1）股權的集中程度。一般來說，過於集中的股權會制約獨立董事作用的發揮。股權過於集中，會造成大股東擁有絕對的權力去控製董事會和經理層，使得獨立董事為了避免衝突或者其他的原因不能很好地盡自己的義務。股權過於集中，那麼股東大會的權力也集中在少數的控股股東手中，獨立董事的提名與更替受到控股股東的控製，這樣造成獨立董事無法發揮其監督作用。

（2）是否擁有良好的激勵制度。獨立董事逐漸淪為「花瓶董事」、「人情董事」的一個重要原因是公司缺乏良好的激勵制度。由於公司沒有一套對獨立董事進行獎懲的制度，許多獨立董事在董事會會議上沒有很好地運用自己的專業判斷，在進行決議的時候隨大流。只有擁有一套良好的激勵制度，對獨立董事的行為進行客觀的評價，獎罰分明，獨立董事才有可能運用自己的智慧，發揮自己的能力，對董事會的每項決議都慎重地做出決定，發揮自己應有的作用。

（3）獨立董事的能力和精力的限制。中國的上市公司聘請的獨立董事很多是大學或各類研究院的學者，或者是一些銀行家，或是財務、審計待領域的專業人士。獨立董事與公司沒有任何的利益聯繫，因此能起到一定的監督作用，也正是因為如此，許多獨立董事對公司的業務並不完全熟悉與瞭解，能力有限，這就很可能會導致他們難以發揮專業的作用。同時，很多獨立董事都有著自己本身的工作，如大學教授兼任某公司的獨立董事，他需要花費一定的時間與精力在研究與教學工作中，因此他無法把全部的時間和精力都投入到公司中，作為獨立董事的作用便受到了影響。

5.3.4 完善中國上市公司獨立董事制度

5.3.4.1 在中國上市公司中引入獨立董事制度的必要性

（1）中國上市公司中董事會與經營層基本重合，內部人控製現象嚴重。在國有上市公司中，由於缺乏國有資產的真正人格化代表，存在著嚴重的「所有者缺位」問題，形成了嚴重的內部人控製局面。內部人控製帶來的後果是造成了國有資產的大量流失。要減少內部人控製現象，設置獨立董事是一種有效的方法。因為董事會與經理層是一

種委託代理的關係，它與股東之間又是一種信託關係，所以董事會發揮作用的程度決定了一個公司治理結構的有效性。在董事會中，如果沒有一批強有力的超脫於經理職能的稱職的董事，董事會的核心作用就不能得到真正的發揮，而且董事會與經理層之間的委託代理關係就會轉化為缺乏約束力的「合謀」關係。由於獨立董事與公司的經理層沒有利益方面的直接聯繫，可以憑藉著其豐富的工作經驗和獨立的判斷能力，有效地改善董事會的質量，充分發揮其監督制衡作用。

(2) 國有上市公司中大股東所占比例過大，可能侵犯中小股東利益。中國上市公司股權設置極為不合理，大股東都占絕對持股比重。據調查，國有股平均占股份公司股份的45%。最高者達到79.6%。法人股東所占的股份，平均為34.4%，最高達到83%。個人股東所占股份平均為32.35%，最低為17%。與國外董事會作為全體股東的「代理人」相比，中國企業的董事會已濃縮成為大股東的「代理人」。大股東通過操縱股東大會和董事會，把上市公司作為自己的「提款機」。比如利用上市公司的資產無償為母公司提供抵押擔保向銀行貸款，而在貸款到期後不償還，造成上市公司的抵押品任憑銀行處置。特別是在涉及與母公司進行關聯交易時，董事會已完全被大股東操縱，不惜以犧牲廣大中小股東利益為代價，製造虛假利潤或者讓母公司無償使用上市公司的資產。據對1999年以前上市的841家上市公司的調查，有467家公司存在「其他應收款」被大股東占用現象，其中前六家公司所占用的比例都高達40%以上。

(3) 中國上市公司中監事會的監督作用十分有限。雖然公司法規定了監事會的職權，但在實踐中，監事會的作用卻難以發揮，監事會形式化的現象很普遍。主要表現在：①監事會的獨立性不強；②監督機制不完善；③人員構成不合理。

5.3.4.2 完善中國上市公司獨立董事制度的具體思路

(1) 完善各項相關的法律和制度，使獨立董事能真正發揮其作用。中國的《公司法》對設置獨立董事沒有作硬性規定。《上市公司章程指引》第一百一十二條規定，公司可以設立獨立董事，並對獨立董事的任職資格做了相應的限制，但該條款屬「選擇性條款」。至少在法律、法規層面，境內上市的公司設立獨立董事的隨意度還很大，沒有像境外上市公司那樣受到硬性約束。所以中國的獨立董事制度建設應具有權威性，所賦予獨立董事的權利與其承擔的義務應相當，獨立董事職責重大，在實踐中如何保證其職責的有效行使是我們應重點考慮的問題也是獨立董事制度能否真正有效的關鍵。我們可以通過制定《獨立董事法》強制要求上市公司依法建立獨立董事制度，並依法保證獨立董事正常履行職能，約束獨立董事行為，從而確保公司董事會中獨立董事的獨立性及獨立董事制度的合法性。另外，在《獨立董事法》的約束下，可考慮成立「獨立董事協會」，通過協會加強獨立董事制度建設，規範獨立董事執業行為。

(2) 賦予獨立董事應有的權利。中國上市公司聘請獨立董事，往往只是為了改變或美化公司的形象，大部分獨立董事有職無權，成了公司的擺設。要真正建立獨立董事制度，發揮獨立董事應有的作用，關鍵在於賦予獨立董事應有的權利。例如，獨立董事所發表的意見應在董事會決議中列明；公司在涉及關聯交易時，獨立董事的意見能起決定作用；兩名以上的獨立董事可提議召開臨時股東大會；獨立董事可直接向股

東大會、中國證監會和其他有關部門報告情況；獨立董事辭職或被辭退，該公司應該向交易所報告情況並陳述理由，等等。

（3）建立一套有效的激勵約束機制，使獨立董事在董事會的決策中盡職盡責。在激勵不足的情況下，獨立董事由於與公司的經營、管理甚至利益相關甚小，可能會缺乏動力去發揮應有的作用。為了吸引優秀人才進入公司董事會擔任獨立董事，獨立董事的報酬應逐漸向實行津貼和股票期權相結合的方向，除應支付必要的報酬外，必要時可以給予獨立董事一定的股票期權或股票獎勵，使他們的個人利益與公司的業績聯繫在一起。從約束機制上講，健全聲譽機制，強化獨立董事的責任，對於給公司造成損失的須承擔責任，為避免獨立董事不出席董事會會議或委託其他董事代為投票的情況，我們應該在法律、法規或規則上將董事缺席視作同意董事會所採取的決定，並要求他們對此承擔相應的責任，獨立董事也要和其他董事一樣承擔責任。特別是在有關侵犯中小股東利益的關聯交易時，獨立董事更應承擔責任。通過建立約束與激勵機制，可以使獨立董事在把這一身分看成是一種榮譽的同時，還應當把它看成是一個企業責任和社會責任。

（4）健全信息傳遞渠道。由於獨立董事不在公司經營層任職，本身不具有信息優勢，在很大程度上會限制其職能的發揮。特別在信息披露和信息的有效性、真實性方面有很多不足和漏洞，獨立董事的信息劣勢更為明顯。所以要發揮獨立董事的作用，就應逐步建立健全信息的披露與傳遞機制。例如，應保證獨立董事可以就有關問題與董事長和總經理進行書面或面對面交流；定期舉行由獨立董事參加的會議，讓獨立董事有足夠的經費進行遠程訪問，保證獨立董事能夠與經理、雇員、客戶、供應商、競爭者、獨立財務顧問和審計師進行個別交流。

（5）獨立董事的提名要採取多種方式，保證獨立董事的「獨立性」。在美國公司中，董事會下一般設有主要由獨立董事組成的提名委員會，新的獨立董事一般都由該委員會來提名。在中國，獨立董事一般由董事長提名或者由大股東提名。其結果是：一方面，若董事長、大股東與企業經理層重疊，獨立董事還是受制於「內部人」，喪失了獨立性；另一方面，往往把所聘任的獨立董事的聲望名氣放在首位，缺乏科學性和針對性。鑒於此，在獨立董事的提名上，首先要避免大股東的「一言堂」。例如，可以由董事會提出獨立董事應具有的條件和素質，報經股東大會批准，採取面向一定範圍公開招聘的方式，然后請仲介機構對擬選聘的獨立董事進行資質調查和論證。

（6）逐步建立獨立董事人才市場。美國斯坦福大學的 Ronald J. Gilson 和哈佛大學的 Reinier Kraakman 建議機構投資者可考慮招聘和培養一些職業的外部董事，讓他們就像日本、德國的銀行那樣，對公司進行積極的監督。他們還建議機構可以通過一些組織發展全職董事，他們的工作就是在 5～6 家公司代表機構做外部董事。Gilson 和 Kraakman 指出，如果說業餘的外部董事容易受到管理層的指派和操縱的話，那麼這種同時擔任 5 家公司董事的職業外部董事則不大可能受某一公司的指派或操縱。職業外部董事制度實現了勞動分工及專門化，能夠提高效率，發揮董事監督的規模效益。隨著中國機構投資者的發展壯大，應逐步獨立董事人才市場，使獨立董事更有效地監督公司管理，切實保護股東的利益。

5.4 董事會專業委員會

隨著公司治理模式的不斷完善，監管者和投資者等各種外部力量越來越多地介入到了董事會的內部運作規則之中。尤其是在英美傳統的單層董事會制國家，一些機構投資者要求上市公司設立全部或主要由獨立董事組成的專業委員會。從美國 2002 年《薩班斯—奧克斯利法案》（SOA 法案）以及紐約證券交易所（NYSE）規則中對專業委員會不惜重墨的規定來看，專業委員會可以幫助董事會更好地發揮其本應有的作用。2002 年中國證監會和國家經濟貿易委員會聯合發布的《上市公司治理準則》對專門委員會作出了規定：上市公司董事會可以按照股東大會的有關決議，設立戰略、審計、提名、薪酬與考核等專門委員會。

專業委員會的建立為獨立董事提供了發揮作用的平臺，使獨立董事行使職能有了依託。獨立董事的作用基本上取決於其本人所在專業委員會的職權的行使。由於董事會的工作在不同的專業委員會中進行分工，因此通過專業委員會的實施，獨立董事也就更便於加強他們的監督並參與公司事務。專業委員會准許獨立董事在一定的擅長領域內發揮作用並讓他們在這些領域內負有決策責任，這種處理被認為可以轉換權利，至少在這些領域內可以使專業委員會成員擺脫總經經理人員的控制。由此可見，獨立董事獨立性監督職能的行使與董事會內部各專業委員會的設置是緊密相關的。正是專業委員會的存在才能使得獨立董事能夠真正地「獨立」，才能使董事會本身客觀、中立地進行決策，董事會專業委員會的獨立性功能即指此意。

董事會專業委員會一般包括提名委員會、酬薪委員會、審計委員會、戰略委員會等。各公司根據發展需要有的還設置了公共政策委員會、投資委員會、技術委員會以及環境、健康和安全委員會等。但是，這並不是意味著所有公司的董事會都需要下設一應俱全的專業委員會。各家公司完全可以因地制宜。在大部分的英美公司中，多數公司都設置了下述委員會：審計委員會（Audit Committee）、提名委員會（Nomination Committee）、酬薪委員會（Compensation Committee）和戰略委員會（Strategy Committee）。這些委員會的職責一般是由公司章程規定的，不過也有由公司法律框架體系規定的。

（1）戰略委員會。為了強化董事會的決策戰略功能，公司根據需要一般會在董事會中設置由執行董事和獨立董事組成的戰略委員會。《上市公司治理準則》第五十三條規定，戰略委員會的主要職責是對公司長期發展戰略和重大投資決策進行研究並提出建議。

（2）審計委員會。審計委員會作為最重要的專業委員會，在幫助董事會履行財務管理和財務報告方面的職責，確保公司外部審計的獨立性發揮了核心作用。《上市公司治理準則》第五十四條規定，審計委員會職能主要包括：審計委員會的主要職責是：提議聘請或更換外部審計機構；監督公司的內部審計制度及其實施；負責內部審計與外部審計之間的溝通；審核公司的財務信息及其披露；審查公司的內控制度。

（3）提名委員會。也被稱為提名/公司治理委員會。《上市公司治理準則》第五十五條規定，提名委員會的主要職責是：研究董事、經理人員的選擇標準和程序並提出建議；廣泛搜尋合格的董事和經理人員的人選；對董事候選人和經理人選進行審查並提出建議。

（4）酬薪委員會。也被稱為報酬委員會，其作用日漸重要，合理的薪酬方案可以激勵董事以及其他高級管理人員為公司創造價值，如果薪酬方案不合理，將減少股東的回報，使公司利潤減少，而且將使公司管理人員關注公司短期的表現而不是長期的成長。《上市公司治理準則》第五十六條規定，薪酬與考核委員會的主要職責是：研究董事與經理人員考核的標準，進行考核並提出建議；研究和審查董事、高級管理人員的薪酬政策與方案。

中國董事會專業委員會的設立必須經股東大會作出決議，董事會不能自行設立，這是與日本和美國立法顯著不同之處。從《上市公司治理準則》規定可以看出，中國關於專業委員會的規定為任意性規範，即授權董事會按照股東大會的決議設立委員會，設立哪些委員會無強制性要求。《上市公司治理準則》對各委員會的主要職責做出了比較具體的規定，但各專業委員會並無獨立的決定權。其第五十八條規定，各專業委員會對董事會負責，各專業委員會的提案應提交董事會審查決定。中國的專員會主要職責是研究問題，發揮諮詢和建議作用。目前，中國大多數上市公司股權高度集中，大股東控制董事會的情形非常普遍，如果專業委員會僅具有諮詢的作用，而無法進行獨立的決策和監督，獨立董事和委員會的作用將難以發揮。

由於專業委員會有利於克服董事會的缺陷，有利於獨立董事發揮作用，中國應該在已有的規定和實踐的基礎上，將這一制度進一步在法律法規層面進行優化完善。

【思考與練習】

1. 根據董事的來源和獨立性，可以把董事劃分為哪幾類？它們之間的關係是什麼？
2. 董事會有哪幾種模式？董事會有哪些特徵？
3. 影響董事會規模的因素有哪些？為什麼要設立專門委員會？
4. 在公司治理中董事會如何發揮作用？
5. 什麼是獨立董事？獨立董事的作用有哪些？
6. 談談如何完善中國上市公司獨立董事制度。

6　監事與監事會制度

【本章學習目標】
1. 瞭解監事的概念、監事的權利與義務。
2. 瞭解監事會的概念、職權和組成。
3. 重點掌握監事會的模式。
4. 瞭解獨立監事制度的相關內容。

　　根據《公司法》的規定，公司的重大決策由股東會行使，公司的日常經營決策由董事會行使，公司的日常管理活動則由公司的總經理負責，那麼還需要監事做什麼工作呢？

　　公司的股東會並不是一個常設機構，而且股東常因股權轉讓而發生變動，尤其是股份有限公司的股東因經常變動而具有不確定性。在這種情況下，公司的日常決策與經營活動實際上系由董事會與公司的高級管理人員掌控，公司的經營結果的好壞由全體股東來承受。這就需要有一個對董事會和經理的權力行使進行監督的機構來保證公司及股東的利益免受不當行為的損害，促使公司的行為合法，避免公司經營過程中的不當風險。

　　誠如阿克頓勳爵所說，權力導致腐敗，絕對權力導致絕對腐敗。強化監事會的權力以制約董事、高級管理人員，是十分必要的。一些人認為（或者說希望）「監事只是一個擺設」是錯誤的。

　　這種理解不僅不符合法律規定，而且會給公司的健康運行帶來危害。

　　監事會是公司的監督機構。它代表全體股東對公司財務及董事和經理的經營管理行為進行監督。公司設立監事會的，成員不少於三人；股東人數較少或者規模較小的公司可以不設立監事會，只設一至二名監事。監事會不像董事會、經理辦公會等公司「一線機構」那樣引人注目，但是一旦其真正發揮職能時，作用不容低估。

　　完善的公司治理結構，是在明晰產權基礎上的三權分立，即決策權（股東大會、董事會）、監督權（監事會）和經營權（高層經理）相互制衡的運行機制。監事會作為三種制衡力量之一，其運作效果直接影響公司治理水平的高低和公司的健康發展。

6.1 監事及其職責

監事是由股東選舉產生的監督業務執行狀況和檢查公司財務狀況的有行為能力者。監事的設置必須按照法律和公司章程的規定執行。監事由創立會或股東大會選任，要以契約的形式確定與股東大會之間的委託代理關係。

6.1.1 監事的任職資格

為保證監事、監事會地位的獨立性，執行職務的有效性、公正性，各國對監事任職的資格（勝任條件）都作出了規定。

（1）持股條件，即監事是否必須持有公司股份，具有股東身分。少數國家將持有公司股份作為監事的一個資格條件。如法國《商事公司法》規定，監事會成員必須持有一定數量的公司股份，具體數量由公司章程確定。多數國家不要求監事必須持有公司的股份。特別是在職工監事、專家監事出現后，非股東監事已成必然，監事的持股條件便不具現實重要性。中國《公司法》沒有直接規定監事是否必須持有公司股份，而是規定監事會成員由股東代表和職工代表組成。職工代表無需持有公司股份，對此沒有異議；股東代表是否必須持有公司股份則理解不同。

（2）身分條件，即監事是否只限於自然人。多數國家，如德國、奧地利等國公司立法規定，監事職位只能由自然人擔任。然而法國《商事公司法》則規定，法人可以被任命為監事會成員。但任命時，法人必須指定一名常任代表，法人解除其代表職務時，必須同時指定另一名代表人予以接替。中國《公司法》對此雖未明確規定，但結合有關規定和公司實踐來看，監事只能由自然人擔任。

（3）兼職條件，也即兼職限制，是指公司的董事、管理層、財務負責人不得兼任本公司的監事。這是由監事會的性質和職責決定的。監事會作為公司的監督機構，其職責就是對董事、管理層等公司高級管理人員執行職務的活動進行監督。作為被監督對象的董事、管理層自然不能作為監督主體，不能作為監督機構的成員。許多國家公司立法時監事兼職作了限制，《日本商法典》規定，監事不得兼任公司或子公司的董事或其他高級管理人。中國《公司法》規定「董事、高級管理人員不得兼任監事」，這裡的高級管理人員包括了公司經理、副經理、財務負責人、董事會秘書等。

（4）消極資格，是指哪些人不得擔任監事。多數國家，包括中國的立法都有董事消極資格的規定。中國《公司法》規定有下列情況之一的不得擔任公司的監事：①無民事行為能力或限制民事行為能力；②因貪污、賄賂、侵占財產、挪用財產或者破壞社會經濟秩序，被判處刑罰，執行期滿未逾 5 年，或者因犯罪被剝奪政治權利，執行期滿未逾 5 年；③擔任破產清算的公司、企業的董事或者廠長、經理，對該公司、企業的破產負有個人責任的，自該公司、企業破產清算完結之日起未逾 3 年；④擔任因違法被吊銷營業執照、責令關閉的公司、企業的法定代表人，並負有個人責任的，自該公司、企業被吊銷營業執照之日起未逾 3 年；⑤個人所負數額較大的債務到期未清償。如果違反這些規定選舉、委派監事的，該選舉或者委派無效。

6.1.2　監事的職責

監事有以下職權：

（1）業務監督權。監事有權隨時對公司業務及帳務狀況進行查核，可代表公司委託律師、會計師進行審核，還可以要求董事會提出報告。

（2）帳務會計審核權。即監事有權對董事會在每個會計年度結束時所造具的會計報表（資產負債表、現金流量表、損益表、財務狀況變動表等）代表公司委託註冊會計師進行審核。

（3）董事會停止違法請求權。即有權通知董事會停止違反法律或公司章程的行為，停止經營與經營登記範圍不符的業務。

（4）調查權。監事有權調查公司的設立經過，審查清算人的業務。

（5）列席會議權。監事有權列席董事會會議。

（6）代表公司權。在某些特殊情況下，監事可以行使公司代表公司，比如申請公司設立等各項登記的代表權。監事有權代表公司向有關部門申請進行設立、修改公司章程，發行股票和債券，變更、合併、解散公司等各項登記事務；在出現公司與董事發生訴訟或交易時，監事可以代表公司與董事進行訴訟與交易。

（7）股東會召集權。在必要的時候，監事具有召集股東會的權利。

監事會受股東大會的委託行使出資者監督權，在行使其職能時不僅享有以下職權，而且要承擔一定的責任和義務。按照中國的公司法，監事應承擔以下責任和義務：

①忠實履行監事的監督職責。

②不得利用在公司的地位和職權為自己牟取私利，不得利用職權收受賄賂或者其他非法收入。

③除依照法律法規或者經股東同意外，監事不得洩露公司秘密。

④監事執行公司職務時違反法律法規或者公司章程的規定，給公司造成損害的，應當承擔賠償責任。

6.1.3　監事的任免

中國《公司法》規定，股份有限公司監事會的股東代表由股東（大）會選舉產生，職工代表由公司職工通過職工代表大會、職工大會或者其他形式民主選舉產生。

中國《公司法》規定，監事的任期每屆為三年。監事任期屆滿，連選可以連任；監事任期屆滿未及時改選，或者監事在任期內辭職導致監事會成員低於法定人數的，在改選出的監事就任前，原監事仍應當依照法律、行政法規和公司章程的規定，履行監事職務。監事任期屆滿，如果需要更換，股東（大）會選任的監事由股東（大）會更換，職工擔任的監事由公司職工通過職工代表大會等形式民主選舉更換。監事的選任與董事選任一樣可以根據公司章程的規定或者股東會的決議，實行累積投票制。

為了促使監事認真履行指責，《上市公司章程指引》對監事出席監事會會議規定了較董事更為嚴格的條件。其第一百三十二條規定：「監事連續兩次不能親自出席監事會會議的，視為不能履行職責，股東大會或職工代表大會應當予以撤換。」

關於監事的任期，不同國家的公司法在具體規定上也有差異。有的國家規定了一個確定的期限；有的國家只規定最高期在最高期限，公司可在最高期限內以公司章程確定監事的具體任期。如法國《商事公司法》第一百三十四條規定：「監事會成員的任期由公司章程規定，但由股東大會任命的監事會成員，其任期不得超過6年；由公司章程指定的監事會成員，其任期不得超過3年。」日本的監事任期為3年，奧地利為5年。

【閱讀】 監事監督工作的開支由誰承擔？

　　監事監督工作的開支應由公司來承擔。《公司法》第五十五條規定：「監事會、不設監事會的公司的監事發現公司經營情況異常，可以進行調查；必要時，可以聘請會計師事務所等協助其工作，費用由公司承擔。」

　　監事不承擔公司的具體決策與經營工作，因此，監事對公司的具體情況的掌握主要來自於董事會、總經理等提供的信息，但在某些情況下，如果董事會或總經理提供的信息不準確或者不全面，將會使監事的工作受到局限。為了克服監事監督工作過程中的信息不對稱性，法律賦予監事會或監事隨時調查權，即只要監事會或者監事發現公司經營情況異常，就可以進行調查，必要時，還可以聘請會計師事務所等協助其工作。否則，如果監事會或監事不享有調查權，即使發現了公司的異常情況也會因為沒有證據或證據不足而無法詳知其全部情況，必然會失去其監督的意義，使監督工作流於形式。

　　公司經營情況信息，很大一部分會反應在公司的財務報表及公司的日常經營行為之中，監事要判斷公司的經營情況是否有異常，則需要一定的財務與法律的專業知識與經驗。所以，在涉及審查監督公司財務狀況時，監事可能會需要專業財務與法律仲介機構的協助，方能履行其監督工作。公司應當保證監事履行職責所需的合理費用，按時撥付，以使監事履行監督職責時無後顧之憂。

　　有人也許會問，由於公司的財務是控制在董事會及董事會聘任的總經理手中，如果監事會或監事的調查涉及董事會與總經理的利益時，公司可能通過拒絕支付費用來為監事調查設置障礙。這種情況下監事如何處理呢？《公司法》在規定公司保證監事履行職責的費用時用了「應當」二字，可見承擔監事履行職責的費用是公司的一項法定義務。所以，如果公司不承擔或拒絕支付監事履行職責時的費用，監事會及費用的收取方可以直接向人民法院起訴公司要求支付該項費用。

6.2　監事會概述

6.2.1　監事會的概念及特徵

6.2.1.1　監事會的概念

　　監事會的起源是監察人制度。根據臺灣學者許智偉的考證，該制度可追溯至荷蘭東印度公司的大股東於1602年受股東大會之委託擔任董事及監察人，為其演變的結

果，各國為確立監察人遂經立法採取近代三權分立的政治思想的精髓與架構，而塑造股東大會、董事會與監事人的三種分立機關。自從監事會獨立為公司治理的專門監督機構后，股東大會、董事會以及監事會之間「三權分立」的治理機構模式逐漸成為共識。這種模式體現了公司權力、責任、義務、利益、監督之間的制衡關係。這種結構充分體現了「所有權與經營管理權相分離、經營管理權與監督權相制衡」的近代公司治理特徵。

在公司組織結構中，公司股東在通過股東會行使重大事項決定權的同時，還要通過董事會（及管理層）代表自己對公司經營活動進行管理和指揮。因而不可避免地形成股東與董事（及管理層）的委託代理關係。為解決委託人與代理人的行為差異，促使董事及管理層從股東、公司利益出發履行好職責，必須設計一種體現對董事、管理層進行監督的制度。

股東不但享有選擇管理者的權利，還享有對管理者進行監督的權利。在現代公司，特別是規模巨大、股東眾多的股份有限公司中，這種監督權不可能完全由股東會直接行使，股東會的非常設機關性質也使其難以對董事會及管理層的行為進行日常性監督。因而，設置專門的監事會來代表股東對經營者的行為進行監督，就成了既符合權利制衡要求又符合效率原則的選擇。監事會作為股東會產生的機構，是股東意志的直接體現，通過行使監督職能，形成對經營者的直接約束，可以不斷矯正經營者可能出現的偏離股東和公司利益的行為。

由此可見，監事會就是對董事會、董事和經理等高級管理人員行使監督職能的機關。它依法產生並行使監督的職責，是公司的監督機構。

6.2.1.2 監事會的特徵

監事會的特徵主要有如下幾點：

（1）監事會是由依法產生的監事組成的。監事會的監督權產生於股東的授權，監事會是代表股東對公司經營進行監督的機構。第一，監事會的成員——監事主要由股東選舉產生。監事既可以是股東，也可以是非股東，但必須是股東推選出代表股東利益的人。雖然根據相關利益人理論和企業民主管理理論，職工代表出任監事已被許多國家的立法所承認，但仍不能改變監事主要由股東選舉產生的性質。第二，監事會對股東大會負責，向股東大會匯報工作，接受股東大會的監督。第三，監事會必須代表股東利益，勤勉盡職地履行好監督職責。

（2）監事會是公司的監督機構。在中國，監事會是而且只是公司的監督機構，不是公司的決策機構，不參加公司經營，也不是公司的代表機構，一般不對外代表公司。作為公司的監督機構，監事會的職能是對公司的經營情況進行監督，包括對公司財務的監督和對董事、高級管理人員履行職務行為的監督。

（3）監事會是公司的常設機構。監事會是公司的法定必備機構。在採用二元制公司治理結構的國家，公司必須設立監事會。作為公司常設機構，監事會成員固定、任期固定且任期內不能無故解除。監事會通常設置工作機構，如監事會辦公室等，作為其對公司經營進行日常監督的機構。

（4）監事會具有完全的獨立性。監事會一經授權，就完全獨立地行使監督權，監事會在履行職責時不受其他公司機構的干預。董事、管理層和財務負責人不得兼任監事。保持監事會的獨良性，這是監事會有效行使出資者監督權的前提。

（5）監事個人行使監督職權的平等性。所有監事對公司的業務和會計帳冊均有平等的、無差別的監督檢查權，監事會主席和其他人不得阻撓或者妨礙監事個人行使職權。監事個人行使職權的平等性有利於充分掌握公司經營信息，為有效監督提供條件。這一點與董事會有很大差別，董事會是一個決策機構，它採取的是一種集體議事、少數服從多數的原則。

（6）監事會構成的複合性。從理論上說，監事會是代表出資者進行監督的，理應由股東組成監事會機構，但實踐中，監事會的組成是複合性的，除了股東以外，公司職工、社會專家都可以被選為監事。社會專家之所以可以充當公司監事，是因為其專業知識和豐富的經驗可以提高監督的公正、科學和有效性。職工作為監事，這在很多國家都是慣例（例如，德國就要求監事會有50%的職工監事，中國監事會也由股東代表和職工代表組成）。之所以這樣，一方面是因為職工是企業的內部人，對企業信息掌握比較充分；另一方面也是由於維護職工利益的考慮（職工是企業最大的利益相關者）。

6.2.2 監事會的組成及會議

6.2.2.1 監事會的組成

關於公司監事會的組成人數，依據中國現行《公司法》規定，有限責任公司設立監事會，其成員不得少於3人。股東人數較少或者規模較小的有限責任公司，可以設1至2名監事，不設立監事會。

監事會由股東會和職工代表大會選任的監事組成。中國現行《公司法》第五十二條、第一百一十八條規定，監事會應當包括股東代表和適當比例的公司職工代表，其中職工代表的比例不得低於三分之一，具體比例由公司章程規定。監事會中的職工代表由公司職工通過職工代表大會、職工大會或者其他形式民主選舉產生。

監事會主席的設定問題，中國現行《公司法》對有限責任公司和股份有限公司做出了不同的規定。其中，有限責任公司監事會設主席1人，由全體監事過半數選舉產生；而股份有限公司監事會則設主席1人，可以設副主席，主席和副主席由全體監事過半數選舉產生。

現行《公司法》規定，監事的任期每屆為3年。監事任期屆滿，連選可以連任。監事任期屆滿未及時改選，或者監事在任期內辭職導致監事會成員低於法定人數的，在改選出的監事就任前，原監事仍應當依照法律、行政法規和公司章程的規定，履行監事職務。

6.2.2.2 監事會會議

對於監事會會議的召開，現行《公司法》也做出了不同表述。依據第五十六條的規定，有限責任公司的監事會每年度至少召開一次會議，監事可以提議召開臨時監事

會會議；第一百二十條規定，股份有限公司的監事會每六個月至少召開一次會議，監事可以提議召開臨時監事會會議。

關於監事會的會議記錄，依據現行《公司法》第五十六條、第一百二十條的規定，監事會應當對所議事項的決定做成會議記錄，出席會議的監事應當在會議記錄上簽名。

監事會決議的通過，中國現行《公司法》也針對有限責任公司和股份有限公司做出了不同的規定。依據第五十六條、第一百二十條的規定，監事會的議事方式和表決程序，除本法有規定的外，由公司章程規定。但第五十六條規定了有限責任公司監事會決議的通過應當經過半數以上監事通過；而對於有限公司則沒有類似的規定。

6.2.3 監事會的職權

各國公司法對監事會的職權規定大相徑庭。權限大者，規定得粗疏寬泛；權限小者，則規定得詳細嚴格。西方國家的公司實踐業已證明，制度健全、權限廣泛者，能收到實效；權限較小且規定不嚴者，則難有監督之實。

中國現行《公司法》規定，監事會、不設監事會的公司監事行使以下職權：

（1）檢查公司財務，可在必要時以公司名義另行委託會計師事務所獨立審查公司財務；

（2）對公司董事、總裁、副總裁、財務總監和董事會秘書執行公司職務時違反法律、法規或《公司章程》的行為進行監督；

（3）當公司董事、總裁、副總裁、財務總監、董事會秘書的行為損害公司的利益時，要求前述人員予以糾正；

（4）核對董事會擬提交股東大會的財務報告、營業報告和利潤分配方案等財務資料，發現疑問的可以公司名義委託註冊會計師、執業審計師幫助復審；

（5）可對公司聘用會計師事務所發表建議；

（6）提議召開臨時股東大會，也可以在股東年會上提出臨時提案；

（7）提議召開臨時董事會；

（8）代表公司與董事交涉或對董事起訴。

現行《公司法》第五十五條規定，監事可以列席董事會會議，並對董事會決議事項提出質詢或者建議。監事會、不設監事會的公司的監事發現公司經營情況異常，可以進行調查；必要時，可以聘請會計師事務所等協助其工作，費用由公司承擔。

現行《公司法》與以前《公司法》相比，在監事會的職權方面已經有了很大的進步，在現行《公司法》當中，已經規定了監事會的股東會召集權和代表公司訴訟的權利。

6.2.4 監事會在公司治理中的作用

綜觀各國特別是中國公司立法規定和公司實踐，監事會作用主要體現在以下幾個方面：

（1）業務監督

董事、管理層是股東推選出代表股東對公司進行經營管理的，監事會、監事是股東推選出代表股東對董事、管理層的經營管理活動進行監督的，這就決定了監事會有

權利也有義務監督董事、管理層的業務執行情況，是其所享有的根本性權力。

德國《股份法》規定，監事會應監督業務的執行；日本《商法典》規定：監察人監督董事職務執行情況。董事、經理在執行業務中擁有一定程度的權力，這是公司經營發展之必須，但是在權力任意擴大而不加以適當的限制，那麼它極易被濫用，因為「一切有權力的人都容易濫用權力。有權力的人們使用權力，直到需要遇到有邊界的地方才休止。」，而在英美法系公司法上，由其單層的公司治理結構所決定，其監督職能由董事會及董事行使，並於20世紀五六十年代，開創獨立董事制度以彌補董事會監督不力的缺陷。中國借鑑大陸法系的立法經驗，把監事會在法律上定為公司法定必備機關。

在中國公司治理結構中，董事會不承擔對公司業務的監督權，這就決定了監事會的業務監督權具有兩個特點：第一，監事會不但要對董事執行業務的行為進行監督，還要對管理層執行業務的行為進行監督。第二，監事會不但要對董事、管理層行為的合法性進行監督，還要對董事、管理層行為的妥當性進行監督。兩種監督中，合法性監督更為重要。為了履行好業務監督權，中國《公司法》還特別補充了監事會對公司經營情況的調查權，規定監事會在發現公司經營情況異常時，可以進行調查，必要時可以聘請會計師事務所協助其工作。

（2）財務監督。監事會的財務監督權是其根本職權之一，各國股份公司只要設立了監事會或監察人，都對其有所規定。監事會享有檢查公司財務的權利，可以檢查財務會計報告、會計帳冊、會計憑證、營業報告、利潤分配方案以及其他有關財務會計文件。監事會行使公司財務檢查權時，可以聘請會計師事務所協助工作。檢查公司財務是監事會的一項主要職權，也是監事會對公司業務進行監督的重要環節。

德國的《聯邦德國股份公司法》規定：監事會可以查閱和審查公司的帳簿、文件以及財產，特別是公司金庫和現存的有價證券及商品，並且這一職權可以隨時行使。日本《商法》規定，監事可隨時要求董事及經理人及其他使用人報告營業情況，或隨時調查公司業務及財產狀況。

中國2013年修訂的《公司法》在第五十三條第一款、第一百一十八條均規定了監事會「檢查公司財務」的職權。該法第五十四條第二款還規定：監事會、不設監事會的公司的監事發現公司經營情況異常，可以進行調查；必要時，可以聘請會計師事務所等協助其工作，費用由公司承擔。監事會如何行使財務檢查權，中國證監會在《關於公司年報編製的規定》對其進行了進一步規定，要求上市公司的監事負責審議年報中的「財務會計報告」，對其中的有關議案形成決議，並與年報摘要同時公布。在這個報告中，監事會應獨立發表意見，包括「檢查公司財務狀況」的報告。監事會應當對會計事務所出具的審計意見及所涉事項作出評價，明確說明財務報告是否真實反應公司的財務狀況和經營成果。

（3）罷免建議

任免權是對董事和管理層進行監督、制衡、約束的最有力手段。監督權只有同任免權結合才能最有效力。德國、荷蘭、奧地利等歐洲大陸國家的公司監事會擁有任免董事的權力。在中國及日本等國的公司治理結構中，股東會享有董事的任免權，董事會享有管理層的任免權，監事會享有對董事及管理層的監督權。中國《公司法》修訂

后在監督權與任免權的連接上邁出了一步，賦予監事會以董事、高級管理人員的罷免建議權。

（4）不當行為糾正

中國《公司法》規定，當董事、高級管理人員的行為損害公司利益時，監事會有權要求董事、高級管理人員予以糾正。許多國家公司法也都規定了監事會的這一權利。如日本公司法就規定，董事超出公司目的範圍的行為、其他違反法令或章程的行為可能對公司產生顯著損害時，監事會有權停止董事行為。賦予監事會這一權利，有利於及時制止董事、高級管理人員的違法越權、損害公司利益的行為，避免或減少公司利益的損失。

（5）召集股東會會議

一般情況下，公司股東會或股東大會會議由公司董事會負責召集。但是在某些特殊情況下，如董事會應當召集而不為召集時，為了維護公司和全體股東的利益，公司監事會有權以自己的名義召集股東會或股東大會。中國《公司法》第五十三條第四款規定了監事會召開臨時股東會會議的提議權。

（5）特殊情況下代表公司

當董事會成員和公司發生業務聯繫或者法律爭議時，若仍由他們對外集體代表公司，不但容易造成道德風險，而且形成了自己代理，違背民法的基本原則。因此，德國公司法規定：監事會在訴訟和訴訟外，相當於董事會的成員代表公司。

6.2.5 監事會功能發揮存在的主要問題及解決之道

現階段，中國正處於經濟轉型時期，綜觀中國上市公司的運行狀況，可以發現，監事會制度還存在諸多不足，亟待不斷探索完善。

6.2.5.1 監事會功能發揮存在的主要問題

（1）監事會缺乏獨立性，機構運行缺乏保障

《公司法》第一百四十六條規定了監事任職的七種消極資格，並沒有規定可以在股東之外聘任一定比例的未曾擔任過公司董事、監事、經理等高級管理人員的具備專業知識的人，即外部監事擔任監事。同時，《公司法》又規定，監事會應包括股東代表和適當比例的公司職工代表，其中職工代表的比例不得低於三分之一，具體比例由公司章程規定。然而，在上市公司「一股獨大」和國有股「股東缺位」的現實下，很難保證職工在監事會有自己適當比例的代表，從而難以保障在董事、高級管理人員侵犯職工的利益時通過監事會進行救濟。此外，《公司法》第五十六條規定：監事會、不設監事會的公司的監事行使職權所必需的費用，由公司承擔；第一百一十八條規定：監事會行使職權所必需的費用由公司承擔，但是對於什麼是「必需費用」未作明確規定，導致部分公司監事會缺乏基本的經費。這就表明《公司法》並沒有規定監事會具有獨立的經費可供使用。沒有必要的經費保障，監事會難以履行其監督職能。以上這些都難以保證監事會獨立的法律地位，嚴重影響了監事行使職權的獨立性。監事難以很好地行使職權，進行切實有效地監督工作。

大多數上市公司的監事會成員來自於大股東，其作用主要是維護大股東的利益，配合董事會和經理進行工作。雖然有少數公司監事會曾經對股東、董事、經理違反法律、法規或公司章程，損害公司利益的情況提出了監督意見，有的還獨立提議召開臨時股東大會，但基本上是在大股東之間出現矛盾或職工與股東發生衝突的情況下進行的，這從側面說明了監事會還不能代表全體股東來維護上市公司利益。

(2) 監事會職責不明確，具體職權偏小

中國《公司法》較修訂前，對監事會增加了許多有實質意義的職權，如訴訟提起權、公司經營情況調查權、股東（大）會提案權等，但與大陸法系國家的公司監事會職權相比，中國公司的監事會可以說是「弱小的監事會」。如德國《股份法》賦予監事會很大的權力，德國的監事會不僅具有監督職能而且可以參與公司決策管理。而中國的監事會只對公司業務活動實施監督，並不直接干預公司的業務決策和日常事務，其功能主要是監察督促公司財務和董事、經理及其他高級管理人員履行職務的行為。因此說中國監事會是「弱小的監事會」。

公司法對於監事會的監督權規定得比較原則化，各公司章程中也沒有相應細化條款。一是財務監督權，公司法規定監事會可以檢查公司財務，但沒有進一步明確檢查形式和程序。現在監事會對公司財務狀況的瞭解，普遍要通過董事會的「仲介」和「過濾」，難以發揮獨立監督作用。二是對董事、高級管理人員執行公司職務的行為進行監督，對違反法律、行政法規、公司章程或者股東會決議的董事、高級管理人員提出罷免的建議，這項規定僅有權對董事、高級管理人員行為進行監督，從而忽視了對董事會決議的監督；僅規定監事會的違法性監督權，沒有規定對董事會的妥當性監督權。三是當董事、高級管理人員的行為損害公司的利益時，要求董事、高級管理人員予以糾正，監事會這項規定屬於事中、事後監督權，損失既已造成，要求予以糾正屬於亡羊補牢。

(3) 監事的義務和責任不明確。中國現行《公司法》只對監事違反其義務、濫用職權收受賄賂、侵占公司財產等規定了法律責任，而對監事因疏忽大意或故意不履行職責等給公司造成損失的消極行為，缺乏相應的處罰規定；對監事違反義務的責任尤其是民事責任的規定不夠全面和明確；同時，對監事行為的法律約束也規定得不夠充分。在約束機制不健全的情況下，監事自然消極怠工，有的監事甚至與經理層相互勾結，從事不正當交易以牟取私利。此外，《公司法》對董事、高級管理人員的競業禁止義務作了規定，如第一百四十八條規定：未經股東會或者股東大會同意，利用職務便利為自己或者他人謀取屬於公司的商業機會，自營或者為他人經營與所任職公司同類的業務。然而對監事的競業禁止義務卻未做具體規定。

(4) 監事會激勵機制不健全。公司監事會的監督權是由出資者所有權決定的，是出資者所有權的延伸。監事本身作為出資者的代表，理所當然出資者的利益就是監事的激勵要素。在實踐中，公司監事的擔當者往往是公司中的工作人員或中層職員，要讓他對「上級領導」董事和高級管理人員進行監督是困難的，或不敢監督、或無力監督。作為上市公司的監事，其行為的有效性或獲得支持的可能性比較差，其地位的穩定性則依賴於與董事、高管人員的感情配合。監事的任免考核基本沒有脫離傳統的企

業幹部管理的做法，相當數量的監事具有公司雇員和公司監事的雙重身分，其被考核的績效和薪酬的依據是在公司內部作為雇員的那份工作，而不是公司所有者委託其從事的監督工作。監事在任免、考核、收入各方面都缺乏獨立性，在現實中又往往被當作決策層和經理層的附屬，在被監督者掌控著監督者的情況下，監事對履行監督職責缺乏積極性。在中國現行《公司法》中，沒有建立一種制止監事偷懶、激勵監事忠實履行監督職能的有效措施，「監」與「不監」並無多大區別。《公司法》也未明確關於監事報酬的內容，如《公司法》只在第三十七條規定股東會「決定有關監事的報酬事項」，這一規定過於籠統，會導致在實務中，董事與監事報酬差距過大，監事報酬過少，不足以起到激勵作用。

（5）機構人員不到位，制約了監事會作用發揮。在制度安排上，上市公司監事會和董事會同樣是會議制度，但董事會通常都有若干人員屬於執行董事，而監事會通常沒有執行監事。此外，董事會下設執行機構，即經理層，具體執行董事會決議。而監事會並無執行機構，對於內部審計部門或外部審計仲介機構雖有動用和聘請的權力，但監事會辦公經費沒有固定預算，很多公司監事會沒有設立獨立辦事機構，專職監事較少，大多由控股股東或少數大股東的領導或中層幹部來兼任。即使這些監事工作能力和責任心都較強，但受兼職工作限制，很難再有時間和精力參與監事會工作。

監事會要有效地行使其監督權，其成員中必須要有通曉法律、財務會計、審計等專業知識的人才，監事還必須要有較為豐富的實踐經驗，否則無法對專業性要求加強的公司生產經營、財務會計等環節進行有效監督。而中國《公司法》僅對監事的消極任職資格做了規定，對監事的積極任職資格則沒有涉及。

（6）沒有明確劃分監事會與獨立董事的職能

目前，中國在上市公司中引入屬於「一元制」模式中的獨立董事，但《公司法》並沒有明確地劃分監事會與獨立董事的職能，按照中國當前的法律法規，二者的職責存在著相似甚至重疊，這將會導致監督效率低下。《公司法》並未具體確定獨立董事的職責，僅在第一百二十二條規定：上市公司設立獨立董事，具體辦法由國務院規定。但是從中國證監會發布的《關於在上市公司建立獨立董事制度的指導意見》和《中國上市公司治理準則》中可以看出，獨立董事的很多職權與監事會的職權之間存在明顯的重疊和交叉。中國監事會及監事的職權：一是監督公司財務；二是監督董事與經理層的行為。而獨立董事的主要職權是監督公司財務，與監事會之間存在職權重疊與衝突。這一職權界定的模糊與不明確狀況，往往誘導獨立董事利用與監事會的職能重疊，推諉責任，影響、削弱了獨立董事與監事會各自的職權行使效率。同時，這種不明晰的職權關係也增加了監管企業營運的成本，降低了公司治理結構的運行效率。

6.2.5.2 完善中國公司監事會制度的構想

公司監事會制度是公司制度經過數百年的發展而逐步形成的，是公司法人治理結構的重要組成部分。針對中國公司監事會制度存在的缺陷，要借鑑及吸收國外的立法經驗，在監事會成員的組成、監事會的職權、監事的義務與責任和監事會與相關方面的關係等方面採取措施完善，促進監事會監督職能的真正發揮，切實維護公司股東、

債權人等相關各方的利益。

（1）完善監事會成員的組成和組織機構。《公司法》規定，中國公司監事會成員由股東代表和職工代表組成。該規定有其合理性，股東作為出資者當然要對經營者進行監督以維持投資利益，職工作為利益相關者也應有利益代表。但內部監事存在利益趨同等一系列問題，加上監事履行監督職責，需相應專業知識，而在實踐中，監事會中「三不懂」監事居多，即不懂國家政策法規，不懂企業管理，不懂財務會計制度，監事素質令人擔憂。因此可參考國外做法，如德國、日本等，聘請一定數量的銀行家、律師、會計師、審計師等專業人員作為外部監事，內部監事由股東代表和職工代表組成，由內部監事和外部監事組成監事會。設立外部監事不僅可以提高監事會的整體素質，而且能增強監事會決策的客觀性和獨立性。同時，對於那些黨政幹部和職工代表，也應加強財務、經營和管理方面的培訓，以便使監事的監督職能得到真正的發揮。

中國《公司法》規定監事會設主席一人，可以設副主席。把監事會召集人明確為主席，使得監事會的組織機構層次清晰。另外，比較大的監事會，應該設立自己的辦公機構，協助監事會和監事的工作，協調監事會決議的執行，為監事會和監事提供決策支持和建議。

（2）對監事會的任職資格嚴加限制

中國《公司法》沒有對同時擔任監事職位數量的限制，也沒有考慮到關聯公司中監事與董事的任職情況。應該對實踐中某一監事同時擔任監事職位的數量和關聯公司中監事與董事的相互兼職進行限制。可以借鑑德國公司立法的規定，一個人不能同時擔任十個以上監事職位；被控股公司不得向控股公司派出監事；兩個公司不得相互派遣自己的監事出任對方的監事，而只能是一方派出董事出任另一方的監事。這些規定的目的在於避免監事會成員與董事會成員發生身分上的競合，防止損害第三人利益，確保監事集中精力行使職權。

（3）強化監事會的職權

現行《公司法》雖然賦予監事會一些新增加的職權，但有關規定過於原則、簡單，缺乏可操作性。為此應進一步明確並加強監事會的職權。

一是完善財務監督權。中國《公司法》對監事會財務監督權的規定可操作性還不強，可以參照國外公司立法進行完善。如日本商法和韓國商法中規定，監事會有權隨時調查公司的業務和財務狀況並要求董事、經理報告營業情況，有權調查董事會準備向股東大會提交的議案和文件的合法性和正當性，如果認為有違反法令、規章和顯然有不正當的事項時，應當將其意見報告股東大會。德國股份法不僅規定監事會可以隨時向董事會瞭解有關本公司或本公司合夥公司的重大事務，而且要求董事會必須定期向監事會報告有關公司的決策、利潤、經營、營業額、公司事務等情況。借鑑國外相關經驗，可作如下完善：第一，監事會可隨時查閱或抄寫會計帳簿和文件，或要求董事、高級管理人員提交相關會計報告，對董事會向股東大會提交的會計文件進行調查，並向股東大會報告意見；第二，可借鑑日本和臺灣的做法，明確規定有關人員阻撓、妨礙監事會行使財務監督權時如何排除妨礙、如何處罰等，從而確保財務監督權有足夠的剛性。

二是完善監事會代表公司訴訟的權力。監事會代表公司訴訟是許多國家公司法普遍規定的權力。中國新修訂的《公司法》也只規定了在特定情況下監事會可代表公司向董事、高級管理人員提起訴訟，但沒有賦予監事會在董事向公司提起訴訟時代表公司的權力。應借鑑日本《商法典》規定的監察人代表公司訴訟權，即「公司對董事或董事對公司提起訴訟時，監察人在訴訟中代表公司」。

三是完善股東大會的召集權。新修訂的《公司法》規定了監事會有提議召開臨時股東大會，在董事不履行本法規定的召集和主持股東大會職責時召集和主持股東大會的權力。這一規定過於粗略，公司立法應進一步規定監事會可以為了公司利益而在特殊情況下直接召集臨時股東大會的權力，同時，對如何召集股東會，如何處理作為董事會成員的大股東缺席的狀況作出具體的規定。

四是增加關於行使職權的程序性規定。監事會會議是監事行使職權最重要，也是最主要的方式。公司應在公司章程中規定監事會議事規則，監事會會議應嚴格按規定程序進行。新修訂的《公司法》對監事會會議制度進行了補充，但與國外公司法相比，其對監事會的議事方式、表決方式等程序性內容的規定仍然較為簡略粗疏。實踐證明，法律賦予的權力如果沒有必要的行使程序，就可能很難實現。監事會權力主要是通過會議決議的方式體現的，因此，中國公司立法應借鑑國外公司法如德國《股份法》、日本《商法典特例法》對監事議事方式、表決方式等程序性內容作出較為詳細的規定，以保證監事會權力的實現。

（4）明確監事的義務和責任

現行《公司法》對監事義務和責任的規定不夠全面和明確。為了督促監事會能更好地行使監事職能，中國公司法應當對之加以完善。

應該明確監事的注意義務。監事與公司董事、經理一樣，與股東和公司之間是一種信託關係，但二者受信託的事務不一樣，對於監事而言，它與公司是一種基於信任的經營監督之法定代表關係。筆者認為可以借鑑日本的做法，明確監事的注意義務。日本《商法》規定了監事基於公司的委任契約處於受委任人的地位，從而對公司負有善良管理人之注意義務。該注意義務要求監事像普通謹慎之人在相似的情況下給予合理的注意一樣，理智慎重地、克盡勤勉地行使其監督職責。所謂合理的注意程度一般採用客觀判斷標準，即監事應與社會通常上處於監事地位的人通常被要求的注意履行其義務。

健全監事責任。健全監事的責任，包括健全監事對公司和第三人的責任：第一，監事對公司的責任。一定條件下，監事可與董事、經理承擔連帶責任。公司董事、經理的決策或行為被證明違法或嚴重損害公司利益，且該決策或行為已向監事報告，而監事未予以勸阻也沒提出反對意見，甚至包庇董事、經理，由此造成的損失，監事應與董事、經理承擔連帶賠償責任。此外，《公司法》還應賦予股東代位訴訟的權利，建立代表訴訟制度，即由擁有少數股東權的股東代位公司提起追究監事民事賠償責任的訴訟，以維護公司利益；第二，監事對第三人的責任。從理論上講，與公司董事一樣，公司監事與公司人格各自獨立，監事對第三人並無直接法律關係，因此，監事不應該對第三人直接承擔責任。但是，與董事對第三人承擔責任的依據一樣，若監事會以及

監事在履行義務時，直接或間接致使第三人受損害，那麼，基於保護第三人權益的必要性，公司立法往往加重監事的責任，有時即使無違法行為，也應該對第三人承擔損害賠償責任。如日本商法規定，監事在監察報告中就應記載的重大事項進行虛假記載時，監事對第三人負損害賠償責任；監事對公司或第三人應負責任時，該監事和董事為連帶責任。而中國《公司法》偏重於追究公司負責人和直接責任人員的行政責任或刑事責任，少民責任的規定，即沒有規定對第三人承擔損害賠償的責任，這又是立法的一漏洞。它不利於保障交易安全及監督監事切實履行其作為善良監管人所負的注意義務，不利於現代公司中設置監事會這一專門監督機關的精神與價值的充分實現。

（5）監事會在工作中要處理好「四個關係」

一是與選舉人，即與股東和職工的關係。一旦成為公司的監事，就要維護公司的整體利益，維護全體股東和職工的合法權益。監事會要接受股東大會的監督，並向股東大會報告工作，接受股東會質詢；監事的報酬須經過股東大會批准，並接受其考核。監事會可以和工會開展溝通與合作，共同維護各方的合法權益，但不能相互混淆和代替。

二是與董事會、經理層的關係。監事會行使監督職權時要注意既要到位又不越位。公司法授予監事會對董事、經理有業務監督權和違規行為的要求糾正權，這使監事會行使職權有了法律上的保障。監事會有權要求公司董事會和經理層要配合和支持監督工作，要求其定期向監事會通報公司經營情況，也可以列席公司董事、經理會議瞭解情況。但是，監事會行使監督權不能超越法定範圍，不能在職權範圍外任意干擾董事會和經理層的日常經營管理活動，無權代行董事會和經理的職權。

三是與獨立董事的關係。首先要分清兩者的不同性質，獨立董事制度是董事會的內控機制，而監事會是董事會之外與其並行的公司監督機構。獨立董事仍屬於監事會監督的範疇。其次要正確界定兩者的功能。獨立董事是事先監督和參與過程監督，是既決策又監督，而監事會是事後監督和非參與過程監督。獨立董事不是常設性機構，監事會是常設性機構，日常監督是它的職能。監事會功能與獨立董事功能是相互補充的，不能因為獨立董事制度的實施而淡漠了監事會制度的建設。

四是與公司有關職能部門的關係。監事會的工作可能會與公司內部紀檢、審計、財務、工會等部門發生一定的聯繫，有時可能相互借鑑對方的工作，以提高效率和降低監督成本，但內部部門有各自的工作職責，各自代表的利益和工作目的並不完全相同，不能定位不清，互相替代。

（6）強化對監事會運作的監管。監事應當遵守法律、法規和公司章程的規定，履行誠信和勤勉的義務。監事連續兩次不能親自出席監事會會議的，視為不能履行職責，股東大會或職工代表大會應當予以撤換。監事違反法律、法規和公司章程，致使公司利益受到損害的，公司、股東可以依法對監事起訴。監事會應當向股東大會報告監事履行職責的情況、績效評價結果及其薪酬情況，並予以披露。股東大會對監事會報告進行審議批准。監事的評價應採取自我評價與相互評價相結合的方式進行。在公司年度報告披露後，監事會應將過去一年內實施的監督工作進行全面總結，包括如實報告公司董事、經理勤勉盡責情況、公司規範運作情況以及監督發現問題並責成公司整改效果的情況，還要對下年主要監督事項及相關工作做出安排。監管部門應當研究對包

括監事在內的上市公司高管人員進行資格認定辦法，如果監事發生違規行為，將受到相應的行政處罰。

（7）實施各監督機構間的信息共享與合作，提高整體監督效果。對一般的股份公司，內部的監督機構除監事會外，還設立了審計部、監察部（室）。有些在美國、中國香港上市的公司，還必須依照上市地的法律規定，設立董事會審計委員會。這些不同程度上都履行著監督部門的職能，不僅在業務上有交叉，組織上也經常分工不明。要明確這些監督機構之間的關係，企業的其他監督部門應該多向監事會通報情況，協助監事會搞好監督工作。監事會辦事機構、企業其他監督部門應該形成聯席會議、統籌協作機制，切實發揮各級監督部門的優勢，探究加強和改進監督工作的方法，維護公司和股東的長遠利益。

【閱讀】中國監事會制度何去何從

就中國目前的情況來說，借鑑德國的監事會制度，提高中國監事會的法律地位，改進和完善監事會這一專門監督機構的構成和運行機制，比引進美國的獨立董事制度更具有合理性和可行性。原因如下：一是中國的股權結構比較特殊，與美國公司的股權結構大相徑庭。中國的上市公司中，股權不是極度分散，而是過度集中，公司一般都有控股股東。二是獨立董事與中國現行公司治理結構中的監事會的職能相互重疊（見表6.1），由於「搭便車」的心理，兩個機構之間的矛盾、推諉很可能將僅有的一些監督績效降低為零。二是獨立董事制度並不能解決國有股一股獨大的問題。

表6.1　　　　　　　　　　獨立董事與監事會比較

	獨立董事	監事會
職責範圍	對經理有監督的職責	有權對公司的業務活動以及董事和經理進行全面的監督（檢查公司帳務、檢查公司財務帳簿和其他會計資料）
權力安排	《指導意見》所規定的獨立董事的權力遠遠大於監事會	法律上監事會與董事會是水平並列的權力機構
監督實施	貫穿事前、事中、事后，是全程監督	**事後監督**

然而，中國的公司治理結構是一種二元制的結構。公司在股東大會下設董事會和監事會兩個平等的機構。在中國的二元制公司治理結構下，監事會的權力既不像德國監事會，也無法像英美獨立董事那樣擁有接近公司的優勢條件。監事會無法瞭解實情，又缺乏監督手段，起不到監督作用。

中國現行監事會的職能沒有得到確實發揮，其中要原因有三：一是監事會地位不高，名義上與董事會平級，實則是董事會和經理層的附庸；二是監事會人員構成不合理，缺乏履行職責的必要知識和能力，導致監事會無力監督；三是監事會缺乏監督手段，《公司法》雖有關於監事會職權的規定，但條文過粗，缺乏可操作性，故流於形式。監事會也就形同虛設，淪為管理層的「橡皮圖章」。

6.3 獨立監事制度

6.3.1 獨立監事制度的概念

獨立監事這一概念的提出，源於對獨立董事制度的研究和思考。吸收美國獨立董事制度的優點，將其獨立性思想貫徹融合到監事會制度中，便形成了獨立監事制度。

獨立監事制度與獨立董事制度，其制度的精神和宗旨是一致的，都在於通過維護監督主體行使監督權的獨立性來保證監督的客觀性和公司性，不同的只是身分而已，即一個身分是「董事」，另一個身分是「監事」。因此，也可以說，「獨立監事」這一概念是由「獨立董事」的概念演化而來的。獨立董事實質就是與公司、管理層不存在任何實質利害關係的非執行外部董事。對照此概念，可以把獨立監事界定為：獨立監事是指那些與公司、管理層不存在任何影響，其客觀獨立判斷之利害關係的外部監事。

6.3.2 獨立監事的獨立性

對獨立監事概念的理解，關鍵是如何理解「獨立」，即要達到什麼樣的標準，獨立監事才算是真正的「獨立」監事？綜合人們對「獨立」的看法，我們判斷獨立監事是否「獨立」主要基於以下幾個因素：①與該公司或該公司關聯企業的雇傭關係；②與該公司或該公司關聯企業的經濟利益關係；③與該公司或該公司關聯企業的高級管理人員的私人關係或經濟利益關係。只要屬於以上三種情形之一，這樣的監事就不是真正意義上的獨立監事。另外，還有一種特殊情形，即一開始具備獨立監事資格，但后來在履行監事職責過程中與公司管理層產生了影響其做出獨立客觀判斷之利害關係，這樣的監事也不是真正意義上的獨立監事。

外部監事與獨立監事這兩個概念是否等同，又有什麼不同呢？就中國公司治理的情況而言，獨立監事與外部監事實際上是兩個內涵不同的範疇。外部監事只是表明此監事不是公司一般職工或管理者，而獨立監事強調此監事不但不屬於公司成員，而且與公司沒有經濟上或其他可能妨礙其做出客觀判斷的利害關係。獨立監事不兼任公司職工，與公司不存在實質性利害關係，獨立監事又不同於其他外部監事，尤其是股東代表監事。從形式上看，獨立監事來自公司之外，其深層含義是強調該監事與公司既無職務所屬關係，又無經營利害關係，有的只是監督的客觀性。這種獨立特徵，保障了監事行使監督權的獨立性。可以說，外部監事強調的是監事來源的外部性，與「內部監事」相對；獨立監事強調的是監事行使權時的獨立性，與之相對的是「非獨立監事」。出於確保監事獨立性的考慮，獨立監事必須來源於公司的外部，由外部監事擔任。所以也可以說，獨立監事必須是外部監事，但外部監事不一定是獨立監事，因為有些外部監事可能與公司、管理層存在利害關係而不具有監督的獨立性。

【閱讀】 A 公司為國有股份有限公司，李某為國資委派駐到 A 公司的監事。李某雖然不是 A 公司的一般職工和管理者，但李某身為國資委工作人員實際上是一種股東代表監事，與 A 公司存在經營利害關係，所以李某只能算是公司的外部監事，而不是獨立監事。你認為以分析正確嗎？

（資料來源：沈樂平，張咏蓮. 公司治理. 大連：東北財經大學出版社，2009：129.）

獨立監事在各國或地區的稱謂不一致，如在日本稱外部監察，韓國稱外部監查，臺灣地區稱獨立監察人，中國則稱外部監事或稱獨立監事，而且這些制度的具體內容也並不完全相同。但是這些制度的宗旨是一致的，都是強調監督主體的獨立性和客觀性。

6.3.3 獨立監事制度的作用

目前中國在獨立監事制度方面尚未做出完善的規定，但是獨立監事制度在以下方面可以發揮它的作用：

（1）可以增強對中國上市公司的監督力度

近年來中國頻頻發生上市公司帳務造假、惡意「圈錢」、違規擔保等損害投資者及上市公司利益事件，這些事件表明中國上市公司的監督機制要繼續加強。獨立監事獨立於公司，能夠以更加有效和客觀的形式監督權力，加大監督力度。

（2）有利於完善中國公司監事會制度

長期以來，中國監事會沒有發揮其應有的監督作用，存在缺乏獨立性、缺乏專業性、缺乏激勵約束機制和議事機制不合理等問題。獨立監事是與公司管理層沒有任何實質利害關係的外部監事，這使得他們能夠獨立、客觀、公正地履行監事職責，無疑更具有獨立性。獨立監事的任職人員要求具有必要的財會、管理、法律等方面知識，與以往的監事相比更具有專業性和監督能力。此外，獨立監事還享有獨任監督權和更有效的激勵約束機制。

因此，在監事會制度存在的同時，獨立監事制度的引入也成為公司治理當中的一個趨勢。

【思考與練習】

1. 什麼是監事？享有哪些權利？應承擔什麼義務和責任？
2. 監事會是什麼？如何組成？監事會的職權有哪些？
3. 什麼是獨立監事？它的主要作用是什麼？
4. 案例分析一

【案情】原告羅某於 2000 年 12 月經選舉成為被告某房地產開發有限公司的監事。2006 年 3 月、4 月，原告兩次書面通知被告要求其將財務資料給原告進行財務檢查，均遭到拒絕。原告認為被告侵害了其作為監事的合法權益，遂向法院起訴請求判令被告提供全部財務資料給原告進行檢查。被告認為，按公司章程，原告擔任監事期限截

至 2005 年 12 月。章程沒有關於監事期滿后權力的規定，且原告以監事名義對財務狀況的檢查只提出時間，沒有明確具體的檢查方式，故產生爭議。(本案例選自深圳市南山區人民法院網)

【思考問題】

(1) 本案中涉及監事會的什麼監督權力？除此之外監事會還有哪些權力呢？

(2) 你認為對於雙方的爭議，法院將會做出怎樣的判決？

5. 案例分析二

某石化集團的董事長未經股東大會同意，決定將公司分拆出一家新的公司，同時決定解除公司兩名監事的職務，其中一人為職工監事。另外，對監事會聘請外部審計師對公司財務和經營狀況進行審計所發生的費用，董事會拒絕將其列入公司成本。公司部分股東得知此事后認為，公司分立使公司經營的業務受到極大影響，損害了公司股東的利益，董事會代替股東大會決定公司分立、解除監事職務等行為，均屬違法越權。於是公司部分股東向監事會提出召開臨時股東會議，要求撤銷董事會的上述決議並解除董事長職務。監事會向董事長提出召開股東會議的請求，但是董事會自收到該請求 3 個月後一直未作答復。於是監事會直接向股東發出通知，召開臨時股東會，依法做出解除董事長職務的決議。

【思考問題】

在上述案例中，根據《公司法》規定：

(1) 董事長與董事會的工作存在哪些錯誤行為？

(2) 本案例下監事會召集和主持股東會議是否合法？決議是否有效？

7 高層管理者激勵約束機制與業績評價

【本章學習目標】
1. 理解經理和經理層的概念，掌握經理的特徵以及權利和義務，並瞭解「內部人控製」現象。
2. 掌握公司高層管理者激勵機制。
3. 掌握公司高層管理者約束機制。

7.1 經理

7.1.1 經理的定義和特徵

7.1.1.1 經理的定義

所謂「經理」，即經營管理，從這個角度來看，一個公司的經理有兩大方面的職責：一是負責統籌和規劃公司的業務經營，制定公司的經營策略並有效地執行；二是負責協調公司經營過程中各個部門之間的溝通和銜接，使各部門的員工更有效率地工作。這兩個方面前者注重「經營」，而后者則關注「管理」，對於一名經理來說，二者缺一不可。因此，根據經理工作的本質屬性，可以將其定義為：

經理是指對公司資產的保值和增值負有責任，受雇於公司資產所有者，在公司日常運作中獨立地行使業務執行和管理權利的經營管理者，是公司治理結構的核心組成部分。在公司治理結構中更是指由公司高層管理人員組成的控製並領導公司日常事務的行政管理機構。從這個角度講，經理是一個集合概念，它不是指單個自然人，而是指一個機構。它由公司的總經理、副總經理、總工程師、總會計師等共同構成。這一機構的最高負責人是總經理，總經理由董事會聘任，對董事會負責。

【閱讀】公司是否必須設置經理?

經理是由董事會聘任的、負責組織公司日常經營管理活動的常設執行機關，總經理是該執行機關的負責人。

通常公司都會設置經理這個職位，實際上根據《公司法》第五十條的規定，對於

有限責任公司而言，經理是選設機構，不是必設機構，有限責任公司可以根據公司情況決定是否設置經理。而根據《公司法》第一百一十四條的規定，股份有限公司必須設置經理。對於股份有限公司而言，經理是必設機構。

7.1.1.2 經理的特徵

一名優秀的經理應該具備以下特徵：

（1）專業從業素質。其具體包括：決策能力；在經營活動中善於發現問題、提出解決方案的創造能力；對於下屬不僅要「知人善任」，而且「知人善免」，善於調動下屬的工作激情，挖掘員工的潛力並加以培養和利用；面對瞬息萬變的市場要有良好的應變能力，具備戰略眼光，對工作善於設計、組織和實施。

（2）優秀的個人品質。這是指經理的人格魅力，優秀的公司經理在工作過程中能夠表現出信心和樂觀的精神，這使他面臨困境時能夠理智；具有良好的職業道德，經理自身的行為符合公司的行為規範，在員工中起模範和統帥作用；具有良好的溝通能力；對公司、對工作、對自己的員工具有強烈的責任心，能以自己為中心形成強大的凝聚力。

（3）良好的職業心態。經理自身必須自知和自信；具備堅強的意志和面對各種困境臨危不亂的膽識；待人真誠，做到寬容和忍耐；心態開放，在激烈的市場競爭中持續進取，不斷追求卓越。

7.1.2 經理的權利和義務

經理受董事會的聘任，承擔公司日常經營管理工作，必須擁有一定職權，同時也要承擔一定責任。

7.1.2.1 經理的權利

世界各國的公司法對經理人員的職權都有一定規定，一般地說，經理人員的主要職權是：執行董事會的決議、主持公司的日常業務活動、經董事會授權對外簽訂合同或者處理業務、任免其他經理人員等。

按照中國公司法的規定，經理具有以下職權：①主持公司的生產經營管理工作，組織實施董事會決議；②組織實施公司年度經營計劃和投資方案；③擬定公司內部管理機構設置方案；④擬定公司的基本管理制度；⑤制定公司的具體章程；⑥提請聘任或解聘公司副經理、財務負責人；⑦聘任或解聘除應由董事會聘任或者解聘以外的負責管理人員；⑧公司章程中董事會授予的其他職權。

以上為經理的法定權利，或者說基本權利。除此之外，如公司章程對經理的職權另有規定的，則從其規定。

7.1.2.2 經理的義務

與經理權利相對應的是其按照《公司法》和公司章程規定所應承擔的義務：①經理應當遵守公司章程，忠實履行職務，維護公司利益，不得利用在公司的地位和職權

為自己謀取私利；②不得挪用公司資金或將公司資金借貸給他人，不得將公司資產以個人名義或以其他個人名義開立儲蓄帳戶，不得以公司資產為本公司的股東或其他個人債務提供擔保；③不得自營或為他人經營與其所任職公司同類的營業或從事損害本公司利益的活動；④除依法規定或經股東大會同意以外，不得洩露公司機密；⑤經理在執行職務時違反法律法規或公司章程的規定，給公司造成損害的，應當承擔賠償責任。

【閱讀】董事與高級管理人員的違法行為也需要公司承擔責任嗎？

股東出資成立公司，將公司的經營活動交給董事與高級管理人員打理。對於這些掌握公司實際控製權的「內部人」，股東們不無擔心：如果出現「董事不『懂事』、監事無所事、經理總出事」的糟糕局面怎麼辦？董事與高級管理人員的違法行為都需要公司承擔責任嗎？

對於這個問題不能一概而論。

首先，董事與高級管理人員以個人名義，從事與其公司職務無關的活動時實施了違法行為的，公司無須承擔責任。例如，某董事長週末自駕車出遊，途中交通肇事違法；又如某公司總經理對下屬女員工實施性騷擾被告上了法庭，這時應當由董事長、總經理個人視情節承擔民事乃至刑事責任，而與所在公司無關，公司無須對其行為承擔經濟責任。而且，如果該董事、監事或高級管理人員的不正當行為表明其已不具備《公司法》與公司章程規定的任職條件，則公司應當免去其董事、監事、高級管理人員職務。

其次，董事與高級管理人員以公司的名義從事經營活動時違法，給他人造成經濟損失的，公司應當承擔民事責任。

某服裝公司生產的「宏慶」牌西服暢銷全國，某玩具公司總經理十分眼紅，於是也生產了「紅慶」牌西服。服裝公司將玩具公司及其總經理一同告上了法庭。法官認定玩具公司侵犯他人註冊商標專用權，要求玩具公司停止生產「紅慶」牌西服，並賠償服裝公司所受經濟損失1,200萬元，但是沒有判決玩具公司總經理承擔連帶賠償責任。因為總經理的個人人格已為公司所吸收，發生違法時應當由公司對外承擔法律責任，而不是由總經理個人對外承擔法律責任。

假設玩具公司不那麼「羞羞答答」，直接生產「宏慶」牌西服，則可構成假冒註冊商標罪。這時，玩具公司構成單位犯罪，實行雙罰制，對玩具公司判處罰金，並對公司總經理等責任人員判處刑罰。同一個行為，按照其違法情節的嚴重性，有時既要承擔民事責任又要承擔刑事責任，還可能遭受行政處罰。

再次，董事、高級管理人員執行公司職務時違法，公司為其「埋單」之後，可向違法者追償。

如上案例，玩具公司因為公司總經理的違法決定遭受重大損失，公司股東可以書面請求公司董事會或監事會起訴總經理，要求他承擔賠償責任；董事會或監事會不起訴的，股東可自己直接起訴總經理。同理，如果董事會做出了錯誤的決定導致公司受

損，股東或監事會可以起訴參與錯誤決策的董事。當然，在表決時立場正確的董事可以免除責任。

最后，公司董事、高級管理人員違法給他人造成經濟損失，他人也有責任的，公司可以不承擔或者減輕承擔責任。

例如，公司的總經理超越權限對外訂立合同，相對人也明知總經理越權的，該代表行為對公司沒有效力，公司無須承擔責任。

又如，董事長、總經理等違法對外簽訂合同，合同最終歸於無效時，如果合同雙方都有過錯，應當各自承擔相應的責任。

甲公司經理接受乙公司業務員的好處后，代表甲公司簽訂採購合同，購入乙公司一批劣質貨物，一直放在倉庫裡，也不派人驗貨，致使貨物大半損毀。后甲公司解聘該經理，並拒絕乙公司的付款請求，乙公司於是起訴甲公司要求其承擔違約責任。該合同因有惡意串通損害第三人利益的情形，歸於無效，甲公司應當將劣質貨物返還乙公司，無法返還的應當折價補償。雖然甲公司要為其經理的違法行為承擔責任，但是相對人乙公司也有過錯，雙方應當各自承擔責任，甲公司可以減輕責任承擔。

（資料來源 根據網上資料整理）

7.1.3　內部人控製

中國法律對經理權利和義務的規定是為了更好地規範經理在管理過程中的行為，法律和道德的約束使經理的權利和義務達到一個制衡，從而賦予經理層充分、適當的空間以實施相應的經營管理活動。另一方面，經理層與治理層之間存在委託—代理關係，這是二者利益產生衝突的根源，而公司組織結構本身無法消除這個矛盾。在這個矛盾加劇的條件下，如果經理的權利被過分地放大，而相應的義務被過度地忽視，公司所有者的利益將不可避免地遭到損害，這就是公司治理中所面臨的「內部人控製」問題。

所謂「內部人控製」現象，是指在現代公司所有權和經營權分離的前提下，公司所有者和經營者的利益存在衝突，而公司經理人同時掌握了實際的經營管理權和控製權，在公司的經營、戰略決策中過度體現自身利益，並依靠所掌握的權利架空所有者的監督和控製，使公司所有者利益蒙受損害的現象。

「內部人控製」現象是公司治理層和管理層信息不對稱的產物，其內在驅動因素是在治理層和經理層利益衝突下的經理層個人利益最大化。由於經理層直接管理公司運作，籌資權、人事權等都控製在公司的經理層手中，治理層的監督實際上是「名存實亡」。經營者的短期決策、過度投資或者過分地在職消費都會不同程度地損害股東的長遠利益，委託人的代理成本不斷上升，但權利在「內部人」手中集中使公司所有者無可奈何，從而產生了「內部人控製」。

「內部人控製」問題對公司治理的危害很大。由於經理層脫離監督和控製，完全基於自身利益最大化的經理的經營目標與公司所有者的長遠目標不斷背離，甚至將導致公司資產被掏空、經營效率低下、公司治理失效；而對於上市公司的經理層而言，自

身利益因素的驅動使「內部人」的誠信程度下降，為了使個人利益盡量得到滿足，「內部人」甚至處心積慮地製造和發布虛假信息並從中攫取巨額收益，市場秩序也將遭到沉重的打擊。

「內部人控製」是現代公司治理的「大敵」，治理層和經理層之間的利益衝突不能夠消除，但可以採取一定措施進行緩和，甚至使二者的利益實現趨同。為了杜絕這一問題，現代企業制度要建立產權明晰、責權明確、管理科學的體制；加強股東等公司經營信息需求者參與監控的動機和能力；健全董事會、建立審計委員會，建立股東對經營管理者的強力約束；完善業績評價機構；改變激勵措施，防止經營者的短期行為；加強股權間的相互制約，解決「一股獨大」的問題；建立健全獨立董事、監事制度，切實維護中小股東的利益；完善公司內部會計控製體系，規範公司的財務行為等。

7.2　高層管理者的激勵機制

7.2.1　設計高層管理者的激勵機制的必要性

7.2.1.1　所有權與經營權分離

現代企業的所有權與經營權發生分離，改變了傳統企業中企業所有者和經營者合一的形式，產生了委託代理關係。由於企業的出資者與經營者具有不同的目標函數，經營者行為並不會自動完全服從於股東利益，這就產生了代理問題。如何解決代理問題，協調股東和經理人之間的潛在利益衝突，成為了公司治理上一個重要的研究領域。

在現代企業中，股東是企業的實際所有者，而經理人作為經營者基本掌握著企業的控製權。董事會代表股東利益，對經營者進行監督和激勵控製，並且保留了對公司的重大事件的決策權。

在證券市場比較發達的國家，企業的出資者分散程度較高，代理問題更加嚴重。一方面，分散的個別出資者基於自身利益成本的考慮將缺乏動力對經營者實施必要的監督；另一方面，由於缺乏監督，擁有公司控製權的在位經營者選擇有利於自身利益而有損於股東權益的行為。正如伯利（Berle, A. A.）和米恩斯（Means, G. G.）在 1932 年出版的《現代公司與私有財產》書中所陳述的，持續的兩權分離可能導致經營者對公司進行掠奪。因此，設計一套激勵制度使經營者有積極性為了投資者創造價值，非常必要。

經營者才能是一種特殊的人力資本，表現在它的使用是複雜勞動和風險勞動的統一，因此，經營者的人力資本價值更高。國外有研究表明，一般勞動力每增加 1%，生產增加 0.75%；而素質較高、善於經營的管理人員每增加 1%，則生產增加 1.8%。為了補償經營者較高的人力資本及承擔的風險和責任，他們的收入比普通工人應當高出許多。如得不到相應的補償，必然會損傷他們的積極性。

優秀的經營者是具有特殊稟賦的人才，屬於稀缺資源，其在企業中的特殊地位使得他們的決策不僅會對企業業績產生很大的影響，而且決定著企業的長期命運，企業

的績效是集體努力的結果，尤其與經營者的努力程度關係密切。企業經營者作為一個特殊的群體，既滿足經濟學中「經濟人」的基本假設，也滿足管理學中「自我實現」的人性假設，他們毫無例外地具備追求個人私利的強烈動機和願望，也迫切希望自己的經營才能被市場認可。因此他們不僅是激勵活動的接納者，同時也是激勵活動的施行者，「被激勵」是需求，「激勵他人」是責任。經營者激勵需要滿足兩個限制要求：一是當企業任務被確定之後，經營者將會按照自身利益最大化作決策；二是經營者需要有足夠的薪酬和滿足感讓他們願意為公司效力。在現代企業經營過程中，對經營者的激勵不僅是必要的，而且應該有別於對一般員工的激勵。

對經營者進行有效的激勵，可以引導經營者行為，調和股東與經理人之間的利益衝突，因此設計有效的激勵機制、肯定經營者人力資本對公司業績的貢獻，具有重要意義。

7.2.1.2 信息不對稱

在傳統經濟學基本假設中，重要的一條就是「經濟人」擁有完全信息。然而，現實生活中市場主體不可能佔有完全的市場信息，一般信息是不對稱的。信息不對稱是指有關某些事件的知識在相互對應的經濟人之間的不對稱分佈，即經濟人就某些事件所掌握的信息既不完全也不對等。通常將佔有信息優勢的一方稱為代理人，而處於劣勢的一方稱為委託人。由於信息不對稱，代理人為了自身利益可能憑藉自己的信息優勢選擇對委託人不利的行為，從而引發信息不對稱理論中的兩個核心問題——逆向選擇和道德風險。

在「經濟人」假設下，企業的經營者追求自身利益最大化，而不是資本所有者的利益最大化，由於信息不對稱，經營者有隱瞞企業實際經營情況的傾向，即存在著「道德風險」問題。所謂道德風險，就是從事經濟活動的人最大限度地增加自身效用而做出不利於他人的行動的可能性。例如，當經營者的薪酬與短期利潤聯繫緊密的時候，他們就傾向於追求短期利潤，而相對忽視了企業的長期發展，並且隱瞞這種行為選擇的真實動機。

造成道德風險的原因除了經營者追求自身利益的原始願望之外，還由於委託人和代理人之間的信息不對稱以及合同的訂立和實施障礙等原因。一方面作為代理人企業經營者是否努力以及努力的程度，實際上很難衡量、監督；另一方面，企業所有者往往不如經營者熟悉實際情況，他們不可能知道經營者所考慮的所有可選方案，而決策權基本上掌握在經營者手中，難保經營者不利用手中權力欺瞞企業所有者而為自己謀取私利，即使企業所有者知道什麼行為是最優的，不對稱信息也使經營者採取的實際行動具有不可觀察性，即使出現經營錯誤，也大多是不可見的、隱蔽的。另外，企業所有者與經營者之間制定的合同不可能預見所有可能發生的問題，因而是不完全的，在具體實施過程中也會存在著一些問題。基於以上種種原因，如果沒有合理的激勵機制，企業經營者不會循規蹈矩地按合同條文行事，他們也許會在實際的經營中侵占股東的利益。

要想保證經營者能夠為企業的資本所有者帶來利益最大化，資本所有者就必須設

計合理有效的激勵機制來刺激經營者。激勵的作用在於促使經營者不僅是循規蹈矩地按契約條文行事，而且要促使他們在契約的基本框架內充分施展自己的能力。不僅如此，設計與企業績效相聯繫的激勵機制，還可以通過「利益制約關係」激勵經營者選擇能夠增加股東財富的活動，使得其對個人效用最大化的追求轉變為對公司利潤最大化的追求。

7.2.1.3　不完全契約關係

契約是一組承諾的集合，這些承諾是當事人在簽約時做出的、並且預期在未來（契約到期之日）能夠兌現。契約最核心的內容在於：它的條款是狀態依存（state-contingent）的，對未來可能發生的自然狀態中參與者可以採取的行為做出規定（所以在一定意義上契約理論也可理解為解決組織內決策權的配置問題），並規定了參與契約各方基於可確證信息的最終結算方式。在契約被理解為機制或制度的一部分的時候，契約理論可以看作機制設計理論的應用。

契約可分為完全契約與不完全契約兩類。所謂完全契約，是指這些承諾的集合完全包括了雙方在未來預期的事件發生時所有的權利和義務。例如在經典的雙邊貿易模型中，若買方和賣方簽訂的契約中完全規定了賣方向買方提供的產品或服務的性能和特徵，和買方向賣方支付數額及形式，以及雙方違約時的懲罰措施等，則此契約就是完全的。

但未來本質上是不確定的，特別是將來某種程度上是現在選擇的結果，而現在的選擇又基於對未來的預期，這使得現在與將來之間的關係上有一種內稟的隨機性。因此，從觀察者的角度看，大部分契約都是不完全的，譬如，對某些自然狀態下的相應行為沒有做出規定。要麼是沒有完全指定某一方或雙方的責任，諸如違約賠償之類，要麼是沒能完全描述未來所有可能的狀態下對應的行為和責任。對於第一種類型的不完全契約，法學家們稱為「責任」不完全的契約，或者是有「瑕疵」的契約。在法律上一般通過指定缺席規則（default rule）來填補責任上的空缺。對於第二種類型的不完全契約，我們稱之為「不能充分描述各種可能機會」的不完全契約，這正是經濟學家們所關注的不完全契約。從本質上說，當契約所涉及的未來狀態足夠複雜時，個人在簽約時的主觀預期就不可能是完全的，因此「不可預見的可能性」（unforeseen contingencies）就成為契約不完全性的最本質的原因。

由於契約的簽訂不能夠詳盡描述將來可能發生的所有情況及應對措施，不能夠清晰界定各種不確定情況下契約各方的權利、責任和義務，因此不完全契約才是企業所面對的真正現實。經營者與股東之間是一種不完全的契約關係。

契約的不完全性使得激勵問題變得更加複雜。在完全契約條件下，契約各方能夠就未來可能發生的一切情況及應對措施達到一致，股東和經營者利益分配在各種情況下均具有可參考的契約安排。但是在不完全契約條件下，事後的談判與討價還價能力將在很大程度上影響各方獲取的租金大小。

將出資者的資金投入和經營者的人力資本投入都看作為企業的資產，他們在一定程度上都具有資產專用性。經營者考慮到契約的不完全性與事後的不確定性，將會在

進行與企業相關的專用性人力資本的投入上有所顧慮，因此導致經營者減少專用性人力資本投入，從而對決策質量以及企業績效產生負面影響。

在不完全契約條件下，需要設計有效的激勵機制，從而使經營者有動力進行與企業相關的專用性人力資本投入。

7.2.2 高層管理者的激勵機制理論

公司治理中的代理成本與道德風險問題僅靠監督與制衡不可能解決，關鍵是要設計有效的激勵機制。高層管理者激勵機制是解決委託人和代理人之間關係的動力問題，即委託人如何通過一套激勵機制促使代理人採取適當的行為，最大限度地增加委託人的效用。因此，激勵機制是關於所有者和高層管理者如何分享經營成果的一種契約。激勵相容性原理與信息披露原理為設計這種激勵機制奠定了理論基礎。

7.2.2.1 激勵相容性原理

由於各利益主體存在自身利益，如果公司能將各利益主體在合作中產生的外在性內在化，克服合作成員的相互偷懶與「搭便車」的動機，就會提高每個成員的努力程度，提高經營績效。如果管理者的監督程度會因為與被管理者的復位和動機相同而降低，一種有效的安排就是在管理者和被管理者之間形成利益制約關係，即管理者的收益決定於被管理者的努力程度，雙方產生激勵相容性。被管理者利益最大化的行為也實現了管理者利益最大化。被管理者越努力，管理者所得剩餘收入越多，監督與管理動機也就越強，從而激勵管理者加強對其他成員的監督。

財產的激勵與利益的激勵合理組合、相互制衡是使公司各所有者之間實現激勵相容的關鍵。其中財產的激勵是以財產增值為目標來激勵其行為。這種激勵表明管理者本人即是公司財產的所有者。而利益的激勵，對公司內非財產所有者的其他成員來說，激勵其行為利於其個人利益的實現。財產激勵與利益激勵相互制約，利益激勵不能脫離財產激勵，而財產的激勵依賴於利益的激勵來實現。

7.2.2.2 信息披露性原理

獲得代理人行為的信息是建立激勵約束機制的關鍵。這是由於委託人與代理人之間的信息分佈具有不對稱性，遇到的普遍問題是當委託人向代理人瞭解他們所屬類型的信息時，除非通過貨幣支付或者某種控制工具作為刺激和代價，否則代理人就不會如實相告。因此要使代理人公布其私人信息，必須確立博弈規則。依據信息顯露原理，對每個引致代理人撒謊的契約，都對應著一個具有同樣結果但代理人提供的信息完全屬實的契約。這樣不管何種機制把隱蔽和撒謊預計得如何充分，其效果都不會高於直接顯露機制。這樣，顯露原理大大簡化了博弈過程，把未來需要運用動態貝葉斯博弈方法來分析其均衡解的一個多階段對稱信息的博弈機制設計，運用顯露原理使委託人通過代理人之間的靜態貝葉斯博弈即可獲得最大的期望收益。

為使期望收益最大化，作為機制設計者的委託人需要建立滿足一些基本約束條件的最佳激勵約束機制。而最基本的約束條件通常有兩個，首先是所謂刺激一致性約束。機制所提供的刺激必須能誘使作為契約接受者的代理人自願地選擇根據他們所屬類型

而設計的契約。如果委託人設計的機制所依據的有關代理人的類型信息與實際相符，那麼這個機制給代理人帶來的效用應該不小於其他任何根據失真的類型信息設計的機制所提供的效用。不然代理人可能拒絕接受該契約，委託人無法實現其效用最大化。其次是個人更改約束，即對代理人的行為提出一種理性化假設。它要求代理人做到接受這一契約比拒絕契約在經濟上更合算，這就保證了代理人參與機制設計博弈的利益動機。如果配置滿足了刺激一致性約束，那麼此契約就是可操作的；如果可操作的契約滿足了個人理性約束，那麼該配置可行，從而保證激勵約束機制處於最佳狀態。

7.2.3 高層管理者的激勵手段和激勵機制的主要內容

7.2.3.1 高層管理者的激勵手段

人的需要是多層次的、多元化的，因此激勵手段同樣應該具有多樣性。經營者的目標函數中不僅僅只包括收入因素，還應該包括名譽、自我實現、權利、友誼等因素。在表 7.1 中，我們將激勵手段按內容和時間兩種方式進行分類。

表 7.1　　　　　　　　　　　激勵手段的選擇

劃分尺度	細分	具體方式
按激勵內容劃分	物質激勵	獎金 分紅 年薪制 股份
	精神激勵	在職消費 提升 榮譽稱號 資格、職稱和證書 度假、進修
按時間劃分	長期激勵	年薪制 股份、股票期權
	短期激勵	在職消費 提成、獎金

（資料來源：荊林波. 經營者股票期權——長期激勵和調和術：誰為企業老總造飯碗. 北京：中國經濟出版社，2000.）

對經營者的激勵一般包括物質激勵和精神激勵。物質激勵，主要是資本所有者運用支付給經營者的貨幣收入即報酬的多少來實現激勵，具體形式為工資、獎金、津貼和福利、股票和股票期權。精神激勵，主要是資本所有者給予經營者的名譽鼓勵和職位消費。其中，股票和股票期權具備長期激勵的特徵。

7.2.3.2 高層管理者的激勵機制的主要內容

（1）報酬激勵機制

對高層管理者的報酬激勵一般由固定薪金、股票與股票期權、退休金計劃等構成。

其中，固定薪金優點在於穩定可靠無風險，能作基本保障，但缺乏靈活性和刺激性。獎金和股票與其經營業績緊密相關，對經營者來講有一定風險，也有較強的激勵作用，但易引發經理人員短期行為。退休金計劃則有助於激勵高層管理者的長期行為。

在西方發達國家，高層管理者的薪酬激勵較為成功和典型的是美國。為了防止各級經理只追求短期利益或局部利益，美國公司中按照長期業績付給的激勵性報酬所占比重很大，其形式採取延期支付獎金、分成、購股證和增股等。經營班子的薪酬通常由年度薪酬、長期前后左右薪酬和其他薪酬三大部分組成。

公司在增加高層管理者報酬的時候，要認真分析所增加報酬的邊際價值，是否我們所支付的一部分報酬不僅沒有發揮積極的激勵約束作用，反而抵制了經理人員為公司管理提高公司績效的積極性。要考慮心理契約對高層管理者行為的影響。

在中國公司中，建立健全高層管理者的利益激勵機制，首先應當把他們作為獨立的利益主體對待，將其利益和一般職工利益區分開來，適當拉開收入差距，逐步提高收入。其次，必須改變高層管理者收入形成的方式。在國有控股的股份公司中，董事長、總經理和董事的工資標準和獎勵辦法應由有關政府部門決定，其他經理人員的工資標準和獎勵辦法應由董事長、總經理提出方案，由董事會批准。高層管理者的收入可由三個部分組成：一是工資。工資形式既可以是月薪制，也可以是年薪制。工資要進入成本。二是資金。它要與高層管理者的經營績效掛勾。獎金只能從公司的利潤中開支，沒有利潤不能發給獎金。三是股份收入。通過一定方式，高層管理者有優先認股權，可通過股份或股票升值獲得收入。

不同形式的收入對高層管理者起著不同的激勵與約束作用，以保證高層管理者行為長期化和規範化。結合中國公司實際情況，高層管理者的報酬激勵機制應加強以下兩個方面的工作：

①年薪制。在西方國家，年薪制實際上是對高層管理者履行的俸薪制度，是保健性制度。但在社會主義初級階段的中國，年薪制仍是行之有效的激勵制度。目前，全國各地試點公司的年薪收入大體上由基本收入和風險收入組成，我們認為還應包括第三項，即其他獎罰。基本收入應體現高層管理者人力資本的價格。應當以公司職工平均工資為基數，以公司規模結合其他因素來確定高層管理者基本收入系數。高層管理者在完成國有資產的保值和增值的任務后，將獲得基本的收入。風險收入是對高層管理者超額貢獻的獎勵，從機會成本的角度來講，也是高層管理者決策失誤時分擔經營風險的形式。在公司高層管理者的年薪收入中還應加入一定獎罰指標加以修正。獎罰指標可分為兩類：一類是對公司效益有重大影響，但短期考核指標上反應不出來的事項，如重大投資決策失誤等；另一類是后果及影響不反應在考核指標上的事物，如重高層管理者嚴重違反財經紀律等。根據獎罰指標的考核，對高層管理者的獎罰可是一次性的，按基本收入百分比計算；或是精神獎勵與物質獎勵相結合等形式。

②股票期權。實行股票期權制度可以使高層管理者更關心所有者的利益和資產的保值增值，使高層管理者的利益與所有者的利益結合得更緊密，目前全球排名前500名的大公司有89.4%實施股票期權制度。因此應大膽在完成股份制發行的國有企業試點並推行。具體操作時，公司可與高層管理者簽訂契約：如果公司當年股票每股一元，

高層管理者有權用一元購買 100 萬股。期限三年，高層管理者先交 10% 的定金。如果三年後公司資產增值，每股漲為 5 元，高層管理者仍有權以一元一股的價格購進再拋出；如果公司資產貶值，每股降為 0.5 元，高層管理者自然放棄股票期權，10% 的定金隨之喪失。這樣高層管理者要想獲得高的回報，自然會想方設法搞好公司經營，而且把高層管理者的利益同國有企業的長遠發展直接聯繫起來，有利於克服高層管理者行為的短期化。

【閱讀】 高層管理者有效報酬激勵契約設計原理

（1）充足信息原理。在管理者的報酬方案中，如果報酬決定因素中，包含有哪些可以減少經營管理者業績測試誤差的指標，同時，排除那些會增加業績測度誤差的指標（因為它們可能只反應非企業家所能控制的隨機因素），報酬方案的有效性或價值就能夠相應地增加。也就是說，有效的激勵方案應該盡量使信息變量成為充足統計量，全面準確地提供經營管理者的行為信息，基於此設計的激勵方案將會降低成本、提高效率。

（2）激勵強度原理。企業經營者的激勵方案的激勵作用或激勵強度，與很多因素有關，基本上可以看做是工作努力的邊際回報率、行為績效評價的準確性、經營者風險承擔程度和經營者行為對激勵報酬因素的反應敏感度等四個變量的增函數。工作努力的邊際回報率提高，即經營者單位努力增加可以得到更多的報酬，那麼激勵作用就會相應地增大；行為績效評價的準確程度越高，也就是說報酬能夠更準確地衡量並補償經營者的「付出」，激勵方案對經營者的激勵強度越大；經營者的風險態度也將影響激勵性報酬的作用效果，較少的風險厭惡會降低企業家承擔風險的成本，增加激勵強度；經營者行為對激勵報酬因素的反應敏感度是指，受激勵性補償因素的影響，經營者行為取得的結果的可能變化程度。例如，在自由市場經濟體制下，經營者行為空間自由度很大，反應敏感度高，為了獲得激勵性報酬，經營者將進行創新以改進其績效，從而產生可觀的利潤。但在計劃體制下，經營者行為空間自由度小，反應敏感度低，即使存在強激勵性報酬，經營者的行為效果也不可能有多大的變化程度，激勵作用很小。

（3）等報酬原理。如果存在兩類經營者行為或任務，委託人不能監督測評出經營者在每類行為或任務上投入的時間和精力，在經營者報酬契約設計時，應該使兩類經營者行為和任務具有相等的邊際收益。由於對經營者的某種行為的強激勵，會誘導經營者將其用於其他行為上的時間和精力轉移到該種行為上。因而，在需要經營者完成兩種以上任務時，使兩類經營者行為或任務具有相等的邊際收益，有利於經營者平均分配時間、精力於兩種工作。

（4）棘輪效應原理。如果經營者的激勵報酬契約中，以其過去的業績表現作為今後經營者獎罰激勵的基準，就會產生所謂的「鞭打快牛」現象。以前的業績好，獎勵的基點高，經營者相應比較難得到高的報酬；以前的業績差，獎勵的基點低，經營者反而比較容易得到高的報酬。這又被稱為「棘輪效應」，棘輪效應對業績好的經營者是

不公平的，不具有激勵作用，反而會產生破壞作用。克服棘輪效應的方法是採用橫向比較業績評估的方法，即所謂的「標尺競爭」方法。

（5）透明性原則。有效的激勵設計應該具有一定的透明性，建立相應信息披露制度以保證對經營者的激勵機制的透明性，可以確保公平性與合理性，並且可以有效地防止經營者利用職務便利採取製造虛假業績的可能性。

（6）期望值動態變化原則。有效的激勵設計應當使經營者的期望薪酬收入隨著利潤的變化而變化。當利潤相對較低的時候，薪酬應該隨利潤的升高而迅速提升，以此激勵經營者在業績不好的時候更加努力地工作。

（2）經營控製權激勵機制

按照產權理論的分析框架，契約性控製權可以分為經營控製權和剩餘控製權，經營控製權是指那種能在事前通過契約加以明確確定的控製權權力，即在契約中明確規定的契約方在什麼情況下具體如何使用的權力。在創業企業中，特定控製權通過契約制授權給了創業企業，這種特定控製權就是高層經理人員的經營控製權，包括日常的生產、銷售、雇傭等權力。經營控製權對高層管理者通常會產生激勵作用，使其擁有職位特權享受職位消費，給高層管理者帶來正規報酬激勵以外的物質利益滿足。因為高層管理者的效用除貨幣物品外，還有非貨幣物品，如豪華辦公室，合意雇員和觀光風景勝地等。

【閱讀】 韋爾奇的退休福利

有著「全球第一 CEO」之稱的美國通用電氣公司前董事長兼首席執行官杰克·韋爾奇，在他退休前，沒有人清楚地知道他的財產收入狀況，只能猜測他的身家。然而，隨著他那場家喻戶曉的離婚官司，他的財產被公之於眾，他的財富不再神祕。

從通用電氣公司退休後，雖然韋爾奇個人的總資產高達 9 億美元，但是韋爾奇仍舊在很多花費上繼續花著通用電氣公司的公款。比如通用電氣為韋爾奇報銷 4 處住宅裡的電器、汽車、衛星電視費用；一些各種體育賽事等娛樂活動的昂貴門票費用也在報銷之列；韋爾奇還享受著位於曼哈頓隸屬通用電氣的豪華公寓的使用權，一套豪華辦公室的使用權和相關秘書服務；甚至連日常食品、酒水、訂閱報紙雜誌等費用，韋爾奇也不用自己掏腰包。

另外，文件還將韋爾奇的其他退休福利公之於眾，眾多通用電氣的投資者震驚地發現，這位前 CEO 在退休之后還能拿到巨額的款項：韋爾奇的退休金是每年 1,000 萬美元，外加 2,200 萬股通用電氣的普通股票。韋爾奇乘坐通用電氣公司商務飛機的費用平均每月就高達 30 萬美元。

（資料來源：馬秀琴. 財富惹的禍——杰克·韋爾奇：退休后的財富隱私. http://finance.sina.com.cn，2006-04-29.）

(3) 剩餘支配權激勵機制

剩餘支配權激勵機制表現為向高層管理者轉讓剩餘支配權。對剩餘支配權的分配，表現為如何在股東和高層管理之間分配事後剩餘或利潤，這影響到對高層管理者的激勵。如果契約越接近高層管理者開創性努力，激勵效果越好；如果公司缺少剩餘權或剩餘權很小，因為忽略對創造剩餘的直接承擔者的激勵，而不能實現這種效率最大化。剩餘控製權則是指那種事前沒在契約中明確界定如何使用的權力，是決定資產在最終契約所限定的特殊用途以外如何被使用的權力。剩餘控製權一般由所有者的代表董事會擁有，如任命和解雇總經理、重大投資、合併和拍賣等戰略性的決策權。剩餘控製權決定了經營控製權的授予。

(4) 聲譽或榮譽激勵機制

除物質激勵外，在公司治理中還有精神激勵。公司高層管理者一向格外重視自身長期職業生涯的聲譽。良好的職業聲譽之所以可作為激勵高層管理者努力工作的重要因素，一是因為使高層管理者獲得社會讚譽及地位，能滿足其成就感；二是聲譽、榮譽會帶來明天的貨幣收入，高層管理者預期貨幣收入和聲譽之間有著替代關係。

儘管許多國有企業高層管理者對激勵現狀很無奈，但強烈的事業成就感以及由事業成功而得到的良好的職業聲譽、社會榮譽及地位依然是激勵他們努力工作的重要原因。各級政府和行業主管部門以往都比較強調精神鼓勵，也常常授予經營有方的廠長、經理「優秀企業家」、「五一勞動獎章」等榮譽稱號。但這些稱號過於空泛，評選的標準不一，難以真正體現高層管理者的業績。應由國有資產管理部門出面制定全國範圍內有較大影響力的國有企業高層管理者評級體系，對國家企業高層管理者能力、素質和業績進行評定，分別授予不同級別企業家的稱號。高層管理者級數的評定並非固定不變，可每兩年調整一次。如果高層管理者經營的公司出現虧損，級數自動下調，反之亦然。這樣高層管理者自然會努力爭取更高級別的榮譽稱號，激勵機制作用也得以體現，同時也為公司選拔高層管理者提供了依據。

(5) 聘用與解雇激勵機制

儘管貨幣支付是作為用來對高層管理者行為進行激勵的主要方法，但資本擁有者對高層管理者人選的決定權也是另外一種重要的激勵手段。聘用和解雇對高層管理者行為的激勵，是資本所有者通過經理市場競爭自由選擇經理人才來實現的。已被聘用的經理既要面對外部經理市場的競爭壓力，又得應對公司內部下級的競爭威脅，這種競爭使已被聘用的經理面臨被解雇的潛在危機。聲譽往往是經理被聘用或解雇的重要條件，高層管理者對自身聲譽看得愈重，聘用和解雇的激勵作用就愈大。

(6) 知識激勵制度

培養一位經理需要大量的投入，而維護這種管理勞動的聲譽、提高管理勞動的素質也需要堅持不懈的投入。在知識信息快速更新、繁衍的新經濟時代，不斷進行「充電」，防止知識老化，對擔負著創新職能的高層管理者尤其重要。因此，必須自始至終為國有企業高層管理者繼續提供知識更新和獲得深造、與各類同行專家和學者、教授交流學習的機會，建立高效率信息情報網絡，訂閱有關書報雜誌等。

7.3 高層管理者的約束機制

所謂約束機制，是指公司的利益相關者針對高層管理者的經營結果、行為或決策所進行的一系列客觀而及時的審核、監察與督導的行為。因而公司治理約束機制的內容包括所有者通過公司內部實施的監督，與通過公司外部進行的監督兩方面的內容，前者是公司治理內部約束機制，后者是公司治理外部約束機制。

從內部約束機制來看，一是公司章程。公司章程是公司的憲法，章程可以約束公司高層管理者的地為。二是合同約束。任何人服務於公司，必須簽訂合同，合同必須非常嚴属。三是偏好約束。並非所有的高層管理者都偏愛風險，或者都為金錢而努力，或者都有「高尚情操」等，因此偏好約束非常重要。四是機構約束。把公司董事會建立成真正能對公司經營和各個方面發揮作用的機構。五是在激勵中體現約束。

從外部約束來看，首先是法律約束。公司法對公司整體行為有約定，但對公司主要利益主體沒有約束，因此應建立關於人力資本的有關法律，職業經理人、企業家是很重要的社會群體，必須有相應的法律來約定與調整。其次是市場約束。要完善人力資本的市場，高層管理者的招聘選拔必須有明確的標準和界定的範圍。其三是道德約束。任何高層管理者必須有職業道德。最后是新聞媒介的約束。但一定要選好切入點，最終目的是保證公司的發展，而不是為求得某種新聞效應。

公司高層管理者約束機制主要內容有：完善的監督機制（股東與股東會的監督機制、董事會的監督、監事會的監督）、外部約束機制，對權力的約束，對瀆職者採取的懲罰措施。

本節在介紹高層管理者的約束機制建立理論基礎后重點介紹幾種內部約束機制內容，外部約束機制是當前完善公司治理的重要趨勢，於本教材外部治理篇進行介紹。

7.3.1 建立高層管理者約束機制的理論基礎

高層管理者約束問題是隨著公司所有權與經營權的分離而逐漸突顯出來的，並成為現代企業制度條件下普遍存在的現實問題。目前，包括發達國家的公司界和學術界，也都在不斷地探索解決這一問題，並取得了一些有借鑑意義的成果。

現代公司理論方面的成果主要在：產權理論、委託代理理論與非對稱信息理論三方面，相關內容前已述及，在此不再贅述，下面著重介紹公司監督機制原理。

設計公司約束機制的理論基礎是公司內部權力的分立與制衡原理。公司權力制衡與監督原理強調公司內部各方利益的協調與相互制約。為了保護所有者的利益，作為所有權與控制權分離的典型公司組織形式的現代公司，以法律方式確立一套權力分立與制衡的法人治理結構，這種權力相互制衡實際上是權力的相互監督。公司制企業最大特點就是公司財產的原始所有者遠離對高層管理者的控制，他們享有獨立的法人財產權，由此產生各種權利，擁有這些權利的權力主體接受多層面的監督和制約也就成為一種客觀的要求。

（1）因為所有權與控製權的分離，作為財產最終所有者的股東不能直接從事公司經營管理。股東遠離公司直接治理而又必須關心公司經營績效，作為出資者表達其意志的公司權力機關——股東會的成立旨在對經營者進行約束與監督，確保股東利益。

（2）現代公司股東眾多，股東會又不是常設機關，這使得股東會不可能經常地直接監督和干預公司事務，所以股東會在保留重大方針政策決策權的同時，將其他決策權交由股東會選舉產生的董事組成的董事會行使。於是公司治理權力出現第一次分工。董事會在公司治理結構中權力巨大，對內是決策者和指揮者，對外是公司的代表和權力象徵。當董事會將公司具體經營業務和行政管理交由出任的經理人員負責時，董事會作為高層管理者的公司權力出現了第二次分工。董事會為保證其決策的貫徹，必然對經理人員進行約束與監督，防止其行為損害和偏離公司經營方向。

（3）董事會雖然擁有任免經理層的權力，然而經理層的權力一旦形成，有可能在事實上控制董事會甚至任命自己為董事長或 CEO；還可能存在董事與經理人員合謀的道德風險難題。因此有些公司成立出資者代表的專職監督機關——監事會，對公司董事會和經理層進行全面的、獨立的、強有力的監督。

7.3.2 組織制度約束

規範的公司治理結構中的股東大會、董事會和監事會制度本身就是一種約束機制。股東大會對經理人員的約束通過對董事會的信任委託間接進行。董事會通過對公司重大決策權的控製和對經理人員的任免、獎懲進行直接約束。監事會對董事、經理執行公司職務時違反法律、法規或者公司章程以及損害公司利益的行為進行監督。組織制度約束是公司內部約束機制的核心。

7.3.3 管理制度約束

監事會的約束多屬事後的檢查監督，而科學的管理制度，尤其是嚴格規範的財務制度則是經常的事前的約束，是有效防止高層管理者揮霍公款、過度在職消費、貪污轉移國有資產的重要的制度保證，也是組織制度約束的基礎。目前，不少國有企業內部管理混亂，且財務部門往往在經理人員的完全控制中虛報現象普遍。改變這種狀況的辦法是，在決策層與執行層職務分離的前提下，由董事會主持制定公司財務制度，並委派財務總管，使財務部門具有相對獨立性，以保證公司財務報表的真實性，為所有者及時瞭解公司經營狀況並實施監督提供依據。充分發揮財務審計部門的監督作用，增強收入的透明度，尤其要注重對企業家的職位消費進行有效的約束。

7.3.4 公司章程對高層管理者的約束

中國《公司法》規定，設立公司必須依法制定公司章程，公司章程對公司、股東、董事、監事、高級管理人員具有約束力。作為公司組織與行為的基本準則，公司章程對公司的成立及營運具有十分重要的意義。它既是公司成立的基礎，也是公司賴以生存的靈魂。

公司章程可以說是公司的「自治規範」。公司章程作為公司的自治規範，是由以下

內容所決定的：其一，公司章程作為一種行為規範，不是由國家，而是由公司股東依據公司法自行制定的。公司法是公司章程制定的依據。但公司法只能規定公司的普遍性的問題，不可能顧及各個公司的特殊性。而每個公司依照公司法制定的公司章程，則能反應本公司的個性，為公司提供行為規範。其二，公司章程是一種法律外的行為規範，由公司自己來執行，無須國家強制力保障實施。當出現違反公司章程的行為時，只要該行為不違反法律、法規，就由公司自行解決。其三，公司章程作為公司內部的行為規範，其效力僅及於公司和相關當事人，而無普遍的效力。公司章程一經生效，即發生法律約束力。

7.3.5　高層管理者約束機制建設方面的經驗借鑑與思考

（1）日本

日本企業家激勵機制，不以物質激勵為主，而是以高層管理者等級晉升為主。總經理的選拔很像馬拉松比賽，是相同年功和同事的角逐。公司升級提干同時利用兩種評價標準：「年功序列制」和「評價查定制」。新職工進入公司后，一般要經數個崗位的輪換培訓。而公司經理是按其對公司所做貢獻被評價和挑選的，各級經理都要受到同事和下屬的監督，任何一級經理如不能樹立自己的聲譽，並得到下屬的支持，他在公司中的影響就會被削弱，失去晉升機會。只要努力工作，人人都是候選人。這種追求社會承認的渴望是日本企業家的內在驅動力，是不同於物質激勵的有效激勵機制。

維持長期雇傭關係使得市場管理者難以流動，為擴大升級提升機會，就必須竭盡全力以追求公司的永續發展為己任。因此不需要更多的物質激勵，尋求自身發展的需求本身就是強有力的激勵，也有利於公司注重長期發展戰略。

日本公司的突出特點是其以法人相互持股、交叉持股為主體的公司產權制度。對公司高層管理者的約束並非來自於所有者，並且高層管理者的權力和自由度相當大。法人股東交叉持股使股東的影響力相互抵消，實際上就是不同法人公司股東的法定代表人——高層管理者之間的相互持股，成為支持公司高層者的強大力量。所謂對高層管理者的約束，實際是高層管理者彼此相互約束和自我約束，而作為最終所有者的個人股東則完全被架空。

日本公司的法人股東相互持股，以銀行法人和公司法人相互持股為主。與歐美等國有企業相比，日本公司對銀行金融資本的依賴程度很高，自有資金比率低，對貸款依賴程度高。銀行作為公司資金的主要供給者，往往握有公司股票，對公司的監督和約束較多、較強。銀行不僅派董事進入公司董事會，還委派專業幹部參與公司財務與經營管理，所以對公司高層管理者的監督和約束主要來自於銀行機構。

（2）歐美國家

帕瑪拉特、安然、世通等財務醜聞，雖發生在歐美國家，卻震動並影響著全球。歐美上市公司頻頻爆發財務醜聞的直接原因是上市公司的利潤率下降，導致股價低迷，不僅直接影響經理層的豐厚利益，而且可能引發公司的財務危機以至破產。所以他們編造虛假的經營業績和良好的財務狀況來欺騙投資人，力求穩定資本市場。深層的原因在於美國的經濟制度和公司制度。美國上市公司的財務作假最終引起了美國資本市

場的誠信危機。

①「檢查—制衡」機制缺失：公司屢屢舞弊的根本原因。美國廢品管理公司在組織設計方面，還未真正建立防範舞弊所需的「檢查—制衡」機制。林斯投資基金首次投資廢品管理公司時，發現該公司董事會中與公司沒有直接重大利益關係的只有三人，其餘的不是廢品管理公司的前雇員、現雇員等內部人員，就是與公司有其他直接利益關係的「準內部人」。董事會中外部人士的比例僅為25％。而且，管理當局屢次漠視機構投資者提出的選舉新董事、改組董事會的要求、提議，避重就輕地試圖化解問題。再次，有效的「檢查—制衡」機制的缺乏，使公司預算制度名存實亡，高管人員結成權力模塊為所欲為，肆無忌憚地粉飾會計報表，捏造經營業績，大肆攫取不正當利益。

許多管理實踐表明，高管人員適當的職責分工且相互制衡，可有效地縮小舞弊的時間、空間範圍，提高、發現和防範舞弊的機率。而沒有這種有效的內部制衡機制，很容易形成集體舞弊，舞弊者所冒的風險也因制衡機制的癱瘓而大大降低。

②誠信教育與商業倫理：制度安排與公司治理的「守護神」。當前美國或其他國家，不同程度上都存在會計造假，這是誠信缺失的具體表現和違反會計倫理、職業道德的行為。證券市場是充滿機會和誘惑的場所，需要通過制度安排對參與者和監管者進行制約和威懾。然而，如果證券市場的參與者和監管者不講正直誠信與商業倫理，制度安排將顯得蒼白無力。當巨額的經濟利益與嚴肅的道德規範發生碰撞時，只有潛移默化的誠信教育，才能使天平傾向於道德規範。因為市場經濟首先體現為競爭經濟，其次體現為法制經濟，還體現為倫理經濟，講究仁義禮智信，依靠義務、良心、榮譽、節操、人格來建立相互交往的友好關係，以確保社會成員的行為合法、合情、合理。

作為對包括安然和世通等系列公司財務醜聞的回應，美國頒布了一些新的法律、法規，並對原有公司法做出修改和補充，其中代表作就是薩班斯（Sarban-Oxley）法案。近來商界顯現出一種新趨勢，即公司的商業倫理狀況正日益受到商業夥伴的重視。明顯的徵兆是，越來越多的審計公司由於不讚成客戶的商業倫理表現而拒絕繼續合作。美國商業技術和倫理研究所（1BTE）主任艾里斯曼教授為健康的公司倫理概括出應該具備的八種品質：開放性保持謙卑；負責任；擔風險；「正確處理事務」的堅定承諾；容忍錯誤；誠實；具備合作精神；勇敢面對困難。為了實現這些品質，他提出了高水準的商業道德領袖應該遵從以尊敬方式與雇員平等交流；財務往來公平；溝通中保證誠實等十項行為原則。

③帳務報表重述制度：上市公司財務舞弊的「照妖鏡」。美國財務報表重述制度雖然由來已久，但直到最近刮起舞弊風暴才備受各界關注。美國的財務報表重述制度規定，如果上市公司因舞弊、嚴重違反公認會計準則或發生重大會計差錯，導致其過去對外公布的財務報表存在重大誤導，一經發現，上市公司管理當局有義務予以糾正，重新編製和公司糾正後的財務報表，並詳細披露各種舞弊手法或重大差錯對財務狀況、經營業績和現金流量的影響，以便讓投資者和社會公眾瞭解上市公司的舞弊伎倆、會計差錯及其影響，評估上市公司的內部控制及其管理當局的正直誠信。

④職業道德：彌補制度先天缺陷必要性的非制度因素。制度的先天性缺陷是無法預見到現實中可能出現的所有情況的。所以制度體系，包括內部公司治理機制，隱含

地依賴制度執行者的職業道德作為其存在理由的基礎。假期制度執行者在有能力規避、放大制度內在缺漏時，會不受道德制約地規避、毀損制度，制度終不過是虛設。廢品管理公司的舞弊者和安達信的相關審計負責人，都是道德上應受批判者。他們人性中貪財、慕名、戀利、醜陋的一面，強烈腐蝕和侵害了制度。道德本身不是能夠純粹依靠制度強化的東西，因而有必要在制度之外，再創造能夠使制度約束對象自動關注或者被迫講求職業道德的社會環境。提升職業道德水準，明顯可緩解很多制度目前正在承受的壓力，監管者不僅呼籲相關專業人士講求誠信，SEC 借助最原始的「保證書」形式，將道德訴求於帶點宗教意味的發誓形式，確實是無奈之舉。在法律高壓失去作用時，最簡單的較為現實可靠的方法便是用道德規範教育人。注重灌輸、培養人們的職業道德意識。營造提倡職業道德的大環境，在公司內部增設評價相關人員的職業道德的機構，將這項工作納入現在工作範圍，結合自我評價作為形式上的約束。此外，還就大職業團體、公司內部開展有關職業道德的宣傳、研究活動。

（3）競爭選聘安排

高層管理者選任安排主要解決的是如何挑選出有能力的高層管理的問題，它是激勵、約束安排能夠有效發揮作用的前提條件。高層管理者選任安排的核心是由誰、以何種方式選擇高層管理者。根據選任主體、選擇方式的不同，要以區分兩種類型的高層管理者選任安排。一種是通過競爭機制在公司內外部經理市場進行考核選拔、擇優選聘，可以稱為「競爭選聘安排」；另一種是由公司中掌握實際控製權的人直接指派任命，可稱為「指派產生安排」。

競爭選聘安排的好處是顯而易見的，即能夠通過相對公開、透明的形式，選擇真正有能力的人出任高層管理者。而計劃經濟或轉軌條件下的國有企業，一般是由上級主管部門指派公司高層管理者。從高層管理者能力的角度而言，競爭選聘安排顯然優於指派產生安排。李維安通過對經理層任免制度的評價研究後也發現，經理層任免的行政程度與公司績效顯著負相關，總經理市場化選聘方式也與公司績效顯著正相關。中國上市公司經理層任免機制經歷著由行政性、制度化到市場化的轉移過程。當前經理層任免市場化進程加深，單純的行政任命減少，但同時市場化程度不高，經理層任免制度的市場化及制度化的加強對公司純績效的增加有益。

（4）高層管理者約束制度安排

高層管理者約束在此特指董事會、監事會等基於公司治理結構框架的對高層管理者的經營結果、行為或決策所進行的一系列審核、監察和督導的行動。這種約束是法律法規所確認的一種正式制度安排，具體可以包括對高層管理者的監督問責機制，業績考核安排、署名安排以及重大事項的決策機制等。

董事會、監事會對高層管理者的監督問責機制是基礎的約束機制。為了保證自己的決策得到貫徹、利益得到保證，董事會就必須建立嚴格的監控制度，對高層管理者進行監督、約束，一旦其行為損害公司利益、偏離公司經營方向，能夠及時採取有效措施進行糾正。為了強化這種監督問責機制，設立代表出資者利益的專職監督機構——監事會，對包括董事會在內的高層管理者進行全面的、獨立的監督。董事會對高層管理者的監督也必須建立在事實和綜合、全面考慮的基礎上。因此，有一套符合

公司營運情況的、行之有效的業績考慮機制。高層管理者在面臨可能被董事會罷免的情況下，也會調整自己的利益取向、更為努力地工作，這也在事實上約束了其行為。

除上述約束安排之外，還有一些特殊條件下的高層管理者約束安排。如在中國，行政上級或國有資產管理部門作為國有資產的代表，目前對高層管理者也具有直接的約束職能，對國有企業高層管理者的選拔、任免、業績考核和監督都具有最終的發言權。這種約束安排雖不規範，實踐中效果也不理想，但現階段仍是重要的高層管理者約束安排。

【思考與練習】

1. 按照公司法和公司章程的規定，經理通常具有哪些權利和義務？
2. 經理人激勵機制包括哪幾種方式？各有什麼特點？
3. 當前為什麼要建立高層管理者激勵與約束機制？
4. 什麼是激勵相容性與信息披露性？
5. 如何認識激勵機制與約束機制之間的關係？
6. 案例分析一

甲、乙、丙、丁分別為四家普通有限責任公司的大股東兼董事長，四位老總均計劃安排自己的子女做公司接班人。

甲說：我的兒子是公務員，有地位而不富有，我暫時讓他在我的公司做領取高薪、工作清閒的監事會主席。

乙對甲說：我比你更關心自己的兒子。他開了一家公司，最近因為經營失誤而破產清算，我要給他再一次證明自己的機會，讓他擔任我公司的董事。

丙對乙說：我比你幸運，我的兒子自己經營超市很賺錢，我要讓他兼任我超市公司的總經理。

丁對甲、乙、丙說：我愛我的寶貝女兒勝過你們三位。我要把公司80%的股權轉讓給我8歲的女兒，讓她做大股東。

【思考問題】

四位老總對接班人的安排是否符合法律規定？為什麼？

7. 案例分析二

A公司系甲、乙、丙根據《公司法》投資設立的內資股份有限公司，甲、乙、丙的持股比例分別為70%、20%、10%。B公司是A公司的全資子公司。C公司是A公司的業務合作夥伴。股東丙被A公司董事會聘任為公司總經理。

【思考問題】

（1）A公司準備向C公司的股東受讓C公司20%的股權；
（2）A公司為C公司向銀行借款提供抵押擔保；
（3）A公司為其全資子公司B公司的銀行借款提供擔保；
（4）A公司為股東甲提供擔保；
（5）A公司為股東乙提供擔保；

（6）丙因個人原因急需一筆錢週轉，向 A 公司借款 5 萬元；

（7）將 A 公司資金存在甲的個人帳戶；

（8）丙於 2009 年 1 月辭去 A 公司總經理職務，並於 2009 年 4 月將所持的全部 A 公司股份轉讓給了股東甲。

請問如上決議中，哪些事情是總經理沒有權力做的？

8 員工參與制度

【本章學習目標】
1. 理解員工參與治理的相關理論；
2. 掌握員工持股計劃相關內容；
3. 理解中國員工持股計劃的實踐發展；
4. 瞭解工會對員工參與公司治理中的作用。

8.1 員工參與公司治理

員工參與公司治理制度是一種由公司法規定的、員工以特定方式參與公司決策機構、介入公司決策程序、影響公司決策結果、監督公司決策實施的民主管理制度。① 當前，由員工參與公司治理是各國公司法普遍關注的熱點問題。

傳統的公司理論認為，公司只是一個由物質資本所有者或股東組成的聯合體，公司利益就等於股東利益。從公司法角度而言，「員工參與在本質上是與股東主權原則相衝突的」②。20世紀以來，隨著科學技術的進步，企業規模的擴大，生產社會化程度的提高，這種陳舊的制度安排已顯得極為僵化而不適應生產力發展的需要。尤其是隨著國際人權運動的蓬勃發展，勞動者權利意識的日益復甦，工人不斷爭取政治上、經濟上的權利。在此背景下，如果繼續恪守陳舊的公司法理念，勢必加劇勞資衝突，不利於公司資本累積的長期發展。這就要求從理論上對受個人主義影響的傳統公司法有所突破。公司社會化問題，尤其是公司社會責任便在這一時期被提了出來：「公司的民主狀況、勞工的地位直接影響著整個社會的穩定與安寧，成為社會進步和文明的一個縮影。」③

20世紀90年代以來，伴隨著公司治理問題的日益突出，公司治理結構的改革與創新，企業員工以各種形式參與公司治理成為一大趨勢，在公司治理結構的改善與治理績效的提高中起著越來越重要的作用。

---
① 張燕. 論職工參與公司決策制度的理論基礎. 經濟評論, 2001 (3).
② 金澤良雄. 當代經濟法. 瀋陽：遼寧人民出版社, 1989：107.
③ 範健, 張萱. 德國法中雇員參與公司決策制度比較研究. 外國法譯評, 1996 (3).

8.1.1 員工參與公司治理的理論依據

8.1.1.1 雙因素經濟理論[①]

雙因素經濟理論是在20世紀50年代由路易斯·凱爾索提出來的，該理論認為，生產要素有兩種：資本和勞動；工人只擁有勞動而不擁有資本，導致了財富分配的嚴重不公。在正常的經濟運行中，任何人不僅通過勞動獲得收入，而且還可以通過資本來獲得收入，這是人的基本權利；人類社會需要一種既能達到公平又能促進增長的制度，這種制度必須提供一種使每個人都能獲得勞動收入和資本收入的結構，勞動者的勞動收入和資本收入應該結合在一起。1967年，凱爾索提出了職工持股計劃，通過信貸的方式使勞動者變成公司資本的所有者。1986年，凱爾索在《民主與經濟力量》正式提出了「雙因素經濟論」。作為西方倡導員工持股計劃第一人，凱爾索的雙因素經濟理論一直是被看做是論述員工持股原因的經典思想。其理論意義在於揭示了員工階層貧困的原因，即在一個資本作用日趨重要的社會中，由於他們缺乏資本所有權而不能分享資本收益。其實踐意義在於：在保持私有資本所有制的前提下為員工階層找到一條緩解或擺脫貧困的道路。雙因素理論為員工持股計劃奠定了理論基礎。

8.1.1.2 人力資本理論與新增長理論

20世紀60年代，美國經濟學家舒爾茨和貝克爾創立了人力資本理論。該理論認為資本不僅包括物質資本，而且包括人力資本，特別是人力資本已成為現代社會經濟增長的主要動力和決定性因素。舒爾茨在其《人力資本投資》一書中指出：「勞動者成為資本擁有者不是由於公司股票的所有權擴散到民間，而是由於勞動者掌握了具有經濟價值的知識和技能。這種知識和技能在很大程度上是投資人結果，它們同其他人力投資結合在一起是造就技術先進國家生產優勢和重要原因。」羅默和盧卡斯進一步將人力資本理論引入新增長理論，他們認為知識和人力資本是現代經濟增長的新源泉和決定性因素，一國的經濟增長取決於特殊的知識的增長和專業化的人力資本的增長，而傳統的資本（物質資本）對經濟增長和企業收益的主導作用開始動搖。因此，人力資本理論與新增長理論也就成為人力資本參與公司治理的重要依據。

8.1.1.3 人力資本投資理論

布萊爾認為股東並不是唯一投資人和風險投資者，員工也提供了特殊的投資，並與股東承擔著企業的風險。員工即人力資本在企業通過自身學習或專業培訓形成的特殊的工作能力、技術、方法以及特定的信息，使他們具有更高的生產效率，給企業帶來了發展機會；但是也正是由於這種技能所帶來的專用性，使得員工與企業所有者都承擔了企業的經營風險，一旦經營失敗，員工原有的專用性資本也就不復存在。同時員工的退出會給員工本人以及用工企業帶來很大的損失：對員工而言，退出企業意味著原有的專用性價值會降低或蕩然無存；對於企業，則需要承擔原有員工的培訓費、

[①] 路易斯·凱爾索、帕特里西亞·凱爾索. 民主與經濟力量. 趙曙明, 譯. 南京：南京大學出版社, 1996：6-22.

新舊員工的替換成本以及新員工工作效率損失等。布萊爾指出：「在公司專用化人力資本已成為財富創造的關鍵因素的企業裡，解決公司治理問題的一個重要方案是增加員工的所有權和公司財產的控製權。」因此員工也應該分享企業的所有權，參與公司治理。人力資本投資理論是員工參與公司治理的重要依據。

8.1.1.4 利益相關者理論

利益者是指影響企業目標的實現或被企業經營所影響的個人或團體。伴隨著公司制企業的發展，企業要想取得經營成功，必須處理好各種關係，包括供應商、顧客、員工、社區等各利益關係。其中企業員工就是企業要妥善處理的重要相關者之一。同時企業的員工由於其利益與企業發展密切相關，而且他們身處企業內部，相比分散的股東更容易掌握企業的真實狀況，因此員工可能是比股東更有效的公司監管者。

8.1.1.5 分享經濟理論

分享經濟論[①]（The Share Economy Theory）形成於20世紀80年代，其創始人為美國麻省理工學院經濟學教授馬丁·L. 魏茨曼。他的代表作是1984年出版的《分享經濟論》。作者在理論分析的基礎上，提出分享制這一經濟主張，用以解決滯脹問題。

分享經濟論主要思想是把工資制度改為利潤分享制度，把職工的勞動報酬與企業的利潤相聯繫，職工以勞動為標準按比例分享利潤。這樣，職工和資本家在工資談判中，確定的不再是具體的工資額，而是確定在企業未來的收益中的分享比率。魏茨曼首先將雇員的報酬制度分為工資制度和分享制度兩種模式。工資制度指的是「廠商對雇員的報酬是與某種同廠商經營甚至同廠商所做或能做的一切無關的外在的核算單位（例如貨幣或生活費用指數）相聯繫」；分享制度則是「工人的工資與某種能夠恰當反應廠商經營的指數（譬如廠商的收入或利潤）相聯繫」。

在魏茨曼看來，現在資本主義經濟運行中的「停滯膨脹正產生於工資制度這種特殊的勞動報酬模式」。當務之急是「通過改變勞動報酬的性質來觸及現代資本主義經濟的運行方式，並直接在個別廠商層次上矯正根本的結構缺陷」。因為當今的主要經濟問題，從本質上看不是宏觀的問題，而恰恰是微觀的行為、制度和政策問題。「所需要的工資改革的性質並不十分複雜，基本做法是把工資制度改變為分享制度」。若使現行的工資制度轉向分享制度，首先要利用輿論工具，使分享制度給社會帶來的良好宏觀經濟效果為人們所理解和接受。應當從社會意識、教育和信息等多方面入手，以便把社會責任感注入勞資的集體協議過程中，使工會、公司和普通公民都瞭解採用分享制的目的和採用工資制的危害。其次是運用宏觀經濟手段，鼓勵企業實行分享制度。他建議將勞動收入分成兩個部分：工資收入和分享收入。對這兩個部分在稅收上區別對待，對分享收入予以減稅。政府應當成立專門的分享制度實施機構，由它來制定分享制度的標準。

8.1.1.6 經濟民主理論

民主的首要含義就是參與，經濟民主意味著人人都有參與經濟活動的權利。然而

[①] 馬丁·L. 魏茨曼. 分享經濟論. 林青松，等，譯. 北京：中國經濟出版社，1986：1-3.

现行的公司治理理念围绕股东利益最大化,员工除了得到劳动报酬外,没有权利参与公司的经营决策,因此民主只是股东的民主,资本的民主,而员工却享受不到真正的民主。因此伴随民主观念从政治不断向经济的渗透,必须要求员工也要参与公司治理。

民主公司制理论是由美国经济学家艾勒曼提出来的。艾勒曼认为「经济民主可以简单地定义为混合的市场经济,其中处于支配地位的经济企业是民主的工人拥有的公司,工人和公司之间的关系是成员关系,即一个经济版的『公民身分',而不是雇佣关系」。他认为「人人拥有与生俱来的不可剥夺的享有自己劳动成果的权利和民主自治权利」;认为民主公司制应当是蒙德拉式合作社和美国的员工持股计划中最有价值思想的混合物。①

「职工主体论」是由蒋一苇提出来的。他认为职工是社会主义的主体。「全民所有制企业的职工被认为是国家的职工,由国家进行招工,所谓用工制度,在全民所有制企业来说就是国家招工,类似于国家雇工,因此很难消除在职工中存在的雇用观念。」② 他指出:「社会主义公有制决定了劳动人民是生产资料的主人,从而也是社会的主人、国家的主人,这是调动亿万劳动人民社会主义积极性的基础。但是,劳动人民的主人翁地位,还不能只就全国范围、全社会范围而言。如果不能在生产上,在他所参与的生产单位里有当家做主的权利,他就不能在经常的现实生活中发挥主人翁的责任感。」而要具体实现职工在企业中的主体地位,就必须对传统的所有制进行改革。蒋一苇认为,应该通过广义的企业民主,如劳动制度的民主化、产权制度的民主化、经营制度的民主化、分配制度的民主化、领导制度的民主化来实现。其中产权制度的民主化是核心。它是指改革全民所有制的实现形式,采取股份制的形式,使职工拥有本企业的股票,成为本企业部分所有者,实现职工对企业资产的关心。通过建立在经济利益基础上的「自由人的联合体」,成为企业的主体,使劳动者「成为自己的社会结合的主人,从而也成为自然界的主人,成为自己本身的主人——自由的人。」

8.1.2 西方国家职工参与公司治理的方式③

利益相关者理论推动了公司治理观念的变革,公司治理的一个趋势是,现代企业越来越重视职工参与企业治理,表现为职工参与企业的决策、监督、检查和管理的全过程。其形式多种多样,如企业董事会中的职工代表制度、公司职工建议制度等,有些已经制度化、法律化。由于国内立法环境不同,各国职工参与制度在内容和形式上都各有不同。而不同国家侧重的模式也有差别。如美、日侧重于职工持股参与,而欧洲则注重非持股参与。但纵观西方发达国家职工参与方式,大体可归纳为以下4种方式:持股参与、经营参与、监督参与、信息参与。④

(1)信息参与方式。信息参与是公司职工通过特定机构或劳资协议参与公司管理,

---

① 杨欢亮,王来武. 中国员工持股制度研究. 北京:北京大学出版社,2005:64-65.
② 蒋一苇. 职工主体论. 工人日报,1991-06-21.
③ 马建军,邱玉成. 西方国家职工参与公司治理制度及其对中国的启示. 东北亚论坛,2003(3).
④ 蒋大兴. 公司法的展开与评判——方法・判例・制度. 北京:法律出版社,2001:614,654,672-674.

有權瞭解公司的經營狀況，並向公司決策機關提出建議和意見。

這種參與方式層次較低，參與程度也不夠深。通常是通過談判的形式表現出來，內容主要涉及勞動時間、勞動報酬、職工福利等社會性問題。一般是先選出雇員的談判代表，最後按法定程序進行談判，然后簽訂集體合同。通過信息參與，促使雙方在理解、信任、合作的基礎上達到雙方利益的一致，這是作為公司重要利益相關者的職工參與企業管理的重要手段。

（2）經營參與方式。由雇員代表直接進入董事會，參與經營決策。這是20世紀70年代后歐洲大陸各國普遍推行的方式。許多國家的法律規定公司董事會必須有職工代表，從而為職工參與公司治理，改善公司治理結構，提供了制度基礎。德國、法國、荷蘭、瑞典等國法律都規定，公司董事中必須有職工代表，少至1人，多則占董事會人數的1/3左右。例如法國於1986年和1988年修訂后的《商事公司》法規定，董事會可包括由職工選舉產生的董事，但職工董事數額不得超過4個，上市公司不得超過5個，同時職工董事人數不得超過其他董事人數的1/3。如為國家投資設立或國家持股比例超過50％的公司所控製或共同持股的公司，雇傭人員在200～1,000人之間，則其董事必須包含2名職工代表或雇傭人員超過1,000人，則董事會成員中1/3須為職工代表[1]。德國《參與決定法》和《冶礦業勞工參決法》都規定必須在董事會中設1名勞方董事，由雇員代表擔任，享有同等權利[2]。

（3）監督參與方式。監督參與即公司職工通過參加公司的監督機構來行使監督權。通常是由職工進入監事會的方式進行。在傳統公司法裡，監事會成員一般是在有行為能力的股東中選任。20世紀，德國首創的「職工參與制」，即職工參與企業決策制度，對西方國家，特別是歐洲大陸國家產生了較大影響。現在歐洲大陸不少國家，都通過立法規定監事會中應有一定比例的職工代表參與公司的經營監督。職工監事所占的比例高的為1/2，一般都規定監事會成員的1/3由職工代表擔任。如德國《共同決定法》規定，監事會由勞資雙方的代表組成，是公司的最高權力機構。監事會負責公司經營董事會的任免，對公司經營董事會進行監督和檢查。其中監事會成員由勞資雙方對等組成，權力相當。法國勞動法規定，雇員人數超過50人以上的企業必須設立勞資協會，該協會有權從其成員中選出2名代表參加董事會或監事會，雇員代表應邀參加董事會或監事會的所有會議，並參加討論，但無表決權。與歐洲不同，美國公司內部不設監事會，而由董事會履行監督職責，為解決職工監督參與問題。美國公司法引入了「外部董事制度」，即在董事會中設置一個由來自於公司外部且獨立於公司業務執行委員會的外部董事組成的內部委員會來行使監督參與權。這不僅賦予公司職工監督參與權，而且拓寬了公司管理機構獲得忠告和建議的渠道，有利於實現管理機構內部在權力和利益上的相互制約和平衡。

（4）職工持股參與方式。持股參與又稱所有參與，是指職工通過持有公司股份成為其股東，並參加股東大會來行使其民主管理權利。這是美國和日本雇員參與公司管

---

[1] 劉俊海．職工參與公司機關制度的比較研究//王保樹．商事法論集：第3卷．北京：法律出版社，1999．
[2] 石少俠，王福友．論公司職工參與權．法制與社會發展，1999（3）．

理的重要途徑。推行職工持股的目的在於通過職工擁有公司的一部分股份，參與利潤分配來提高與公司的關聯度，增強企業的凝聚力，並為企業職工參與公司治理提供制度保證。

職工持股的基本做法是由公司提供一部分股份，或拿出一部分現金，轉交給一個專門設立的職工基金會，購進股票，然后由公司董事會根據職工相應工資水平或勞動貢獻大小，把這些股票分配給職工。

一般說來，職工提供的勞動被作為享有公司股權的依據，職工所持股份就按工資水平而定。其實質是將一部分利潤採用按勞分紅的方法進行分配，分配的結果不是直接讓職工得到現金，而是得到一種投資憑證（職工股）。在職工持股企業中，職工股份的轉讓受到嚴格限制，以確保職工參與意識的維持和股東結構的穩定。職工持股參與制度在美國、日本的公司管理實踐中都發揮了不少作用。

8.1.3 員工參與制度的模式

雖然西方各國雇員參與公司治理的立法狀況、參與方式和參與程度等存在一些差別，但仍可劃分為美、日的持股模式和歐洲的非持股模式。比較兩種模式，可說是各有利弊。歐洲模式規定的職工參與權較為廣泛，而且該模式將職工參與制度作為強制性條款進行規定，使職工的參與權能夠獲得充足法律保障。但是，由於職工和股東之間缺乏資本聯繫紐帶，股東代表和職工代表在公司機構中的對立形象並未獲根本性的改變，這在一定程度上影響了公司內部機構的科學決策和決策的效率。而偏重職工持股參與的美、日模式則剛好能克服這一弊端。因為在這一模式中，職工代表同時又具有股東身分，這使得其在公司機構中易於獲得非雇員股東代表的理解和支持，公司決策的效率和科學性也隨之提高。而且，此模式將職工利益與公司經營效果直接聯繫，有利於提高職工對公司長期經營的關注度。但是，職工持股制度對職工所持股份進行區別對待，限制其轉讓，違背了股權平等原則，加上職工所持股份所占比重較低，使職工代表對公司決策影響不大。基於以上原因，隨著國際交流的加強，各國有關職工參與制度的差距正在逐漸縮小，職工參與方式顯現出融合的趨勢。這一趨勢對中國職工參與制度的發展具有指導或啟示作用。

8.1.3.1 德國的員工參與共決制

共決制（Co-determination）即共同決定制，是指雇員選舉自己的代表，依法進入公司的決策層，與所有者代表一起共同組成公司的決策機構。德國是共決制的典範，原因在於歐洲是社會主義思想的發源地，而且工人運動非常活躍，歐洲一直就有重視工人權益的傳統，共決制使工人不需要擁有實物資產就可以參與到公司治理中。20世紀50年代以來，德國制定了一系列促進員工參與共決制的法律，如1951年頒布的《煤鋼行業參與決定法》、1952年頒布的《企業職工委員會參與管理法》和《企業組織法》、1976年的《參與決定法》。職工參與的最高形式就是職工派代表直接參加監事會、管理理事會和職工委員會，主要規定如下：

《煤鋼行業參與決定法》規定：員工在1,000人以上的公司中，監事會和理事會中

必須有員工代表；監事會由 11 人組成，勞資雙方各出 5 名代表，聯合提名 1 名中立者擔任主席；管理理事會通常由 4～7 人組成，其中要有一名勞工經理。《參與決定法》規定：員工超過 2,000 人的大企業，監事會由 12、16 或 20 名成員組成，其中股東代表、員工代表各占一半，主席由股東推選的人員擔任。《企業組織法》規定：凡是員工在 500 人以上的企業，員工在監事會中的比例不得小於三分之一。另外，《企業組織法》還規定：擁有員工 5 名以上的企業必須經本企業職工選舉成立企業職工委員會，職工委員會在企業福利、勞動、人事和經濟事務方面參與企業民主管理。員工參與共決制是德國社會市場經濟體制的重要組成部分，它在一定程度上促進了德國社會各個階層的平等和勞資關係的和諧，激發了員工的工作潛能，對提高企業力發揮了一定作用。

8.1.3.2 日本的終身雇傭制和年功序列制

終身雇傭制主要是指日本的年輕人在走出校門后，一經被某一家企業正式錄用，將一直在同一家企業工作，直到退休，中途一般不會被解雇。員工很少更換雇主，而企業在經濟不景氣的時候也很少解雇員工，使得員工的利益和企業的利益牢牢拴在一起，員工與企業形成了長期穩定的合作關係，強化了員工在公司中的地位，提高了員工的安全感和對企業的忠誠度及歸屬感，員工時刻把公司的利益放在首位。年功序列制是指員工的工資待遇隨著員工在企業的資歷逐年提高，而資歷條件也是員工晉升的主要條件，經理人員通常都是由企業內部員工提升而來的，這使得所有的員工為了提薪和晉升很少更換雇主，並且使員工之間、員工與經理層之間得以相互配合，共同促進企業的發展和繁榮。

但是隨著日本經濟的持續低迷，特別是 1997 年亞洲金融危機，終身雇傭制和年功序列制也暴露出了許多弊端。終身雇傭制增加了企業的負擔，同時企業一旦發生危險，員工無法分散風險。而年功序列制注重資歷，不太注重工作業績和能力，特別是不利於主張競爭和自由的年輕一代的發展，影響了企業的創新發展。儘管如此，日本的終身雇傭制和年功序列制相結合，有力地調動了員工的積極性，使員工各級參與到公司的管理和決策中，也為員工參與公司治理奠定了基礎，在促進了企業發展的同時，也促進了日本經濟的迅速發展和崛起。

中國目前採用的公司治理結構類似於德國模式，同樣採用雙層委員會制，同樣強調職工參與。如何立足本國國情，借鑑國外公司治理結構的優點，實乃中國公司治理的重中之重。

8.2　員工持股計劃

8.2.1　員工持股計劃定義

員工持股是指員工通過認購或購買公司股票從而以員工和股東的身分參與到公司治理中。目前員工持股的主要形式有員工持股計劃（Employee Stock Ownership Plan，ESOP）、員工股票期權（Employee Stock Option，ESO）和員工股票購買計劃（Employee

Stock Purchase Plan，ESPP)，等等。

員工股票期權是指公司按照一定的程序授予員工購買本公司股票的權利，該權利允許員工在未來的某一時間以某種價格購買公司一定數量的股票。員工股票期權限於經理或管理者，則稱為經理股票期權（Executive Stock Option）。目前將股票期權普及到所有員工的企業還比較少，主要是經理股票期權。

員工股票購買計劃是一種面向全體員工的持股計劃，員工可以將一定比例的指定薪酬用於購買公司的股票，購買價略低於股票市價，一般是股票市價的85%。股票來源一般為董事會授權增發的新股或公司從證券二級市場上回購的股票，員工認購後可以出售獲利。因此，員工股票購買計劃是一種短期激勵性質兼具福利的計劃。

員工持股計劃也稱員工股票所有權計劃，是指企業員工通過貸款或現金等方式購買或認購企業的股票，從而以勞動者和所有者雙重身分參與到企業的生產經營與企業治理中。員工持股計劃的基本內容是：在企業內部或外部設立專門機構（員工持股會或員工持股信託基金），這種機構通過信貸方式形成購股基金，然後幫助員工購買並取得本企業的股票，進而使本企業員工從中分得一定比例、一定數額的股票紅利。同時也通過持股制度調動員工參與企業經營的積極性，形成對企業經營者的有效約束。顯然，員工持股計劃從根本上打破了物質資本一元壟斷的局面，它主張勞動力資本化，這給員工提供了一條憑自己的勞動、技術、知識分享利潤的途徑，從而比簡單的讓員工出資購買公司的股份大大前進了一步。

對於員工股票期權和員工股票購買計劃，員工大多數會行權或在得到股票後進行拋售，所以，這兩種計劃是短期的激勵，而不是長期的激勵，因此員工對公司治理的參與效果沒有員工持股計劃好。從公司治理的角度看，員工持股計劃有效地把員工的長遠利益相結合，從而使員工在公司治理中發揮積極的作用。

8.2.2 員工持股計劃的類型

8.2.2.1 按實現形式分類

（1）現股激勵：它通過公司獎勵或參照股票當前市場價值向管理層和骨幹員工出售股票，同時規定管理層和骨幹員工在一定時期內必須持有，不得出售。

（2）期股激勵：它是由公司所有者和管理層、骨幹員工約定，允許管理層和骨幹員工在將來某個時期以一定價格購買一定數量的股票，購股價格一般參照當前市場價格確定，同時對管理層和骨幹員工在購股後再出售股票的期限作出規定。

（3）期權激勵：公司所有者給予管理層和骨幹員工在將來某個時期以一定價格購買一定數量股票的權利，管理層和骨幹員工到期可以行使或放棄這個權利，購買價格一般參照股權的當前價格確定，同時對購股後再出售的期限做出約定。

8.2.2.2 按是否利用信貸槓桿（購股資金來源）分類

（1）非槓桿型的員工持股計劃是指由公司每年向該計劃貢獻一定數額的公司股票或用於購買股票的現金。這種類型的計劃是由員工持股信託基金會持有員工的股票，

並定期向員工通報股票數額及其價值。而員工退休或因故離開公司時，將根據一定年限的要求相應取得股票或現金，它的特點是職工不需做任何支出。

（2）槓桿型的員工持股計劃主要是利用信貸槓桿來實現的。它的做法是銀行貸款給公司，再由公司借款給員工持股信託基金會，或由公司做擔保，銀行直接貸款給持股計劃管理機構，由持股計劃管理機構用借款從公司或現有的股票持有者手中購買股票，公司每年向持股計劃管理機構提供一定的免稅的貢獻份額；公司或銀行的貸款則從公司取得的利潤和其他資金歸還。

8.2.2.3 按照員工持股的目的分類

（1）福利型的員工持股。此類模式有多種形式，目的是為企業員工謀取福利，吸引和保留人才，增加企業的凝聚力。美國的員工持股計劃屬於福利型，它將員工的貢獻與擁有的股份相掛勾，逐步增加股票累積。

（2）風險型的員工持股。其直接目的是提高企業的效率，特別是提高企業的資本效率。它與福利型員工持股的區別在於，只有企業效率增長，員工才能得到收益。日本公司的員工持股接近風險型的員工持股。

（3）集資型的員工持股。目的在於使企業能集中得到生產經營、技術開發、項目投資所需要的資金，它要求企業員工一次性出資數額較大，員工和企業所承擔的風險相對也較大。新加坡的員工持股是集資型的員工持股。

8.2.3 國內外員工持股計劃的發展

8.2.3.1 員工持股制度國外發展現狀

（1）美國

美國的員工持股制度是隨著美國經濟迅速發展而帶來的貧富矛盾日益增大的情況下，為了緩解由此引發的各種社會矛盾和不安定因素而採取的一種財產組織方式。雖然美國員工持股的實踐最早可以追溯到18世紀末，但真正獲得發展則從19世紀末開始，主要經歷了三個階段。

第一階段從19世紀末到20世紀50年代。這一時期，美國經濟快速發展，貧富緊張局勢加劇，工人暴動越來越多，影響了社會的安定和經濟的發展。一些公司開始嘗試使用股份制、利潤分成、工人工傷補助、員工假期、衛生保健以及保險等友好政策緩解勞資雙方的矛盾。其中，雇員購買股票計劃成為較為常見的一種新型所有制形式。第二階段從20世紀50年代末到70年代初。這一時期的員工持股源於「股票獎勵計劃」。由於這一時期許多公司以股票形式作為補助給公司的經理和一些白領雇員，同時國家在稅收方面給予支持，引起了藍領和普通工人以及他們的工會的注意。在他們的要求下，一些公司開始在藍領和普通工人中推行「股票獎勵計劃」。第三階段是1974年以后，這一階段是真正現代意義上的員工持股。

被稱作「員工持股計劃」的創始人是美國經濟學家、律師凱爾索（Louis Kelso），他在50年代就提出一套新的理論——雙因素理論，並致力於將該理論付諸實踐。這個

階段是美國員工持股計劃發展最迅速，形式趨於完善和多樣化的階段。到了90年代，美國實行員工持股計劃的企業發展到約1萬家。

2005年，美國大約有11,000家擁有員工持股計劃的公司，覆蓋了1,000萬名員工，占私營部門勞動力的10%；其中大約有800家公開交易的公司，占公司總數的7%；在11,000家公司中，大約有6,000家的員工持股計劃對公司的戰略和文化產生重要影響；約有3,500家公司的多數所有權由員工持股計劃擁有；有2,000家公司的所有權100%由員工持股計劃持有。儘管所有的產業都有員工持股計劃的案例，但是超過25%分佈於製造部門，接下來是建築和銷售部門；至少有75%是槓桿員工持股計劃，通過使用融資獲取由員工持股計劃信託持有的證券。2004年，由員工持股計劃持有的總資產估計為6,000億美元。

（2）日本

日本企業的員工持股制度是在日本經濟處於快速發展的起步階段、對外開放逐步擴大的情況下發展起來的，在日本的股份制企業中實行比較普遍。主要做法是在公司內部設立本企業員工持股會，員工個人出資為主，公司給予少量補貼，幫助員工個人累積資金以陸續購買本企業股票的一種制度。

日本現代意義上的員工持股制度形成於20世紀60年代，主要是作為一種防範外國資本吞並，保持股東隊伍的穩定的措施而發展起來的。到了70年代中期，形成個人財產變成了第一位的目的。80年代以後，實施員工持股制度的企業，在持股會章程中都把便於職工取得本公司股票，幫助職工形成個人財產列為首要目的，實際上是幫助職工增加退休後的收入。60年代初，日本加入了國際經濟合作發展組織，從而必須實行資本自由化，放寬對外商直接投資的限制，由此出現了企業股票被吞並的可能性，使股票市場中流動的股票比例減少。為了防止企業被吞並，需要建立一個穩定的股東隊伍。到1969年，日本全國有20%的公司實行了員工持股計劃，在這些公司中，6%的勞動者參加了員工持股計劃。到了1984年，實施員工持股計劃的公司達到60%，參與的勞動者比例達40%。1988年，在日本所有的股票市場中實行了員工持股計劃的公司超過90%，勞動者參加率達50%。

在日本的20世紀70年代至90年代，員工持股計劃在克服經濟中的消極因素，增強日本經濟強大競爭力的過程中扮演了重要角色，在對付石油危機及第一章員工持股制度的國內外發展現狀日元急遽貶值方面作用顯著，同時促進了就業。在1984年，實行員工持股計劃的公司與沒有實行的公司相比，員工持股計劃的公司擁有更多的就業，同時具有高出25%的價值增加值。

（3）英國

1829年威爾斯康特勳爵在自己的農場實行了英國有史以來的第一個員工持股計劃，直到1865年才又有6家企業開始實行員工持股。

英國現代意義上的員工持股興起於20世紀70年代以後。當時，一方面由於石油價格上漲引發的世界性通貨膨脹，導致嚴重的經濟衰退，大批企業瀕臨破產或已經超過

破產邊緣,而在1954年開始實施員工持股的英國帝國化學工業公司則表現出較明顯的抵抗危機的活力;另一方面,美國員工持股制度的發展,對英國政府推動和鼓勵員工持股起到了一定的示範作用。

1978年,英國國會通過一項財政法案,批准對股份公司分享利潤形式的員工持股實行稅收減免;1979年又進行了修訂,規定凡是以普通股股票形式向本公司員工支付獎金,並在指定期間交由信託機構管理的,可以免徵所得稅。

英國員工持股取得快速發展是在撒切爾夫人執政之後。撒切爾夫人在任期間,讚同將工人的工資與企業的經濟效益掛勾的做法,讓勞資雙方共同承擔企業的風險,共同分享企業的收益。其在實踐上採取「民眾資本主義」做法,出售國有企業。國有企業從1979年佔國民生產總值的11.5%,下降到1987年只佔7.5%。這一過程中,50萬員工轉移到私營部門,其中90%的員工購買了本公司的股份。

英國全國貨運公司是撒切爾政府第一個實行私有化的國有企業。1982年這家企業由於虧損嚴重,行將倒閉,政府把它廉價賣給了本公司的員工,70%的員工由雇傭者變成了擁有股票的股東。通過全體員工的齊心努力,不到幾年的時間,一個瀕臨倒閉的企業變成了英國名列前茅的盈利企業。到90年代,英國員工持股人數達到200萬人。1999年英國政府宣布擴大員工持股的範圍,並在2000年修訂金融法,以有利於員工持股的融資。

英國的員工持股有三種方式,即利潤分享制、通過儲蓄購買股票和授予股票購買權。利潤分享制就是企業每年用完稅前的部分利潤購買股票,然后分配給有資格的職工。通過儲蓄購買股票是指員工與國家儲蓄部門或住房互助協會簽訂「發工資時扣存儲蓄款」的合同,同意在5年內逐月存儲一筆固定金額,相應取得以一定折扣認購公司普通股股票的權利,取得股票后可以在證券市場出售。股票購買權是由董事會決定授予主要經理人員購買股票的權利。按照政府規定,通過股票購買權取得的收益可以享受所得稅減免優惠。一般而言,利潤分享制和通過儲蓄購買股票適用於一般員工,而授予股票購買權則較為適用於經理人員。

8.2.3.2　員工持股制度國內發展現狀

中國的員工持股最早產生於股份合作制企業中。80年代初,基於農村經濟發展和鄉鎮企業改制的內在需要,出現了由農民自發集資入股而產生的新型合作經濟組織,並顯現出強大的生命力。90年代中后期,小型國有企業的股份合作制改造開始興起,並向全國範圍擴展。

中國員工持股的另一個領域是股份制企業。股份制企業的員工持股,是中國理論界和企業界以及政府關注的焦點。在中國大中城市,員工持股伴隨著股份制企業的出現而產生,與國有企業建立現代企業制度密切相關。最早實行員工持股的股份制企業是北京天橋百貨股份有限公司。為了籌措資金,天橋百貨股份有限公司的股本設置中設立了個人股,佔公司總股本的1.29%。1992年,原國家體改委《股份制試點辦法》和《股份有限公司規範意見》出抬後,出現了絕大多數定向募集公司都有內部職工股

的現象，員工持股的企業迅猛增加。

在員工持股得到較快發展的同時，實踐中出現了許多問題，偏離了改革的初衷。為此，政府各部門開始對內部職工持股加以限制。1993—1998年，國務院辦公廳、原國家體改委等各部門先后發布了《關於立即停止發行內部職工股不規範做法意見的緊急通知》，《關於立即停止審批定向募集股份有限公司並重申停止審批和發行內部職工股的通知》、《關於股份有限公司公開發行股票一律不準再發行公司職工股的通知》，以及《關於暫停對企業內部職工持股會進行社團法人登記的函》。

但是在1994—1998年，在沒有國家明確規定的情況下，部分地區和部門通過總結以往的經驗教訓，借鑑西方員工持股制度的成功做法，陸續出抬了員工持股的相關政策，推動股份制企業員工持股的發展。其中主要有北京市體改委1996年頒布的《北京市現代企業制度試點企業職工持股會試行辦法》，民政部、外經貿部、國家體改委、國家工商行政管理總局四部委在1997年聯合發布的《關於外經貿試點企業內部職工持股會登記管理問題的暫行規定》，《浙江省國有企業內部職工持股試行辦法》（浙政〔1998〕16號）等。這一時期員工持股的顯著特徵是以員工持股會作為員工持股的組織形式。其中，浙江省出抬的文件對員工持股會的審批、登記和註冊都作了詳細的規定，對員工持股的股份比例、資金來源等問題作了具有創新性的安排，成為中國較為規範的員工持股制度框架。2002年11月，原國家經貿委等八部門聯合制定下發了《關於國有大中型企業在主輔分離輔業改制分流安置多余人員的實施辦法》（國經貿企改〔2002〕859號），允許國有大中型企業在實施主輔分離改制分流過程中，對職工個人解除勞動關係取得的經濟補償金，可在自願基礎上轉為改制企業的等價股權或債權。該實施辦法在客觀上為現階段國企改制、並確立職工參與決策機制，使職工參與到公司治理中來提供了政策依據。

在集體企業要求明晰企業產權時，在中央十五屆四中全會要求國有資本「有進有退、有所為有所不為」時，集體資本和國有資本的退出，具有員工持股特徵的管理者員工收購又應運而生。單純職工福利性質的員工持股開始真正轉向福利與激勵相結合，標誌著中國股份制企業員工持股制度建設開始進入規範化、實質發展階段。

8.2.4　中國推行員工持股計劃的意義[①]

8.2.4.1　有利於推動中國國企改革

（1）促進企業良性發展

中國正處於產權改革的關鍵時刻，推行員工持股計劃有利於推動產權改革的進程，促進企業良性發展。員工持股計劃作為股東與員工之間的橋樑，通過引入本企業員工持股成分，形成多元投資主體格局，有助於明晰產權，解決了國有企業所有者缺位問題，是企業制度的創新。主要表現在其有利於政企分開，有利於形成有效率的企業治

[①] 孫曉. 國外員工持股制度的比較及借鑑. 工會理論與實踐，2002（3）：57.

理結構。中國國有企業從大型到中小型都有著不同程度上的虧損，一般信用較差，而在今天銀行業同樣自主經營、自負盈虧的情況下，信用差的企業想從銀行貸款很難。通過員工持股計劃，不僅解決了企業的資金缺口，又引入了新型產權制度，這將促進企業的良性發展企業。

（2）完善企業股權結構

由於企業職工得到了部分公司股份，在一定程度上改變了企業股東權益的構成，增強了職工與企業之間的聯繫。中國國有企業改革發展不順利的主要原因就是改制后的企業仍然存在國有股一股獨大，改制很不徹底的問題，使得其他股東在企業事務上沒有發言權，只能充當顧問的角色，這造成了很壞的影響。外部人會認為股份制改革只是在圈錢，阻礙了整個股份制改革的進程。而員工持股計劃將員工股引入，有助於企業股權結構的完善及多元權力制衡結構的形成，使國有股以外的股東在企業事務決策上更有發言權。

8.2.4.2 社會保障制度的重要補充

通過員工持股，企業效益不斷提高，國家的稅收收入也不斷提高，而收入是社會保障制度的基礎。所以員工持股又是社會保障制度的有益補充，為員工的養老保險、醫療保障做出應有的貢獻。在國外員工持股計劃可以和員工退休計劃相結合，通過員工持股為員工累積個人資金，將員工持股看作員工以股票形式獲得的養老金，使其退休後的生活更加有保障。中國即將步入老齡化社會，養老基金必將會出現缺口。通過與員工持股制度有機結合來探索健全企業補充養老保障制度，是對社會保障制度的重要補充。

8.2.4.3 建立科學的約束與激勵機制

中國企業普遍存在員工權利與義務不相稱的情況，員工往往只有義務而沒有權利，對企業的事務沒有發言權，權力資源被股東所壟斷，員工作為企業財富的直接創造者被排除在權力部門之外了。在這種情況下，員工對企業缺乏歸屬感，從心理上覺得自己是在為別人打工，企業業績的好壞只關係到薪水的高低，而不會將工作當做自己的事業，與企業不能抱成一團。這就需要一種可以將員工與企業結成利益共同體的機制，而員工持股計劃通過讓員工持股達到了這個目的。員工通過持股使其自身利益與企業休戚相關，同時也因為持有一定股權，對公司大小事務有了一定的發言權，將可以在更大範圍內更努力地為企業奮鬥。不僅在權力分配上，在收入上，員工通過員工持股計劃也有了較大的提高，而性質也有變化——從工資收入轉變成收入分享了，這將極大提高其工作的積極性，同時作為企業的主人，員工也將約束自己的行為，盡所能地去維護企業的利益。所以，員工持股計劃對員工具備激勵與約束雙重效果，尤其是對經理層，通過員工持股計劃，針對他們形成一個有效的激勵約束機制，將其長期財富如養老金與企業的股票業績聯繫起來，從而避免了管理層追逐近利的短期行為的發生。

8.2.4.4 幫助企業抵制敵意兼併

通過實行職工持股計劃，將公司股份分散於企業職工之中，利用公司職工擔心企

業被兼併后可能裁員的心理和職工對企業的感情，在一定程度上可以幫助企業抵制敵意兼併。在美國，因實行職工持股計劃而挫敗了其他企業的敵意兼併企圖的案例是很多的，如1994年，西北航空公司通過員工持股計劃，成功走出困境，避免了被對手兼併的命運。

8.2.4.5 有效降低融資成本

在中國許多國有企業和一些新興高科技企業由於信用差或處於起步階段，對於那些以贏利為目的銀行來說並不是好的貸款對象，存在著融資難的問題。而且，即使通過銀行、同業拆借等方式達到融資的目的，借貸利率也是非常高的，這對企業的發展，特別是中小企業的發展是相當不利的。員工持股計劃作為一種股權激勵機制可以通過向員工發行內部員工股募集資金，這可以在一定程度上緩解一些企業融資難的問題，而且也可以降低融資成本，使企業走上良性循環的健康發展之路。

8.2.5 員工持股計劃的缺點[①]

（1）投資風險

通常員工持股計劃與退休養老計劃合在一起，這使得員工的投資過於集中本企業，一旦企業經營狀況發生變化，員工將面臨巨大的投資風險。如美國安然事件導致數千名員工在該下挫中損失慘重，特別是退休和養老金化為烏有。這一事件后，戴爾公司隨即要求員工盡量減少其帳戶中持有本公司股票。此前，戴爾公司員工中大約有58%的退休養老計劃投資於戴爾公司股票。

（2）員工持股計劃有一定適用範圍

儘管員工持股計劃有著巨大的優勢，但不是所有的企業都適合實施。一是因人力資本密集型企業和資本密集型企業的不同，員工持股計劃主要適用於人力資本比較集中的企業，如高新技術企業、諮詢企業等。對於資本密集型的企業，由於資本的貢獻比較大，相應的員工持股計劃不能起到真正的激勵作用。二是企業的發展前景。對於那些已走下坡路的企業，如果不改變經營方式，僅靠實施員工持股計劃並不能改變企業的命運，最多只能延長企業的壽命。

（3）員工持股計劃的實施受到一定的環境制約

員工持股計劃的成功實施受企業的內部環境的影響，如果國家的經濟政策、行業背景、競爭環境，以及企業的經營狀況等因素，並不是每一個企業的員工持股計劃都能夠成功實施。如2002年海通證券員工持股計劃因未獲中國證監會批准而未能實施。

（4）員工持股計劃的激勵效果受到員工持股比例的影響

員工持股比例太小，就不能調動員工的積極性，影響員工在公司治理中的作用的發揮。但如果員工持股比例大，由於員工兼有股東的身分，而大多數員工通常沒有經營層的管理和決策能力，容易產生短視行為，反而影響了企業的長遠發展。

---

① 沈樂平，張咏蓮. 公司治理原理與案例. 大連：東北財經大學出版社，2009：187.

8.2.6　中國員工持股計劃制度的探索

要建立和推行員工持股制度，必須充分借鑑西方先進企業和國家的經驗。

一是完善的立法是員工持股制度有效推行的制度保障。西方發達國家基本上是把企業員工持股制度作為一項社會保障計劃來加以推行和支持的。在美國，ESOP 實際上是一項特別的養老金福利計劃，它的初衷很大程度上是為雇員創造多種退休收入來源。日本及其他一些國家也基本上把這項制度作為增加員工收入，提高社會保險能力的方法給予相應的政策支持。借鑑國外的做法，中國的員工持股計劃應該與社會保障制度，特別是與職工養老保險制度結合起來。這不僅可以增強企業的內部凝聚力，而且可以逐漸發展成為一種事前的、內生的員工自我養老保障制度，減輕國家和社會的養老負擔。

二是設立專門的組織為員工持股計劃的順利實施提供組織保障。對於員工持有的股份，西方各國基本上都建立了專門的機構實行統一管理。美國的員工持股計劃基本上有兩類：一類是不利用信貸槓桿的員工持股計劃，也稱股票獎金計劃，即期權式股票。公司直接將股票交給員工持股計劃委員會，由委員會為每個員工建立帳戶，員工每年從企業利潤中按其持有的股票分得紅利，並用這些紅利來歸還原雇主或公司以股票形式的賒帳，還完後股票即屬員工所有。另一類是利用信貸槓桿的員工持股計劃。即公司先設立一個員工持股計劃信託基金會，該基金會由公司擔保向銀行或其他金融機構貸款，用以購買公司的股票，購買的股票由信託基金會掌握而不直接分配給每個員工，公司每年從利潤中按預定比例提取一部分歸還銀行貸款，隨著貸款的償還，信託基金會按事前確定的比例逐步將股票轉入員工個人帳戶。中國推行員工持股制度，可以設立員工持股會，對員工持股進行統一管理和監督，員工持股的管理機構可主要由工會組織來管理，但應依法建立專門的機構，並明確其法律地位。一些大型企業內部職工持股或高層管理人員持股也可以由外部的信託機構、基金管理機構來管理。

三是員工持股制度的實施要注意兼顧公平與效率。實行員工持股計劃在充分重視其激勵作用的同時還必須認真考慮分配公平問題，各國政府都對員工持股制度作了一些鼓勵公平合理分配的規定：如對通過持股計劃獲得的收入進行限制，確保低收入員工能從員工持股計劃的推行中獲得合理的利益。美國規定，實行員工持股計劃的企業須有 70% 以上的員工參加，一般員工因此獲得收益不低於高薪階層收益的 70%，但每個員工從員工持股計劃中收益不超過其年工資總額的 25%；企業雇員持股比例達 30% 以上，出售股票的股東免交 28% 的股份收入增值所得稅，貸款的金融機構其利息可免徵 50% 所得稅。

四是要發揮信用在員工持股計劃中的作用，普遍實行購股手段非現金化。美、英等國基本上通過信用制度鼓勵企業員工持股。如美國實行 ESOP 的公司，雇員購買股票並不是用現金支付，而是用預期勞動支付。其資金來源方式主要有兩種：一是由公司先建立具有法人資格的雇員持股基金，再由公司擔保由持股基金向金融機構貸款，形

成雇員持股，然后用股本的紅利逐年（法律規定不超過 7 年）償還；二是由公司直接出讓股本總額的 30% 左右給公司雇員持股基金，購股款用日后的紅利逐年償還。有的國家還規定實行員工持股的企業可用稅前利潤的一定比例用於購買股票分配給員工。從實踐看，中國職工持股的資金來源主要有現金出資、銀行貸（借）款、公益金、淨資產增值獎勵、專利及專有技術作價等，以現金為主要購股手段，這與西方發達國家通行的以預期勞動為支付手段有很大的差異。我們應借鑑西方國家的成功做法，推行職工持股貸款項目。這不僅可以解決職工持股計劃實行過程中的資金問題，而且對解決銀行貸款出路、啟動投資等問題也具有一定的促進作用。

8.3　員工利益的代表——工會與公司治理

一直以來工會主要是從維護員工權益的角度出發，主要關注工資、福利等與工作相關的問題，而不涉及公司的治理，但在實踐中發現工會有助於推動員工參與公司治理。

8.3.1　工會在公司治理中的作用

（1）在國際上工會推動機構投資者作為

在 20 世紀 70 年代，機構投資者在公司治理中的行為還只是消極的和被動的。而到了 80 年代機構投資者開始轉變消極的行為，一部分原因是因為機構投資者用腳投票的代價比較大，迫使機構投資者在公司治理中採取積極的行動，另一部分原因就是工會的推動作用。

（2）工會直接在公司治理中的作用

從職工董事、職工監事在董事會和監事會中的比例來看，員工參與公司程度不夠，員工作為單個個體來說，在公司治理中發揮的作用有限。而工會作為員工利益的代表，其法定的身分和地位更有助於員工在公司治理中發揮應有的作用。

8.3.2　加強和發揮中國工會在公司治理中的作用

（1）中國對工會參與公司治理有著明確的法律規定。《公司法》第十八條規定：公司研究決定改制以及經營方面的重大問題、制定重要的規章制度時，應當聽取公司工會的意見，並通過職工代表大會或者其他形式聽取職工的意見和建議。

（2）中國工會依照法律規定，在積極推動公司制企業職工董事、職工監事進入董事會、監事會，行使職工參與決策和監督方面發揮重要作用。

（3）中國工會重視在非公有制企業推行民主管理工作。根據《中華人民共和國工會法》第三十七條關於「國有、集體企業以外的其他企業、事業單位的工會委員會，依照法律規定組織職工採取與企業、事業單位相適應的形式，參與企業、事業單位民主管理」的規定，積極探索非公有制企業職工參與民主管理制度、形式和方法。

【思考與練習】

1. 談談你對雙因素經濟理論的理解。
2. 如何看待員工持股計劃的意義?
3. 談談中國推行員工持股計劃制度的看法。
4. 分析工會在公司治理中的作用。

外部治理篇

　　外部治理，即如何從外部對公司的決策和經營實施影響，迫使公司選擇良好的治理結構安排。其主要是從外部相關利益者的角度出發，通過資本市場、產品市場和經理市場等市場約束對經營者進行有效監督。

9 公司外部治理機制

【本章學習目標】
1. 瞭解經理市場與產品市場在公司治理中的作用；
2. 瞭解證券市場與公司治理的關係、證券市場與控製權配置的聯繫；
3. 明確公司併購與公司剝離、證券市場監管的主要內容；
4. 掌握證券市場對公司治理發揮作用的基本機制。

公司治理包括外部治理與內部治理，二者相互補充，相互依存，共同構成一個完整的公司治理機制。在前面對內部治理分析的基礎上，從本章開始，轉入對外部治理的探討。外部治理機制主要是指通過資本市場、產品市場和經理市場等市場約束對經營者進行有效監督。法馬認為，經理人員市場、資本市場和產品市場上的競爭能夠產生約束經理行為的信息，因此能夠解決由於企業的所有權和控製權分離而產生的激勵問題。

9.1 經理市場與產品市場

9.1.1 經理市場及其作用

在現代市場經濟中，經理是職業化的經營管理專家，其經營才能是一種重要的資源。作為經理，必須在市場上盡力尋找適合自己的企業，企業也必須在市場上尋找適合自己的經理。經理找不到合適自己的企業，或者所有企業都不選擇該經理，那就意味著該經理還不能稱之為經理。而如果某個被聘用的經理由於經營業績較差而被解聘，那麼他作為經理的價值就會大幅貶值。在以後的職業生涯中，他或者被降格使用，或者乾脆找不到任何一個經理職位。為此，經理市場的存在將促使經理努力工作，而不敢懈怠。

在現代公司制企業中，由於委託代理關係的存在，企業治理需要解決的兩個關鍵性問題就是經理的選擇問題和經理的激勵問題。經理市場的部分機制對於這兩個問題的解決起著重要的作用。經理市場主要從以下兩個方面對經營管理者產生激勵和約束作用：一是經理市場本身是企業選擇經營者的重要來源。在經營不善時，現任經理就存在被替代的可能。這種來自外部乃至企業內部潛在經營者的競爭會迫使現任經營者努力工作。二是市場的信號顯示的傳遞機制會把企業的業績與經營者的人力資本價值

對應起來,促使經營者為提升自己的人力資本價值而全力以赴地改善公司業績。因此,成熟經理市場的存在,能有效促使經理人勤奮工作,激勵經理人不斷創新,注重為公司創造價值。

經理市場或稱為代理人市場、企業家市場,實質是企業家的競爭選聘機制。競爭選聘的目的,在於將職業企業家的職位交給有能力和積極性的企業家。而企業家的能力和努力程度,是企業家長期工作業績建立的職業聲譽。經理市場的「供方」是經理,「需方」是作為獨立市場經濟主體的企業。在「供需雙方」之間,存在大量提供企業信息、評估經理候選人能力和業績的市場仲介機構。如果把經理的報酬作為經理市場上經理的「價格」信號,經理的聲譽便是經理市場上經理的「質量」信號。經理市場的競爭選聘機制的基本功能在於克服由於信息不對稱產生的「逆向選擇」問題,它一方面為企業提供一個廣泛篩選、鑑別經理能力和品質的制度;另一方面又保證企業始終擁有在發現選錯候選人後及時改正有助於降低經理的「道德風險」。因為充分的經理市場競爭,可動態地顯示經理的能力和努力程度,使經理始終保持「生存」危機感,從而自覺地約束自己的機會主義行為。經理市場的另一個功能在於保證經理得到公平的、體現其能力和價值的報酬。如果一個經理的能力和努力都被市場證明是「高質量」的,而該經理並沒有被報以相應的高報酬,如果經理市場的信息又是較為充分的,該經理的業績將被其他企業注意到,這些企業就可能向其提供高報酬,從而將其吸引走。這種威脅的存在,使得企業必須公平地對待經理。

經理市場為企業提供了相對客觀的選擇機制,使經理的人力資本價值得到充分的評價,從而使職業經理重視自身的業績和聲譽。一方面,通過經理市場中的競爭選拔,企業能夠發現有能力的經理;另一方面,經理市場的存在給在職經理提供了這樣一種信息:具有良好經營業績的經理能夠在經理市場中獲取較好的談判條件。當經理價值能在經理市場上得到正確的評價,現任經理為提高自身在未來經理市場上的價值,需要努力工作和保持良好的聲譽,這就是經理市場提供的激勵作用。而且,通過市場競爭機制能相對有效地解決經營者的選擇問題,讓「真正有能力的經營者」獲得經理崗位。

經理市場可以使經理處於一種不斷自我激勵的過程之中,這在很大程度上解決了經理自身的潛在激勵問題。經理市場起作用的前提是這個市場能夠客觀地反應出經理人力資本的價值信號,而這種信號是經理行為的累積結果,良好的經營業績來自於經理過去的努力。如果這種價值信號與經理最為關心的報酬水平高度相關,即本期報酬水平由從前各期的邊際產出來決定,而當期的邊際產出又直接影響到以後各期的價值預期,經理為自身的未來利益考慮,就需要提高企業的當期績效。

經理市場的存在既給有能力的經營者提供了選擇崗位的舞臺,又給在職經理造成了壓力。發達的經理市場作為勞動力市場的一部分,可以滿足股東們從中挑選所信賴的代理人的需要。正是由於這種市場的存在,從而對那些「偷懶」或以損害股東利益以謀求個人利益的人構成有力的威脅。有效的經理市場可以隨時根據經營者的經營業績來判定其人力資本價值的升高或降低。如果一名經理受能力限制或以權謀私使公司蒙受損失,那麼,他本人的人力資本價值就會貶值,從而他就會被潛在的競爭者所取

代，其人力資本貶值的結果還可能殃及其以後的職業生涯。由於經理市場上存在許多優秀的經理人才，股東們可通過「用手投票」挑選更合適的人選來取代他。這種來自經理市場的壓力迫使在職的經營者更加努力地工作，以使自己的人力資本和經營業績高於競爭者。經理市場的優勝劣汰機制，將經理的收入、社會聲望、發展前途、職業生涯與企業的發展緊密地聯繫在一起，形成同舟共濟、榮辱與共的格局。

9.1.2　產品市場及其競爭激勵

在產品市場上，經理的表現和業績會通過其產品的市場佔有率和利潤的變化直接表現出來，產品市場的激烈競爭及其帶來的破產威脅會使經理盡力發揮其人力資本作用，提高企業經營效率。

一般認為，作為企業代理人的經理比作為企業委託人的股東在企業經營上具有信息優勢，在信息不對稱的情況下，經理偷懶的可能性就大，代理成本就會增多。但由於產品市場競爭的存在，這種信息不對稱在長期內是可以得到解決的。哈特建立了一個模型，用以說明所有者控制的企業會迫使經營者控制的企業的經理努力降低成本，減少偷懶。

假定同一產品或替代產品在市場上有許多企業，儘管企業的生產成本是相同或不確定的，但各企業的生產成本顯然是高度相關的。這樣，產品市場的價格便包含著其他企業成本的信息。假定社會上有一部分企業由經理控制，而另一部分企業由所有者控制。由於由所有者控制的企業會竭力使產品成本降至最低，從而壓低產品市場的價格。這樣，由所有者控制的企業越多，由經營者控制的企業經理受到的壓力就越大，偷懶的可能性就越小。結果，由經營者控制的企業為了避免由於產品成本高而產生不利影響，就會有充分的動力降低產品成本。這樣，由於企業間的產品競爭，使得儘管存在委託代理關係下的信息不對稱，但仍然可以有效地降低代理成本。從這種意義上說，中國民營企業的發展和存在，增加了國有企業經理的壓力，從而也提高了國有企業的競爭力。可以說，這是近些年來中國一部分國有企業業績提高的重要促進因素。

實際上，即便市場上沒有存在由所有者控制的企業這一假設條件，在市場上存在的全部都是由經營者控制的企業，那些生產相同、相似或可以互相替代的產品的企業之間存在的競爭也會使代理成本大大降低。

產品市場的競爭經理造成壓力，產生激勵，有賴於市場的完善和市場得以有序運作的制度結構的建立與完善，否則，因市場不完善，市場有序所必需的制度結構沒有建立，則會產生無序競爭，從而出現低效率。轉型期的中國市場，不僅市場體系不健全，而且確保市場有序運作的制度結構也不健全，這就決定了中國的市場是一種不完全意義上的市場。由於市場的不完全和市場制度環境的扭曲，必然會引發企業競爭地位的不平等，致使市場競爭難以充分發揮其優勝劣汰的作用。

9.2 證券市場的治理

通過證券市場進行控製權配置是公司外部治理的重要方式之一。它對於公司技術進步、產品結構調整、競爭能力提高以及生產要素的優化組合都具有重要的意義。

9.2.1 證券市場的基本概念與作用

9.2.1.1 證券市場的基本概念

證券市場是證券發行和買賣的場所，它是金融市場的重要組成部分。證券市場是資金調節和分配的樞紐之一，它集社會上的閒散資金於市場，使得資金所有者能根據有關信息和規則進行證券投資。在一個有效的證券市場，經營業績優良的企業能夠吸引較多的資金發展企業，提高企業的價值。而經營業績較差的企業難於吸收更多的資金發展企業，企業價值隨經營業績的下降而下跌。利用證券市場進行控製權配置是公司外部治理的重要方式之一。

控製權配置是以市場為依託而進行的產權交易，其本身也是一種資本運動，它的完成必須借助於證券市場。發達完善的證券市場是企業控製權有效配置的必要條件。國外企業併購浪潮之所以一浪高過一浪，並對經濟發展產生重大影響，正是發達的證券市場發揮了重要的推動作用。主要表現在：

（1）證券市場的價格定位職能為企業控製權配置主體的價值評定奠定了基礎。企業控製權配置成功的先決條件是雙方達成合理價位。資本市場上同類上市公司的價格則是併購價位的極好參照。

（2）發達的資本市場造就了控製權配置主體。一個企業為取得對另一個企業的控製權，往往需要大量的資本投入。發達的資本市場則為企業獲得資本提供了充分的條件。同時，由於資本市場的發展，使一些夕陽產業的企業、陷入經營困境的企業、面臨挑戰的企業，能夠從資本市場的價格變化情況看出自身的不足，使它們產生聯營或變現的願望。同時，發達的資本市場也使得企業產權流動極其方便。

（3）資本市場上投資銀行等仲介機構的職能多樣化為企業控製權配置提供了重要推動力。仲介機構既為企業控製權配置提供了方便，省去許多繁瑣的工作，同時也保證了控製權配置的科學性和合理性。

綜上，在公司治理中證券市場的作用集中體現在對企業控製權配置上，而證券市場於控製權配置的推動作用主要表現在融資與資源配置兩類上，作用的發揮有賴於證券市場的有效性。

9.2.1.2 證券市場的作用

總的來看，證券市場對公司治理的有效性，在很大程度上取決於資本市場的有效性。從中國證券市場的發展實踐來看，它對完善和改進公司治理起到了積極的作用，在促使上市公司及時披露真實準確的信息、保護中小股東的利益以及提供有利於公司

競爭的良好治理機制等方面取得了不同程度的進展。

一個有效的資本市場，對公司治理的作用主要體現在以下幾個方面，一是資本市場的融資機制，使投資者有權選擇投資的對象，從而改善和提高公司的治理結構；二是資本市場的價格機制，可使出資者瞭解公司經營信息，降低了股東對管理層的監控信息成本，降低了公司治理的成本；三是資本市場的併購機制，可以強制性糾正公司治理的低效率。

（1）融資機制

資本市場的重要功能之一是融資功能。無論債務融資還是股權融資都會對公司治理產生影響。儘管股權融資相對於債務融資沒有還本付息的壓力，但融資的大小受到公司業績的影響，投資者會根據公司的業績進行投資的選擇。為獲得融資的機會，公司經營者會通過改善公司管理，提高公司的營運水平、提供優質的產品和服務來改善公司的業績。同時，融資結構還可以對經營者的經營激勵、對公司的併購產生影響，進而對公司治理產生影響。

（2）價格機制

在有效的資本市場中，公司股票的市場價格提供了公司管理效率的信息，反應了公司經營者的經營水平。出資者通過對公司市場價格的觀察和預期，可以評價公司經營者的管理水平，降低了代理成本中的監督成本。資本市場的價格提供了投資者對公司的評價，同時也提供了對公司經營者的評價。公司的股價波動會給經營者帶來相當的壓力，促使經營者盡職盡責，並通過努力工作用良好的經營業績來維持股票價格。由於前文已經對此進行過分析，此處不再重複。

（3）併購機制

資本市場對公司治理產生影響的實質是公司控製權爭奪，主要通過併購來實現。併購除能實現協同效應外，還能強制性地糾正公司經營者的不良表現。在有效的市場中，即使公司的股票價格正確反應了公司經營狀況及財務狀況，但企業仍然存在著經營不善的傾向和情況，當公司的股價下跌時，公司的經營者一般情況下不會主動提出辭職，但公司的經營並未得到改善，因此通過併購使得外部力量強制進入公司，介入公司經營和控製，重新任免公司的經營層。通過併購機制，使得經營者面臨「下崗」的威脅，為此經營者會在股價下跌時，不斷改善公司的經營。在股價下跌時，中小投資者通過出賣股票減少損失，此時容易出現惡意收購。惡意收購具有強烈的排擠效應，排擠效應的潛在威脅迫使公司經營者為股東的利益努力工作，改善公司經營管理，以避免惡意收購的發生。

9.2.2 證券市場的有效性

9.2.2.1 證券市場的有效性基本含義

市場的有效性是指根據某組已知的信息做出的決策不可能給投資者帶來經濟利潤。可見證券市場的有效性是指證券市場效率，包括證券市場的運行效率與證券市場的配置效率，前者指市場本身的運作效率，包含了證券市場中股票交易的暢通程度及信息

的完整性，股價能否反應股票存在的價值；后者指市場運行對社會經濟資源重新優化組合的能力及對國民經濟總體發展所產生的推動作用能力的大小。

9.2.2.1 證券市場的有效性的表現

美國芝加哥大學教授法瑪（Eugene Fama）將市場效率劃分為三種形式：弱式、半強式和強式。三種形式的劃分在於假定了不同的相關信息被滲透到證券價格中。其中，弱式效率（Weak Efficiency）是指證券價格反應了過去的價格和交易信息，即僅僅使用歷史價格進行圖表和技術分析無助於發現那些價值被低估的股票。半強式效率（Semi-strong Efficiency）是指證券價格不僅反應了歷史價格所包含的信息，而且反應了所有其他公開的信息，即通過使用和處理這些信息進行投資決策無法找到被低估的股票。強式效率（Strong Efficiency）是指證券價格反應了所有信息（包括公開信息和內幕信息），即任何投資者都不可能持續發現價值被低估的股票。

有效市場理論意味著證券市場價格是合理的，股票價格反應了所有與公司價值有關的公開信息，它說明，我們可以通過在其他條件不變的情況下，通過測度每一決策對股價應有的影響來完成使股東財富最大化的目標。

國外許多學者對股票價格與公司業績的關係進行了研究。相關研究成果表明，股票價格總是很快地、且以一種公正的方式對各種事項（例如公司宣布進行股票分割、宣布發放股利，以及宣布中期或年度報表）做出反應，對公司公布收益信息的研究顯示，股票價格甚至在公布日前的數月即已有所反應。

儘管股票市場的漲跌和股價的高低不時受到諸多主、客觀因素的影響，但隨著投資者的日益成熟和股票市場的日益理性化，個股股價的高低最終將取決於其內在投資價值，即公司的盈利水平和風險狀況。

如上所述，大量研究表明，股票價格最終將取決於公司的盈利水平和風險狀況。但是，從某一時期來看，股票價格可能會背離其內在價值而大起大落。因此，公司應進行股票價值評估，並將評估價值與公司股票的市場價值進行比較。如果股票市場價值低於所估算的價值，管理層就需要改進與市場的溝通，以便提高市場價值。如果情況相反，那麼認識上的相反差距可能意味著公司是一個潛在的被收購目標，需要通過改進對資產的管理來縮小差距。

縮小認識上的相反差距，途徑之一是進行內部改進，即通過利用戰略上和經營上的機會，實現其資產的潛在價值；途徑之二是確定增值有無可能來自外部機會，即通過資產剝離縮小公司規模或者通過併購擴大公司規模。或者同時採取以上兩種措施。

9.2.3 證券市場控製權配置方式

控製權配置包括併購和資產剝離兩種形式。

9.2.3.1 企業併購

（1）企業併購基本概念

企業併購是兼併（Merger）與收購（Acquisition）的總稱。在西方，二者慣於被聯用為一個專業術語——Merger and Acquisition，縮寫為「M&A」。兼併是指一個企業吸

收其他企業合併組成一家企業，被吸收企業解散，並依法辦理註銷登記，被吸收企業的債權、債務由承繼企業承繼的行為。收購是指一個企業通過購買其他企業的資產、股份或股票，或對其他企業的股東發行新股票，以換取所持有的股權，從而取得其他企業的資產和負債。

兼併和收購有著一定的區別。兼併的結果通常是目標企業法人地位的喪失，成為兼併方的一部分。從產權經濟學角度看，兼併是企業所有權的一次徹底轉移，兼併方無論從實質上還是從形式上都完全擁有了目標企業的所有權。而在收購行為中，目標企業可能仍保留著原有名稱，優勢企業只是通過購買目標企業全部或部分所有權而獲得對目標企業的控製權。在實踐中，接管、企業重組、企業控製、企業所有權結構變更等都統稱為併購（M&A）。

（2）企業併購條件

併購並非輕而易舉，併購機制並非總是行之有效的。首先，併購需要收集關於併購目標企業的無效性和有待改進領域的信息，而收集這些信息的成本可能是昂貴的。其次，一些被併購公司的股東不轉讓其股份、不支持併購者的「搭便車」現象會對併購產生巨大的阻力。因為對於被接管公司的股東而言，保留股份能夠免費享受到併購者併購帶來的股價提高的好處。再次，併購者可能面臨來自其他併購者和少數股東的競爭。最後，被併購公司的管理階層會採取各種併購防禦措施使併購難以成功。

（3）企業反併購措施

①訴諸法律。訴訟策略是目標公司在遭遇敵意併購時常使用的法律手段。目標公司在收購方開始收集股份之時便以對方收購的主體資格、委託授權、資金來源、信息披露等方面違法違規為由向法院起訴，請求法院確認對方的收購行為無效。於是，收購方必須給出充足的證據證明目標公司的指控不成立，否則不能繼續增加購買目標公司的股票。從提起訴訟到具體審理再到裁決，一般都需要一段時間，目標公司可以請反併購專家來商量對策，也可以尋求有合作意向的善意收購者來拯救公司。總之，不論訴訟成功與否，都為目標公司爭取了寶貴的時間，這也是其被廣泛採用的主要原因。

②定向股份回購。這是指目標公司以可用的現金或公積金或通過發行債券融資來購回本公司發行在外的股票。股票一經回購，勢必會使流通在外的股票數量減少，假設回購不影響公司的利益，那麼剩餘股票的每股收益率就會上升，使每股的市價也隨之上漲。目標公司如果提出比收購價格更高的出價來收購其股票，則收購者不得不提高其收購價格，從而抬高收購成本，增加收購難度。目標公司通常採取舉債或出售資產的方式融資來回購股票，這樣可以抬高公司的負債比率或將引起收購者興趣的特殊資產（如商標、專利、關鍵資產或子公司等）出售，從而降低併購收益。1985年 Atlantic Kichfield 公司為了避免敵意併購襲擊，一次性舉債40億美元用於回購股票，將公司負債比率敵意併購從12%提高到34%。1986年固特異輪胎和橡膠公司為抵禦 Jmaes Goldsmith 的敵意併購，出售了三個經營很好的子公司，用這筆錢回購2,000萬股公司股票。

③資產重組與債務重組。目標公司採用資產重組的目的在於減少公司的吸引力，增加併購公司的併購成本。目標公司或是購進併購方不要的資產或部門，或是忍痛出

售併購方看中的資產或部門，使併購方失去興趣，達到反併購的目的。

與資產重組一樣，目標公司進行債務重組的目的也是增加併購方的成本。通過對債務的重新安排，使併購方在併購成功後會面臨巨額的債務負擔。例如，目標公司可以將以前的債務重新安排償還時間，使併購方在併購後立即面臨還債的難題。

④毒丸防禦。毒丸策略一般是由企業發行特別權證，該權證載明當本企業發生突變事件時，權證持有人可以按非常優惠的價格將特別權證轉換為普通股票，或是企業有權以特別優惠的價格贖回特別權證。毒丸防禦策略增加了收購目標公司的成本，從而增強了目標公司抵禦接管併購的能力。

【閱讀】新浪啟動毒丸計劃回應盛大併購

2005年2月19日，盛大在二級市場收購新浪19.5%股票以來，新浪一直低調處理此事。直到2005年2月22日新浪公司才宣布，啟動毒丸計劃回應盛大併購。

根據該計劃，一旦新浪公司10%或以上的普通股被收購（就盛大及其某些關聯方而言，再收購新浪0.5%或以上的股權），購股權的持有人（收購人除外）將有權以半價購買新浪公司的普通股。如新浪其後被收購，購股權的持有人將有權以半價購買收購方的股票。每一份股權的行使價格為150美元。

9.2.3.2 公司剝離

與公司併購相對應的行為是公司剝離，即依照法律規定、行政指令或經公司決策，將一個公司分解為兩個或兩個以上的相互獨立的新公司，或將公司的某個部門予以出售的行為。

公司剝離方式主要有部門出售、股權分割和持股分立三種形式。

(1) 部門出售

部門出售是指將公司的某一部分出售給其他企業。部門出售的主要目的或是為了取得一定數量的現金收入，或是為了調整企業的經營結構，以集中力量辦好企業有能力做好的業務。美國的學術研究一般表明，出售資產的公司和收購與自己有關行業的公司，會造成股票價格提高，但收購與自己行業無關的公司，股票價格不會提高。

(2) 股權分割

股權分割又稱資產分割，是將原公司分解為兩個或兩個以上完全獨立的公司。分立后的企業各有自己獨立的董事會和管理機構，原公司的股東同時成為分立后的新公司的股東。股權分割的動機與部門出售相似。但股權分割后，別的公司不會經營該分割出的單位，因此，不會出現公司重組中的協同效應。有可能的是，在不同的管理手段下，該經營單位作為一個獨立的公司比原來經營得更好，股權分割就可能獲得經濟效益。但應注意的是，股權分割也是有成本的；相對於一個獨立的公司，有兩個獨立的公司又有新的代理成本。

(3) 持股分立

持股分立是在將公司的一部分分立為一個獨立的新公司的同時，以新公司的名義

對外發行股票，而原公司仍持有新公司的部分股票。持股分立與股權分割的不同之處在於：在股權分割時，分立后的公司相互之間完全獨立，在股權上沒有任何聯繫；而持股分立的典型情況是，持股分立后的新公司雖然也是獨立的法人單位，但原公司繼續擁有新公司的部分權益，原公司與新公司之間存在著持股甚至控股關係，新老公司形成一個有股權聯繫的企業集團。

9.2.4 完善中國證券市場，促進公司治理

在現代市場經濟，僅僅依靠市場的自發調節作用（亞當·斯密「看不見的手」）很難達到資源的最優配置，證券市場也不例外。因此，世界各國的通行做法是：讓政府對市場運作進行干預（「看得見的手」），糾正市場缺陷，作為社會公共利益的代表，提供公共產品為社會服務。對於證券市場而言，由於其影響面較廣，因此政府的監管就更是不可或缺。

在中國證券市場上，監管部門主要是中國證券監督委員會，它承擔著證券市場的監管者和證券市場投資者（特別是中小投資者）的保護屏障兩大功能。

證券監管部門的監督作用，主要是中國證監會依據國家有關法律、法規、政策完善中國證券市場，主要包括信息披露制度、投資者利益保護制度、防止內部人控製制度、禁止內幕交易制度等基本制度（具體內容請參考本教材第 10 章的相關分析）。

9.3 信貸市場的治理

9.3.1 商業銀行治理概述

在 20 世紀 90 年代中期之前，雖然「銀行」一詞頻繁地與公司治理聯繫在一起，但人們更多的是從一般公司治理的角度將銀行作為公司治理的重要監督力量加以論述。但 1997 年開始的東南亞金融危機增加了人們對銀行業的關注，銀行與公司治理的關係也發生了微妙的變化。危機原因的分析和危機過後的恢復調整越來越使人們認識到穩健的銀行體系的重要性，而這又與銀行的治理結構密切相關，由此銀行業自身的治理問題成為關注的熱點。從一般公司的「治理者」轉變到被治理對象的「被治理者」（或者二者並重）是商業銀行公司治理問題的主要特徵，本節理當包括兩部分的內容：一是商業銀行作為債權人對公司治理的參與；二是商業銀行自身的治理。按照一般的公司治理理論架構，商業銀行（「治理者」的角色）是重要的外部治理機制之一，但是對於銀行治理（「被治理者」角色）而言，又是一般公司治理理論在商業銀行這一特殊的金融仲介的應用。為服從全書體系的總體安排，本節只闡述商業銀行對一般公司治理的參與，即商業銀行的「治理者」角色。

【閱讀】從治理者到被治理者：金融機構公司治理的角色轉換

　　對於非金融企業公司治理而言，金融機構是作為公司治理的重要監督力量的「治理者」之一。20世紀90年代中期之後，金融機構的這種單一角色有了改變，主要原因在於，東南亞金融危機使我們認識到商業銀行薄弱的管理和治理結構會引發儲蓄和信貸危機進而產生巨大的金融成本，從而使銀行業自身的治理問題成為關注的熱點。1999年9月巴塞爾委員會專門就商業銀行的治理結構問題頒發的《加強銀行機構公司治理》和2002年6月4日中國人民銀行發布的《股份制商業銀行公司治理指引》及《股份制商業銀行獨立董事和外部監事制度指引》兩個商業銀行公司治理方面的指導性文件，將商業銀行治理結構問題推到了從未有過的歷史高度。這樣，銀行不僅是一般公司治理的重要參與力量，而且成為公司治理理論應用的對象之一。從一般公司的「治理者」轉變到「被治理者」，是金融機構公司治理問題的主要特徵，也將公司治理理論帶入非金融機構公司治理和金融機構公司治理並重的新階段。

　　.........

　　（資料來源：李維安. 對治理者的治理：金融機構公司治理問題透視. 南開管理評論，2003（3）.）

9.3.2 公司融資結構與銀企關係

9.3.2.1 公司融資結構的含義

　　公司的發展離不開融資，如何籌集資金是現代公司經營決策的一項重要內容。公司究竟是以內部資金為主（內部融資）還是以外部籌資為主（外部融資），在很大程度上決定公司的發展和治理模式。一般而言，給定投資機會，現代公司的融資渠道主要有以下三種途徑：一是內部自由累積；二是對外發行公司債券；三是對外發行股票。現代公司資金的來源往往不是單一的，而是多種渠道的混合，而所有這些融資渠道所籌集到的資金總和就構成了公司的總資本。由於債券和股票在發行成本、淨收益、稅收以及債權人對企業所有權的認可程度的差異，在給定投資機會時，公司的籌資決策就是根據自己的目標函數和收益成本約束，選擇適當的融資結構。

　　所謂融資結構就是指公司各項資金來源的組成狀況，如債務在資本中的比例狀況。給定公司資本總額和內部人的股本投入，公司負債比例越高，對外部股本的需求就越低，從而內部股本占總股本的比例就越高，反之內部股本占總股本的比例就越低。就微觀層面的經濟運行而言，公司融資結構之所以重要，一是因為公司融資結構影響著公司的融資成本和公司的市場價值；二是融資結構影響企業的治理結構，即經理、股東和債務持有者之間的契約關係。給定投資決策，公司經營者的目標函數是尋找最佳的融資結構使其市場價值極大化，亦即使自己的融資結構對投資者有最大的吸引力。從投資者的角度看，各種公司證券代表對未來收益的不同認可，且所有權的程度不一樣。債券持有者對未來收益有優先認可權，股票持有者則與公司經營者共擔風險。當公司經營不善而破產時，也就是當公司資產小於負債時，債權人有優先權獲取企業的一切財產，而股票持有者的收益為零。當公司經營良好且其股票市場價值增大時，公

司全部市場價值的增加表現為股票持有者的收益增加。此時作為獲取給定比率收益的公司債權人，其收益增量為零。因此，債權收益具有優先權且比較穩定，相對股票而言的風險也較小，股票收益在理論上可以是無限的，但沒有優先認可權，相對風險也較大。在這裡，公司經營者欲使公司價值最大的結果是一致的。因此公司市場價值就是債權人（債券持有者和股票持有者）的資產價值。如何吸引投資者購買公司的債券或股票，或者公司經營者如何組合公司的融資結構，此時顯得異常重要。

9.3.2.2 銀企關係

從公司融資結構可見，融資方式的選擇決定融資結構，從而影響公司的治理結構和治理效率的高低。根據融資方式選擇的種類不同，出資方與公司之間的緊密關係也不同，由此形成了銀企關係的諸多模式。一般而言，公司融資方式主要有關係型融資和「距離」型融資兩種。

關係型融資是指出資者在一系列事先明確的情況下，為了將來不斷獲取租金而增加融資的一種融資方式。在關係型融資中，投資者通過自己監督企業投資決策來減少代理成本問題。這種融資方式在日本表現得最為突出。與此相對應的是，一般非關係型融資就是「距離」型融資。在此種融資方式中，投資者並不直接干預經營戰略決策，只要他們得到了合同規定的給付。當然保持距離型融資並不排斥干預，只是最初的投資者通過諸如資本市場或公司控制權市場之類的外部機制實現其干預。這種形式的融資在英美最為典型。

作為市場融資的兩種基本手段，關係型融資和「距離」型融資反應了公司與融資者（銀行）關係的密切程度，由此也就形成了當今世界上最為典型的兩種銀企關係模式——英美模式和日德模式。

（1）英美模式

在英美模式中，以美國為例。美國銀企關係模式以自由市場為運行基礎，銀企間產權制約較弱。美國的金融機構有嚴格的分工，商業銀行和投資銀行各自為營，業務交叉少。美國的商業銀行被禁止直接持有非金融公司的股份，它們同企業的聯繫主要體現在貸款等債務關係和作為信託財產的個人股份管理這兩個方面，銀行信託部是根據合同為了委託者的利益優先運用股份，持有股份的買賣週轉率較高，與以控制公司管理權為目的持股行為有本質的區別。在這種模式下，銀行對企業的監督是間斷性的，即只有當企業違約時才進行，目的也只不過為了保證其貸款本金的安全性。銀行從企業得到的信息只是外部公開的信息，由於企業風險不易被評估，所以銀行貸款往往要求抵押和擔保。然而，作為經濟發展的客觀要求，美國商業銀行通過銀行信託部和銀行持股公司間接地向企業投資，並持有公司股份的趨勢加強。尤其是90年代以來，金融管制的改革及金融法規的修改與調整，使商業銀行出現經營業務綜合化，銀行與企業的關係日趨密切與複雜。

總之，美國銀企關係是一種非常獨特的模式，和美國崇尚自由競爭市場經濟有關。在這種模式下，銀行與企業的關係處於松散狀態之中，銀行不能持有企業股份，當然也就無法控制股份公司，只有在企業破產時銀行才會臨時接受股票以交換其貸款。銀

行對企業資金業務以短期為主，一般不對企業作長期貸款。這樣一來，儘管債權銀行可以對企業施加一定的影響，但企業對自己的經營管理都能保有較大的自由權。所以可以把這種銀企關係稱為「距離」型銀企關係。

（2）日德模式

日德銀企關係模式以「社團」和「社會」市場經濟為運行基礎，銀企間產權制約較強，企業以間接融資為主，銀行在經濟和企業經營中發揮重要作用，而資本市場作用較小。

日德兩國都允許公司之間相互持股，商業銀行可以直接持有企業股份。日本的銀行在企業的財務中扮演著雙重角色，既是主要的股東，又是長期和短期的放款人。日本的公司通過相互持股形成企業集團，一個典型的公司既持有其他公司的股份，又被其他公司持有股份。這種鬆散的企業集團一般都至少包括一家銀行，集團內的相互持股也不能完全或大部分由某成員公司包攬，而是涉及很多成員公司。每個公司都擁有少量股份。企業集團內部的銀行與非金融公司通過相互持股而形成了一種比較穩定的所有權關係，因此銀行與企業之間的債務關係也比較穩定。在這種模式下，銀行和企業之間常常保持密切而持續的聯繫與溝通。企業與主力銀行或主銀行保持穩定的交易關係，銀行與客戶相互持股，銀行通過貸款契約、持股佔有、人事結合及代理小股東的表決權等方式對企業經營決策產生影響。銀行可以獲得企業內部信息，隨時監督和干預企業的經營與管理行為。銀行注重企業的長遠發展，當企業出現財務問題時，只要銀行綜合判斷企業的困境是暫時的，則銀行會通過與其他債權人的協調、延續、減免債務或緊急融資或派專家協助經營等來支持和幫助企業。

總之，在日德模式下，銀行與企業的關係處於緊密狀態之中，很多企業內部，一家大銀行往往既充當主要的債權人，同時又是主要的股東。由於銀行提供了巨額的資金，又同時擁有大量的股票，人事方面的交流也就成了必然趨勢。這樣一來，實際上銀行已經部分地控制了企業的經營管理權，並對企業保持著密切的總體監督角色。我們把這種關係稱為關係型銀企模式。[1]

9.3.3　主銀行制及相機治理

9.3.3.1　主銀行制

銀行相機治理的支持者認為，以主銀行作為監督者的相機治理制度可以克服資本市場的無效性，實現企業價值的最大化。

通常，一個企業從許多銀行獲得貸款，有些國家還允許銀行持有股份公司的股份。若其中一個銀行是企業的主要貸款行或持有公司最多股份的銀行，即該銀行是企業最大的債權人和股東，該銀行就會承擔起監督企業的主要責任，即被稱為主銀行。因此，主期銀行一般是指對於某些企業來說在資金籌措和運用方面容量最大的銀行，並擁有與企業持股、人員派遣等綜合性、長期性、固定性的交易關係。在企業發生財務危機

---

[1] 李維安，武立東．公司治理教程．上海：上海人民出版社，2007：184．

時，主銀行出面組織救援。企業重組時，銀行擁有主導權。以上這些行為與機構安排上的總和就構成了人們通常所說的主銀行制度。從本質上講，主銀行制是一種公司融資和治理的制度，該制度涉及工商企業、各類銀行及其他各類金融機構和管制當局之間非正式的實踐、制度安排和行為。

【閱讀】 中國四大國有金融資產管理公司

1999年10月中旬，為了集中管理和處置工、農、中、建四大國有商業銀行歷史遺留且長期得不到解決的不良貸款，中國政府成立四家直屬國務院的資產管理公司——中國華融資產管理公司（CHAMC）、中國長城資產管理公司（GWAMC）、中國信達資產管理公司（CINDAAMC）和中國東方資產管理公司（COAMC），專門分別收購、經營、處置來自四大國有商業銀行及國家開發銀行約1.4萬億元不良資產。

中國東方資產管理公司：對應接收中國銀行不良資產；

中國信達資產管理公司：對應接收中國建設銀行和國家開發銀行部分不良資產；

中國華融資產管理公司：對應接收中國工商銀行部分不良資產；

中國長城資產管理公司：對應接收中國農業銀行的不良資產。

但現在各公司同樣也接收、處置其他金融機構和非對口銀行的不良資產。

主銀行不僅為客戶企業提供信貸、資產處理、購買的服務和監督，而且主銀行還向公司派遣董事。

主銀行制度包括三個關係：一是企業與銀行之間存在的金融、信息、經營等多元關係；二是銀行之間的相互關係；三是管制當局與銀行之間的關係。其核心是主銀行關係，該關係通常包括四個方面：結算帳戶、股份持有、公司債券的發行與經營參與。

銀行貸款給企業實質上是為企業提供了一部分風險資本，而企業為獲得這部分資本，則必須及時、主動地向主銀行提供內部經營信息。同時，主銀行作為最大的債權人和主要股東，依據銀企之間的交易合約，也定期收集企業的經營與財務信息，全面、準確地把握企業的經營問題，及時採取有效措施，迅速彌補企業決策失誤造成的損失，乃至採取企業重組等綜合性措施，並幫助企業扭轉不利經營局面。由此形成了對企業經營管理者的有效約束。

對銀行來說，人事參與的目的主要有：①分擔公司的業務風險，銀行向公司派遣的都是與公司業務有關的專業人員，這樣有助於加強公司的業務管理尤其是風險管理。②獲得第一手信息。派遣管理人員的另一個重要目的在於瞭解公司決策的過程，並不是要獲得公司的各種一般性財務報表，而是要獲取「第一手的信息」，即預先信息或比公眾所知更詳細的信息。這些信息對於銀行來說，在業務上有使用價值，同時也是承擔企業風險所必需的。

主銀行制度可產生如下幾個方面的積極作用：①通過主銀行的監督機能和信息生產機能，全社會對企業的監督費用和信息費用得到削減，利用企業信息時的信息搜索費用也得以減少；②主銀行對市場有替代機能，這就減輕了企業被吸納合併的不安，

企業因此可以放棄追求在市場上披露的短期會計利潤；③主銀行可使資金交易內部化，促使企業積極地向銀行提供經營財務信息，減弱了資金供求雙方的信息不對稱性，也減少了企業投資時的內部資金制約；④主銀行制度下股票的債券傾向明顯，一般股東的發言權由此減少，企業可以從角度規劃投資、安排經營；⑤主銀行對經營危機的企業採取救濟政策，從而減少了資源浪費，促進了社會安定。[①]

9.3.3.2 主銀行的相機治理

主銀行與企業結成資金交易關係的最終目的是要獲得預期最大利潤。特別是作為資本信貸的所有者要求憑藉其剩餘索取權而從企業創造的收益中獲取利益。然而這些目標的實現存在著巨大的風險，這個風險不是來自別處，而是來自結成交易關係的雙方。由於交易雙方在達成交易契約以及在契約執行的過程中對於各種有關信息的掌握具有不對稱性和不完全性，這勢必引發一系列影響契約的達成和順利實施的問題。因此，這就需要一系列機制，以便於制冷者對投資項目的可行性、經理階層的經營能力和決策水平、公司的經營績效等進行監督和規劃，從而維護自身的投資權益，保證契約的順利實現。

主銀行對企業的相機治理主要體現在以下幾個方面：

（1）主銀行監督的相機性原則。主銀行在企業財務關係狀況正常、良好時，主銀行把企業剩餘索取權給予企業的經營者作為激勵機制。當企業財務狀況惡化時，主銀行通過企業的結算帳戶，對企業的財務惡化程度加以核實。如果沒有主銀行的追加貸款就無法生存時，主銀行就行使企業的剩餘索取權與剩餘控製權，採取解雇經營者等措施對公司進行主導治理，並最終決定解散還是救助。這種依企業財務狀況而行動的治理原則稱為相機治理原則。

（2）主銀行監督的一體化原則。與高度分散的市場監督不同，主銀行對企業監督的三個階段（事前、事中與事後）被統一起來。

主銀行的事前治理指對企業提出的投資項目的經濟價值進行評價和考察。其作用在於克服投資者和法人企業內部治理在關於擬投資項目的利潤和風險潛力及企業的管理和組織水平等重要信息時不對稱時導致的「逆向選擇」問題產生。事中治理是指主銀行資金流入企業後，投資者介入法人企業，直接檢查經理人員的經營行為和企業的營運狀況以及資金的使用情況。其作用在於克服由於對經理制約和監督不力所致經理背離投資者利益使用資金的機會主義行為。事後治理則是指投資者檢查企業的經營績效或財務狀況，判斷公司在出現財務困難的情況下能否繼續長期生存下去，主銀行對於企業惡化財務困境採取糾正或處罰措施。

（3）主銀行的救助原則。以主銀行為相機治理主體的治理結構安排，在企業陷於危機時給予企業救助。實際上，從長遠來看，不少企業往往因為暫時困難或其他原因而陷入危機。如果不給予救助，這些企業將破產倒閉。

儘管主銀行相機主導的治理結構具有積極的作用，但是也存在缺陷。一是主銀行

[①] 高明華．公司治理：理論演進與實證分析．北京：經濟科學出版社，2001：248．

被企業套牢的風險較大。日本20世紀80年代的泡沫經濟與這種主銀行相機主導治理機制不無關係。二是主銀行相機治理結構限制了資本市場在分散風險與公司治理中的作用。

9.3.4 「距離」型銀行的監督機制

如前所述，英美等國的商業銀行作為公司最初的投資者之一，是通過完善的資本市場來加強對公司的監督和控制，而不是對公司的經營決策直接干預，所以說英美等國商業銀行對工商企業的融資是一種保持距離融資。可見，「距離」型銀行的最重要的特徵就是通過市場和法律而不是通過人事參與等直接干預來實現銀行對公司的控制。因為英美等國實行以資本市場為基礎的體制，公司對證券市場的依賴較深，商業銀行與工商企業保持「距離」，正是通過股權市場對公司的監督是一種外部監督機制，通過對外部股權市場中公司控制權市場的爭奪達到對公司的控制，推動公司的效率，並由此實現外部投資者對企業的監控。

9.4　機構投資者的治理

9.4.1　機構投資者概述

9.4.1.1　機構投資者的定義

機構投資者，是指用自有資金或者從分散的公眾手中籌集的資金專門進行有價證券投資活動的法人機構，包括證券投資基金、社會保障基金、商業保險公司和各種投資公司，等等。

與機構投資者所對應的是個人投資者，一般來說，機構投資者投入的資金數量很大，而個人投資者投入的資金數量較小。

9.4.1.2　機構投資者的分類

機構投資者又有廣義和狹義之分。狹義的機構投資者主要有各種證券仲介機構、證券投資基金、養老基金、社會保險基金及保險公司。廣義的機構投資者不僅包括這些，而且還包括各種私人捐款的基金會、社會慈善機構甚至教堂宗教組織等。

以美國為例，機構投資者主要包括如下機構：商業銀行、保險公司、共同基金與投資公司、養老基金等。

目前中國資本市場中的機構投資者主要有：基金公司、證券公司、信託投資公司、財務公司、社保基金、保險公司、合格的外國機構投資者（QFII）等。其中在目前可以直接進入證券市場的機構投資者主要有證券投資基金、證券公司、三類企業（國有企業、國有控股企業、上市公司）、合格的外國機構投資者等，其中證券投資基金的發展最為引人注目。

以下簡要介紹一下各類機構投資者：

(1) 養老基金

養老基金被認為是四類金融機構中受限制最少的一種機構投資者,養老基金自身的特點使得它與其他的機構投資者有所區別。

首先,養老基金具有預知性的進入和退出的措施,對於它們來說,資產的流動性比其他金融機構顯得更為重要。歷史上,許多養老基金的受託管理者都曾以努力增加回報為目的,將其資產的一部分交給那些在實際中買進和賣出股票的基金經理們;但越來越多的跡象表明,當所有的交易費用都是正常的情況下,這種投資戰略難以始終如一地抓住市場的均衡。結果,一些大型養老基金便會採取了「定向投資（indexing）」的策略,這樣,便迅速降低了其資產投資的分散程度並延長了它們持有股票的平均週期。公共的養老基金一般執行長期的投資策略（平均週期是 12 年）,因而他們對公司的長期經營管理比一般的投資者更感興趣。

其次,養老基金已經變得非常龐大,所持有的股份在市場變化中舉足輕重。養老基金比其他類型的機構投資者持有更多的公司股票,即養老基金可以持有股票份額是全部上市公司的股票總額的 25% 以上。並且即使他們對所持的股票進行調整,實際上也只是在極小的範圍裡做些邊際上的調整。

因此,從資金量和證券佔有量上看,他們是機構投資者的主體,同時也是機構投資者中最沉默、持倉時間最長的部分。此類機構投資者受資金來源主體的限制,投資目的以獲取長期穩定的收益為主,由此決定了此類機構投資者參與公司治理的積極性。

(2) 商業銀行

早在 1863 年美國頒布的《國民銀行法》賦予了國民銀行有限的權力,卻沒有包含讓其持有股票的權利,特別是 1933 年通過的格拉斯—斯蒂格爾法（Glass-Steagall Act）強制性地將商業銀行的活動與投資銀行的活動分開,從而使商業銀行不能從事證券業務。后來美國對銀行的管制逐步放松,才使一些大的銀行獲得了證券交易商的資格或開始從事證券仲介經紀業務。銀行可以通過它們持有股票的公司來規避格拉斯—斯蒂格爾法的一些限制,後者被准許購買一家非銀行企業超過 5% 的有表決權的股票,但要求這些股票的持有者必須是被動的投資者（Passive Investors）。

另外,多年來銀行一直是大公司借貸週轉資金（working capital）的主要來源,20 世紀 70 年代後,由於商業票據（commercial papers,簡稱 CP）市場獲得了進一步的發展和完善,從而使大多數公司可以通過公開證券市場發行和銷售短期 CP 來籌措週轉資金。當銀行變成這些公司的主要借貸者時,銀行面臨著次公平（Equitable subordination）的麻煩,這個麻煩限制了銀行通過貸款的作用來試圖控製公司經營管理的程度。例如:當一家公司不能履行還貸協議並申請破產保護時,任何一個被認為曾對該公司經營決策產生過有效影響的債權人將會發現,它在該公司的破產清算中對該公司擁有的債務索取權是「次要的」。如果此案處理過程中有事實表明銀行為了自己的利益而操縱了該公司,那麼,銀行也將對其他債權人負有賠償損害的責任。

可見,美國對持有股票的法律限定與債務索取權潛在的次要性的結合,削弱了銀行在公司治理中所能發揮的作用。

（3）投資公司（共同基金）

投資公司是一種由眾多個人投資者投資，由職業投資經理管理投資者資產的組織。投資公司是個人投資者的重要投資方式，其吸引投資者的地方在於：第一，投資公司的資產由職業經理管理，其投資決策通常優於個人投資者；第二，投資公司的規模巨大，可以充分實現分散投資的收益，減低投資風險；第三，投資公司與其他信託不同之處在於投資公司是為了流動性而設計，及投資公司的投資者原則上可以在任何時候購買或贖回在投資公司的股份，享有很高的流動性。

（4）保險公司

保險公司通常分為兩大類：人壽保險公司與財產保險公司，但只有具有儲蓄的功能的人壽保險保單才可以用於投資，並且有見於保險公司經營對於財務穩健的特別要求，各國法律都對保險公司投資於公司股票的額度進行限定，並且，通常只能將其中的一少部分（例如紐約州規定其總資產的2%）投資於一家單個公司的股票。因此，保險公司與銀行很相似，在公司中基本上是完全被動的投資者。

（5）教育和慈善基金

教育和慈善基金由捐贈而形成，基金產生的收益用於捐贈人制定的慈善公益或教育用途。此類基金投資廣泛，也包括普通股。

9.4.1.3 機構投資者的特點

機構投資者與個人投資者相比，具有以下幾個特點：

（1）投資管理專業化。機構投資者一般具有較為雄厚的資金實力，在投資決策運作、信息搜集分析、上市公司研究、投資理財方式等方面都配備有專門部門，由證券投資專家進行管理。因此，從理論上講，機構投資者的投資行為相對理性化，投資規模相對較大，投資週期相對較長，從而有利於證券市場的健康穩定發展。

（2）投資結構組合化。證券市場是一個風險較高的市場，機構投資者入市資金越多，承受的風險就越大。為了盡可能降低風險，機構投資者在投資過程中會進行合理投資組合。機構投資者龐大的資金、專業化的管理和多方位的市場研究，也為建立有效的投資組合提供了可能。

（3）投資行為規範化。機構投資者是一個具有獨立法人地位的經濟實體，投資行為受到多方面的監管，相對來說，也就較為規範。一方面，為了保證證券交易的「公開、公正、公平」原則，維護社會穩定，保障資金安全，國家和政府制定了一系列的法律、法規來規範和監督機構投資者的投資行為；另一方面，機構投資進本身通過自律管理，從各個方面規範自己的投資行為，保護客戶的利益，維護自己在社會上的信譽。

9.4.2 機構投資者的參與治理

資本市場是公司治理的重要外部條件之一。從資本市場中投資者資金的多寡來分，資本市場的投資者可以分為機構投資者和個人投資者。一般個人股東不會直接去監督企業家，而是讓企業家提供詳盡的財務數據，並且要求證券市場管理者制訂規則確保

信息通暢、信息及時發布和公平交易。更多的時候，個人股東是「用腳投票」（即賣出股票），賣掉其不滿意的公司股票。對於機構投資者來說，當其所持股票占上市公司全部流通股票的比例較小時，它們可以在該上市公司經營管理不善時採用「用腳投票」（即賣出股票）方式，但是當其所持有的該公司股票數量龐大時，要想順利出售該股票而又不影響該股票的價格，從而不影響自身的市場表現，幾乎是不可能的，即「用腳投票」的成本會變得很大，這時，對機構投資者來說是一種困境。但是，由於機構投資者資產規模巨大，持股量多，因而其監督成本與監督收益的匹配程度較好，因此，機構投資者較之個人股東更有積極性去監督企業家，介入公司的經營管理。這樣，機構投資者就開始改變其被動接受上市公司經營不善的現實情況，轉而採取主動策略，積極參與公司治理，幫助完善上市公司的治理結構，積極尋求改善上市公司經營狀況的方式和方法。逐漸地，機構投資者在公司治理結構的舞臺上真正從幕後走到臺前，從而成為公司外部治理的一個重要因素。

【閱讀】機構投資者不該靠天吃飯

目前，中國股票市場中機構投資者無論在規模上還是在數量上都在增加，機構投資者在股票市場中的作用越來越大，機構投資者對股票市場的影響也越來越大。但是我們的機構投資者還沒有發揮其應有的作用，特別是其機構投資者的股東地位也沒有充分發揮出來，人才優勢也沒有充分發揮。可以說，中國的機構投資者的投資理念和小散戶一樣，還在靠天吃飯：所持股票漲，就賺錢；所持股票跌，就等著賠錢。

（資料來源：田書華. 機構投資者不該靠天吃飯. 證券時報，2004（5）.）

9.4.2.1 機構投資者參與治理的途徑

機構投資者主要可以通過以下兩種途徑參與公司治理、改善上市公司治理結構：

（1）行為干預

這裡所說的行為干預其實就是機構投資者作為投資人有參與到被投資公司的管理的權利。發現價值被低估的公司就增持該公司的股票，然后對董事會加以改組、發放紅利，從而使機構投資者持有人獲利。因為上市公司首先是由於價值的低估而導致交易清淡，不被市場所認可，從而形成公司長遠發展融投資渠道的閉塞，對公司長遠的價值提升造成障礙。機構投資者有可能通過干預公司實行積極的紅利政策調整，從而調動市場的積極反應，達到疏通公司與市場溝通渠道的效果。另一方面，作為上市公司的合作夥伴，機構投資者一般遵循長期投資的理念，公司運作的成功需要機構投資者更積極地參與。

（2）外界干預

機構投資者還可以直接對公司董事會或經理層施加影響，使其意見受到重視。例如，機構投資者可以通過其代表的代言人會對公司重大決策如業務擴張多元化、購並、合資、開設分支機構、雇傭審計管理事務所表明意見；機構投資者可以通過向經理層信息披露的完全性、可靠性提出自己的要求或意見，從而使經理階層面臨市場的壓力。

同時公司業績的變化也迫使經理層能夠及時對股東等利益相關者的要求作出反應，這樣就促使經理層必須更加努力來為公司未來著想，以減少逆向選擇和道德風險。

而在潛在危機較為嚴重的情況下，機構投資者可能會同其他大股東一起，更換管理層或尋找適合的買家甚而進行破產清算以釋放變現的風險。當然機構投資者也可以通過將公司業績與管理層對公司所有權的分享相結合，從而使管理層勤勉敬業地在公司成長中獲得自身利益的增值，公司其他利益相關者也獲得利益的增加。

【閱讀】機構投資者不再沉默

在以投資基金持股為主的美國，持有公司相對多數股票的投資基金的管理人雖然並不時時刻刻干預公司的經營，但是在公司遇到重大問題和需做出重大決策時，他們就自然而然地扮演了最為重要的角色。如美國通用汽車公司在20世紀80年代曾經由羅哲執掌大權。由於公認的能力和出色的業績，羅哲在通用汽車公司幾乎是不可一世，但是當他的一項措施極大地損害了公司形象時，華爾街兩個最大的投資集團就毫不留情地將羅哲趕下了總裁的寶座。可見，只要投資基金對公司的投資達到了一定比例，就不得不在監督公司的經營者方面發揮其作用，公司的治理效率也就必然因此而改進。

9.4.2.2 機構投資者參與公司治理的內外部條件

限制機構投資者參與公司治理的條件很多，包括內部和外部兩方面的條件。相對美國而言，新興市場國家的機構投資者還不成熟，機構投資者對上市公司治理作用的發揮還需要一定的時間，更需要一定的條件。比如法律制度對機構投資者持股比例規定的放寬，投資者保護的增強，公司治理結構和機制的進一步規範化等。

（1）股權結構

股權結構是決定公司治理結構有效性的重要因素，由於不同的股權結構決定不同的公司控製權分佈，從而決定著所有者與經營者之間委託代理關係的性質，進而影響公司整體的治理效率。研究認為機構投資者的股權集中度越高，越願意對公司實施監督。機構投資者持股比例越高，其交易成本越高。隨著持股時間的延長，交易成本會越來越高，監督成本會降低。持股比例高並進行長期投資的機構投資者將能夠對公司實施監督和影響，並從中獲利。

（2）法律制度

法律制度是制約機構投資者參與公司治理的重要外部因素之一。在中國特殊的法律和現實背景下，機構股東積極主義受到多方面限制。所有權結構的高度集中，發行在外的三分之二的股票非流通，並且由兩到三個大股東持有；基金託管人股東與基金投資者之間的利益衝突；基金經理的聯合行動問題；法律障礙，包括一只基金持有一家上市公司的股票，其市值不得超過基金淨值的10%；同一基金管理人管理的全部基金持有一家公司的證券，不得超過該證券的10%；內部交易規則和持股披露規則等。

機構投資者在降低經理人的代理成本、提高代理效率，以及加強經理人激勵方面具有一定的影響力。但是，如果機構投資者聘請了外部經理人來管理，那麼外部經理

人員在公司經營過程中的行為取向並不一定符合機構投資者股東的利益，機構的外部經理人員有可能與被投資公司合謀。研究發現共同基金經常支持被投資公司經理人薪酬計劃，並且阻止其他不讚同薪酬計劃的股東，表明共同基金參與公司治理反而增強了股東與經理之間的利益衝突。

（3）以「股東至上主義」為核心的股權文化

股權文化是指公司具有的尊重並回報股東的理念，是公司治理的最高境界。它包括公司重視聽取並採納股東的合理化意見和建議，努力做到不斷提高公司經營業績，真實地向股東匯報公司的財務及業務狀況，注重向股東提供分紅派現的回報等。這就要求加強對企業家的監督和約束、保障出資人的權益的客觀需要。20世紀80年代後期發達國家資本市場上針對經營不善公司的敵意接管逐漸減少，但是公司治理依然問題重重，公司的企業家機會主義行為有增無減，客觀上需要一個主體替補敵意收購留下的空白，加強對企業家的監督和約束，保障出資人的權益，而機構投資者正好可以填補這個空白。

9.4.2.3 積極引導機構投資者進行監督職能的探索[①]

其一，機構投資者在公司治理的作用猶如一把「雙刃劍」，它可能會對管理層進行有效的監督，也可能與管理合謀而侵害其他股東利益；其二，機構投資者作為積極股東的效果在中國已經開始顯現。基於研究結果，我們認為，推動機構投資者扮演有效監督者角色並防止其利益攫取者應該作為完善機構投資者有關管理制度的目標取向。目前，可以積極引導機構投資者進行監督職能的措施有：

（1）放寬機構投資者持股比例的限制

中國目前的投資基金法規規定，基金對一家上市公司持股不能超過其流通股權的10%。此制度出抬的背景是中國上市公司普遍存在的一股獨大以及股權二元結構的現象。這一規定限制了機構投資者發揮對最大股東制衡和管理層監督的作用。目前中國證券市場的股權分置改革已經基本完成，流通股與非流通股並存的現象將成為歷史，因此限制投資基金對一家上市公司持股不能超過其流通股權的10%的規定其經濟背景已經發生重大改變，繼續維持此規定將不利於機構投資者的發展，也不利於保護中小投資者。根據本文的研究結論，應該放寬機構投資者對一家上市公司持股比例的限制。當持股達到一定比例時，機構投資者就具備參與監督公司經營活動和公司高管行為的動力與能力，從而能更好地充當有效監督者角色。

（2）完善機構投資者間「一致行動」與「代理權徵集」機制

「一致行動」機制可以使機構投資者只需要持有較低比例的股份，就可有效行使對管理層監督的權利。招商銀行的「可轉換債券風波」和萬科股東大會上多家基金聯手提出修改議案的事件，說明中國的機構投資者已經開始通過「一致行動」行使股東權利。我們應在《公司法》中，允許股票持有人之間直接聯繫，放松對委託代理制度中

[①] 唐松蓮、袁春生. 監督還是攫取：機構投資者治理角色的識別研究. 上海市第六屆社會科學年會優秀論文選. 國家自然基金項目「機構投資者的持股行為、治理角色與上市公司信息披露」（項目批准號：70772061）的階段性研究成果。

有關股東聯繫披露的法律限制，降低機構投資者參與公司治理成本和潛在的法律責任。與此同時還可以健全「代理權徵集」機制。「代理權徵集」制度可使機構投資者與中小股東的利益一致。相對於普通投資者，機構投資者擁有更多的專業知識、信息獲取渠道和豐富的經驗，從而具備了更強的信息解讀和公司價值評估能力，從而具有監督能力優勢。可在《公司法》中強化機構投資者作為股東的作用，允許機構投資者徵集代理權，實現機構投資者和中小股東的目標價值函數一致，使機構投資者成為中小股東利益上真正代言人。通過機構投資者間的「一致行動」和機構投資者與中小股東間的「徵集代理權」機制，使得機構投資者行使監督的渠道順暢和成本降低。

(3) 培育多元化的機構投資者並強化信息披露制度

法規限制曾是美國機構投資者採取消極主義的重要原因，隨著經濟形勢的變化，美國逐步放鬆了對金融市場和金融機構的管制，極大促進了機構投資者行為方式的轉變。我們的建議是，一方面，應當在發展資本市場過程中大力扶持並培育多元化的機構投資者，尤其是社保基金；另一方面，加快建設完善軟性金融市場基礎設施，如完善的機構投資者的投資財務審計制度、嚴格的信息披露制度及政府對機構投資者信息披露的監管水平等。多元化的機構投資者市場格局將促進機構投資者著力於提高自身的證券投資分析與風險防範能力，迫使機構投資者發揮對上市公司監督功能。而嚴格的機構投資者投資信息披露與監管制度將限制機構投資者與上市公司合謀，侵害中小股東利益。

9.5　公司債權人治理

9.5.1　公司債權人類型

按照債權人承接債權關係的主動性，廣義上可以將公司債權人劃分為自願性債權人與非自願性債權人兩種類型。非自願性債權人是指因為企業的侵權行為而被動負債的組織或個人，是由於契約雙方地位的不對等以及談判實力不平衡所致。例如，公司員工以及受公司行為影響的社區居民等。由於談判力量的失衡，非自願性債權人通常無法實現自身利益與風險承擔的良性匹配。利益的獲取常常受到公司閒置，並且被動接受風險。權力失衡導致非自願性債權人不具備對公司行為進行干預的動機和能力，治理效應也就難以發揮。

自願性債權人在對自身收益與風險的平衡作出理性判斷後，能夠主動與公司締結債務契約關係。自願性債務契約關係的建立和維繫是債權人自我主體意識以及談判主體地位的體現，表明債權人具備相應的與公司進行交涉的能力。這種締結與自願性債權人以及公司雙方的債權債務關係建立在債權人對監督、干預上市公司的能力和動機的自我認識以及自我評價的基礎之上。債權人這種主體意識的存在，使其具有強烈的動機去降低利益風險，保障借貸資本的本金以及利息不受損害，或者當公司陷入財務危機時，對公司進行救助，實現聯盟利益最大化。因此，債權人治理效應的發揮，必

然是以自願性債權人作為主體。中國公司的自願性債權人主要有商業銀行、商業信用供給方以及公司債權人。

9.5.2　公司債權人的權利屬性

按照中國《商業銀行法》《貸款通則》《破產法》等法律規定，債權人享有：

（1）知情權。由於信貸資產的保護，債權人與公司簽訂債務契約前以及在履行債務契約過程中，有權瞭解債務人的盈利能力、營運能力、償債能力等財務情況以及債務人對接借貸資本的用途。另一方面，債務人也具備向債權人提供相應信息，並接受債權人監督的義務。在對相關信息的收集與整合後，債權人能較為有效地選擇優質的債務人，並在締結債務契約后對貸款的使用效率及用途進行干預和監督，進而保障債務人能夠在規定的借款期限內對債權人還本付息。

《商業銀行法》第七條規定：「商業銀行開展信貸業務，應當嚴格審查借款人的資信，實行擔保，保障按期收回貸款。商業銀行依法向借款人收回到期貸款的本金和利息，受法律保護。」第三十五條規定：「商業銀行貸款，應當對借款人的借款用途、償還能力、還款方式等情況進行嚴格審查。」《貸款通則》第十九條規定：「借款人的義務包括應當如實提供貸款人要求的資料（法律規定不能提供者除外），應當向貸款人如實提供所有開戶行、帳號及存貸款餘額情況，配合貸款人的調查、審查和檢查」。

（2）監督權。中國公司債權人對監督權的行使主要發生在借貸契約締結完成之後，按照契約規定的關於借貸資本用途的相關初始信息，債權人有權對借貸資本的實際用途和效率進行跟蹤瞭解，及時發現債務人的違約行為，並採取相應措施予以干預和制止，降低風險，進而保障債權人風險和收益的良好匹配。

《貸款通則》第十九條規定：「應當接受貸款人對其使用信貸資金情況和有關生產經營、財務活動的監督；應當按借款合同約定用途使用貸款；應當按借款合同約定及時清償貸款本息」。第二十二條規定：「借款人未能履行借款合同規定義務的，貸款人有權依合同約定要求借款人提前歸還貸款或停止支付借款人尚未使用的貸款；在貸款將受或已受損失時，可依據合同規定，採取使貸款免受損失的措施。」第三十一條規定：「貸款發放后，貸款人應當對借款人執行借款合同情況及借款人的經營情況進行追蹤調查和檢查。」第三十三條規定：「貸款人應當建立和完善貸款的質量監管制度，對不良貸款進行分類、登記、考核和催收。」《合同法》第二百零二條規定「貸款人按照約定可以檢查、監督借款的使用情況。借款人應當按照約定向貸款人定期提供有關財務會計報表等資料」。

（3）處置權。當公司經營狀況惡化、財務質量下降、資不抵債時，債權人可以通過破產清算等方式獲得債務人的控制權，進而對公司相關事務進行處置，以保障債權人合法權益。債權人處置權的獲取，建立在債務人無法償還債務的基礎上，是債權人在債務契約關係即將破裂或者破裂之後的控制形式，具有滯后性。這種特殊條件下的控制權轉移，是職權人對公司相機治理的實現途徑。《破產法》規定，當清算程序啟動后，債權人可以通過債權申報、聘請清算組、召開債權人會議、建立債權人委員會等方式對債務人進行管理和分配，以保障債權人利益。

9.5.3 債權人治理類型

（1）職權人防禦型治理。由於債務代理成本涵蓋了債務資本委託代理問題帶給債權人的損失以及債權人為解決代理問題而支付的監督約束成本的總和，因此債權人風險與債務代理成本之間具有相互依存、相互轉化的關係。

針對公司忽視契約要求而進行的投機性自利行為，債權人可以採取防禦性治理來降低風險。作為中國公司的主要債權人之一，銀行能夠以較低的成本獲得債務人的相關信息，其能夠充分利用信息優勢對公司進行監督和約束，能從一定程度上克服信息不對稱帶來的代理問題。因此，銀行可以通過信息搜集渠道來獲取公司的管理信息，及時跟蹤債務人對借貸資本的適用用途。另外，銀行所具有的人才優勢及其與公司簽訂的具有限制性條款的契約均能實現對債務人行為的有效約束。商業信用債權人同樣具備運作防禦型治理的信息優勢，其與公司之間的夥伴式供應關係為獲取豐富的債務人信息提供了便利。同時雙方的供應關係從一定程度上保障了商業信用供應方對購買方的控製能力。商業信用債權人通常處於產業鏈條的上游，其可以通過產品供應決策對處在下游的購買方進行控製。

因此，防禦型治理的實質是銀行以及商業信用債權人利用信息、人才等優勢，借助債務契約、法律援助或聯盟關係等治理工具，對債務人投機動機導致的自利行為進行監督和約束，以降低債權人風險與收益不匹配程度，避免顯性和隱性風險對債權人造成的經濟損失。

（2）債權人支持型治理。儘管公司嚴格按照契約要求來經營公司，但債權人仍可能面臨由於公司內外部環境變化而出現無法到期償還債券的局面。為了避免公司和債權人雙方都遭受經濟損失，債權人可以通過向公司派駐專業人員或者債務重組等方式對其進行積極地支持型治理，通過改善公司管理水平，提高市場競爭力和風險抗擊力，最終在長期內實現債務人與債權人的共贏。債權人的支持型治理通常立足於債權人與公司的聯盟利益，從長期戰略視角下對公司進行積極干預和扶持。通常情況下，支持型治理建立在雙方的債權關係以及股權關係雙層紐帶基礎上，債權人通過向公司派駐董事、監事，保障公司決策的效率性和公平性。股權關係的存在有利於實現契約雙方的利益捆綁，當公司陷入財務危機時，債權人可以通過債務重組方式向公司再次注資或延長還債期限，保證了公司的資金實力，從而在債權人利益保護的基礎上，提升公司治理水平，實現二者共贏。

（3）債權人外部性治理。所謂外部性，是指一項經濟活動對無辜第三方造成的影響。就債務契約而言，締約的雙方為債權人以及公司，債權人向公司輸入債務資本，公司在規定期限內向債權人還本付息。因而債權人為債務人提出的要求是償還本息，而對公司股東與經理人以及大股東與小股東之間的代理衝突，並沒有具體要求公司的治理結構以及治理水平，屬於債務契約雙方意外的外生因素。事實上，負債融資確實能夠通過種種傳導機制對第一類與第二類委託代理問題產生影響，所以負債融資對於公司的代理問題具有強烈的外部性特徵。

一是外部性治理與第一類代理問題。公司所有權與控製權的分離為經理層利用信

息優勢控制公司，挖掘股東和公司利益以滿足自身利益最大化的需求奠定了基礎，也為股東與經理人之間的代理衝突（第一類代理問題）埋下隱患，為實現公司價值提升，股東需要耗費更多的精力彌補經理人自利行為為公司造成的損失，以及設計激勵、約束、監督和決策機制對經理人行為進行糾偏，以最大限度地保證經理人行為目標與股東行為目標的一致性。因此，第一類代理成本主要成因是股東與經理人之間行為目標的差異性。

當公司引入債券融資後，公司的資本結構更加複雜。債券資本具有剛性的還本付息的特徵，當公司績效下降，巨大的償債能力能夠直接威脅到公司的生存能力，增加公司破產風險。在信息不對稱條件以及高昂的監督成本面前，債券資本的加入並不能對公司剩餘控制權和剩餘索取權進行轉移，剩餘控制權仍然掌握在實際控制人（公司經理層）手中。但是，債權人的固定求償權有可能削弱經營者自由支配自由現金流的動機和能力，使得經理人不得不放棄原有的利用剩餘控制權為自己謀利的機會，其原有的自利動機必須讓位於公司的償債需求。所以，為了維持原有的剩餘索取權，並保障公司償債能力處於較高水平，公司經理層通常會表現出更積極的行為，制定更為準確、科學、公平的決策。可見，債券融資為股東提供了一個約束經理人自利行為的機制，使得經理人行為目標與股東目標趨於一致，進而減緩股東與經理人之間的委託代理衝突，降低代理成本，優化公司治理。

另外，公司負債規模的擴大使公司面臨的流動性風險增加，破產機率上升，而經理人員對薪酬和職務的依賴性特徵決定了其要極力避免公司破產。所以，債權人引致的破產風險再一次為經理人勤勉工作帶來激勵。綜上所述，在債務契約中，債權人只希望通過積極干預和監督使公司按期償債，但對公司的治理狀況並無暇顧及，然而事實上負債融資能夠通過公司自由現金流、破產風險等傳導機制對經理人行為產生影響，進而緩解由於所有權與控制權分離帶來的代理衝突。因此，負債融資能夠降低第一類委託代理成本，具有外部性治理效應。

二是外部性與第二類代理問題。伴隨著資本市場的發展，公司股東也分化出大股東和中小股東兩種類型。所有權的集中和大股東的崛起從一定程度上克服了兩權分立造成的股東與經理層的代理問題。憑藉強烈的動機和充足的投票權，大股東能夠有效地選聘經理人，對經理行為進行監管，替換績效較差的經理人員，並對公司發展做出戰略決策，使公司朝著價值提升的方向不斷發展，因而大股東的出現能夠克服股權分散導致的決策效率低下，解決中小股東的「用腳投票」和「搭便車」問題。但是，由於不完全契約和信息不對稱條件的存在，大股東時常會擁有較多的機會獲得剩餘控制權和剩餘索取權。為了滿足收益最大化，大股東可以通過關聯交易等方式攫取公司利益，獲取控制權私有收益，進而對中小股東的利益產生損害，產生第二類代理問題。

然后，當公司引入債券融資後，其進行非正常關聯交易的動機和能力將被削弱。首先，債權人介入到公司契約網絡中，其有權對公司的經營狀況進行監督。當債權人發現公司存在非正常關聯交易，並且危及到公司的正常營運和償債能力時，其有權解除債務契約，這將進一步降低公司營運的穩定性，使公司資金鏈受到斷裂的威脅，增加破產風險。再者，負債融資額度的提高對公司的運作能力提出了更高要求，公司務

必規範運作，並提高生產經營效率以保證良好的財務績效，所以其會在一定程度上規避非正常關聯交易，保持較高的營運能力。另外，有過非正常關聯交易的公司通常會得到較低的信用評級，不利於獲得債權人的持續性貸款，進而融資渠道受阻。因此，債權人的監督能力及其引致的負債壓力迫使公司提升經營管理水平，避免非正常的關聯交易，進而切斷大股東對中小股東進行利益挖掘的途徑，有效抑制了第二類代理成本的增加。

9.5.4 債權人治理機制優化

(1) 債權人防禦型治理機制優化

債權人防禦型治理的基本出發點在於權益保護，債權人應通過完善風險控製體系，嚴格篩選債務公司，對貸款的使用情況進行及時跟蹤，對違約可能性較高的公司進行貸款提前收回或者增加利息等途徑，全面降低債權人風險，提升債權人治理效應。

一是規範信貸市場。實現信貸市場的競爭均衡是解決信貸市場規範性問題的關鍵。部分地區表現出融資難、貸款難、信貸歧視等問題時，部分地區卻表現出「爭搶企業客戶」的惡性競爭問題。這一現象形成的關鍵原因是信貸市場的總體供求關係失衡。在債權人和債務人締結的契約關係中，債務人的償還能力是雙方關注的焦點。因此，規範信貸市場的重要環節在於通過克服信貸歧視，恢復信貸供求的平衡。政府部門可以向面臨貸款難的企業，尤其是中小企業提供政策優惠，例如，設立中小企業專項貸款，提高國家補貼額度等。同時，加大對政策決策執行力度和監督力度，切實讓融資困難企業享受到政策優惠。另外，鼓勵銀行向具備貸款資格的中小企業放貸，對出現意外違約的中小企業進行政策寬容，通過激勵債權人和優惠債務人的雙向促進，恢復市場供求關係，規範信貸市場。

二是完善風險評價體系。隨著外部環境的變化，適用於過去環境中的風險防範評價系統並不能保證長期內利益不受損失。恢復信貸市場的供求均衡需要刺激銀行向中小企業貸款，但對借款企業的資質審核是維繫良好市場秩序，保障債權人利益不受損害的重要前提和基礎。對於銀行債權人而言，應通過構建動態評價指標和完善數據庫兩方面來提高風險評價能力。為全面考察借款人資質，銀行可以將與申請貸款企業密切關聯的上下游企業的經營、資信情況，以及申請企業法人代表的個人資信信息、公司治理質量等重要指標信息作為重要參考因素，全面考察企業的信用等級和償債能力，以提高長期風險評價的準確性，提高風險預測能力，降低風險損失。

(2) 債權人支持型治理機制優化

銀行與企業形成良好的利益聯盟，必須以較高的相互依賴性為基本前提。主辦行制度主導下的銀企關係中，任何一方對另一方的依賴性欠缺都會導致利益聯盟的松散。中國的主辦行制度的推行局限於國有企業與國有商業銀行之間，二者都存在預算軟約束和資源配置效率較低的特徵，因而彼此之間的相互依賴程度也大打折扣。所有，提高銀企之間資源依賴程度的途徑之一是構建銀企聯盟，實現債權人支持型治理的重要途徑。

一是構建股權關係。銀行與企業之間，股權關係缺失的重要原因在於企業風險會

通過股權紐帶轉移給商業銀行，進而對其他存款人造成利益威脅，降低社會和經濟環境的穩定性。然而，股權關係能夠有效地幫助銀行與企業實現目標函數的一致性，將二者緊密地聯繫在一起。因此，為銀行與企業構建風險適當的股權關係是構建聯盟的重要基礎。風險適量是股權關係構建的關鍵，風險過大，將直接削弱銀行參與企業經營管理的主動性，而且引致的銀行財務風險將直接威脅其他存款人的利益，降低銀行信用，造成金融體系的隱患。

在正常的營運過程中，銀行可以通過將保險公司引入契約網絡，實現股權關係的風險阻隔。銀行與公司締結股權關係時，銀行可以與保險公司簽訂保險契約。當公司在正常營運時，銀行的財務狀況良好，資金充裕。在此期間，銀行可以向保險公司定期支付一定的保險金，支付期限由雙方共同設計。當企業出現財務風險，並且風險引致效應一旦威脅到銀行的正常運作以及存款人的利益時，保險公司應對銀行進行理賠，以充足銀行的資金儲備，保證銀行信用以及金融體系的良性運作。

二是恢復治理結構的平衡。銀行的支持型治理，重點是通過構建資源交換渠道實現銀企聯盟共贏。聯盟的構建和運作中，銀行甄別具有良好發展前景的企業以及企業資金真實需求狀況至關重要，其甄別能力的高低不僅決定著銀行的風險水平，還決定著銀企聯盟的共贏能力和發展潛力。然后，現存的中國主辦銀行制度的推廣狀況表明，一方面出於風險的考慮，銀行對中小企業表現出「歧視」的態度；另一方面，主辦銀行對企業決策的參與程度較低。導致現狀的主要原因在於企業治理結構中，代表銀行意志的公司治理主體缺位。

在日德的雙鏈控製模式中，銀行能夠以股東身分向公司董事會和監事會委派董事和監事，進而在公司的決策和監督過程中體現銀行的意志。這種治理結構的委派行為通常是建立在產權基礎之上，通過股權關係銀行實現在公司治理中的利益。然而中國董事會和監事會構成較為多元化，銀行向債務人派駐董事和監事不一定以股權關係為基礎。契約設計過程中，可以考慮如果債務期限在一定年限或者債務數額在一定規模以上，主辦銀行須向董事會和監事會派駐利益代表（董事和監事），並賦予其表決權。銀行董事應在涉及銀行貸款用途、再融資決策以及公司其他重大決策方面進行表決，同時銀行監事應負擔起對公司行為監督和控制的責任。為充分體現銀企聯盟的長遠利益，銀行監事或董事的薪酬由銀行和公司共同支付，一方面能夠避免銀行過度保護下產生的保守決策，另一方面可以避免公司利用信息優勢進行風險投機活動。為避免銀行董事和監事的自利行為出現，銀行可以成立債務人決策評估委員會，銀行派駐到公司的董事和監事由委員會投票產生，董事和監事向委員會負責，並由委員會監督。為實現聯盟利益的協同，公司應委派人員進入銀行債務人決策評估委員會，進而在債務人決策評估過程中體現公司意志。

（3）債權人外部性治理的內化機制

債權人的外部性治理，其機理在於負債融資為公司帶來的償債壓力使得股東和經理的行為選擇受到限制，償債壓力引致的破產風險、信用風險、解聘風險以及其他風險效應令股東和經理在決策過程中必然以利益分配的公平和公正為首要前提，促進了公司治理質量的提高。由於債權人和債務人締結債務契約不以公司治理水平的推進為

首要目標，因此公司治理效應的優化具有較強的外部性特徵。治理轉型期間，公司外部治理機制的重要性日益凸顯，然而迫於部分債權人與債務人的國有產權背景產生的預算軟約束問題，債權人外部性治理效應並沒有正常發揮。所以，通過外部性治理效應的內化過程，將對公司治理的外部性轉化為債權人的主動治理，進而更有效地解決股東與經理以及大股東和中小股東之間的代理問題成為突破公司外部治理困境，全面提升治理水平的有效方法。

9.6　會計師事務所的治理

會計師事務所是搭建在股東與經理、大股東與小股東、政府與公司、債權人與公司諸多利益主體之間十分關鍵的橋樑和紐帶，是獨立存在和運作的社會單位，其提供的審計業務員歸屬於公司的外部審計範疇，對公司治理的優化具有重要作用。其鑒定公司經濟成果、審計公司資源配置情況等重要職能和作用，能夠從很大程度上降低公司委託方與代理方之間信息不對稱的程度，是投資者、債權人和政府等主體能夠在充分瞭解公司營運狀況、作出客觀決策、對公司的運作進行監督的基礎。通過會計事務所搭建的信息溝通渠道，公司內部各個代理問題能夠得到有效緩解，幫助公司提高治理質量，實現可持續發展。

會計師事務所治理的職能如下：

（1）監督企業財務行為。公司成立之初，註冊資本金由註冊會計師驗證核實之后才能被工商部門所認可，進而批准公司設立。在營運過程中，公司所產生的經營成果須經註冊會計師核准后才能產生法律效力。依照中國《註冊會計師法》規定，註冊會計師的業務包括審查公司會計報表，出具審計報告；驗證公司資本，出具驗資報告等內容。《公司法》第一百六十四條規定：公司應當在每一會計年度終了時編製財務會計報告，並依法經會計師事務所審計。可見，公司的財務行為必然要通過會計師事務所的審核才能夠被合法確認，註冊會計師的審核必然會對公司的經營管理行為產生約束和導向作用，進而顯現出會計師事務所在微觀經濟層面所具有的監督者角色。因此，在某些發達國家，會計師事務所被形象地稱為「經濟警察」。

（2）評價公司經營狀況。會計師事務所對公司進行獨立審計時，會針對公司的內控制度合理性與合法性，以及財務報告對公司真實財務狀況、經營成果、資金變動情況的反應程度進行判斷和評價，進而確定公司準確的財務實力、信用等級，並核准公司利潤和應納稅額，對公司的盈利能力以及風險水平作出準確評價。當公司準備上市時，證券監督管理部門會依據註冊會計師對公司資產、利潤、每股利益、每股淨資產等財務指標作出的評價來判斷是否批准上市。上市公司營運過程中，投資者也會依據註冊會計師審核鑒定的公司經營狀況作出準確的投資決策。可見，會計師事務所所在公司經營層面扮演者重要的評價角色，

（3）傳遞公司經營信息。作為證券市場的仲介機構之一，會計師事務所的信息傳遞職能對於緩解公司內外部信息不對稱問題具有十分重要的作用。會計師事務所獨立

的審計、財務諮詢等多元化業務的建立和發展,均建立在其信息傳遞角色基礎之上。分散的股權結構下,因信息不對稱的存在,股東難以完全掌握其代理人的努力程度以及經營管理狀況,承擔了較大風險。即便是在股權集中度較高的市場中,中小投資者也會因為信息不對稱而有可能做出錯誤的投資決策。同時,政府監管部門因無法掌握真實的公司經營管理狀況而導致調控手段失靈和資源配置能力的降低,而資源配置能力的降低又進一步加深了利益失衡。因此,會計師事務所對公司經營成果進行合法性和真實性的鑑別與披露便起到了重要的信息透明化作用。

9.7　資信評級機構的治理

　　資信評級(Credit Rating)又稱信用評級、信用評估,是指具有專業技術和知識的獨立機構或部門,運用科學、全面的指標體系和評估技術,根據獨立、客觀、公正、科學的原則,對參與信用評估活動的各類經濟主體以及各類金融工具的發行主體進行風險評估,進而對各類評估客體在特定期間自主履行相關承諾的能力、可信任程度及其可能帶來的風險水平進行綜合評級,並以簡潔的符號表示其資信等級的業務活動。資信評級的客體主要包括各類企業、金融機構、政府部門、社會團體和個人等經濟主體,也包括股票、債券、商業票據、結構性金融產品等金融工具。從對「資信評級」的界定中可以看出,從事資信評級業務的機構對於降低投資者與其投資客體之間的信息不對稱程度,保護投資者權益,維護資本市場的穩定性具有重要意義。因此,資信評級機構常被譽為資本市場的「看門人」。

　　資信評級機構是由專職機構使用科學的評價方法,對在經濟活動中的借貸信用行為的可靠性和安全性程度進行分析,並用專用符號作出評估報告的一種金融信息服務業務的一種機構。

　　(1)對投資者而言,信用評級的作用首先表現為它可以揭示債務發行人的信用風險,起到防範並降低投資者所面臨的信用風險,協助投資者進行投資決策和提高證券發行效率的作用。其次,信用評級可以降低投資者的交易成本和投資風險。由於投資者不可能獲得發行人的全部信息,因此難以進行精確分析和選擇,而信用評級機構利用自身的專業優勢對擬發行的債券還本付息的可靠程度進行客觀、公正和權威的評定,改變了發債者與投資者之間信息不對稱的現象,同時降低了投資者的信息搜尋成本。最后,信用評級結果既是債券定價、風險與報酬的評估參考,又是債券投資組合風險控制與管理的參考,為債券交易決策及內部信用評價作參考。

　　(2)對發債人而言,信用評級首先可為其降低融資成本。高等級的信用可以幫助企業較方便地取得金融機構的支持,得到投資者的信任,能夠擴大融資規模,降低融資成本。信用評級是利率市場化條件下企業確定融資成本的依據,成為債券的定價基礎。資信等級越高的證券,越容易得到投資者的信任,能夠以較低的利率出售;而資信等級低的證券,風險較大,只能以較高的利率發行。其次,信用評級是企業改善經營管理的外在壓力和內在動力,可以增強企業的信用意識,促使其為獲得優良等級而

改善自身的經營管理。企業還可以通過同行業信用狀況的橫向比較促進自身健康發展。最後，信用評級為發債人提供了一個客觀公正的信用等級證明，有助於其拓展融資渠道、穩定融資來源，並擴大其投資者基礎，為企業樹立良好的信用形象。

（3）信用評級是監管部門監管的重要參考依據。隨著市場經濟的發展，信用評級在監管中的作用將得到進一步發揮，如監管機構在對銀行、保險、證券等金融機構及擔保機構的監管中參考信用評級結果等。對監管部門而言，信用評級一方面可協助監管部門加強市場監管，有效防範金融風險。政府監管部門採用評級結果的做法，有助於提高信息透明度，有效防範金融風險，也是其衡量資產素質的有效工具。另一方面，大量運用信用評級結果還可以減少政府對資本市場中的直接干預，提高證券市場、金融市場及保險市場的效率、透明度和規範性。

中國資信評級業伴隨著中國債券市場的產生而誕生，經過二十多年的發展，取得了一定的成果，為中國債券市場和信貸市場的發展、信用風險控制的人才培養做出了重要貢獻。但資信評級行業的發展不僅僅是行業本身的問題，也會受到所面臨的生態環境的嚴重影響。中國資信評級行業存在資信評級業發展的理論混亂、資信評級業的社會認知不足、資信評級業的多頭監管問題突出、資信評級行業協會重疊或交叉設立、資信評級業的政府介入過深、資信評級業市場地位較低、資信評級的業務品種較少規模小、以信用級別確定發行利率的傾向等問題。下一步，要明確統一監管主體和監管思路，建立健全法律法規，推進統一行業自律組織建設，提高收費水平、提升資信評級行業地位、穩定分析師隊伍、推進債券市場發展、推動交易對手主體評級、推動理財產品評級，促進中國資信評級業的健康發展。

【思考與練習】

1. 如何通過股票價格來判斷資本市場效率？
2. 兼併與收購的含義是什麼？企業有哪些主要的併購戰略？
3. 企業有哪些防止敵意接管的策略？
4. 商業銀行對於一般公司治理的參與主要有哪些方式？這些方式在全球範圍內又有哪些區域性特點？
5. 案例討論

美國機構投資者炮打「司令部」

「一只500磅重的大猩猩會坐在哪兒？」這並不是一個「腦筋急轉彎」的問題，而是美國的一句諺語，答案是：「它想坐在哪兒就會坐在哪兒！」

近來，在很多美國大型上市企業如可口可樂、花旗集團、蘋果電腦等公司管理層的眼裡，重量級的機構投資者——掌管約1,670億美元資產的「加州公務員退休基金」（California Public Employees´ Retirement System，簡稱Calpers），就是一只很難纏的500磅重的大猩猩，它的屁股往股東席上一坐，往往就是公司麻煩的開始。

作為全美最大的養老基金，Calpers近年來頻頻扮演「改革先鋒」角色。在購買了大量公司股份並成為大股東後，Calpers就開始旗幟鮮明地向所投資公司的企業治理

「開炮」。他們前一段時間最輝煌的戰果是：與迪斯尼公司創始人之侄羅伊・迪斯尼（Roy E. Disney）聯手，在3月3日召開的迪斯尼年度股東大會上，令現任董事長兼CEO邁克爾・埃斯納（Michael Eisner）顏面丟盡，被迫辭去了董事長職務。

日前，Calpers又準備故伎重演，被列入「炮擊黑名單」的企業多達十餘家，其中已經被正式曝光的除上述幾家公司外，還包括美國運通公司、強生公司、軍火商洛克希德・馬丁公司、通訊商南貝爾公司以及電腦外設製造商利盟公司等多家知名企業。

①撞翻可口可樂。上週末，Calpers通過全美最大的共同基金經理人代理投票顧問機構——機構股東服務公司（Institutional Shareholder Services 簡稱ISS）發表聲明稱：在4月21日召開的年度股東大會上，他們將提出不應由同一人同時擔任可口可樂的董事長與CEO職務的提案。同時，他們將不支持可口可樂公司現任的6名審計委員會董事連任，這其中包括著名的「世界第二富豪」沃倫・巴菲特。Calpers表示，反對他們連任的原因是該6人委員會批准可口可樂公司的會計師事務所從事與審計無關的業務，如稅務建議、規劃、併購諮詢等。Calpers認為，這將影響到會計師事務所的公正性。

②欲拔「花旗」。在4月20日即將召開股東年會的花旗集團也受到了Calpers的攪局困擾。本周初，握有接近2,670萬股花旗股票的該基金公開表示：將反對花旗現任董事長威爾（Sanford Weill）、CEO查爾斯・普林斯（Charles Prince）以及其他6位董事留任。該基金認為，威爾應該為花旗集團在財務方面的一些不當行為遭調查招致巨額的費用損失、投資研究部門和投資銀行部門之間存在利益衝突等問題承擔全部責任，威爾不但應該「下課」，而且最好找一位真正的獨立董事來擔任花旗董事長。Calpers的提議得到了美國第二大養老基金——紐約州退休基金（New York State Common Retirement Fund）的支持，該基金資產約1,200億美元，共持有近2,200萬股花旗股票。本周二，紐約州退休基金發表聲明說：威爾、普林斯等人的表現令花旗董事會的獨立和公正性大打折扣。去年，受各種違規醜聞困擾的華爾街十大金融機構與美證交會最終達成了和解協議，並「委曲求全」地支付了14億美元的「天價」和解金，僅花旗集團一家就掏出了4億美元。威爾作為花旗董事長，卻在去年得到了4,470萬美元的報酬，其中3,000萬美元是以現金形式支付，這也使得他成為了去年全美領取現金報酬最多的企業高管。普林斯去年也拿到了2,900萬美元，另外還有傳言說：普林斯的妻子任職的會計事務所與花旗存在業務往來關係。

③刀捅「蘋果」。本周四，「唯恐天下不亂」的Calpers又狠狠捅了蘋果電腦公司一刀。去年，在Calpers的支持下，一項要求在蘋果年度財報中把股票期權作為開支處理的提案正式出抬。蘋果公司卻一直在極力反對該提案。他們爭辯說，由於給雇員的報酬很大一部分是股票期權，把股票期權作為開支會降低公司的利潤。他們還稱，準確地評估股票期權的價值是很困難的，而且為了保留工程師和其他中級雇員不被競爭對手挖走，股票期權是必須要給的。眼見蘋果公司對自己的要求無動於衷，掌握148萬股權的Calpers在4月15日威脅說，他將拒絕支持任何一位蘋果董事會成員。

④「找茬兒」樂此不疲。安然等重磅企業醜聞近年來橫掃歐美金融市場，給投資者帶來巨大損失，企業治理問題特別是其董事會是否公正獨立愈發成為投資者普遍關注的焦點，維護股東權益之風也隨之甚囂塵上。最近，越來越多的美國機構投資者對

其投資的企業治理加強了監管，但對企業來說，這意味著龐大的改革壓力。很多公司高層也紛紛被迫下馬。投資者普遍相信，好的企業治理能夠帶來公司好的業績，從而提高股東的投資回報率。

以 Calpers 為代表的政府養老基金由於連年虧損，也不得不調整投資策略，開始更直接地介入被投資公司的管理中去。對 Calpers 的做法，業界也存在不同的看法，很多人拍手稱快，認為機構投資者對被投資公司施加壓力是人們期盼已久的事情。但也有人對此表示擔憂，他們覺得公司一般都不喜歡外來投資者過分就企業治理指手畫腳，擔心 Calpers 的舉動會引發公司的強烈抵觸。Calpers 則表示，要帶頭維護投資者的權益，並要用自己的舉動，使得改善企業治理成為美國各行各業上市公司的經常行為。

（資料來源：陳曉剛. 美國機構投資者炮打「司令部」.《中國證券報》國際版，2004 年 4 月 19 日。）

【思考問題】
(1) 美國機構投資者為什麼要「炮打司令部」？你對他們的行為有何評價？
(2) 美國機構投資者自身存在哪些問題？

10 基本法律制度

【本章學習目標】
1. 掌握強制性信息披露的基本含義與特徵；
2. 瞭解強制性信息披露制度的主要內容與方向；
3. 理解信息披露制度的作用；
4. 瞭解投資者利益保護制度的主要內容；
5. 瞭解內部人控製含義、表現形式與成因；
6. 瞭解內幕交易的含義、特點及表現形式；
7. 理解內幕交易的危害。

10.1 信息披露制度概述

強制性信息披露制度，是世界各國政府對其證券市場進行規範、管理的最重要的制度之一，信息披露制度已經成為各國證券市場（包括控製權市場）有效運行的基礎。證券市場的有效性與信息披露的質量有密切的關係。經合組織（OECD，1999）《公司治理原則》明確指出，信息透明度（information transparency）是公司治理機制的重點之一。

10.1.1 信息披露[①]

（1）信息披露的必要性

根據現代企業理論，公司治理中存在道德風險（如操縱財務信息）和信息不對稱現象，它們會對公司的股東（特別是外部中小股東）造成利益損害。而信息披露正是糾正這些問題的重要措施。強制性信息披露可以提高信息質量，並使證券市場逼近最優效率狀態，同時，它還可以節約交易成本。從實踐中看，全球各國普遍越來越重視對信息披露的監管。

理論上而言，公司並沒有進行信息披露的動力。原因有二：①公司管理層缺乏主動披露的激勵。公司的信息公布會使競爭對手、供應商、客戶等瞭解公司的營運情況，使潛在收購者更容易對公司進行評估，選擇適合的收購時機，減少收購風險和收購成

---

① 李維安. 公司治理學. 北京：高等教育出版社，2005：194-195.

本。如果披露的信息是公司的壞消息，會影響管理層在經理市場的形象，也會影響企業的產品銷售，甚至導致股價大幅度下跌，公司被惡意併購。②信息披露是有成本的（根據信息經濟學，信息的供給存在信息成本）。在信息披露公開化的情況下，還容易出現爭執和分歧，甚至引起股東訴訟。這就是信息披露的外部性。因此，各國大多採用強制性信息披露方式（部分國家輔以自願性披露）。但是，即使是在強制性披露的情況下，上市公司還是有一定的披露彈性，如披露程度的詳略、披露時間的遲早、表外披露還是表內披露等。

（2）信息披露的價值

信號理論（signaling theory）認為，在信息不對稱情況下，質量較好的公司有較高標準的公司治理信息。

公司治理好的公司，將及時披露該公司績效信息。管理當局為降低股東和債權人的疑慮，主動披露信息作為信號，以傳遞其並未產生支出偏好或偷懶行為而降低公司價值的信息，進而解除代理責任或獲得市場資源。信號功能在於，從多個方面向信息使用者提供公司狀況的信息。通過直接披露的信息，瞭解公司治理結構、資本結構、股利政策、會計政策選擇等，判斷公司價值、公司破產可能性、會計政策穩健性等。如果經營者提供的反應公司價值的信息存在虛假成分，信號的顯示功能就會對公眾發出警告。

公司披露信息的動力在於獲得資源的低成本，真實、完整、及時的信息可以增強投資者的信心。Partha Sengupta（1998）研究認為，債權人和承銷商在預測企業的拖欠風險時通常考慮的因素是信息披露政策。信息披露質量由以下幾個方面決定：季報、年報的詳細和明晰程度，能否獲取公司管理層與財務分析師的討論結果，通過媒體發布信息的頻率等。實證發現，當公司在上述幾個方面的表現較好時，公司債務的籌資成本較低。債權人和承銷商評價拖欠風險的因素之一是公司隱瞞不利信息的可能性，當公司過去的信息披露質量較高時，債權人和保險商認為公司隱瞞不利信息的可能性很低，因而要求的風險報酬也更低。當公司面對的市場不確定性越大時，公司信息披露質量和債務籌資成本的反向關係越明顯。公司為了獲得社會資源，就必須滿足資源提供者對信息的需求。

（3）信息披露的目標

提升信息透明度是信息披露的目標所在。契約理論認為，企業是一系列契約的集合。例如企業與債權人之間，所有者與經營者之間，企業與供應商、銷售代理商之間，企業內部高層管理者與其下屬之間，企業與員工之間的契約。如果市場是有效的，某一契約當事人的機會主義行為均有可能損害另一方當事人利益，因而存在自願降低信息不對稱性，提高信息透明度的要求。契約動力將驅使公司管理當局提供所有與契約履行相關的信息，信息披露及評價是契約當事人內部協調的結果。如果參與契約簽訂的人數眾多，契約就可能失效，因為此時契約簽訂成本太高。由於經營者、所有者、債權人委託代理關係的存在，且由於信息處理處於經營者控制之中，信息質量和披露質量被利益相關者所關注。考慮到不同信息需求者的需求，經營者與其他利益相關者不得不就信息需求達成一致意見。

10.1.2 信息披露制度

信息披露制度，也稱公示制度、公開披露制度，是上市公司為保障投資者利益、接受社會公眾的監督而依照法律規定必須將其自身的財務變化、經營狀況等信息和資料向證券管理部門和證券交易所報告，並向社會公開或公告，以便使投資者充分瞭解情況的制度。它既包括發行前的披露，也包括上市後的持續信息公開，它主要由招股說明書制度、定期報告制度和臨時報告制度組成。從世界範圍來看，信息披露制度主要存在完全信息披露制度和實質性審查制度兩種模式。

10.1.2.1 信息披露制度的特徵

（1）從信息披露法律制度的主體上看，它是以發行人為主體、由多方主體共同參加的制度

從各個主體在信息披露制度中所起的作用和所處的地位看，它們大體可分為四類：第一類是信息披露的重要主體，這類主體包括證券市場的監管機構和政府有關部門；第二類是信息披露的一般主體，即證券發行人，它們依法承擔披露義務，所披露的主要是關於自己的及與自己有關的信息，是證券市場信息的主要披露人；第三類是信息披露的特定主體，它們是證券市場的投資者，一般沒有信息披露的義務，只是在特定情況下，它們才履行披露義務；第四類主體是其他機構，如股票交易場所等自律組織、各類證券仲介機構，它們是制定一些市場交易規則，有時也發布極為重要的信息，如交易制度的改革等，因此也應按照有關規定履行相應職責。

（2）持續性

信息披露制度在信息公開的時間上是個永遠持續的過程，是定期與不定期的結合。

（3）強制性

有關市場主體在一定的條件下披露信息是一項法定義務，披露者沒有絲毫變更的餘地。法律對發行人的披露義務也作出了詳盡的規定，發行人的自主權是極為有限的，它在提供所有法律要求披露的信息之後，才有少許自由發揮的餘地。儘管如此，它依然必須對其中的所有信息的真實性、準確性和完整性承擔責任。

（4）權利與義務的單向性

信息披露制度在法律上的另一個特點是權利義務的單向性，即信息披露人只承擔信息披露的義務和責任，投資者只享有獲得信息的權利。無論在證券發行階段還是在交易階段，發行人或特定條件下的其他披露主體均只承擔披露義務，而不得要求對價。而無論是現實投資者或是潛在投資者均可依法要求有關披露主體提供必須披露的信息材料。

10.1.2.2 信息披露制度的內容

（1）證券發行的信息披露制度

在此期間最主要的就是招股說明書和上市公告書。在採取註冊制的發行審核制度下，發行和上市是兩個獨立的過程，即公開發行的股票不一定會在證券交易所上市。從證券市場的實際操作程序來看，如果發行人希望公開發行的股票上市，各交易所一

般都要求發行公司在公布招股說明書之前，必須取得證交所的同意。該招股說明書由於完備的內容與信息披露，成為公司發行上市過程中的核心。而上市公告書在許多發達的證券市場中並非必然的程序之一。許多市場中的招股說明書實際上就是上市公告書。

（2）證券交易的信息披露制度

證券交易的信息披露也稱持續階段的信息披露，是指證券發行上市后，發行人所要承擔的信息披露義務。主要是定期報告和臨時報告兩類，定期報告又包括中期報告和年度報告。

①中期報告。中期報告是上市公司向國務院證券監管機構和證券交易所提交的反應公司基本經營情況及與證券交易有關的重大信息的法律文件，包括半年度報告和季度報告。內容包括：公司財務會計報告和經營情況，涉及公司的重大訴訟事項，已發行的股票、債券變動情況，提交股東大會審議的重要事項，國務院證券監管機構規定的其他事項。

②年度報告。年度報告是上市公司在每個會計年度結束時，向國務院證券監管機構和證券交易所提交的反應公司基本經營情況及與證券交易有關的重大信息的法律文件。包括：公司概況，公司財務會計報告和經營情況，董事、監事、經理及高級管理人員簡介及其持股情況，已發行的股票、債券變動情況，包括持有公司股份最多的前10名股東名單和持股數額，國務院證券監管機構規定的其他事項。

③臨時報告。臨時報告指上市公司在發生重大事件后，立即將該信息向社會公眾披露，說明事件的實質，並報告證券監管機構和證券交易所的法定信息披露文件。臨時報告包括以下三種：重大事件報告、收購報告書與公司合併公告。

10.1.2.3 信息披露制度的作用

信息具有外部性、壟斷供給、不對稱性特點，信息使用者借助於信息披露制度等獲得所需的信息，由於多種因素的存在使得信息供求矛盾依靠非市場因素來調節。信息披露制度是外部調節機制的一部分，這一機制有助於縮短上市公司自願信息供給與信息需求者期望之間的差距，改善信息質量。

具體來說，信息披露制度有三方面的作用：①有利於保護投資者，使股東全面瞭解公司情況，做出科學決策。同時也有利於減少關聯交易、內部交易等行為的發生。②加強對經營者的約束和激勵。在信息公開披露的情況下，經營者受到證券市場的強大約束，大大降低了其濫用權利的可能性。另一方面，許多上市公司高管人員的報酬都是與股價掛鉤的，典型形式即股票期權。而信息披露（特別是在公司業績較好時）有助於提升股價，加大對經營者的激勵。當然，這種做法是一柄雙刃劍，也有經營者為了高收入而操縱信息披露的。③信息披露促進了控製權市場的發展。控製權市場發揮作用的基礎是充分、準確的信息。強制性信息披露有助於收購者獲得更多信息。如果信息不充分，就可能會影響收購的正常進行。

在公司經營狀況不佳時，信息披露會導致股價下跌，增加公司收購的可能性，促進控製權的優化配置。

10.1.3 信息披露質量及其發展方向[①]

10.1.3.1 信息披露的質量

信息披露的質量，主要可以從四個方面考察：一是財務信息，包括使用的會計準則、公司的財務狀況、關聯交易等；二是審計信息，包括註冊會計師的審計報告、內部控制評估等，審計及信息披露評價當前比較注重審計關係本身的合規性、獨立性；三是披露的公司治理信息是否符合相關規定，目前雖具有較高的定性標準，但缺乏具體的量化標準；四是信息披露的及時性，公司應建立網站，便於投資者及時查閱有關信息。

總的來看，信息透明度的核心是真實性、及時性、完整性。

（1）信息披露的真實性

真實性是指一項計量或敘述與其所要表達的現象或狀況的一致性。真實性是信息的生命，要求公司所公開的信息能夠正確反應客觀事實或經濟活動的發展趨勢，而且能夠按照一定標準予以檢驗。一般情況下，作為外部人僅通過公開信息是無法完全判斷上市公司資料真實性的，但是可以借助上市公司及其相關人員違規歷史記錄等評價信息披露真實性。從信息傳遞角度講，監管機構和仲介組織搜集、分析信息，並驗證信息真實性。

（2）信息披露的及時性

信息披露的及時性是指在信息失去影響決策的功能之前提供給決策者。信息除了具備真實完整特徵之外，還要有時效性。由於投資者、監管機構和社會公眾與公司內部管理人員在掌握信息的時間上存在差異，為解決獲取信息的時間性不對稱性可能產生的弊端，信息披露制度要求公司管理當局在規定的時期內依法披露信息，減少有關人員利用內幕信息進行內幕交易的可能性，增強公司透明度，降低監管難度，有利於規範公司管理當局經營行為，保護投資者利益；從公眾投資者分析，及時披露的信息可以使投資者做出理性的投資決策；從上市公司本身來看，及時披露信息使公司股價及時調整，保證交易的連續和有效，減少市場盲動。

（3）信息披露的完整性

信息披露完整性要求上市公司必須提供公司完整的信息，不得忽略、隱瞞重要信息，使信息使用者瞭解公司治理結構、財務狀況、經營成果、現金流量、經營風險及風險程度等。

公開所有法定項目的信息，使投資者足以瞭解公司全貌、事項的實質和結果，披露的完整性包括形式上的完整和內容的完整。

特別需要指出的是，完整、準確、及時地披露上市公司內部控制及其運行、股權結構及其變更情況是信息披露的重要內容。包括公司治理結構信息在內的非財務信息在信息披露中佔有重要地位，是必須予以披露和評價的。普華永道國際會計師事務所

[①] 李維安. 公司治理學. 北京：高等教育出版社，2005：196.

總裁（Samuel A. Dipiazza, 2002）提出「公司透明度的三級模式」，倡議計量和報告信息的準則應該具體到各個行業，需要建立具體的公司信息指南，如戰略、計劃、風險管理、薪酬政策、公司治理與績效評價等信息。管理層編製信息報告時遵循的六個目標是完整性（completeness）、符合性（compliance）、一致性（consistency）、評價性（commentary）、明晰性（clarity）、溝通性（communication）。只有當公司以一種整合的方式傳遞信息，包括市場機會、戰略、價值驅動、財務成果等，投資者才能從中受益。

【閱讀】 信息披露問題嚴重

雖然經過不斷的建章立制，上市公司的信息披露工作取得了長足進步，信息透明度也不斷增強，但在實踐中，信息披露違規仍是很常見的違規行為。在有統計數據的1996—2009年間，滬深兩市上市公司共計發生695起違規事件，其中，涉及信息披露的違規事件達530起，占上市公司違規總量的76.3%。

（一）信息披露不及時。從直觀上來說，上市公司信息及時披露至少有兩方面的好處，一是會降低利用信息披露的時滯進行內幕交易（或私下交易）的可能性，達到交易公平。二是有助於投資者對公司進行理性估價，從一定程度上消除證券定價的過分偏差和累積風險，提高證券市場傳導機制的有效性。在有統計數據的1996—2009年間，滬深兩市上市公司共計發生530起信息披露違規事件，其中，違規原因為「未及時披露公司重大事項」的達212起，占總量的40%，說明未及時披露公司重大事項已經成為信息披露違規的主因。

（二）信息披露不準確。公司信息披露的真實性和準確性是證券市場的核心問題，也是信息披露是否有效的核心環節。虛假的信息披露將造成市場秩序的無效和市場功能的喪失。在有統計數據的1996—2009年間，滬深兩市上市公司共計發生530起信息披露違規事件，「信息披露虛假或嚴重誤導性陳述」占其17%，高居第二位。很多實證研究表明，由於利潤對中國上市公司在發行新股、配股、保牌和避免特別處理等方面具有特殊的意義，上市公司在IPO、再融資和避免摘牌或特別處理過程中存在著圍繞利潤的虛假信息披露行為。此外，有些上市公司的信息披露上還存在一定程度的誤導性陳述，其表現為：上市公司披露了應予公開的事實，但該信息的表述語言半真半假或在理解上有模糊歧義，或故意使用不準確的、似是而非的、不知所云的、晦澀難懂的語言來誤導投資者；或者沒有表述全部事實，誤導投資者以為是該事實的全部。

（三）信息披露不完整。完整披露原則是要求公司信息披露對全體投資者不得忽略或隱瞞任何主要信息，這是上市公司信息披露有效性的一個重要原則，也是降低信息不對稱的有效辦法。總體來說，隨著市場的規範化發展，上市公司信息披露的完整性在逐步好轉，發布信息的頻率呈現明顯上升趨勢，但仍存在不少問題。一是對資金投資情況和獲利能力構成的信息披露不夠。近年來，許多企業開展多元化經營活動，非主營業務利潤和投資收益占利潤總額的比重越開越大。比如，有的公司將股東和債權人投入企業的資金大量投放於股票交易、期貨交易或房地產交易上，以期獲利。這使得股東和債權人面臨的風險大大增加，如果向他們詳細披露資金投向，會引起投資者

的警惕，進而反對投資活動。因而企業的通常做法是將此類信息一筆帶過，籠統稱為「對外投資收益」。二是對重大財務事項的提示不夠完整。雖然上市公司會計報表註釋對或有事項、承諾事項和后期事項有一定程度的揭示，但遠遠不能滿足信息使用者的需求，有的企業還迴避此類信息的披露，致使投資者不能弄清楚企業真實情況。三是借保護商業秘密為由，隱瞞相關信息。一些上市公司以商業機密為由，有意模糊商業秘密和財務信息的界限，故意隱瞞真實的財務狀況。尤其是在一些企業應收帳款比例不斷上升，壞帳損失可能增大的情況下，若不披露資產的實際運行情況，不僅違背信息披露的完整性和充分性原則，也不符合會計的穩健性原則要求。四是與某個時間相關的所有信息不一次性全面披露。近年來，發布補充公告和更正公告（俗稱打補丁）占全部上市公司總數的很大比例。雖然一些補充公告或更正公告能對年報中信息的差錯和遺漏進行及時更正，但由於不少「補丁」常打在重要的財務數據或敏感的問題上，甚至有些上市公司在年報披露過程中將應當披露的資料有意遺漏，事後以一小塊不引人注意的小公告更正，以作掩飾，這使得「補丁」成為粉飾年報的工具。五是選擇性信息披露現象非常普遍。每家企業都希望信息帶來最好的積極效應，故很多時候都有意或無意進行選擇性披露，例如，在披露利好消息時，往往不遺余力，在披露負面信息時語焉不詳甚至壓根不提。

10.1.3.2 信息披露的發展方向

提高信息披露透明度，是中國證券市場發展的重要舉措之一。其主要發展方向有：

（1）中國上市公司應當保證真實、準確、完整、及時地披露與公司有關的全部重大問題為保證公司披露所有與公司有關的重大問題，公司應當披露的重要信息至少包括：

①公司概況及治理原則。

②公司目標與政策。這些信息能幫助投資者更好地評估公司的未來收益，有助於利用該方面的信息在資本市場上做出科學判斷和決策。

③經營狀況。經營狀況是潛在投資者及利害關係者進行經濟決策的重要依據。

④股權結構及其變動情況。出資者有權利瞭解企業股份所有權的結構、投資者的權利以及其他股份所有者的權利。公司也應提供關聯方之間的交易信息，即使該公司與關聯方不存在交易，也應披露關聯方所持股份或權益變化。

⑤董事長、董事、經理等人員情況及報酬。投資者和其他信息使用者要求得到董事會成員和主要執行人員的個人信息以便評估他們的資格。

⑥與雇員和其他利害關係者有關的重要問題。

⑦財務會計狀況及經營成果。財務會計狀況和經營成果一直是公司治理信息披露的核心內容，也是信息使用者最為關注的焦點。

⑧可預見的重大風險。隨著市場競爭激烈及不確定性的加強，為維護出資者的正當利益，公司應預測重大風險並及時予以披露是必要的。

從以上分析可以看出，非財務信息將被廣泛地披露。

（2）提高公司治理信息披露質量，建立信息披露監管系統為真正使公司治理信息披露規範化和科學化，監管機構可以採取措施提高公司治理信息披露質量，建立全方位的公司治理信息披露監管系統。目前可從以下方面入手：

①中國公司治理信息披露應擴大範圍、縮短時間，採用現代化電子手段。傳統的信息披露一般只包括財務會計信息，而按目前科學決策的要求，公司治理披露的信息應包括公司治理結構狀況、經營狀況、所有權狀況、財務會計狀況等。在信息披露的時間上，各國普遍主張採用定期與不定期相結合的方式。應信息使用者的需求，公司經常主動披露信息，一般披露次數和內容比制度規定的要多。在信息披露的手段上應提倡和鼓勵採用現代化的通訊技術，如公司在互聯網上設立網頁，通過互聯網進行披露。

②將公司治理信息披露納入法律法規體系，加大處罰力度。同時完善公司治理信息披露的監督控製機制，加大對公司風險信息的披露，採用高質量的會計標準、審計標準和金融標準披露公司治理信息，以保證公司治理信息披露的可信度。

③加強對會計行業的監管，改革審計制度。例如：年度財務會計報告不得長期由同一會計師事務所和註冊會計師進行審計，強制性更換註冊會計師，或由股東直接提名註冊會計師等，以保證公司治理信息披露的高質量。

10.2 投資者利益保護制度

中國證券市場脫胎於中國轉型經濟，自成立以來就肩負著為國企改革和解困服務的重任，這幾年的發展中為國企改制、上市公司融資和轉移銀行負擔等經濟目標的實現發揮了不可替代的作用。廣大中小投資者作為證券市場的投資主體，他們的投資決策將影響整個社會的經濟發展。國內外的經驗研究表明，一國或地區對中小投資者的權益保護越好，資本市場就越發達，抵抗金融風險的能力就越強，對經濟增長的促進作用也就越大。因此中小投資者保護研究在中國有很強的現實意義。

10.2.1 投資者利益

（1）投資者利益概念

投資者利益也已就是股東的權益，泛指公司給予股東的各種權益或者所有者權利，具體是指股東基於股東資格而享有的從公司獲取經濟利益並參與公司管理的權利。

中國《公司法》對股東權益做出了基本界定，確定公司股東作為出資者按投入公司的資本額享有所有者的資產受益、重大決策和選擇管理者等權利。投資者的權益目標是通過股票投資獲得最大的收益。投資者的收益由兩部分構成：一是公司派發的股息與紅利；二是通過買賣股票賺取的差價收入。

（2）投資者利益的分類

對於股權的分類有很多種，如以重要程度分，分為固有權與非固有權；以行使方法分，分為單獨股東與少數股東權；以行使主體分，分為一般股東權與特別股東權；

以其產生的法律淵源分，又分為法定股東權與章定股東權。而其中最重要的一種分類方式就是按照行使目的將其分為自益權和共益權。

自益權是股東為自己的利益而行使的權利，以資本市場為例，投資者的這類基本權益主要包括：證券賦予的權利，如股票賦予的股權，債券賦予的債權等；信息知情權，即充分瞭解相關證券的各種公開信息的權利；證券交易權，即可根據自己的意願，自由買賣證券；交易選擇權，即是根據自己的意願選擇適合自己的投資需求的證券品種、數量和交易方式。

共益權是股東為自己的利益的同時兼為公司利益而行使的權利，主要包括：表決權、代表訴訟提起權、股東大會召集請求權和召集權、提案權、質詢權、股東大會決議撤銷訴權、股東大會召集決議無效確認訴權、累積投票權、新股發行停止請求權、新股發行無效權、公司設立無效訴權、公司合併無效訴權、會計文件查閱權、會計帳簿查閱權、檢查人選任請求權、董事監事和清算人解任請求權、公司重整請求權等。

維護投資者權益，從根本上講就是要充分而有效地落實投資者的以上這些基本權益。但在實踐中，投資者（主要指中小投資者，下同）的這些基本權益常常受到影響甚至傷害。

10.2.2　中國中小投資者利益保護的現狀

2000 年以來，中小投資者利益的保護問題逐漸受到重視，國家也相繼出抬了關於投資者保護的法律法規，但是中小投資者人微言輕的弱勢地位依舊制約著其與位高權重的大股東和利益集團抗衡。中國中小投資者利益保護機制的種種缺陷，使中小股東的權益受到了不同程度的侵害。

（1）投票表決權難以實現。實現中小投資者參與公司經營管理的權利，必須通過股東大會來「用手投票」。由於中國上市公司特殊的股權結構，國有股和法人股兩類未流通股比重較高，國有大股東處於絕對控股地位，在「資本多數決」原則下，控股股東可以合法地利用控製權操縱股東大會，使股東大會從一個民主決策機構演變成為大股東一票表決的場所和合法轉移上市公司利益的工具，小股東的利益無法通過股東大會「用手投票」的方式得到保護，這導致了中小股東「用腳投票」等短視投機行為的出現。

（2）剩余分配權無法保障。獲取股票持有收益是中小投資者做出投資決策的根本目的，也是保護中小投資者利益最重要的環節。然而，中國上市公司的股利政策卻成為控股股東謀取私利的工具，股利分配呈現出「釣魚式分紅」和「掏空式分紅」兩種極端，上市公司股利政策缺乏連續性和穩定性，近幾年上市公司很少分配現金股利，或以股票股利取而代之，這實際上是對中小投資者資金的低效率占用。

（3）信息不對稱。中小投資者監督管理層經營管理的唯一途徑就是獲取公司披露的有關公司經營的信息，但中國上市公司信息披露制度仍存在種種缺陷，導致虛假陳述幾乎成了流行病。欺騙上市、虛構利潤、誤導性預測、信息披露不及時、不全面等行為使外部中小投資者難以獲得投資決策所需的關鍵信息，信息的不對稱成為內部人侵害中小投資者利益的途徑之一。

(4) 民事責任缺位。中國關於中小投資者保護的法律條款雖臻於完善，但是與很多發達國家相比還存在差距，比較突出的一點是民事責任缺位。中國《證券法》關於證券違法犯罪行為的行政責任、刑事責任和民事責任的規定嚴重失衡，涉及民事責任的條款僅規定了虛假陳述和違背客戶意思表示造成損失這兩種情況必須承擔民事賠償責任，其他都是行政責任和刑事責任。民事責任的缺位使得投資者在證券市場中因不法行為而遭受損害不能得到充分救助，不能訴請法院獲得賠償，中小投資者的權益還是得不到切實的保障。[1]

【閱讀】法律體系對外部投資者利益的影響

LLSV（1998）（Laporta、Lopez2de2Silanes、Shleifer 和 Vishny，簡稱 LLSV）比較了不同法系對股東權力的保護程度。結果發現，普通法系國家的企業比大陸法系國家的企業更能保護股東，特別是小股東的利益。在公司治理對外部投資者缺乏保護的大陸法系國家，公司的股權有集中的趨勢。這是因為當投資者法律保護環境較差的時候，外部股東的權利由於缺乏法律保護很容易被剝奪，人們通常不會選擇通過股權來相互融資，因此，公司股權掌握在少數幾個大股東手中。

大股東出於對自身利益的追求，往往利用手中的大額投票權對公司施加影響。當大股東的權力足以決定經營管理層的選擇或在相反情況下，即大股東治理和監督不到位，都將導致實際上的內部人控制問題，給他們有效剝奪中小股東利益的機會。

10.2.3 投資者利益保護相關制度

投資者利益保護現有相關制度包括：股東大會制度、知情權保護制度、表決權保護制度、獨立董事制度、異議股東股份回購請求權制度以及司法救濟制度等，其中大部分內容在前邊章節已經提及，在此不再贅述，重點討論一下司法救濟制度相關問題。而對中小股東的司法救濟制度主要包括：決議瑕疵訴訟制度與股東派生訴訟制度。

(1) 決議瑕疵訴訟制度

《公司法》第二十二條規定：「公司股東會或股東大會、董事會的決議內容違反法律、行政法規的無效。股東會或者股東大會、董事會的會議召集程序、表決方式違反法律、行政法規或者公司章程，或者決議內容違反公司章程的，股東可以自決議做出之日起六十日內，請求人民法院撤銷。」新《公司法》完善了股東訴訟的相關規定，賦予股東對瑕疵股東會或股東大會決議一定的撤銷權和確認無效的權利，這對保護股東，尤其是保護小股東的權利提供了更加完善的機制。

(2) 股東派生訴訟制度

一般認為公司訴訟主要分為直接訴訟和派生訴訟兩種。前者是指公司股東基於公司所有權人的身分而提起的旨在強制執行其請求權的訴訟。這種訴訟提起權是一種自益權，完全是為了自身的算準而提起。原《公司法》第一百一十一條及新《公司法》

---

[1] 李紅. 論中國中小投資者利益保護. 經濟論叢，2008（8）：52 – 53.

第一百五十二條均有相應規定，因此本書著重討論后者。「董事、高級管理人員有本法第一百五十條規定的情形的，有限責任公司的股東、股份有限公司連續一百八十日以上單獨或者合計持有公司百分之一以上股份的股東，可以書面請求監事會或者不設監事會的有限責任公司的監事向人民法院提起訴訟；監事有本法第一到五十條規定的情形的，前述股東可以書面請求董事會或者不設董事會的有限責任公司的執行董事向人民法院提起訴訟。監事會、不設監事會的有限責任公司的監事，或者董事會、執行董事收到前款規定的股東書面請求后拒絕提起訴訟，或者自收到請求之日起三十日內未提起訴訟，或者情況緊急、不立即提起訴訟將會使公司利益受到難以彌補的損害的，前款規定的股東有限為了公司的利益以自己的名義直接向人民法院提起訴訟。他人侵犯公司合法權益，給公司造成損失的，本條第一款規定的股東可以依照前兩款的規定向人民法院提起訴訟。」

有學者歸納出股東派生訴訟具有以下兩個方面的重要功能：

①事后救濟功能，即在公司受到董事、高級職員及控製股東、公司實際控製人的非法侵害后，通過股東提起派生訴訟的方式，來及時獲得經濟賠償或其他非經濟救濟，以恢復公司及其股東原有合法利益。

②事前抵制功能，即事前監督功能。從理論上講，股東派生訴訟制度的存在，增加了公司上述內部人從公司謀取不正當利益的風險成本，起到了預告制止該類行為的作用。

10.2.4　完善投資者利益保護制度探索

保護投資者利益是發展證券市場的一個永恆主題，只有充分、有效地保護投資者利益，才能使證券市場健康、長期地發展。從國內外的經驗看，加強和完善投資者權利保護，制度的建設與完善是關鍵，制度不僅包括法人治理制度，而且包括法律、法規，實施機制以及相關的制度結構。由於現行制度結構的產生有深厚的政治、歷史和文化的積澱，所以現行制度結構的改革將是一個隨外部市場環境演化的過程。

從目前中國證券市場運行情況看，充分保護投資者利益，健全市場運行制度、組織制度，完善市場監管制度及法律法規體系將是中國證券市場的必然選擇。

（1）完善對投資者的法律保護體系。鑒於中國目前在證券法律制度方面存在著立法缺乏前瞻性、民事規範的缺失、立法效力等級較低、缺乏可操作性等不足，故考慮從以下幾方面來加強中小投資者的法律保護：

①確保投資者的知情權。與此相關聯的問題就是要不斷提高會計準則和審計服務質量，因為很多信息是在財務報告中產生的。應加快上市公司信息披露的頻率，逐步完善季報披露制度，盡可能減少投資者與管理層之間的信息不對稱問題。

②健全民事責任賠償制度。證券民事損害賠償責任制度是指在上市公司公眾投資者利益受到侵害，通過訴諸相關法律，獲取相應賠償的機制。民事責任賠償制度的健全和完善對於投資者利益保護具有重大意義，證券民事損害賠償責任的範圍應該涵蓋內幕交易、操縱市場等其他證券詐欺案件。另外，必須著力解決證券市場民事賠償案件中存在的最終財產保障問題，使得投資者勝訴后有相應的物質財產可以得到賠償。

③建立股東代表訴訟制。通過借鑑其他國家和地區的經驗，可以對中國建立股東代表訴訟制度提出一些設想，如建立訴訟前的內部救濟制度，盡量維護公司正常的治理結構，給公司有關程序緩衝，過濾掉不成熟的代表訴訟，使訴訟行為更多些理性。再如訴訟補償制度。中國也可以引入美國的司法判例首創的訴訟費用補償制度，即只要訴訟結果給公司帶來了實質性的財產利益或者成功地避免了公司可能遭受的損失，原告股東就其訴訟行為所支付的包括律師費用等在內的合理費用可以請求公司給予補償（孫峰，王璇，2008）。

（2）完善公司治理結構。針對中國公司治理水平普遍不高，對於中小投資者的保護應在法律制度的宏觀指導下完善公司治理結構制度。具體來說有以下幾個方面：通過市場接管，優化股權結構；建立有效的風險承擔機制，做到責權分明；發揮銀行在公司治理結構中的主導作用，銀行是中國國有企業最大的債權人，要把銀行的約束作用引入公司的治理機制；強化監事會對公司的監督和完善獨立董事制度，等等。

（3）加強市場仲介服務機構的規範化建設。中國證券市場上行政干預過多造成了投資者過分注重政府的動向，輕視乃至忽視市場仲介機構特別是註冊會計師的作用，註冊會計師頻頻遭遇信任危機。再者，監管機構資源有限，要充分保護投資者，就要充分發揮仲介機構的監督作用。為此，政府應從一些空間退出，讓仲介機構來承擔起監管責任，直接對投資者負責，這樣可以迫使仲介機構提高自身的服務水平，提高和維護自身的聲譽。同時應促使仲介機構擺正職能定位，強化註冊會計師的「經濟警察」角色，會計師不僅就財務報告的公允性、合法性發表專業意見，還必須勤勉盡責地發現那些應該發現的舞弊行為。

（4）加強投資者自我保護教育。投資者成熟的程度是衡量一國證券市場是否成熟的標誌。我們處在一個不斷創新和發展的社會經濟環境中，許多新事物會不斷進入投資領域，這更需要我們不斷學習、接受教育。法律對中小股東權益保護規定的完善只是給中小股東權益保護提供了一個外部條件，中小股東必須加強自我保護意識，提高自身素質，保護自身合法權益。首先，要加強證券知識的學習，熟悉和掌握相關知識，形成正確的投資理念。其次，要承擔社會監督的責任，投資中發現問題要及時舉報。最後，要充分瞭解、行使法律賦予的各項權利。

10.3　防止內部人控製制度

10.3.1　內部人控製概述

（1）內部人控製含義

所謂「內部人控製」是指企業的出資者（股東）和債權人（銀行等）對企業失去控製和監督，或者控製監督不力，企業實際上由內部的經理人所把持，權力不受約束，導致所有者、債權人的權益和國家利益受到損害。所謂「內部人」，即是執掌公司董事會經營行政大權的董事長、董事，以及由董事會聘任的高層管理者們。

在中國從計劃經濟體制向市場經濟體制轉變過程中，產生並存在於一些國有企業的這一現象已越來越引起國內外專家學者和有關主管部門的注意。美國斯坦福大學教授、總統經濟顧問斯蒂格里茨等經濟學家，1993年來華考察時就已指出，中國在體制轉軌中，由於「內部人控製」，使一些國有企業發生嬗變，國家作為資本所有者的意志和利益被架空，企業管理者個人或集體隨意攫取更大的利益。國家經貿委副主任陳清泰認為，中國國有企業存在「內部人控製」的現象，助長了經營管理人員私欲膨脹，利用政府賦予的權力，以合法和非法的方式轉移國有資產，甚至蠶食侵占變為私產，造成國有資產嚴重流失。

【閱讀】

曾被李嵐清同志作為典型案例點名的武漢中國長江動力集團公司的於志安，曾集黨委書記、董事長、總經理於一身。在20世紀80年代初期，他曾使擁有5千多人、瀕於倒閉的武漢汽輪機發電廠起死回生，接著組建長動集團，10年稅利增長100倍，躋身全國500強的行列，被一些經濟學家譽為「超常發展的典型」，他也成了全國勞模、全國優秀企業家、國家有突出貢獻專家、人大代表。然而，就是這個於志安，1995年4月出逃菲律賓之后，有關部門才發現他早在1993年就把屬下一家有4.2億元資產的企業股權的48%出讓給港商，卻僅收回8,610萬元，等於白送給對方1.1億元；還曾於1992年調動國有資金，用私人名義在菲律賓註冊開辦一家年收入達1,000萬美元的電力公司，成為他個人合法擁有的企業。而長動集團屬下的200多家企業已大部分虧損，負債累累。廣東省國有商業的天龍食品集團公司原黨委書記、董事長、總經理謝鶴亭又是一個類似的例子。他可以隨意調動大筆資金而不受約束和監督，共計造成企業直接損失1,600多萬元，個人貪污侵占又達1,600多萬元，使一個曾有過良好經營業績的企業瀕臨破產。

（2）內部人控製的表現形式

一般認為，內部人控製問題主要表現在：過分地在職消費；信息披露不規範，不及時，而且報喜不報憂，隨時進行會計程序的技術處理，導致信息失真；經營者的短期行為，拒絕對企業進行整頓；績效很差的經理不會被替代；過度投資和耗用資產；新資本不可能以低成本籌集起來；工資、資金等收入增長過快，侵占利潤；轉移國有資產；置小股東利益和聲譽於不顧；大量拖欠債務，甚至嚴重虧損等。這些問題都在不同程度上損害了股東的長遠利益，提高了代理成本，導致公司治理失效。

10.3.2 內部人控製問題的成因

內部人控製問題的形成，實際上是公司治理中「所有者缺位」和控製權與剩餘索取權不相配的問題。在兩權分離的條件下，不掌握企業經營權的分散的股東成為企業的外部成員，由於監督不力，企業實際上由不擁有股權或只擁有很小份額股權的經理階層所控製，經理人員事實上掌握了企業的控製權。以中國國企改革為例，造成內部

人控製問題的主要成因為：

(1) 國有產權虛置，所有者缺位

國有資產的最終所有者是全體人民，全民的所有權只能通過國家來行使，而國家的職能由政府來履行。長期以來，政府各部門都代表國家管理企業。由於每個部門都履行一定的國家職能，多部門行使所有權的結果是使國有企業所有權缺乏一種人格化的主體，即產權虛置問題。它使國有企業的所有權的作用被削弱，也就是說，國有企業沒有明確的所有者像關心自己私人資產那樣來關心企業的經營績效和資產的保值增值，以及自覺地激勵、監督、約束國有企業的經理人和職工。在國企放權讓利的過程中，職工的權利實際上是虛置的，國企經營者則取得了事實上的控製權，並且處於失控狀態。因而，「所有者缺位」所導致的后果實際上是為「內部人」即國企經理人謀求對國有資產過多的控製權提供了「溫床」。

(2) 公司內部治理失效

公司治理實質上要解決的是因所有權與控製權相分離而產生的代理問題。簡單地說，它要處理的是股東與經理人之間的關係問題。根據委託—代理理論，在兩權分離的企業裡，「理性」的經理人（代理人）會利用自己的信息優勢和不完備契約留下的「空子」，不惜犧牲所有者的利益而追求自身效用函數（利益）的最大化，而所有者（委託人）要實現自己利益的最大化目標，就必須付出相當的協調成本，從而達到二者目標的統一。因此，公司治理的實質在一定程度上可看作所有者在賦予企業經理人員一定「控製權」的同時，通過相關機制和規則來約束經理人員的行為，以促使他們在追求個人效用目標的時候，採取的是與所有者相合意的行動，而不是損害所有者的利益。

在國有企業轉制過程中，為保證政府的「控製權」，國有股權一般在公司化改制后的公司股權結構中佔據統治地位，而且這種控股股權通常由國有獨資的「授權投資機構」——控股公司、集團公司、資產經營公司等來行使。由於廣泛採用這種「授權」的方式確定國有股東，在多數改制后的公司中，行使國有股權的都是另外一個全資國有企業，即被政府授權的這些控股公司、集團公司、資產經營公司等，這些被授權企業通常只有一個統一的「領導班子」。由於「領導班子」通常是由國家或政府直接委派經營這些國有獨資的「授權投資機構」的人員，所以從這個層面上看，「領導班子」（代理人）與國家或政府（委託人）是一種委託—代理關係。這些國有企業所有者主體是缺失的，並沒有明確的所有者對經理人的行為進行約束，公司內部治理在一定意義上說是失效的。作為內部人的這些「領導班子」並不具有企業的所有權，也就沒有對企業的最終控製權。但由於所有者的缺位導致了對於國企內部人行為進行約束的缺乏，當這些內部人認為可把企業的利益轉化為更多的自身利益時，他們便會利用手中已有的經營權和信息優勢，不惜損害作為外部人的國家的利益，不遺余力地謀求對企業的實際控製權來實現自身更多的利益。

在國企改制以後的大多數股份制公司中，這些「領導班子成員」既是國有股權的全權代表，又是他們所雇用的改制公司中的經理人員。為了保證政府的控製權，其股東大會往往是國有股一股獨大的，董事會成員的人選大多是內定或協商產生的。在這

種情況下，又形成了另一種委託—代理關係，即國有大股東（代理人）與其他分散的股東（委託人）之間的代理關係。股東分成兩類：一類是內部股東，他們管理著公司，有著對經營管理決策的投票權；另一類是外部股東，他們沒有投票權。國有大股東往往直接參與公司的經營管理，作為公司內部股東，他們掌握了更多的控制權和信息，外部股東即其他分散的股東很少能夠對內部股東的行為進行約束和監督，所以經常會發生國有大股東（內部股東）為個人或小集團私利而侵害其他分散的股東（外部股東）利益的情形。另外，董事會要麼與經理層高度重合，導致權力過分集中，使得董事會對經理層的制衡作用完全失效，要麼由於種種原因導致「董事不懂事」；監事會則由於監事自身能力不足、信息不充分和缺乏激勵等原因也形同虛設。國企的內部治理在對內部人與外部人關係的制衡中失效。

（3）外部治理機制失效

在傳統的股東主權治理模式中，對經理層的監督和控製是由公司外部股東來完成的，而外部股東作用的發揮程度依賴於一個有效率的，具有評定公司價值和轉移公司控製權功能的、競爭的資本市場，同時還要通過其他一些制度安排，比如競爭性的買賣經理人和工人勞動服務的經理人市場和勞動力市場，以形成良好、完善的競爭市場環境系統。但現在中國的市場缺乏有效、競爭的資本市場；經理人市場還尚未形成；缺乏完善競爭的勞動力市場；以及還存在傳統體制遺留下來的一些弊端。因此，來自公司外部的治理機制不能或不能充分發揮作用。

【閱讀】

我們在對因內部人控製失控而給他人與國家帶來的巨大損失深惡痛絕的同時，還應該反思深層次的問題是制度和機製，不能簡單地歸咎於個人的道德品質。我們任何時候都不能忽視思想道德教育的作用，但與制度約束相比，後者更為重要。鄧小平同志說過，制度好壞人難以得逞，制度不好好人也會犯錯誤。廣州市一位領導同志指出，無限制的審批權是腐敗的根源之一，無監督的權力必然導致腐敗。前述幾個例子，當事人原來並不壞，大多還為企業改革發展作過貢獻。問題在於，一方面，近乎無限制、無監督的權力，導致他們私欲膨脹；另一方面，一些優秀企業家作為一種重要的社會資源和生產要素，政府未能遵循市場經濟的客觀規律，制定出相應的分配政策，保證經營者應得的高收益，這也使部分經營者認為不公平而導致心理不平衡，引發其運用合法乃至非法手段牟取私利的一個重要原因。

10.3.3　防止內部人控製的制度措施

防止內部人控製的關鍵是建立規範有效的法人治理結構，實質在於協調所有權與經營權分離所產生的代理問題。為此：

（1）外部市場機制約束

在成熟的市場經濟條件下，股東對經理人員的監督與制約，是通過有效的公司價值評定和公司控製權轉移的資本市場以及其他一些制度安排來加以實現的，規範的股

份制度與股票市場可以通過一系列市場手段（如公司控製權之症、敵意接管、融資安排等）約束經理人行為，迫使經理人努力工作。我們應當在活化公司股權的基礎上構築破產機制、兼併機制，並發展完善經理人市場。通過外部股東以及人力資本市場的壓力加強對內部人的控製。加強債權人對公司的監督作用，建立主銀行制。充分發揮利益相關者的監督作用，同時經濟、行政、法律手段相結合，構建對國企經營者的外部監督機制。

（2）優化上市公司股權結構

中國有些上市公司董事長與總經理都由一個人兼任，意味著自己監督自己，很難從制度上保證董事會的監督職能。通過國有股堅持和法人股轉讓實現中國上市公司的股權結構優化，將有利於對內部人的監督約束。國有資產從競爭性行業退出；同時，引入企業法人大股東，將上市公司內部人控製限制在一個相對正常的範圍中。由此可以實現增加外部董事，改變董事會結構，避免董事長與總經理職權合一，從而增強對內部人的監督控製。

（3）在國有上市公司治理結構中引入獨立董事制度

把企業的董事會建立成真正能對企業經營和各個方面發揮作用的機構，使人力資本和企業的爭論成為人力資本與董事會的爭論，而不是人與人的爭論。在中國上市公司中發現董事會成員的構成中內部董事的比例過大。從其中一項調查發現，中國上市公司的「內部人控製制度」（內部董事人數/董事會成員總數）平均高達67.0%；並且上市公司內部人控製度與股權的集中高度正相關。所以必須建立來自董事會、監事會的約束機制專門負責評價公司治理標準、公司治理程序。

（4）要提高「違紀犯規」的機會成本，降低監督約束成本

由於企業改革和制度完善仍需有一個過程，國有企業一定時期內存在「內部人控製」的現象是不可能完全避免的。然而，存在「內部人控製」的條件，並不一定就發生「違紀犯規」的行為，這要看「違紀犯規」的機會成本的高低。如果風險大、成本高，就會加大對「內部人」的威懾作用；反之成本低，必然會加大問題發生的可能。應當肯定，近幾年黨和政府已不斷加大打擊腐敗的力度，但對「內部人控製」而「違紀犯規」的機會成本卻注意不夠。最近，一些專家學者指出了「集體腐敗」和「腐而不敗」兩種值得注意的現象。前者，由於形式上是集體研究決定，甚至是貫徹了「民主集中制」的原則，或者涉及「集體」利益關係，因而有些問題往往追究不到個人責任而不了了之，其風險和機會成本對當事人來說等於零。后者，由於有上下左右利益關係和權力的保護，最終不受制裁或從輕發落，這樣，風險和機會成本又降到最低限度。我們必須加大對「內部人控製」的責任人、保護人監督制約的力度，大大提高「違紀犯規」的機會成本，才能更有效地防止「內部人控製」和腐敗現象。我們還要看到，由於中國經營性國有資產面廣分散，加上金字塔形的多層管理監督機構，從總體上看監督成本相當高；從個體上看，監督力量捉襟見肘。應當結合國有企業改革，「抓大放小」，盡可能收回過小過散的國有資本，讓紀檢、監察部門集中力量對國有大資本、大企業實施重點監督。只有這樣，才能降低監督成本，收到更好的效果。

10.4 禁止內幕交易制度

證券市場是市場經濟的重要組成部分。證券市場既是一個風險市場，也是一個機會市場，這種投機性和風險性先天的特性，必然招致證券詐欺行為與其相伴相隨。其中最令投資者和證券監管者深惡痛絕的便是內幕交易行為。

10.4.1 內幕交易的含義和特點

有關反內幕交易的法律至今無法給內幕交易下一個通用的定義。一般情況下使用下面這個定義。內幕交易，又稱內部人交易或知情交易，是指掌握公開發行有價證券企業未公開的，可以影響證券價格的重要信息的人，直接或間接地利用該信息進行證券交易，以獲取利益或減少損失的行為。[①]

內幕交易行為具有如下特點：第一，它是由內幕人員所為的交易行為。這是內幕交易的主體方面的特點，是掌握了內幕信息的自然人、法人或其他組織利用別人所不具有的信息優勢而從事證券交易；第二，它是由內幕人員依據其不合理掌握的內幕信息而進行的證券交易，這是內幕交易客觀方面的特點，內幕交易是信息濫用的典型表現；第三，它是內幕人員以獲利為目的用不法方式利用內幕信息進行的證券交易。這是內幕交易的主觀方面的特點，從事內幕交易者最直接的目的只有兩個，獲取利潤或規避風險。利用內幕信息使他人實施證券交易者的目的即使不直接從證券交易中獲取利益或規避損失，但也是為了獲取其他的利益，包括獲取其他人對其較高的評價以及直接或間接的金錢利益。

從法律屬性的角度看，內幕交易是一種典型的證券詐欺行為；內幕交易是一種不正當競爭行為；內幕交易是一種證券投機行為。

10.4.2 內幕交易的構成要素

10.4.2.1 內幕信息

2005年修改后的《中華人民共和國證券法》第七十五條對內幕信息是這樣定義的：證券交易活動中，涉及公司的經營、財務或者對該公司證券的市場價格有重大影響的尚未公開的信息，為內幕信息。下列信息皆屬內幕信息：

①本法第六十七條第二款所列重大事件；
②公司分配股利或者增資的計劃；
③公司股權結構的重大變化；
④公司債務擔保的重大變更；
⑤公司營業用主要資產的抵押、出售或者報廢一次超過該資產的百分之三十；

[①] 楊亮. 內幕交易論. 北京：北京大學出版社，2001（12）：4.

⑥公司的董事、監事、高級管理人員的行為可能依法承擔重大損害賠償責任；
⑦上市公司收購的有關方案；
⑧國務院證券監督管理機構認定的對證券交易價格有顯著影響的其他重要信息。

在以內幕信息為中心的概念當中，內幕交易的存在是以內幕信息的存在為前提的。沒有內幕信息，一切都無從談起。所謂內幕信息是指尚未公開的、對公司證券價格有重大影響的消息。內幕信息的構成有三個要素：一是未公開性。內幕信息之所以稱為內幕信息，最根本的就在於這種信息的非公開性。信息公開的認定是對實質上公開標準的認定，即信息是否為市場所消化。某項消息一旦被投資人知悉，該公司的股票價格便會很快地產生變動；反過來看，當股票的市場價格發生變動，也就意味著某一消息已經為市場所吸收。二是確切性。認定信息是否具有確切性，主要應該考慮兩個原則：其一，非源於信息源的虛假信息不具有確切性，如捏造事實、道聽途說、捕風捉影或妄加揣測的謠言，不屬於內幕信息。其二，確切性是相對的，只要確實來自於信息源，且與信息源的信息基本一致，不論該信息的內容最終是否實現或按知情人的預測方向運行，也不論該信息是否為信息發源地的人所編造或是否事后被發現「虛假」，都應當構成內幕信息。其三是重大性，即為實質性，是指對證券價格產生重大影響的可能性。在《證券法》中，並非所有的未公開信息都能構成內幕信息。重大性主要是指信息對於證券市場中相關證券價格的影響程度。

10.4.2.2 內幕交易的主體

內幕交易的主體也稱內幕人，是指掌握尚未公開而對特定證券價格有重大影響信息的人。內幕人依其標準不同，可以作多種分類。以接觸內幕信息的便捷與否劃分，可分為傳統內幕人員（traditional insider）和臨時內幕人員（temporary insider），前者是指傳統理論所指的公司內幕人員，包括公司董事、經理、控股股東、監事和一般員工；後者是指第一手或經常性接觸內幕信息，而僅因為工作或其他便利關係能夠暫時或偶爾接觸內幕信息的人員，包括律師、會計師、銀行、券商等仲介機構和記者、官員等其他人員。

內幕人員界定的寬與嚴，直接反應了立法者對內幕交易的懲戒力度。由於內幕人員界定標準的複雜性，各國對此的規定肯定不一而足，但總體而言，均持較為嚴格的態度。中國現行《證券法》（2005 年版）第七十四條對證券交易內幕信息的知情人定義為：

（1）發行人的董事、監事、高級管理人員；
（2）持有公司百分之五以上股份的股東及其董事、監事、高級管理人員，公司的實際控制人及其董事、監事、高級管理人員；
（3）發行人控股的公司及其董事、監事、高級管理人員；
（4）由於所任公司職務可以獲取公司有關內幕信息的人員；
（5）證券監督管理機構工作人員以及由於法定職責對證券的發行、交易進行管理的其他人員；
（6）保薦人、承銷的證券公司、證券交易所、證券登記結算機構、證券服務機構

的有關人員；

（7）國務院證券監督管理機構規定的其他人。

10.4.2.3 利用內幕信息的行為

中國現行《證券法》第七十三條中規定：禁止證券交易內幕信息的知情人和非法獲取內幕信息的人利用內幕信息從事證券交易活動。關於內幕交易的行為樣態的爭論，主要是內幕交易的主觀心態是否以利用內幕信息為認定內幕交易行為的標準。「利用」一詞本身含有積極地或有意識地促使客觀事物或規律發生效用的意味，是一種在人們主觀意志支配下的能動行為。這正符合內幕交易的認定。如果行為人不具有追求不當利益的動議，又不知是內幕信息是可以免責的。

根據行為的性質，我們可以將利用內幕信息的行為分為三種：第一，內幕人利用內幕信息買賣相關證券。這是內幕人在掌握內幕信息后，直接利用內幕信息從事交易，是最傳統和最典型的內幕信息的利用方式。第二，洩露內幕信息。這是指將內幕信息洩露給從事證券交易的人的行為。不一定是為了自己謀利，也不一定是為了幫助他人買賣證券，而將內幕信息洩露給他人。第三，內幕人利用內幕信息建議他人買賣證券。這也是利用內幕信息的又一種形式。

10.4.3 內幕交易的危害性

在證券市場發展的初期，法律並沒有禁止內幕交易。直到20世紀20年代，美國證券市場大崩潰，引起史無前例的經濟大恐慌，人們才反思到，內幕交易的盛行，影響到證券市場的穩定和投資者的信心，是引起證券市場癱瘓的重要原因之一。迄今為止，各國證券法幾乎無一例外明令禁止內幕交易。內幕交易具有以下幾個方面的危害性：

（1）侵犯了廣大投資者的合法權益

投資者進入證券市場是為了取得回報，而投資者的這種回報預期依賴於投資者對市場前景的判斷。證券市場上的各種信息，是投資者進行投資決策的基本依據。

內幕交易則使一部分人能利用內幕信息，先行一步對市場做出反應，使其有更多的獲利或減少損失的機會，從而增加了廣大投資者遭受損失的可能性。因此，內幕交易最直接的受害者就是廣大的投資人，一個理性和誠實的投資者，不可能在信息不對稱而又允許濫用信息優勢的情況下，還能對證券市場抱有信心。

（2）內幕交易損害了上市公司的利益

如果允許內部人員從事內幕交易，那麼內幕人員就會選擇比股東所要求或預期的風險更大的風險投資方案，即使該方案失敗了，失敗的風險完全可以轉到股東身上。這種對內幕交易行為法律規制研究游戲把公司及公司股東推到了十分危險的境地。上市公司作為公眾持股的公司，必須定期向廣大投資者及時公布財務狀況和經營情況，建立一種全面公開的信息披露制度，這樣才能取得公眾的信任。而一部分人利用內幕信息，進行證券買賣，使上市公司的信息披露有失公正，損害了廣大投資者對上市公司的信心，從而影響上市公司的正常發展。

同時內幕交易還嚴重損壞了公司的營運效率。羅伯特・哈夫特（Robert Haft）教授

在其「內幕交易對大公司內部效率的影響」一文中就內幕交易對公司運行效率的破壞進行了專門的分析①。他指出，在任何大型組織體制中，組織的運作有賴於各種命令及資訊的上下傳遞。就現代大公司而言，其營運效率大多取決於公司管理層在這種傳遞過程中的控製能力。而如果允許內幕交易的話，則公司每一級組織的下級員工，為了自己獲得內幕交易的利益，完全可能遲滯或阻礙信息向上一級傳遞。因此就整體而言，內幕交易將對公司的運行效率造成損害。

（3）內幕交易擾亂了證券市場運行秩序

內幕人員往往利用內幕信息，人為地造成股價波動，擾亂證券市場的正常秩序。證券交易中信息不對稱是一種普遍現象，內幕人員借自己掌握而公眾未掌握的內幕信息大量買入或賣出證券，致使不知情的公眾做出反向行為，達到自己獲利或避損之目的，而與其相反交易的投資者則會受損（證券市場是一個零和博弈的市場，一方的盈利意味著對方的損失）②。

這種損害其他投資者和中小股東的利益為自己牟利的內幕交易行為，違背了公認的商業道德，增加了市場的道德風險，減少市場的流動性和削弱市場的效率，甚至會影響到市場普通投資者投資的信心，導致市場普通投資者對進一步投資持審慎態度，造成實際投資減少，危害了證券市場的健康發展。③

10.4.4 內幕交易行為的防範和制裁

內幕交易在世界各國都受到法律明令禁止，打擊證券內幕交易已成為全球證券監管機構面對的重要課題。

10.4.4.1 完善預防監督制度

（1）塑造社會信用機制

社會大眾是證券市場的主體，大眾投資者只有在全面掌握市場信息的基礎上才能做出正確的投資決策。但當前市場，卻存在嚴重的信息不對稱。證券公司、上市公司擁有大量的信息，而社會大眾卻只能通過較少渠道獲取信息。在這樣的市場環境下，要維護市場的公平與市場的健康發展，就需要建立完整的信用機制。而證券市場是社會的一個有機組成部分，它的良好運行需要外界環境的配合，所以，社會信用體系的構建是證券市場誠信氛圍形成的基礎。

加強誠信建設，是證券市場健康發展的迫切要求，符合市場各方面的利益。我們應該重點從下面幾個方面著手：首先，完善證券市場信用管理體系；其次，建立健全上市公司的信用機制和誠信問責機制；最后，規範政府行為，減少行政干預。

（2）提高投資者素質

目前中國投資者的素質難以跟上證券市場的發展。對投資者教育將會減少內幕交易成功的可能性。監管部門、交易所和各券商應該利用一切媒體——互聯網、電視、

---

① 龍超. 證券市場監管的經濟學分析. 北京：經濟科學出版社，2003：13.
② 胡光志. 內幕交易及其法律控製研究. 北京：法律出版社，2002：309.
③ 於瑩. 證券法中的民事責任. 北京：中國法制出版社，2004（1）：32.

報紙，進一步加強投資者教育，開展有效的投資者教育活動。投資者教育的重點應該是與投資決策有關的有關知識、投資者的各項權利以及維護投資者手段的各項權利和途徑[①]。同時中國還應借鑑發達國家的經驗，證監會應該設立專門的投資者教育部門，受理投資者提出的各種疑問。

（3）完善上市公司治理制度

健全和完善上市公司內部制衡機制，進一步提高上市公司規範運作水平。督促上市公司按照《公司法》、《證券法》的要求，通過上市公司治理專項活動，健全上市公司董事會決策機制。督促公司設立以獨立董事為主體的審計委員會、薪酬與考核委員會，切實保障獨立董事履行職責。完善企業經理人市場化聘用機制和激勵約束機制。通過治理專項活動，督促上市公司加強內部控製制度建設，加強內部檢查和自我評估，有效提高風險防範能力。通過上市公司治理專項活動，健全和完善上市公司內部制衡機制，進一步提高上市公司規範運作水平，遏制內幕交易行為的發生。

（4）完善證券市場信息披露制度

信息披露制度建設的主要方面包括：對上市公司信息披露的靜態監管向動態監管轉變；加強強制性信息披露的同時鼓勵自願性信息披露；加強對網上信息披露的監管；監管部門也應該加強信息披露制度建設。中國當前的證券市場中上市公司的信息披露存在著某種程度的「誠信危機」，在這種情況下，監管部門應該進一步加強強制性信息披露，保證上市公司信息披露的及時性、有效性和正確性[②]。不僅如此，監管部門也應該鼓勵上市公司的自願性信息披露，增強信息披露的完整性、可靠性，使操縱者利用信息優勢操縱成功的可能性降低。具體的，監管部門應該在相關的證券法規、規則中加入鼓勵公司自願披露信息的條款，同時加強對自願性信息披露的監管。不僅上市公司等主體要加強信息披露制度的建設，監管部門本身也要加強信息披露制度建設，保證決策的透明度、公正、公平和公告的及時性，以防止操縱者利用政策因素操縱股價。

（5）提高證券市場監管水平和執法水平

①建立聯合監管體制。目前中國有必要在中國證監會、證券交易所、司法部門、證券登記結算公司之間完善並強化證券聯合監管機制，通過合理的合作機制和工作流程，加大證券監管稽查力度，聯合防範和打擊證券市場內幕交易等違法行為。同時在證監會、證券交易所和證監局之間，要做到「三位一體、分工協作」，信息披露監管、市場監察、立案稽查等各部門保持監管信息的共享和及時傳遞，建立多層次的聯動機制。通過擴大「三點一線」之間的聯動，促進監管關口前移，進一步完善和加強對內幕交易等違法行為的監管。

②建立或引入有效的內幕交易行為的監測指標體系。構建內幕操縱的動態監管體系，對內幕交易和市場操縱行為進行有效、及時甄別。

傳統的對證券市場異常波動的監測主要應用「事件研究法」、換手率等市場運行指

---

① 曾寶華，周莖. 內幕交易、證券分析師與證券市場效率的實現. 電子科技大學學報：社科版，2008（1）：21.

② 宋玉臣. 信息不對稱與內幕交易對證券市場影響的辨證分析. 社會科學戰線，2006（4）：34.

標觀測股價波動，儘管這些指標簡明直觀，但存在很大的滯后性，即在內幕交易發生時難以及時預警，而當確認內幕交易時，內幕交易者可能已經結束內幕交易行為。這顯然不適應內幕交易的日趨複雜性趨勢，不利於中小投資者的權益保護。針對傳統指標的缺陷，我們提出了以金融市場微觀結構理論為基礎，引入流動性、自相關性、信息反應能力等指標，實現內幕交易監控的技術化、模型化和動態化，根據微觀技術指標即時監測股價運動狀態，及時發現內幕交易行為，防止內幕操縱事件發生。

③建立多元化的監管方式以及舉報獎勵機制。在新的市場環境下，如何強化事前預防和事中監控，如何有效甄別內幕交易行為，及時對之進行控制和禁止，將是監管部門最為重要的任務。還有，由於國內的內幕交易監管體系更強調政府主導，市場多元化的監管制度沒有確立，這不僅增加整個證券監管體系的運作成本，導致監管低效率，而且也無法調動整個市場其他當事人的積極性。建立舉報，受害人投訴，新聞監督等公眾監督，證監會還可以將內幕交易民事罰款的10%獎勵給舉報者，以此來強化市場監管機制的廣泛性。監管部門嚴格監管的關鍵在於執法成本與執法意志。監管層應該加大對交易行為的關注力度，利用新聞監督、民間輿論和中小股民的力量，對不法行為進行內、外部監督。

10.4.4.2 法律責任制度

要想完全扼制內幕交易的泛濫，需要一個行政、刑事、民事相結合完整的法律制裁制度，證券法上民事責任與刑事責任、行政責任分別從私法和公法的角度，對證券法律關係進行了調整。三者各有所長，只有協調一致，才能更好地維護證券市場的秩序；刑事責任由國家負責追究，行政責任及處罰由主管機關追究。民事責任則由蒙受損害的投資大眾根據本身的意願追訴。民事責任既不能代替其他的法律責任形式，也不能由其他的法律責任形式所替代。

（1）加重行政處罰尺度

在證券立法的早期階段，行政責任更是反內幕交易的主要手段。違規成本過低必然會促使更多內幕人鋌而走險。市場越活躍，發生內幕交易行為的可能性就越大，在中國要防範內幕交易行為的泛濫，當務之急是提高查處和懲罰的力度。在內幕交易中，違法主體實施違法行為的必然成本為其所掌握的信息資源，故其必然成本很低。儘管中國不斷加大了對內幕交易的處罰力度，其法定成本在逐步增加，但由於執法水平不高，導致受罰率微乎其微，根本起不到威懾的作用。立法既然無法根除內幕交易，那就應對有限的資源合理配置，爭取以最少的成本實現有效威懾行為的社會效應[①]。

（2）強化刑事處罰措施和程度

當然光靠行政法規和行政手段顯然遠遠不夠，毫無疑問，最嚴厲和最有威懾力的武器，就是刑事責任的確立和應用。許多學者認為，將內幕交易罪、貪污罪、賄賂罪和盜竊罪的刑事責任（最高可判死刑）進行比較後，認為與這些犯罪具有極為相似的社會危害性的內幕交易罪，其最高刑期僅十年有期徒刑，明顯偏低。因此《證券法》

---

① 鄭順炎. 二證券市場不當行為的法律實證. 北京：中國政法大學出版社，2000：118-119.

對內幕交易現有刑事處罰規定得較輕。加重內幕交易的法律責任，是當前各國反內幕交易立法的一個共同趨勢，在目前的基礎上適當提高內幕交易的法律責任，有助於對內幕交易的規制。

(3) 進一步完善民事責任

證券法上民事責任是保護證券法律關係主體民事權利的重要措施。證券法上民事責任的實質是證券法對民事主體提出的一定行為要求，屬於民事責任範圍。證券法上民事責任所表現的是個人對他人和社會應當擔負的民事法律後果。只有對受害人進行民事救濟，將侵害人的非法所得用於補償受害人的損失，才能實現對當事人權利的保護，真正實現法律的公平與正義。

【思考與練習】

1. 怎樣建立中國的強制性信息披露制度？談談你的觀點。
2. 強制性信息披露制度的主要內容與方向有哪些？
3. 信息披露制度的作用何在？
4. 投資者利益保護制度的意義及主要內容是什麼？
5. 什麼是內部人控製？有哪些表現形式？是什麼原因導致內部人控製的？
6. 什麼是內幕交易？內幕交易有哪些特點及主要表現形式？
7. 談談你對內幕交易危害的理解。

新興治理篇

　　新經濟時代催生出了大量不同於單個公司制形式的企業集團治理與網絡治理問題，形成了內涵更加豐富的公司治理問題，也是我們不容迴避的事實。

11　企業集團的公司治理

【本章學習目標】
1. 掌握企業集團的概念、特徵、組織結構和類型；
2. 理解企業集團在現代經濟中的作用；
3. 把握集團治理的本質、特點及主要內容；
4. 掌握集團治理與企業治理的異同；
5. 掌握集團治理控製與協作機制；
6. 掌握韓國、美國企業集團的治理模式及對中國企業集團治理模式的啟示。

企業集團在當今世界經濟運行中發揮著重要的作用。企業集團中錯綜複雜的企業間關聯使得企業營運行為已經超越了企業的「法人邊界」。這樣，以法人治理結構為基礎的治理機制已經難以與這種行為相匹配，於是產生了集團治理問題。

11.1　企業集團概述

11.1.1　企業集團定義與特徵

11.1.1.1　企業集團的定義

日本是最早使用「企業集團」概念的國家，日本《經濟辭典》將企業集團概述為「多數企業相互保持獨立性、並相互持股，在融資關係、人員派遣、原材料供應、產品銷售、製造技術等方面建立緊密關係而協調行動的企業集體」。歐美等國雖沒有明確的「企業集團」概念，但是以壟斷形式存在的卡特爾、辛迪加、托拉斯和康採恩，在西方各國的經濟生活中一直發揮著企業集團的功能。在中國，有關「企業集團」的定義有很多種，有的則摻雜了所有制關係在內。有學者提出，應撇開國家特點和所有制問題，定義「企業集團」為「企業集團是多個法人企業在共同利益的基礎上，通過資產等聯繫紐帶，以實力雄厚的企業為核心，組建的具有多層次的組織結構及多種經濟功能的大型法人企業聯合體」。

要正確理解企業集團的概念，有必要區分與其有密切相關的幾個概念：
（1）母公司
母公司是指通過掌握其他公司一定比例的股權，從而控製其經營活動的公司。從其定義可知，母公司是一種控股公司，屬於控股公司中的混合控股公司。控股公司有

兩類，一類是純粹控股公司，一類是混合控股公司。純粹控股公司是指只對其他公司實施投資行為並取得控股地位，而自己沒有其他業務的公司。其設立的目的只是為了掌握子公司的股份，從事資本運作，通過控製子公司的股權，影響股東大會和董事會，控製子公司的重大決策和生產經營活動。各類投資公司就屬於純粹控股公司。混合控股公司是指對其他公司既有投資關係並取得控股地位又有自身業務的公司。一方面，它掌握子公司的控股權，支配其生產經營活動，使被控股公司的業務活動有利於控股公司營業活動的發展，如多元化經營、跨地區以至跨國經營等；另一方面，它又直接從事某種實際業務的生產經營活動。企業集團中的母公司一般都屬於此類控股公司。

（2）子公司

子公司是指受母公司控製但在法律上獨立的公司。界定子公司應注意其遵循的三個原則：一是主動原則，即要有支配公司的意思；二是控製原則，即對公司主要的經營活動實施控製，通常表現為對公司的重大經營決策施加影響和控製，以貫徹母公司的經營戰略；三是持續原則，對公司的控製是永久和強力的，即有計劃而持續，並非偶然而暫時的。

（3）關聯公司

公司 A 以少數股權參股 B 公司，且公司 A 在 B 公司的董事會中只有發言權，其意志在公司 B 的體現程度取決於 B 公司董事會成員間討價還價的結果。這樣，我們稱公司 B 為公司 A 的關聯公司；或者公司 A 和公司 B 同為一公司的子公司，則二者為關聯公司。[①]

【閱讀】 企業集團的本質

在新古典經濟學的研究與闡述中，企業是被抽象化了的一系列生產函數的集合，所有要素都是作為自變量投入企業（這個生產函數）中的，而市場價格可以引導企業的收益最大化。Coase 則認為，如果市場機制能完全有效地決定價格以及協調產品和服務的交換就不需要企業這種組織來協調，而現實中存在大量的交易成本，為了降低交易成本個體經濟參與者通過建立企業來協調這些交易活動，因此企業可以看做是社會降低交易成本的一種替代組織或裝置。新制度經濟學家 McNulty（1984）甚至認為企業和市場是一個相互作用體系中的組成部分。威廉姆森則用資產專用性理論將企業性質的核心問題轉化為「契約」，即「企業組織可以看成是一個包含契約的治理結構而不單單是生產函數」（威廉姆森，1985，《資本主義經濟制度》）。上述學者在對企業性質的研究中並沒有區分「企業」與「企業集團」，他們只是把企業集團視為大企業而已。Granoyetter（1994）將 Coase 等人的研究擴展到企業間的互動和其他組織形式相關問題上。他認為，為了實現市場交換，企業之間必然存在互動的關係，當這種互動關係不斷被重複和保持穩定時，通常會形成一種契約性質的聯合關係，企業集團就是這樣一種聯合關係。日本學者今井賢一（1992、1995）按照威廉姆森的分析框架提出「企業

---

① 李維安. 公司治理學. 北京：高等教育出版社，2005：257.

集團是克服市場失靈和組織失靈的制度性方法」。中國也有些學者（張富春，1998；陶向京等，2001；趙增耀等，2004）參照交易成本對企業性質的分析框架進行了研究，他們認為企業集團是一種市場與組織的混成物，是市場和組織之外的另一種制度安排。

11.1.1.2　企業集團的基本特徵

雖然不同國家、不同類型的企業集團，都具有各自的一些特點，但是也具有一些共同的基本特徵。

（1）企業集團是資本為中心的多元聯結紐帶

將企業集團各成員緊密聯結在一起的最基本、最重要的紐帶就是資本，即持股、控股、融通資金等。它是企業集團成員間最堅固的紐帶。通過持股、控股等方式，將會使企業集團成員的緊密度大大加強。當然，企業集團中僅有資本聯結紐帶是遠遠不夠的，在此基礎上，基於生產經營的需要，還要有生產、技術、產品、銷售、人事參與等聯結紐帶，但它們是否牢固取決於資金聯結紐帶的緊密度。企業集團還會有另一種重要的聯結紐帶——契約紐帶。它雖然不是企業集團的最主要紐帶，但在很大程度上，它會關係到企業集團的整個經營活動的成敗。

企業集團成員企業間多存在人事上的參與、交流，這是由成員企業間的關係特點決定的，如企業間的單方或相互持股關係、信貸和資金融通關係、生產經營上長期緊密的聯繫等。企業集團成員企業基本上都是股份制企業，企業間的人事參與也多採取單方或相互派遣董事的方式。

組建企業集團的重要原因之一就是要充分發揮企業集團的內部資源協調與分配優勢，在獲取規模經濟效益的同時，通過成員企業間在生產經營上的緊密協作，實現共贏互利。因此，在許多企業集團中，成員企業之間都存在著生產、技術和銷售等經營方面的緊密聯繫。

（2）企業集團的多法人性

企業集團是以一個實力雄厚的大型企業為核心，以產權、資本、事業為基準聯結在一起，具有多層次結構的以母子公司為主體的多法人經濟聯合體。企業集團的規模在一定程度上取決於參加企業集團的法人企業數量，因此，有的大型企業集團擁有幾十個甚至上百個成員企業，小的企業集團也擁有十幾個成員企業。

雖然集團的成員企業各自都具有法人資格，但集團本身不是法人。企業集團不是一般的大企業，也不是獨立的法人，而是包括母企業在內的經濟聯合體。集團內各成員都是獨立的法人實體，相互之間是平等的法人關係。

有一種觀點認為，企業集團與其成員企業一樣具有法人資格。這種觀點可以稱之為「兩級法人觀」。「兩級法人觀」的觀點是錯誤的。這一理論違反了民法特權理論的一物一權的原則。如果在實際組建和發展國有企業集團的過程中按照這一理論去做的話，也必然會造成企業集團產權界限模糊，導致企業集團內部權利、責任不清。在中國經濟體制改革中，容易為行政機關「翻牌」改建企業集團、企業利用其原來享有的行政管理權力無償調撥其下屬企業的財產製造理論上的基礎。因為按照「兩級法人觀」

的觀點，企業集團作為一級法人對成員企業的財產就享有了財產權。一方面，一旦企業集團發生債務，企業集團就憑藉其一級法人的地位，就可調用二級法人的財產承擔債務清償責任；另一方面，二級法人一旦拖欠債務，按照揭開公司面紗的法理，企業集團便要承擔連帶責任。由於企業集團不具有自己的財產，於是，企業集團便會調撥其他二級法人財產償還債務。

（3）企業集團組織結構的層次性

企業集團必須有能起主導作用的核心企業，可稱之為母公司。這個核心企業可以是一個從事生產經營和資本經營的企業法人，也可以是一個專門從事資本經營的企業法人，母公司規模較大。在企業集團內，母公司依據產權關係，行使出資者所有權（股權）職能。企業集團往往是圍繞核心企業組織起來的，由於成員企業與核心企業在聯繫紐帶方面存在著差異，企業集團形成了多層次性的組織結構。一般說來，企業集團內部組織結構可以分為這樣幾個層次，即核心層、關聯層以及協作層體系。多個企業通過股權和契約紐帶逐步形成母公司、子公司、孫公司的控製與控股關係，構成多層次的內部經濟關係。

（4）企業集團的規模大型化

企業集團規模的大型化指企業集團整體的規模，也指企業集團母公司（核心企業）的規模。企業集團是以母公司為核心，通過相互持股、單方參股控股方式，運用資本紐帶，把若干企業聯合在一起，並形成多層次的內部組織結構。這樣的企業集團組織表現為在社會化大生產及專業化分工基礎上的企業聯合，通過這種聯合所聚焦起來的龐大生產力，能產生單個企業難以實現的組合效應，具有強大的輻射能力和凝聚力，能夠迅速滿足現代規模經濟的要求。

（5）企業集團經營範圍的多元化

企業集團在經營方向上一般都實行多元化經營，這種多元化經營包括相關聯品種的多元化和無關聯品種的多元化，也可以說是經營層次上的多元化和產品經營的多元化。

【閱讀】

企業集團的註冊規定

（1）企業集團的母公司註冊資本在5,000萬元人民幣以上，並至少擁有5家子公司；

（2）母公司和其子公司的註冊資本總和在1億元人民幣以上；

（3）集團成員單位均具有法人資格。

國家試點企業集團還應符合國務院確定的試點企業集團條件。

企業集團的登記應當由企業集團的母公司提出申請，原則上應當與母公司的設立或者變更登記一併進行。

11.1.2 企業集團的類型

通過分析古今中外的各種企業聯合如康採恩、卡特爾、托拉斯等壟斷體以及當今的跨國企業集團等，企業集團基本可以分為兩類：財團型企業集團、母子公司型企業集團，或者稱為環形持股型集團、垂直持股型集團。

財團型企業集團的核心以金融機構為主，有的也包括工商企業，成員企業環狀持股，集團沒有統一的投資和累積機構，其規模往往龐大，實力雄厚。如日本的三菱、三井等大財團。

母子公司型企業集團是以大型公司為核心，通過控股、參股或契約而形成比較緊密的企業聯合。其核心公司在從事經營活動的同時又是控股公司（母公司）。通過控製、協調和影響眾多的子公司、關聯企業、協作企業，形成具有共同經濟利益的企業聯合體。

母子公司型企業集團的特徵：

①產權聯結性。無論是財團型企業集團還是垂直持股型企業集團，集團內的企業之間以產權聯結為主要紐帶。當然也不排除以技術、契約為聯結方式。

②組織規模性。企業集團是若干企業的聯合，必須是一個具有相當規模的組織。集團的組織規模性體現在兩個方面：一是資本規模與資產規模；二是具有獨立法律地位的企業的數量規模。在從《時代》雜誌排名1,000家公司中抽樣分析表明，排名前50家公司擁有超過10,000家子公司，平均每家集團的控股公司擁有超過230家子公司。

③非法人性。集團不具有獨立的法律人格。集團內的母公司、子公司、關聯公司、協作企業各自都是獨立的企業法人。

④層級組織性。集團內企業之間基於產權聯結程度不同形成控製程度不同的多層次結構。

11.1.3 企業集團在現代經濟中的作用

企業集團介於企業組織與市場機制之間，通過利用企業組織和市場機制，在優化資源配置、加速技術進步、增強市場競爭力等方面發揮著重要作用。

（1）優化資源配置

在經濟發展的一定階段內，人類可以利用的資源都是有限的，資源供給的有限性和社會對資源需求的無限性之間的矛盾，需要通過資源配置的最佳方式來解決。

企業集團降低資源配置成本。正如科斯定理所指出的那樣，交易從市場轉移到企業內部，資源分配通過企業內部行政權威實施，大大降低了交易費用。企業集團是介於單個企業和市場之間的中間組織，具有獨特的組織形態。企業集團可以利用其核心企業的輻射功能，模擬市場機制手段，將原來各企業間的純市場關係變成一種準市場關係，調節資源的配置，使企業的許多購銷活動在企業集團內部進行。這樣，集團內的中小企業能夠從銀行得到比較穩定的貸款，核心企業也能從中小企業獲得高質量、低價格的零部件，減少了一些不必要的中間環節，節約了市場組織交易成本，提高了

經濟效益。此外，企業集團利用其在股權紐帶基礎上建立起來的企業經濟層級組織的行政權威，使包括商標優勢在內的大企業所擁有的大量經營資源在集團內部各成員企業間共同享用。

(2) 加速技術進步

從技術進步的結果來看，可分為三種：一是中性技術進步，即在資本和勞動這兩種投入同比例減少的情況下，仍能生產與以前相同產量的技術改進；二是勞動節約型技術進步，是指每單位產品耗用的勞動減少的技術改進；三是資本節約型技術進步，是指在給定勞動的前提下，單位產品所使用的資本減少的技術改進。這些技術進步都需要以企業集團的科技開發、管理、規模和資金實力做後盾。

再從技術進步的過程來看，可分為三個階段：一是發明階段，即研究與開發，主要解決構思新產品或新的生產方式以及解決相關技術問題；二是創新階段，創新涉及企業家的職能，需要這種職能把握原始的發明，作出進一步開發的決策，並籌措資本，進行市場研究，確定新產品的市場；三是擴散階段，新產品或新的生產方式被廣泛認同，各企業群起追隨創新的企業，用新產品或新的生產方式占領市場。

可以說，企業集團在技術進步的每一個種類和每一個階段都起著決定性的作用，如所發明技術的高度與速度、創新的強度以及擴散率的大小，都與企業集團的實力呈正相關。由於企業集團集聚了一定的財力和科技人才，在發明階段比中小企業更占優勢；在創新階段，不僅需要企業家的膽略，還需要大量資本的集中投入，若中小企業將其所有的資源投入到一個創新項目中，那麼其所承擔的風險是巨大的，而企業集團則能從其原有其他項目的獲得中取得風險的平衡，並且在籌措大量資本的能力方面，大企業集團較中小企業顯然佔有絕對的優勢，可以迅速開拓市場，搶占市場份額；而中小企業一般則只能追隨大企業集團，在市場的縫隙中求生存。由此可見，技術進步的要求和規律性，客觀上要求大企業集團的崛起和發展。

(3) 增加市場競爭力

企業集團的國際競爭力得以增強。縱觀國際市場，可以說基本上是大企業集團主宰主要的事業領域，大企業集團是主導國際激烈競爭的主要力量。

企業集團通過形成內部市場，創造了一個可行的競爭市場。由於存在這樣一個內部市場，企業集團可以開發其最有價值的能力，如專業化協作配套、統一的市場銷售網絡及獨享的著名商標、商譽等，其結果顯然比從在外部市場獲得這些能力的交易中得到的利益更大，交易成本更低。

企業集團具有規模經濟效應。企業之間的競爭是商品經濟發展的必然現象，競爭的成敗取決於其能否提高生產率，而勞動生產率的提高在很大程度上取決於企業的規模及組合。例如，20世紀70年代末，美國1,500家大公司的利潤占全部公司利潤的90%，遠遠超過1,000萬家小企業的利潤總和。企業集團為獲得規模經濟效應，必須在合理範圍內擴大企業的規模。企業集團可以選擇兩條途徑擴大其自身規模：一是靠企業自身累積逐步擴大規模，如通過內部分離、獨立子公司或投資興建新的更大的生產線來擴大規模；二是通過企業間的聯合形式，即通過收購、兼併擴大規模。競爭推動著企業集團為獲取規模經濟效應而加強聯合，聯合則能使企業集團在競爭中因規模

經濟效應而處於優勢。

企業集團擁有完善的全球信息網絡，有利於全球一體化經濟。企業集團在經營過程中設立遍及世界的子公司和附屬機構，由此也構成了一個信息網絡，大量有關新的市場機會、新的競爭等信息從全世界各地源源不斷地提供給集團總部，集團決策層可以據此在全球範圍內比較競爭態勢，分析市場機會，作出戰略決策。

11.2　企業集團治理

11.2.1　企業集團治理定義與目標

治理機制的本質在於對事後租金的討價還價，阿爾欽和德姆塞茨提出公司是一組契約關係，締約主體包括股東、供應商、顧客以及公司的經營者等，在締約方之間要針對準租金的分配而進行的各種約束性的機制設計。集團治理則是在企業集團各成員企業之間進行的關於準租金分配的機制設計，來協調企業間的關係，以更好地實現企業間交易。換言之，集團治理是指一組連接並規範企業集團所有者、董事會、經營者、員工及其他利益關聯者彼此間權、責、利關係的制度安排。

企業集團的實質就是為了共同的利益而將若干獨立的法人企業納入到統一管理體制下，使若干企業在一定程度上服從於來自其他企業的控制力量。這種管理體製作用的結果是，單一企業內部的利益平衡機制被打破，遭受一定的利益損失，而母公司因為統一的整合和戰略管理獲得了更大的收益。在這種利益得失的衝突之中，建立起為雙方都能接受的平衡機制是一種必然要求。

公司治理的實質就是通過一系列合理的制度安排，實現企業的戰略決策，從而滿足企業所有相關利益主體的利益追求。對於企業集團來說，作為治理主體的利益相關者為數眾多，不僅包括母公司的股東、債權人、供應商等，而且包括子公司的治理主體。在企業集團治理中，母公司作為控股股東，憑藉其資產所有權對子公司進行治理，因此子公司的行為要體現母公司的決策意志。

綜上分析，企業集團治理的目標是，建立能夠平衡企業集團各個治理主體的利益，維護企業集團成員的長期有效合作，實現集團長遠戰略目標的機制。由於母公司的戰略核心地位，企業集團治理的首要目標就是設計能夠保證母公司對子公司實現有效控製的制度安排，從而能夠克服在現實經濟生活中，由集團的複雜性和信息的不對稱而造成子公司行為違背母公司的缺陷。當然，企業集團的這種制度安排也要能夠充分保護子公司及其治理主體的利益，盡量減少和避免母公司處於自身的利益考慮，利用其對子公司的控製之便，侵害子公司其他利益相關者的利益。

11.2.2　企業集團治理與企業治理的異同

由於企業集團是由法律地位相互獨立的多個法人組成的群體，這就必然帶來不同企業法人，不同層次的責、權、利關係的管理、控製、協調問題。因此，企業集團治

理比一般公司治理要複雜得多，其組織結構也是多層次的。

企業集團作為一種大型的企業聯合體，必須有一套行之有效的治理機制，以保證其有效運作。這種有效性首先要求企業集團的每一個成員企業解決好自身內部的治理問題，協調好出資者與經營者之間的關係。就這一點來說，企業集團的治理與一般公司的治理有相同的一面。

一般公司治理中各權力機構（股東大會、董事會、監事會、經理層）的職責及其相互關係，外部力量（政府、市場、社區等）對公司的影響，以及對經營者的激勵和約束機制，對企業集團的治理同樣適用，特別是對企業集團的核心企業（母公司、集團公司或總部）來講，具有本質上的一致性。

其次，要求協調好成員企業之間的關係，發揮集團的整體功能。由於企業集團是多個法人企業的聯合體，各有其獨立的財產和利益，如何將這些獨立的企業協調一致，最大限度減少相互之間的摩擦和衝突，關係到企業集團的運作效率，甚至能否生存。一般企業的有效運作，雖然也要處理好與其供應商、用戶、上下游企業及其他交易夥伴的關係，但這種關係不像企業集團那樣重要。因為一般的單位企業主要領先市場方式處理與其他企業間的關係，交易對象的選擇具有很大的餘地和靈活性，交易關係可能是短期的或一次性的。因此，不一定要想方設法以致捨棄短期利益與所選定的交易對象建立長期交易和合作關係。而企業集團則不一樣，如果處理不好與既定企業的關係，相互之間貌合神離，各打自己的算盤，不積極與其他成員企業合作或考慮集團整體的利益，互相猜疑、刁難、設置障礙，就會加大集團的運作成本，降低效率，以致引起集團形同虛設甚至不如單體企業的效率，最終喪失存在的價值而走向解體。

可見，相對於一般的公司治理，企業集團治理的最大差別就是要設計一套控製、協調、激勵和約束機制，處理好企業之間的關係。這就要求集團的核心企業發揮特有的功能，通過建立資本、人事、技術、組織、業務聯繫等紐帶，將相關企業緊密聯繫在自己的周圍。核心企業要將對成員企業的控製和協調，融於對成員企業自身的治理中，並通過成員企業的治理機制，在解決其內部的代理問題的同時，協調與其他成員企業間的關係，降低企業的市場交易費用及組織內部的協調費用。其中對於緊密層企業的控製和協調，主要通過其內、外部治理機制的方法來進行。即核心企業一方面通過持有緊密層企業的控股權，借助緊密層企業的股東大會、董事會、監事會等機構，對其高層管理者進行監控，使這些運作條例企業及集團整體的需要。另一方面通過讓這些企業擁有的獨立法人地位和獨立財產，實現產品市場、資本市場和經理市場對其的外部治理，對企業及其經營提供高強度的市場激勵和約束。對於與其關係不太緊密的其他企業，主要利用市場的外部治理和長期契約紐帶，以穩定與這些企業的業務和技術協作，對於集團內每個層次的企業，核心企業要發揮控製、協調功能，只是對於不同層次的企業，採用的方式不同。

由此可見，企業集團的治理不僅要解決企業內部的代理問題，還要解決企業間的交易費用問題，而且這兩個問題不是分開來單獨解決，建立各自的機構、機制和程序，而是將解決成員企業間交易費用問題的主要意圖貫穿在公司治理的機制中，從而在企業集團的治理中，同時解決企業運作中遇到的代理問題及交易費用的問題。

一般公司治理和企業集團治理的異同可歸納為以下幾個方面：

相同性主要表現在：企業集團內部的企業，特別是公司制企業也面臨著與一般公司一樣的代理問題，因此二者在解決代理問題上的目的、程序、治理機制是相同的。二者的區別主要表現在：①一般的公司治理著重解決代理問題，企業集團除此之外還要解決成員企業之間的交易費用問題。②一般企業的治理從廣義上說也包括企業間關係的治理，但對於這樣的企業來說，不與既定企業建立和維持穩定的關係，並不影響其存在；而對企業集團治理來講，不與既定企業建立穩定的關係，就不會形成企業集團，協調不好這種關係也將極大地影響企業集團的效率甚至生存。③在處理企業間關係上，一般企業遵循平等、自願原則，不存在控製與被控製、支配與被支配的關係。而企業集團由於存在著資本、人事、技術、組織等聯結紐帶，有其控製和協調中心，從而在企業間關係上出現了控製與被控製、支配與被支配的關係。④在股權結構、股東大會董事會和監事會的構成、經營者的激勵約束機制以及外部市場治理等方面，企業集團也與一般公司存在較大差別，從而使同一治理機制在一般公司和企業集團作用力度和方式上出現差異。

11.3 母公司對子公司的控製機制

11.3.1 母公司與子公司的公司治理邊界和關係

（1）公司治理邊界

對於一個獨立的公司來說，它具有自己獨立的企業組織邊界，即法人邊界。其公司決策意志範圍被限定在法人邊界內，也就是說公司的權利、責任的配置以及治理活動不能超越其法人邊界。從這個意義來說，一個獨立的企業，其治理邊界和法人邊界是一致的。由於企業集團的複雜性，使得企業集團的治理活動可能超越本企業的組織邊界，延伸到本企業以外，尤其是存在母子關係的企業集團中。在企業集團治理中，母公司與子公司的關係是建立在母公司對子公司的控製基礎之上的。在現實中，由於集團的複雜性及信息的不對稱，子公司的行為存在著與母公司的意志背離的可能，由於母公司要對子公司的行為負責，所以，集團治理的重要內容之一就是實現母公司對子公司的有效控製。另一方面，由於企業集團治理決定了母公司對子公司的行為控製，從而可能出現母公司出於自身的利益或整個集團的利益而損害子公司的利益，進而損害子公司其他利益相關者的利益的現象。在上述兩種情況下，按照揭開公司面紗的原則，母子公司就要連帶承擔相應的責任。

【閱讀】法人人格的否認：揭開法人的面紗

日益複雜的社會經濟活動，使得將每個公司都看作獨立法人的傳統觀點與企業集團構築起來的商業王國的現實之間存在著矛盾。因此，揭開公司的面紗理論在有限責任原則和企業集團這種大型經濟組織現實之間找到一種相對的平衡，為在立法和司法

實踐中限制母子公司間的有限責任、解決母公司濫用權力行為所產生的問題提供了新的思路。

①揭開法人的面紗原則

在英美法系國家，揭開法人的面紗理論是法院用來處理企業集團中母公司對子公司承擔責任的重要方法。指當母公司濫用子公司的獨立法人人格，損害公司債權人和社會公共利益的時候，法院將拋開子公司的獨立法人人格，將子公司的行為視為隱蔽在子公司背後、具有實際支配能力的母公司行為，母公司將對子公司債權人承擔相應的債務責任，並不僅以投資額為限。有人對它的作用做了一個形象的比喻，即在分離實體論（separate entity）的觀點支配下，揭開公司面紗理論相當於一個安全閥（safety valve），隨時可以使法院在認為必要的情況下，動用這種例外，揭開隔在母子公司之間法人面紗，對母公司施加債務責任。

②適用揭開法人面紗原則的行為界定①

A. 規避契約義務行為

第一，負有契約上特定的不作為義務的當事人，為迴避這一義務而設立新公司，或利用舊公司掩蓋其真實行為。

第二，負有交易上巨額債務的母公司，往往通過抽逃資金或解散子公司或宣告子公司破產，再以原有的營業場所、董事會、顧主、從業人員等設立另一子公司，且經營目的也完全相同，以達到逃脫原來公司巨額債務之不當目的。

第三，利用子公司對債權人進行詐欺以逃避合同。

B. 迴避法律義務行為

此行為是指受強制性法律規範制約的特定主體，應承擔作為或不作為之義務，但其利用新設子公司，人為地改變了強制性法律規範的適用前提，達到規避法律義務的真正目的，從而使法律規範本來的目的落空。例如，出租車行業為防止公司業務之不法行為可能導致的巨額賠償，將本屬於一體化的企業財產分散設立若干子公司，使每一子公司資產只達到法定的最低標準，並只投保最低限額的保險，因而難以補償受害人之損失。或者利用子公司形式逃避稅務責任、社會保險責任或其他法定義務。

C. 資產混同行為

在單一公司情形下，公司的財產是獨立的，只有財產獨立公司才能獨立地對外承擔責任。然而，在企業集團情形下，母公司在處理子公司的財產時就像處理自己的財產一樣。雖然它們之間的資產關係在形式上是很清晰的，但在現實的經濟生活中，子公司處於母公司的實際控制當中，二者資產很容易混同，或者乾脆在帳目上混為一體。資產的混同很容易導致母公司的一些不法行為，如隱匿財產、非法移轉財產、逃避債務和責任。

D. 資本不足行為

公司在從事其經營活動時要有足夠的資金來源，以便對經營過程中可能出現的損失予以填補。一般而言，資本額是否適當，應以資本額是否足以清償公司在正常業務

---

① 王利明. 公司的有限責任制度的若干問題. 政法論壇，1994（2）.

範圍內所可能發生的債務為標準。該標準表明隨著公司業務風險的增加，資本也應相應地增加，但對這一標準卻沒有明確的法律規定。在企業集團中，母公司則可以利用這一點，讓子公司承擔與其註冊資本不匹配的業務活動，來轉嫁經營風險。

（2）母公司與子公司的關係

由於母公司與子公司都是獨立的企業法人，在法律地位上是平等的，不是上下級之間的關係，母公司不能像對待分公司一樣對於公司實施行政命令的管理控制；當然它們也不是兩個互不相干的企業，母公司按其持股額的大小及法定程序，通過子公司的股東大會或在子公司的董事會和高級管理層中安排代表自己利益的董事或管理人員，達到控製子公司的目的。

11.3.2 母公司對子公司的控製機制

對子公司權力的配置，一個極端是子公司可能僅僅為管理上的需要或基於一種長期發展的考慮，其董事會在治理上沒有任何實權；另一個極端是子公司可能有很大的自主決策權，其董事會可以依據公司條例負責公司指揮、經營管理、監督和說明責任，母公司實際上像一個距離遙遠的外部股東。在這兩個極端之間存在著廣泛的選擇範圍，概括一下，我們可以把母公司對子公司的控製行為歸納為三種：間接控製、直接控製、混合控製。至於採取哪一種行為有效率，取決於母公司的治理目的和子公司的資源稟賦及戰略地位。

11.3.2.1 間接控製

間接控製是指母公司只是通過子公司的董事會對子公司的經營活動進行控制，母公司的控製力僅在董事會這一層次體現出來。在這種模式中，母公司與子公司的聯繫是董事會，母公司通過取得董事會的人數優勢或表決優勢繼而取得控製權，在子公司重大經營活動及總經理和重要管理層人員的聘用上通過董事會起控製作用，在子公司的董事會中，來自母公司的董事均為非執行董事。其優勢在於：①由於母子公司之間完全以資本為紐帶，使母公司的退出或融資機制非常有效，子公司發展得好，母公司可以通過上市、重組等方式使子公司增設股東、增加資本，推動子公司發展，子公司發展不好，母公司也可以通過資本市場將子公司出售以減少損失；②母公司是子公司的資本所有者，而產品經營權完全下放在子公司，這使得母公司可以完全專注於資本經營和宏觀控製，有利於母公司的長遠發展，減少管理成本，同時也減少了母子公司之間矛盾；③由於子公司股東是多元化的，這使母公司可以選擇一些與子公司業務方向有關的企業共同投資入股子公司，加強對子公司經營支持和幫助。

在直接控製中，必須對子公司進行財務監控，由於代表母公司的董事均為非執行董事，因此，加強對子公司財物的外部監控就顯得尤為重要。同時，建立快速信息反饋渠道，母公司應通過派人進駐子公司，經常聽取子公司的匯報，要求子公司定期書面報告等形式，增加子公司的信息來源渠道，並建立快速的反應機制，及時解決相應的問題。

11.3.2.2　直接控製

母公司對子公司實施直接控製，就是指子公司的董事會成員均為來自母公司的執行董事，且由母公司董事會直接提名子公司的高管層，母公司的職能部門對子公司的相關職能部門實施控製和管理。母公司對子公司的財務、人事、經營活動進行全面的控製。子公司的主要產品和經營方向由母公司指定，子公司的決策由母公司決定。其優點在於控製距離較短。由於實施母公司對子公司的直接控製，使母公司的經營決策在子公司能夠得到最迅速有效地實施；信息完全，控製反饋及時。由於母公司的職能部門與子公司相應的職能部門的控製關係，使母公司能夠及時得到子公司的經營活動信息，並及時進行反饋控製；子公司的經營活動得到母公司的直接支持，母公司能夠最有效地調配各子公司的資源，協調各子公司之間的經營活動，對發揮母公司與子公司的整體經營能力，有良好的組織結構基礎。

運用直接控製機制時應處理好母子公司集權與分權的關係，母公司應著重於宏觀決策，研究制定公司的總目標、總方針、總政策，將業務經營權下放到子公司，同時要完善對子公司管理層的激勵機制，使子公司管理層能夠與母公司保持目標一致，調動他們的積極性。

11.3.2.3　混合控製

混合控製是指母公司讓子公司的管理層人員參股子公司成為子公司的股東，子公司的管理層人員進入子公司的股東會及董事會等決策機構，這樣，母公司與子公司的管理層人員在經營決策及子公司的經營總目標製訂方面共同進行研究決策。子公司的董事會為母公司與子公司管理層相互協商共同決策提供了有效的機制，公司的重大經營決策在董事會上作出決定，由子公司的管理層人員負責實施，子公司的信息可以及時反饋到董事會。其優點在於：子公司的管理層人員參股子公司，成為子公司資產的所有者，母公司與子公司管理層人員的目標完全一致，子公司管理層人員通過股份分紅取得相應的收益，使子公司管理層人員有強大的動力全力投入子公司的經營；子公司管理層人員同時也是子公司的資產所有者，使子公司的盈虧與之切身相關，有效地避免了「內部人控製」的現象；由於子公司管理層人員參股子公司，促使他們專注於子公司的長遠目標和發展潛力，而非追求短期利益，這對於子公司的長遠發展有積極的意義。

運用混合控製應特別注重培育子公司董事會和諧的氣氛，協調子公司管理層人員與母公司董事人員目標的一致性，防止子公司各自為政，對母公司整體利益漠不關心，同時，應注意協調子公司之間的關係，使子公司之間能互相協作，共同關注母公司發展，發揮整體優勢。

11.3.2.4　比較及使用範圍

上述三種母公司對子公司的控製，各有其優缺點，特點也各自不同。所以，有必要將三種控製機制詳細地加以比較（請見表11.1）：

表 11.1　　　　　　　　　　　　控製的項目比較

機制 比較項目	間接控製	直接控製	混合控製
管理層次	中等	最多	中等
管理跨度	中等	最大	中等
風險承擔	子公司	母公司	母公司/子公司
組織複雜性	中等	最複雜	中等
組織正規化	低	高	低
組織集權化	子公司	母公司	母公司/子公司
適用規模	大	較大	中等
命令鏈強度	弱	強	中等
信息對稱性	小	大	中等
子公司激勵	中等	弱	強
決策過程	分權	集權	相對分權
目標制定	子公司	母公司	母公司/子公司
環境適應性	強	弱	較強
如何解決衝突	股東會	行政命令	股東會/董事會
利潤中心	子公司	母公司	子公司
主要適用範圍	綜合性集團、多元化經營	產業性集團、集中化經營	高技術集團對子公司能動性、技術性較為依賴

（資料來源：葛晨，徐金發. 母子公司的管理與控製模式. 改革，1999（6）.）

　　從上表我們可以看出，不同的控製機制必須要結合不同的組織結構、組織規模及經營戰略。對於間接機制更適用於實施多元化戰略的綜合性企業集團；直接控製機制比較適用於產業型集團或實行集中化經營的集團；混合控製機制常常適用於高科技企業集團，因為在高科技企業集團中，子公司的學習能力對母公司來說是至關重要的。

11.4　關聯公司之間的協作機制[①]

　　母公司與關聯公司是一種參股關係，而且在關聯企業中母公司的資產投入較少，未達到控製的程度，在這種情況下，母公司只能對關聯企業施加有限的影響。另外，集團中的關聯公司是基於共同的戰略目標而形成的關聯關係，各關聯公司都是平等的法人實體，這樣在公司治理中不存在控製與被控製的關係，而是協作機制，包括信息交流、高級管理者互派、關聯交易等。

---

① 李維安. 公司治理學. 北京：高等教育出版社，2005：263-267.

(1) 信息交流

在關聯公司之間，可以通過董事長會議進行信息的交流與溝通。董事長會議就是各關聯公司的董事長、總經理組成的協調彼此關係的委員會（在日本又被稱為社長會）。該委員會定期舉行會議，交流科技、經濟、政治情報。通過董事長會議使分佈在不同產業部間或不同國度的高級管理者掌握的信息互通有無，並將分別掌握的經營經驗、管理技巧等軟資源進行交流。董事長會議還可協商高級管理者的人事任免調整，以及針對其他競爭者在戰略上採取協調行動。

(2) 高級管理者互派

在企業集團內部，高級管理人才的橫向調動是分配關聯公司間的擁有的經營管理人才資源、促進成員公司穩定的關聯關係的重要手段之一。關於高級管理人員的派遣，是指同一企業集團的高級管理者或骨幹職工被派遣成為其他關聯公司的高級管理者。這裡所說的高級管理是指董事長、總經理、董事、監事等一切要職人員。在關聯公司中，除派遣高級管理者之外，各成員公司的高級管理者還可以通過彼此兼職，以直接施加影響力，來鞏固彼此間的關聯關係，促進協作的長期發展。在美國、德國等國，企業高級官員兼任的現象亦很普遍，但它不是在相互持股型企業間關聯關係的基礎上的兼任，而是個人之間的關係、或暫時的融資關係的兼任。在歐美諸國，特定的兼職高級管理者一旦死亡或者退休，那麼企業之間高級管理者的兼職關係就隨之而消失。而在相互持股型關聯公司中，首先是因企業之間關聯關係的長期存在，而人的關係的相互結合是為這種企業之間長期存在的戰略關係服務的，是通過人員紐帶來加深彼此間的瞭解與溝通，以減少摩擦成本，促進協作效率的提高。

(3) 關聯交易

關聯交易是指母公司或其子公司與在該公司直接或間接擁有權益、存在利害關係的關聯公司之間所進行的交易。在國外，關聯交易是在跨國公司、母子公司制及總分公司制得到廣泛運用時出現的。由於關聯交易所具有的降低交易成本、優化資源配置、實現公司利潤最大化等優越性，使上市公司在擴張和資本營運過程中普遍採用這一形式。

由於關聯公司間的交易較外部的市場交易更具有穩定性、長期性、持續性，所以，它又進一步鞏固了成員公司間的關聯關係，成為關聯公司間重要的協作機制。隨著信息化、計算機化的發展，更有讓這種交易關係固定化的趨向，隨著企業網絡的建成及完善，在關聯公司間會形成對物流、現金流的統一管理、更為簡單的計算機結算，這一切會更加大幅度降低交易成本，帶來效率的提高。

在西方發達國家，關聯交易常常用於節約交易成本和合理避稅。在亞洲的一些家族企業和官營企業中，關聯交易則被用作在母公司與子公司之間轉移利潤或掩蓋虧損。在中國關聯交易常常發生在上市公司及其母公司、關聯公司間，由於中國正處在經濟體制轉軌過程中，上市公司關聯交易較其他市場經濟國家更複雜、更頻繁。

【閱讀】 母公司濫用關聯交易形式

由於關聯交易發生在有關聯關係的特定主體之間，交易一方能夠通過這種關聯關係控制或影響另一方的決策行為，從而造成交易雙方地位的實質不平等，使關聯交易的公正性受到質疑。因此，在企業集團中出現的濫用關聯交易規避法律、侵害他人利益現象層出不窮，形式更是多種多樣。

（1）產品買賣中的濫用關聯交易

在經營中，母公司與關聯公司串通，高價向子公司供應原材料或以低價購買子公司產品，在交易中獲得超額利潤，並使子公司利益受損，或虛增子公司的利潤。

（2）轉讓、置換和出售資產中的濫用關聯交易

為了轉移上市子公司的利潤，子公司調高租金價格，或母公司以遠高於市場價格的租金水平將資產租賃給子公司使用，或將不良資產和等額的債務剝離給子公司，金蟬脫殼，以達到降低財務費用和避免不良資產經營所產生的虧損或損失的目的，有的上市公司將從母公司租來的資產同時再轉租給母公司的其他子公司，轉移利潤。

（3）資金拆借中的濫用關聯交易

母公司通過資金拆借中的費用的轉移來對子公司進行盈余管理，以此來保住子公司作為母公司「提款機」的資格。上市子公司和母公司存在著產銷和服務關係，在改組上市前，雙方需簽訂有關費用支付和分攤標準的協議。當上市子公司利潤水平不理想時，母公司或調低上市公司應交納的費用標準，或承擔上市公司的管理費用、廣告費用、離退休人員的費用，甚至將上市子公司以前年度交納的有關費用退回，從而達到轉移費用、調高上市子公司利潤水平的目的，不利於上市子公司盈利能力的培養。

另外，母公司往往可以利用企業間的資金拆借，大量地占用上市公司的資金。特別在上市公司發行股票或配股融資后，母公司往往無償或通過支付少量利息而占用上市公司資金，輕則影響了上市公司對新項目投資，嚴重的將導致公司破產。

（4）託管經營中的關聯交易濫用

在中國目前的證券市場上，由於缺乏託管經營方面的法規規定及操作規範，託管經營往往成為轉移利潤的形式，具體做法有：一是母公司將不良資產委託給子公司經營，定額收取回報。這樣，母公司既迴避了不良資產的虧損，又憑空獲得了一筆利潤。二是子公司將穩定、高獲利能力的資產以低收益的形式由母公司託管，直接成為母公司利潤。

（5）貸款擔保中的關聯交易濫用

中國《公司法》、香港地區的《公司條例》及聯交所上市規則都明確規定：董事、經理不得以公司資產為本公司的股東或者其個人債務提供擔保。否則公司自身的債權人的利益會因之受到影響。然而在行政干預或母公司的支配下，許多上市子公司違背自己的真實意願為其關聯公司提供擔保，這不但使上市子公司多一層經營風險，也給中小股東、債權人帶來利益受損的威脅。一旦被擔保人出現償債障礙，上市子公司必須履行償債義務。

（6）債務充抵中的關聯交易濫用

在民法理論上，債的混同是指債權人與債務人合為一體時可實行債的抵消，而在現實中常常出現母公司用自己的債務與上市子公司債權充抵，而上述行為將股東與公司混同，明顯違背了股東與公司相獨立的原則，它侵害了中小股東、債權人在公司中的應得收益。

（7）無形資產的使用和買賣中的關聯交易濫用

母公司或關聯公司向上市公司收取過高無形資產使用費，或無償、低價使用上市公司的無形資產。在無形資產轉讓中，母公司或關聯公司往往從上市公司攫取利潤。

11.5 韓國、美國企業集團的治理模式及對中國企業集團治理模式的啟示

企業集團在許多國家都存在，其治理結構也因不同國家管理環境、歷史文化以及企業集團的股權結構不同，表現出很大的差異。我們認為在諸多的企業集團的治理模式中，韓國、美國模式分別代表新型工業國家和發達國家的企業集團治理模式，對中國企業集團的治理模式具有借鑑和指導意義。

11.5.1 韓國模式的特點、問題及啟示

在韓國，由兩大類型的企業集團：一是以家族為背景的大集團，如「現代集團」、「三星集團」、「樂喜集團」等；二是由政府投資的大企業，如「大韓石油」、「韓國信託」等，在戰後韓國的經濟發展過程中，這兩類企業集團發展迅速，在國民經濟中占十分重要的地位，其特點如下：

①規模大。1971年，韓國前五位大企業集團的經濟規模約相當於國民生產總值的4％，到1988年就擴大到11％。1987年韓國50家大企業集團的總產值為97兆韓元，其工業產值占韓國國民生產總值的59％。1985年，「三星」、「現代」兩大企業集團進入全球500強，其中，在1990年，「三星」實現銷售收入450億美元，名列全球11位。[1]

②經營多元化。在韓國，各企業集團之間的競爭相當激烈，企業之間很少相互訂購零配件，因而就形成了各企業集團經營的項目無所不包。「三星」下屬的31家關聯企業，遍布食品、造紙、石化、重機、造船等11個行業，「現代」下屬43家企業，除經營產業外，還介入金融業。

③對政府的依賴性強。可以說，韓國的大企業集團主要在20世紀50年代戰爭結束後，在美國等西方國家的扶持下成長起來的，以「金星」、「雙龍」為代表。60年代，韓國政府又實施了五年發展規劃，並在發展道路上採取了「不平衡發展戰略」，政府將

---

[1] 虞月君. 韓國大企業之鑒. 中國企業家, 1998（2）.

有限的資源配置於重化工業部門，以期帶動相關產業的發展。在產業組織和企業模式上，開始涉入由政府控制與大財團壟斷的模式，政府、財團和銀行之間緊密結合，政府採取各種手段支持和扶植大型企業集團，以「大宇」、「現代」為代表。目前，韓國國內 50 家最大的企業集團中，有近 40 家是在這一時期形成和發展起來的。

韓國的企業集團的發展可以說為韓國經濟躋身「亞洲四小龍」的位置奠定了基礎。其治理結構特徵如下：

①採用「集團會長—營運委員會—子公司—工廠」的四級組織結構。在這一形式中集團會長是最高領導，在會長之下設營運委員會，相當於顧問委員會。營運委員會聘請子公司會長和社長參加，對集團的重大經營活動和發展戰略，提出意見和實施方案。營運委員會作為一個協助會長的管理和決策參謀機構，同時擁有人事任免權、投資決策權、合資公司營業計劃審批權。子公司是獨立的法人，獨立核算、自負盈虧，自身可以發行股票、募集上市。工廠是子公司的生產單位。

②家族控製與家族經營。韓國企業集團多是以血緣、親緣和地緣為基礎形成的，其中以家族經營為中心的壟斷色彩異常濃厚。即使是一些實行了股份制的企業集團，從表面上看，企業已經實行了社會化、股份化，但實際上這些公司只是以家族、親屬、朋友的名義將自己的股份分散開來，其實際控製權仍然掌握在創辦人手中。以「現代」為例，鄭周永家族直接掌握了核心企業「現代建設」55%的股份、「現代綜合商事」19%的股份，「現代水泥」45%的股份。企業集團內其他企業股份也出於其家族控製之下。在 24 家主要的企業中，僅有 8 家企業的家族控股在 40%～50%，其他的都在 50%以上，這足以抵禦外界對其事務的干涉。①

③對政府的依賴程度過大，與政府關係密切。政府採用優惠貸款和稅收等措施，促使企業集團的形成，對於國家所選定的重點扶持的企業集團，政府也擁有很大的控製權，甚至直接干涉其經營。比如政府為了擴大企業經營規模，可以在極短的時期內將重要企業合併，政府還可以直接干涉企業經營的確定，甚至責成某些企業必須實現年度目標，並對實現目標的企業予以有形或無形的獎勵。

④資本結構總負債率過高，債務約束不力。由於政府的多種優惠措施，韓國大企業集團採用兼併和多元化手段積極擴張，而這部分資金主要來源是銀行貸款，這就造成了企業集團過度負債經營。20 世紀 90 年代末期，韓國排名前 30 位大企業集團的平均自有資本率為 24%，其中位居第 12 的漢拿為 4.8%，位於第 19 的真露為 1.2%，居第 23 位的三美為 3%，而且韓國不少大企業集團債務中短期債務中短期負債比例過高，有的甚至將短期貸款當做長期投資使用。②

上述的企業集團的治理模式，到 1997 年以前曾經作為一種成功的典範，它不僅為韓國重化工部門奠定了雄厚的基礎，也造成了韓國經濟 30 年的高速增長。然而自 1997 年初特別是東南亞金融風暴后，這種模式暴露出了它先天性的不足，主要是其龐大的債務直接致使其破產。在 30 家最大的企業中，有 11 家宣布破產，其他幸存下來的企

---

① 郭小利. 企業集團的國際比較. 北京：中國財政經濟出版社，2002：186.
② 參見：資本結構與公司治理研討會論文，載《管理世界》，2001（8）.

紛紛減少投資規模，降低資產負債率。從上述的后果中我們可以得到如下幾點啟示：

啟示之一：加強企業集團治理結構的建設，根據實際情況不斷完善相關政策和法規。中國企業集團在組建和運作中存在的很多問題，與治理結構上的缺陷密切相關，而治理結構上存在的主要問題集中在產權和董事會的職能發揮上。從產權上看，不少國有企業集團產權主體不清，所有者缺位，即使進行了股份化改制，國有股比重仍然過高，普遍存在一股獨大的特點，小股東的權力根本無法保護，這與韓國企業集團家族控制有相似之處；在董事會的構成上，內部董事所占比重太高，這也與韓國企業相似，而且中國的外部獨立董事並不是真正意義上獨立，其在受聘、報酬、董事會、決策程序等方面受經理層的控制，不少被用來作為「花瓶」，沒有真正的話語權。對中國民營企業來說，家族色彩更為明顯，儘管這種體制在企業發展初期因管理成本、協調成本小有利於發展，但在企業規模擴大到一定的程度後，進一步發展肯定會受資金和職業管理人才的制約。我們只有充分地利用社會資本和職業經理人員，才能達到上述目標。

我們認為，無論是國有企業還是民營企業，其治理結構都必須進行改革，並可在股權結構和董事會改革方面借鑑韓國企業集團的做法，大力推行企業集團股權的多元化，大大增加獨立董事的比例，並完善獨立董事發揮作用的條件。在完善股東大會職能的做法上，利用現代通信技術如互聯網、電視電話等方式鼓勵小股東參加股東大會，尤其是在提名相關管理人員時可以採取網絡技術，以保證公開、公正的競爭。

啟示之二：不要盲目追求規模和多元化經營。從韓國的大企業集團的經營情況可以看出，由於政府給予大企業一些優惠待遇，使企業競相擴大生產經營規模和領域，最終出現生產能力過剩，導致企業間發生惡性競爭，以致嚴重虧損。在中國這種情況並不少見，不少企業在沒有深入瞭解市場的情況下，盲目以兼併、聯合等形式，擴大生產規模，甚至通過政府行政干預，將根本沒有聯繫的企業捆綁在一起。由於這種企業在兼併和多元化后，在技術、資金、管理等方面沒有跟上，淡化或分散了主業經營，或者內部成員企業間的關係難以調和，使原本生產和經營效益不錯的母公司，背上了沉重的包袱，下屬企業由於喪失了作為獨立企業所具有的高強度的市場激勵和約束及市場所賦予的靈活性，同時又得不到集團公司的支持，使各成員公司的生產經營處於被動的境地。

我們認為，中國現在不少地方為了享受國家在稅收、減債、資金等方面的優惠政策，組建了眾多「集而不團」的公司，因此我們在進行公司改制時，應該按市場的需要，建立真正的母子公司體制，同時建立一個良好的退出機制，一旦出現那種不適應集團發展目標的成員企業，堅決按市場機制出售或分立。

啟示之三：建立合理的資本結構。利用銀行的信貸資金是企業發展的重要手段，但是韓國企業過度依賴債務擴張，給企業造成過高的債務負擔和風險，我們要引以為戒。中國企業的發展，主要是靠銀行貸款，這點與韓國十分相似，雖然經過幾次減息，與世界金融市場相比，中國的貸款利率仍然偏高，企業的利息負擔依然很重。所以，企業要盡量增加企業自用資金的比例，降低負債率，安排好投資計劃，絕對不能為追求規模，將短期負債用於長期項目建設。

啟示之四：減少政府對大企業集團的過度扶持和干涉。由於條塊分割、政企不分及部分經營者的抵抗，中國企業的兼併和企業集團組建遇到許多行政障礙。在處理這些障礙的過程中，政府干涉只能限於破除部門和地方利益對企業兼併、重組、聯合的束縛，為企業集團的資本化運作提供一個公平的競爭環境和相應的政策和法律保證，而不是既當裁判員、又當運動員。韓國大企業集團為了取得政府的更多優惠待遇，競相依靠貸款擴張經營，並不斷向不同領域擴張，不斷增加生產設備投資，致使投資過度，導致惡性削價競爭，以致虧損出口的現象，值得我們在組建企業集團的過程中反思。

11.5.2　美國模式的特點、問題及啟示

美國企業集團也有兩種典型的結構，一是以家族控製為核心的壟斷財團，二是以大公司為核心的集團公司。美國財團形成於 20 世紀初，但是在二戰後，特別是在 50 年代以來，由於家族對核心企業股票控製的減少和分散，通過持股和人事關係的相互滲透的加強，原來獨立或準家族控製的企業集團已演變為若干大公司和金融組織的聯合控製。[①] 如美國的摩根銀行是摩根家族的核心企業，但戰後喪失其控製權。1979 年，摩根銀行的前 11 名大股東共擁有股權約 20.04%，摩根家族只占 1.05%。與家族控製為特徵的壟斷財團影響力日漸衰落相比，採用集團公司組織體制的獨立系集團，在美國已經占了主導地位，其基本實行「母公司—子公司（事業部）—工廠」的三級組織結構形式。我們認為，美國的這種模式對中國企業集團的影響較大，而且相對比較成功，下面將重點分析其治理結構的特點及兩種新型組織對集團公司治理的影響以及相關的啟示。

集團公司治理結構特點。從組織結構上講，美國集團公司的最高權力機構為集團公司本部或母公司，母公司的權力機構為股東大會，股東通過股東大會選舉董事，再由董事聘任總經理。公司不單獨設立監事會，而是將執行和監督的職能都集中在董事會。董事會內部又專門設立報酬委員會、審計委員會、董事提名委員會等分支機構，這些分支機構的成員大都由外部獨立的董事構成，在董事的選擇上，非常注重獨立董事的專長，從而使外部董事在董事會中占很大的比例，一般在 70% 左右。

兩種新型的企業組織對集團公司治理的影響。

在美國 20 世紀 80 年代的接管浪潮中，出現了兩種新型組織形式，即「槓桿收購」（Leverage Buy-out Association，簡稱 LBO）和經理人收購（MBO）。

LBO 是由幾個合夥人經營，而不是公眾持股公司，且這些合夥人也只從事有限的管理業務，其主要任務是計劃和實行新的收購，合夥者對所賣的企業並不擁有必要的產業知識和經營技能，其活動只集中在尋找目標企業、籌集資金上，進行槓桿收購。項目收購的資金主要來自融資，其中 50%～70% 來自銀行，其他的部分來自其他風險投資者。收購成功后，將原來的企業與核心能力無關部分分離，高度多元化經營的企業往往被分成獨立的企業，原來的事業部被建成獨立的企業，事業部的經理變成總經

---

① 李肅，等. 美國五次企業兼併浪潮及啟示. 管理世界，1998（2）.

理，而總部消失。其主要特徵如下：

（1）LBO 不是一個持續的組織形式，一般在 3～5 年之後，LBO 的合夥者重新向公眾出售股票，重新變為一個富有競爭力的公眾公司。

（2）高層管理人員擁有企業很高比例的股票。這種產權安排使企業的治理結構有很強的激勵性。

（3）收購是由外部合夥人與公司管理層「合謀」完成。

MBO 是公司的高層管理者看到企業的盈利能力，相信自己得到控製權后使企業出現轉機，但由於受董事會的控製和接管的危險，自己的設想很難付諸實施，而自己要得到控股權又缺乏資金，便通過融資的方法，達到足夠控股份額後便對公司進行接管、重組。由於這種收購使所有權與控製權重新統一，其激勵不相容問題大為緩解，但同時由於收購資金全部來自貸款，其負債率過高，破產的風險也大。

啟示之一：以大公司、大集團的資產重組和兼併為主體，借助資本市場的大力發展，實現中國企業的規模重組、產業重組、多元品牌重組、資本重組以及企業功能重組。縱觀美國 100 多年來間發生的五次兼併浪潮，在每一次兼併浪潮中，大公司、大企業始終是資產重組和企業兼併的主體。中國近年來也出現了企業集團的資產重組，並逐步由傳統的行政手段為主，向市場方式轉化。雖然一些發展較快的大企業在集團化、國際化及規模重組、產業重組、品牌重組、資本重組和功能重組等方面進行了有益的探索，但只是剛剛起步，真正的意義上的兼併和重組還必須要進行金融手段的創新和資本市場的發展，因此，應大力發展資本市場，為企業併購提供有效的融資渠道，為投資者控製公司提供有效的外部約束機制。

啟示之二：增加獨立董事在公司董事會中的作用，強化對集團公司經營者的激勵和約束機制。美國的大公司中，外部的獨立董事一般占 70%～80%，而且均具有相關的專長，且不受總經理的控製，監督上獨立性強。在美國大公司，近幾年來隨著機構投資者對企業經營的積極介入，它們主要利用代理權競爭和董事會來改組企業經營。相比之下，中國的大公司、大集團的董事會主要由內部人員構成，董事會的獨立性和監督職能大大降低。加之國有股所有者缺位，資本市場不發達，董事會、大股東、代理權競爭及接管機制對經營者的監控都虛弱，造成高層管理者的權力過於集中，重大決策由一人說了算，甚至濫用權力、以權謀私或收受賄賂。因此中國要大幅度地增加董事會中的外部獨立董事的比重。

啟示之三：注重機構投資者在公司治理中的作用。近幾十年來，美國大企業和集團公司的股權結構發生明顯的變化，機構投資者迅速崛起，持有許多大公司的股票，並成為一些大公司的大股東。到 1995 年，人們估計這些機構投資者大約擁有美國所公開交易公司股票的 55%。就此可以分析得出結論：美國的公司治理模式也在逐漸由外部接管機制為主向依賴內部其他治理機制為主轉移，或者二者並用，與日德模式靠近。這為中國大公司、大集團治理結構的演化提供了有益的啟示，即利用各種基金入市，並鼓勵其積極參與公司治理，達到治理手段多元化。

【思考與練習】

1. 企業集團的概念。
2. 集團治理與單個企業的治理有何異同？
3. 母公司如何選擇對子公司的控製？
4. 母公司權利濫用在現實中表現為哪些方面？
5. 案例討論

集團母公司掏空上市子公司：「猴王」變空殼

1993年，猴王焊接股份公司從猴王集團中「剝離」出去，改組為猴王股份公司上市，猴王集團公司成為猴王股份公司的第一大股東。但此次資產重組實際上只是一種形式上的「剝離」，猴王集團和猴王股份從未在人員、資產和財務上實施真正意義上的分開剝離，這也就為后來的猴王集團破產以及猴王股份演變為「空殼」公司埋下了禍根。

猴王股份公司上市以來，經營狀況江河日下，1999年開始出現虧損，財務報表也顯示出不同尋常的高額應收帳款和長期負債。當初的一塊優質資產淪落到如此凄慘境地，而公司過去披露的信息根本無法自圓其說，怎不讓人疑竇叢生？迫於強大的輿論壓力，猴王股份公司2000年6月15日公布了其與集團公司的債務往來：自1994年以來，借貸給猴王集團的長期借款高達8.91億元，到目前為止未還款數額為5.9億；自1998年4月以來，為集團公司及其下屬企業提供信用擔保金額45,862.4萬元，由於日前猴王集團突然宣告破產，將有近3億元的擔保金額血本無歸。這兩項數額累計達近9億元。而根據猴王公司2000年度中期報告的數據，猴王公司的總資產總共才93,408萬元。也就是說，隨著猴王集團的破產，猴王股份已經變成了一家空殼公司，幾乎沒有什麼淨資產可言了。廣大中小股東此時才知真相，連呼「中計」。

從實質意義上講，無論是猴王公司的董事會，還是其經營管理層，都只是猴王集團的一個「橡皮圖章」，公司經營決策權以及激勵、監督權都掌握在集團公司手中。二者在人員、資產以及財務上的千絲萬縷的聯繫，為猴王集團惡意控製股份公司創造了條件。猴王集團本身企業負擔重、創利能力差，只能指望上市公司猴王股份不斷為其輸血。如此一來，不但造成了國有資產的流失，也將猴王股份廣大中小股東的命運捆綁到了與其並無直接聯繫的猴王集團的滾滾下墜的車輪上。猴王集團經營不善，無以為繼，只好鯨吞猴王股份的資產，自然嚴重地損害著猴王股份的廣大中小股東的利益。

猴王集團和股份公司的不正當關聯交易，僅有一個「橡皮圖章」式的董事會還遠遠不夠，只有避開證監會和廣大利益相關者（尤其是猴王股份的廣大中小股東）的監督，才會實現上述的惡意控製行為。那麼猴王集團及猴王股份又是怎麼做的呢？

2000年8月份，猴王集團就開始秘密著手一系列破產準備工作。

2001年1月9日，猴王集團召開職工代表大會，討論同意企業申請破產。1月11日猴王集團主管部門——宜昌市經貿委同意猴王集團申請破產。1月18日猴王集團正式向宜昌市中級人民法院提出破產申請。2月27日猴王集團破產案開庭審理，猴王集

團宣告破產。直至當日,《湖北日報》才用小篇幅文章予以了報導。2月28日,猴王A（0535）發布董事會公告,稱公司原第一大股東猴王集團已宣告破產,公司巨額債務面臨嚴重壞帳風險。

在長達半年多的時間裡,猴王股份的廣大中小股東並不知曉內情,因為公司從未發布正式消息披露此事。而在此期間,財政部批准猴王集團所持有的全部猴王A國家股7234.9924萬股無償變更為宜昌市夷陵國有資產經營公司持有。其根本用意在於避免猴王集團的破產而帶來的國有資產的流失,可廣大中小股東卻被蒙在其中,他們的資產在白白流失卻無人保護。

（資料來源：李維安,武立東. 公司治理教程. 上海：上海人民出版社,2003：229.）

【思考問題】
1. 如何防止母公司對上市公司的惡意控製？
2. 中小股東的利益如何得到保證？

12　網絡治理

【本章學習目標】
1. 瞭解網絡治理的定義及其所包含的內涵；
2. 理解研究網絡治理的意義；
3. 掌握網絡治理的理論基礎；
4. 理解網絡治理的機制以及目標。

12.1　網絡治理的內涵及其理論基礎

12.1.1　網絡治理的內涵

在諸多關於網絡組織治理的文獻中，網絡治理經常和網絡組織治理的概念連在一起。但正如組織本身具有靜態的組織形式和動態的組織機制一樣，網絡治理也具有類似的靜態和動態屬性。

網絡治理的本質類似管理的基本原理，都是通過某些科學的原理的應用，實現組織目標的過程。只不過對於網絡治理來說，其核心體現為提高決策科學性的過程。簡單地說，就是注重做正確的事情，而如何選擇並確定是「正確」的事情，就成為關注這種決策科學性的關鍵環節。

對網絡治理的內涵，可以通過透視網絡和治理兩個方面來理解。網絡的內涵既可以是關係的集合，也可以是技術條件的作用結果。因此，網絡治理中「網絡」的內涵至少包括經濟組織關係的外部和內部因素的集合。如果再考慮到關係的制度屬性，即關係如何在制度的範疇中體現，那麼，我們還可以進一步將網絡細化為正式的網絡關係。例如，基於法律意義上的公司契約以及非正式的網絡關係；基於價值觀、習俗和道德等因素的東方文化關係；中國社會背景中的「關係」[1] 等，就是這樣一種典型的非正

---

[1] FanYing. Questioning Guanxi: Definitions, Classifications and Implications. International Business Review, 2002 (11).

式制度安排①。因此，網絡治理中的網絡內涵，主要包括制度意義和技術意義上的經濟組織或者經濟主體之間的正式和非正式關係的總和。網絡治理的內涵不是某種簡單關係的體現，而可能是眾多的關係相互作用的結果。

網絡治理中的「治理」一詞則是對應管理一詞的。眾所周知，管理是通過協調他人的勞動、實現組織目標的過程。通常是經由層級的組織交易模式實現的，即管理問題一般通過層級組織反應出來，事關對權力的控製性應用②。管理的目標，是追求管理勞動投入后的勞動效果。在治理的內涵中，雖然原則上也是有關制度權力的設計，但對於被治理的對象而言，並非多數情況下都涉及權力的控製問題，而是對象之間通過合作性的協調方式，實現組織目標的過程。因此，合作、協調、相互聯繫是治理的核心屬性。治理的目標，從現象上看是通過設計制衡機制，杜絕現代企業制度意義上兩權分離為基礎的機會主義行為。但實際上，設計相互制衡的制度安排本身是為了提高決策的有效性，體現為如何做正確的決策。治理的核心屬性是競爭與合作基礎上的經濟主體決策行為的有效性、合理性和科學性。

【閱讀】關於治理

治理這一範疇在國際學術界已獲得廣泛承認，並成為一個頗具潛力的新興研究領域，但對治理的定義在國內外特別是學術界尚未完全達成共識。根據羅茨（R. Rhodes）的梳理，治理至少有六種用法：作為最小國家的管理活動的治理，它指的是國家削減公共開支，以最小的成本取得最大的收益。作為公司管理的治理，它指的是指導、控製和監督企業運行的組織體制。作為新公共管理的治理，它指的是將市場的激勵機制和私人部門的管理手段引入政府的公共服務。作為公共部門的治理，它指的是強調效率、法治、責任的公共服務體系。作為社會控製體系的治理，它指的是政府與民間、公共部門與私人部門之間的合作與互動。作為自組織網絡的治理，它指的是建立在信任與互利基礎上的社會協調網絡。在關於治理的各種定義中，全球治理委員會的定義有其很大的代表性和權威性，該委員會認為：治理是各種個人和機構、公共部門與私營部門管理其共同事務的諸多方式的總和，它是使相互衝突或不同的利益得以調和並且採取聯合行動的持續過程。它既包括有權迫使人們服從的正式制度和規則，也包括各種人們同意或認為符合其利益的非正式制度安排。

綜合上述分析，我們認為，網絡治理的內涵實質上是有關網絡化的組織行為如何影響經濟組織的決策科學性的問題。它至少包含事關提高三種網絡組織形式的決策有效性問題。③

---

① 需要注意的是，中國社會中的「關係」一詞，在英文中是沒有對應詞彙的。這是因為中國社會中的「關係」一詞包含了非常深刻的內涵，難以通過正式的制度安排來測度其基本的交易成本。但在時間的維度中，關係這種非正式的制度安排的交易成本可能呈現逐步增加的趨勢。參見：Mike W. Peng. Institutional Change and Strategic Choices. The Academy of Management Review, vol. 28, 2003 (2).

② 周三多，等. 管理學：原理與方法. 上海：復旦大學出版社，1999.

③ 李維安，周建. 網絡治理：內涵、結構、機制與價值創造. 天津社會科學，2005 (5).

網絡治理的第一個內涵是有關組織間網絡如何影響組織的決策問題。由於網絡形式表現為組織間的關係，所以網絡治理等同於網絡組織間的治理。這種網絡組織，既包括志願性的風險共擔的基於正式制度安排的戰略聯盟，也包括旨在共同獲取更多市場份額的產業組織，例如，共謀形式的卡特爾。因此，對於體現為組織間關係的網絡治理而言，內涵就是關於企業間關係如何影響關係企業（例如聯盟企業、特許企業和長期供應商等網絡組織成員企業）的績效，具體地說，就是建立企業間諸如戰略聯盟這樣的合作夥伴關係會產生什麼樣的價值創造效應的問題。

網絡治理的第二個內涵是有關網絡經濟條件下的公司治理問題。這實際上是技術條件改變時，作為治理的公司制企業組織形式的決策方式和機制將可能發生怎樣的變化的問題。傳統的公司治理是一套基於所有權和經營權相分離的，旨在制衡決策權力的制度安排體系。但在網絡經濟背景下，IT 技術的飛速發展使得以往的公司治理的制衡效率和方式都面臨著挑戰。一般意義上的治理結構，例如，董事會和股東大會作為正式的制度安排，都將可能受到信息技術的影響，從而造成不同的治理效率。

網絡治理的第三個內涵，源於治理的內部網絡形式。經濟組織中的高科技網絡企業（例如，搜索引擎門戶網站等）、跨國公司和集團公司，都是比較典型的治理的內部網絡形式。這類企業，勢必出現不同於單個公司制形式的網絡治理問題，從而形成內涵更加豐富的跨國治理和集團治理。

12.1.2　研究網絡治理的意義

網絡組織治理的研究意義在於：一是增進信任，防範「道德風險」、「搭便車」等機會主義行為；二是提高網絡組織的運行質量，保證有序運作；三是促進結點協同互動，挖掘蘊藏在結點之間的潛在價值。由於網絡組織本身和環境的複雜性以及網絡組織治理環節的多樣性，網絡組織的治理遠不是通過少數幾個環節或子系統所能解決的問題，而是各有關方面密切聯繫、交互影響，因而是複雜的系統工程，需要系統性創新。

12.1.3　網絡治理的理論基礎

12.1.3.1　從科層到網絡：治理環境的演化

（1）科層治理的理論架構

科層治理一般所言是指以「股東利益至上」為原則、以層級組織的權威為依託的公司治理形式，屬於企業內的制度安排。正如科斯（Coase，R. H）在其《企業的性質》（1937）一文中所指出的「企業與市場是經濟組織制度的兩極」。因此，科層治理與市場治理（Market Governance）被認為是兩種基本的治理形式。科層治理以節約組織成本，尤其是代理成本為要約；而市場治理則是以節約交易成本為原則。威廉姆森（williamson，O. E. 1979）繼承和發展科斯的企業理論，以三重維度——不確定性、資產專用性與交易頻率對不同的交易範式加以界定。科層治理的架構則是以三重維度為基礎來試圖解決企業的組織成本，尤其是代理成本的問題。科層治理結構則是有關

董事會的功能、結構以及股東的權力安排。

公司需要治理的核心理由是存在不完全合約（Incomplete Contracts）。不完全合約的存在導致委託—代理各方激勵的不相容、責任的不對等。而科層治理則是通過合約關係對委託—代理各方的責、權、利進行配置，其關鍵的功能是如何配置公司的控製權[1]。科層治理的行為則是通過治理機制（激勵機制、約束機制為其兩大重要機制）來實現治理的目標，其根本的目標是保護股東或委託人的權益，並使其利益最大化；監督經營者或代理人的行為以防止其偏離所有者的利益。這樣，可得出在三重維度的環境中，科層治理的理論架構（如圖12.1所示）。

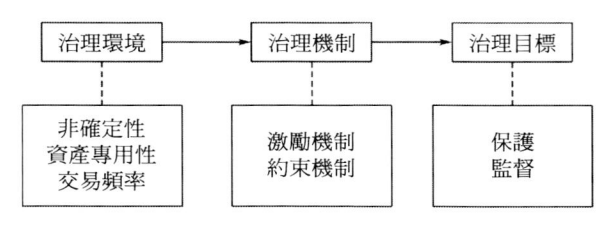

治理環境 → 治理機制 → 治理目標

非確定性　　激勵機制　　保護
資產專用性　約束機制　　監督
交易頻率

圖12.1　科層治理的理論架構

（2）治理環境的變化

在科斯的企業理論中，企業是以非市場方式——科層組織對市場進行替代。另一方面，企業是一組契約的集合體。但在戰略聯盟、企業集團這些以網絡為基礎的組織形式中，企業與企業所形成的市場交集，不僅僅有市場的價格機制起作用，而且企業間的契約也發揮著效力。因此，在企業與市場之間，存在著一個中間組織。這種中間組織並不是對企業與市場的替代，而是以兼有企業與市場某些特性的雜交形式而存在。這可從威廉姆森以三重維度為基礎所分析的規制結構上得以理論證明：企業的出現是不確定性大、交易頻率和資產專用程度高的結果。當這三個維度變量處於低水平時，市場則是有效的協調方式，而處於這二者之間的是雙邊、多邊和雜交的中間組織形態。就企業間網絡而言，這些中間組織形態表現為企業間複雜多樣的制度安排。

構成網絡組織形態的一個重要基點是非正式組織能充分發揮效力。這不僅包括企業裡的非正式組織，而且包括以社區為基礎、個體與群體的關係或紐帶而形成的非正式組織。這些關係或紐帶以嵌入的方式，通過雙邊或多邊交易的質量與深度來對個體或組織進行非正式的控製，尤為重要的是社會資本通過這些關係或紐帶嵌入於網絡組織[2]，並在其中進行流動、連結與定位。因而，社會關係與其交易不僅是非正式組織形成的基礎，而且促進正式組織與非正式組織間相互連結，擴充組織的活動規模與空間，擴展組織的邊界，觸發治理環境的變化。因此，在中間組織形態中，市場原則、組織準則與社會關係共存，市場機制、組織機能與關係效力相互滲透。正是這種共存與滲透，才產生了以參與者間的關係連結為特徵的網絡組織形態。

---

[1] 李維安，等. 公司治理. 天津：南開大學出版社，2001.

[2] Granovetter, M. Economic Action and Social Structure: A Theory of Embeddedness. American Journal of Sociology, 1985, 91 (3): 481–510.

治理環境的變化，使治理任務所依賴的路徑發生改變，引發治理形式的漸變，即由以科層組織為基礎，股東會、董事會與經理層為主體的治理結構向以中間組織狀態為基礎，網絡治理形式的方向演化。這是因為科層治理結構面對環境的快速變化，在信息的獲取、傳輸、利用與反饋上往往會有一段滯后期，勢必影響管理決策的制定與實施。而股東因受科層治理模式中定期會議制度的限制，難以與董事會、經理層進行及時的信息交換與溝通，形成「無為治理」，削弱治理的整體效應。而且，科層治理結構所提供的渠道具有較小的選擇性。股東會、董事會與經理層相對固定的治理模式，會議的定期制或預定制，以及股權與層級的限制，使科層治理的範圍與程度都顯得窄小，不僅小股東或內部職工的治理行為存在諸多的制約，而且外部的非股東個體與群體參與治理可選擇的渠道也為數較少。此外，科層治理結構中股東行為往往具有被動性與消極性。由於治理渠道較少及信息的不對稱，股東、非股東個體與群體參與治理的成本會大大提高。

　　而在網絡組織中，信息的透明度及流動較為充分，信息的對稱性提高，使治理者能進行及時的信息交換、反饋和共享。同時，社會關係的嵌入為各行為主體提供為數眾多的可選擇的治理渠道和機會，節約治理成本，方便治理行為，從而提高公司內部治理者、股東群體、外部的非股東個體與群體參與治理的主動性與積極性，強化治理的效果。（見表 12.1 的比較）

表 12.1　　　　　　　　　科層治理與網絡治理的比較

比較對象	科層治理	網絡治理
理論基礎	企業理論	中間組織理論
組織形式	正式組織，權威結構	正式與非正式組織，關係連結
治理時效	滯后	及
治理渠道	少	多
治理成本	高	低
治理行為	被動與消極	主動與積極
制度形態	企業內的制度安排	參與者間的關係安排

12.1.3.2　網絡治理的理論架構

　　在網絡組織形態中，個體與群體的關係或紐帶形成社會網絡（Social Network），成為網絡治理的基礎網絡組織。而社會關係網絡以兩種嵌入的方式影響經濟的活動和結果：一是關係嵌入。它是以雙邊交易的質量為基礎，表現為交易雙方重視彼此間的需要與目標的程度，以及在信用、信任和信息共享上所展示的行為。二是結構嵌入。它可以看作群體間雙邊共同合約相互連接的擴展，這意味著組織間不僅具有雙邊關係，而且與第三方有同樣的關係，使得群體間通過第三方進行間接地連接，並形成以系統為特徵的關聯結構。因此，結構嵌入是眾多參與者互動的函數。結構嵌入使網絡內的信息既可以水平地或垂直地流動，又可以斜向地傳播。

　　相似的，企業、組織之間以顯現的或隱含的，暫時的或無時限的合約組成企業間、

組織間網絡（Inter-firms or Inter-organizations Network），以協調與維護企業間、組織間的交易，對環境的變化保持相機的適應性。企業間、組織間網絡的形成既有來自外生要素的整合，如利用技術資源的分佈或依賴資源的社會結構同其他組織建立紐帶，以滿足資源的需要與對不確定環境進行管理，同時又是源於內在因素的驅動，即組織的行為與社會網絡的關係結構驅動組織間網絡的形成。可以說，企業間、組織間網絡既是資源、資本、信息的主要發源地，又是網絡治理的對象與客體。

與此相比，有形網絡（如Internet，intranet）則利用其高效的信息傳播方式與寬廣的信息流渠道，構成網絡治理的技術平臺，對網絡治理的有效運作給予有力的支撐。因而，網絡治理所言的網絡應是「三網（社會網絡，企業間、組織間網絡，有形網絡）合一」。基於此，網絡治理是以社會關係、經濟結構、技術要素的整合過程為基礎，衍生成的一種廣義的治理行為。

Jones 等（1997）擴展了交易費用經濟學理論，引入任務複雜性這一維度，使網絡治理建立在四重維度的交易環境中，即：①供給穩定狀態下需求的不確定性；②定制交易的人力資產專用性；③時間緊迫下的任務複雜性；④網絡團體間的交易頻率。在此基礎上，Jones 等以社會機制為基礎提出了網絡治理的理論模型。但該模型並沒有闡明治理機制這一關鍵要點，而且社會機制作為網絡治理的基礎並不能對治理機制本身進行替代。利用Jones 等四重維度的理念，通過對Jones 等網絡治理模型的修正，提出網絡治理的理論架構（如圖12.2所示），並對此架構進行詳細的探討。

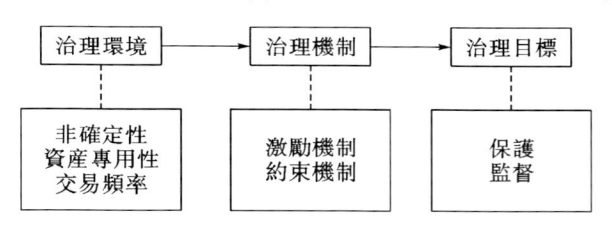

圖 12.2　網絡治理的理論架構[1]

（1）供給穩定狀態下需求的不確定性

需求不確定性的產生源於三個方面：①消費者偏好的快速變化與不可知性。②知識與技術的迅速變化，這導致產品生命週期縮短和信息標準的迅速傳播。③季節性的變動。

在需求不確定的條件下，通過資源外包和子合約的形式，公司的業務會分解成為幾個自主的單位所擁有。這種分離增加組織的柔性，即利用資源的組合、新型的交易或租賃方式，而不是強調佔有資源，從而有能力在更大範圍內對環境的變化作出相機性的反應，快速與廉價地重新配置資源以滿足環境變化的需要。Jones 等指出：在供給穩定狀態下需求的不確定性提供了易於網絡和市場運行而不利於層級組織發展的環境。

（2）定制交易中的人力資產專用性

產品和服務的定制化，是網絡中企業所共有的。定制化的形式包含著從參與者的

---

[1] 彭正銀. 網絡治理理論探析. 中國軟科學，2002（3）：50-54.

知識與技術中獲得的人力資產的專用性，如文化、技術、慣性與在「干中學」獲得的協調性。專用性人力資產的強定制交易需要有一種能增強合作、客串（proximity）與重複交易的組織形式以有效地轉換團體之間的隱喻知識。值得注意的是，專用性人力資產的強定制交易不能有效地通過市場機制來協調，要麼是通過層級要麼是通過網絡來完成。

需求的不確定性推動企業趨向非聚集化，而人力資產的定制交易則強化團體間的協調和整合的需要。網絡治理可通過增強隱喻知識的快速傳播來均衡這些競爭需求。Saxenian（1994）指出：在硅谷，網絡促進隱喻知識迅速擴散到半導體企業，激勵產品的創新與市場化，產生的收益相當於非網絡企業的十倍。

（3）時間緊迫下的任務複雜性

任務複雜性指的是需要為數眾多的不同專用性投入來完成一項產品或服務。任務複雜性導致行為的相互依賴與提高協調行動的需要。與時間緊迫性相聯的任務複雜性可利用一系列的非有序交易產生團隊協調，使各種技術人員同步地生產產品或完成服務。時間緊迫性的產生是由於在迅速變化的市場上縮減技術與理念領先時間的需要，如半導體產業、計算機產業、電影業和時裝業，或是在激烈競爭市場上減少成本的需要，如汽車業與建築業。Coriat（1995）指出在時間緊迫的壓力下，全球化的汽車企業趨向網絡治理以更大地獲得處理產品的多樣化、市場的差異化的能力。

（4）網絡團體間的交易頻率

交易頻率使人力資產的專用性從「干中學」得到發展，並在持續互動中使信任（trust）得以深化，增強企業間制度安排的穩定性，使企業將這種互信關係納入其治理結構的設計中。而且，雙方交易頻率的測度包含著非正式控制的嵌入。非正式控制將增強團體間隱喻知識的轉移和特質性機能的移植，這有利於改變參與者在團體間交易的位置。因此，交易頻率能轉換團體間交易的定位與影響非正式控制的價值。

12.2　網絡治理的機制

網絡治理機制有能力平衡在四重維度環境中的競爭與合作需求，將有效突破市場機制與科層組織不能治理團體間網絡交易行為的局限。互動與整合是網絡治理的兩個重要的機制。

（1）互動機制

互動機制是網絡治理的內生機理。複雜性任務要求團體通過互動以完成一個產品或服務，增進團體間的共同聯繫。而定制化的過程與知識要求增強互動的頻率以實現對隱性知識的共享。

互動機制的運作，表明個體或團體具有通過直接或間接的紐帶對其他參與者施加影響的能力與對環境的反應能力。通過互動機制，個體或團體能獲得進入其他個體或團體資源的機會與實施對隱性資源或知識的交流。另一方面，互動機制不僅能促進相互的瞭解，而且可在公平的準則下增強信任，避免在交流中可能出現的不理解，從而

有更多的機會來進行思想交流或資源交換。互動機制對具有不對稱性資源的企業尤為重要，因為企業可通過互動獲取關鍵性的資源而建立戰略競爭優勢。

由於處於網絡中的企業既具有合作的特徵，又具有競爭的性質，因而互動機制具有兩重性：合作性互動是以信任為基礎，依賴關係提高簽約的頻率和執行合約的效率。此類互動將延擴企業資源利用的邊界，激勵共同利益的形成，減少企業間的協調成本。而競爭性互動為高頻率交易的合夥者進行重複的囚徒困境博弈創造條件。當團體間期待著為可預見的未來而重複互動時，他們相信彼此進行理性的競爭能增加相互的收益與價值，減少交易中潛在的機會主義。

（2）整合機制

需求的不確定性與任務的複雜性要求通過資源的整合來實現團體間的聯合與協作，而社會關係的嵌入則需要整合機制來建立具有可靠性的信任與互惠的關係結構。更為重要的是，整合機制服務於網絡成員的創新活動，通過對關係序列的非有序重組，使之能迅速地組織精幹的群體形成攻關團隊。

整合機制的產生源於新興組織的出現與關鍵性的雙邊關係調整的刺激。對企業而言，這通常是與生產和服務的兩極——重要的消費者與供給者——共同作用的結果。整合機制將通過對參與者關係的疏理，形成新的多邊談判方式以鞏固共同的承諾，釋放單邊的潛在控製利益來擴展雙邊的關係投資，減少市場的不確定性與信息的不對稱性，形成新的競爭與合作環境。

整合機制在兩個方向上運作：一是水平整合，是以資源儲備的依賴方式來擴大資源的享有量，增強新技術與新技能，實現團體間資源供給的共存與差異性互補。二是垂直整合，是以資源移位的關聯方式將資源的使用範圍擴展至多個企業，在範圍經濟的基礎上重組價值鏈。互動機制與整合機制具有動態性。

互動機制與整合機制將改變網絡運作所依賴的既有條件，如合作者的目標、學習的技能、環境的性質與組織的背景。而每一次互動機制與整合機制的運作有著不盡相同的內容，如社會文化的嵌入、交易方式的調整、信息渠道的變異、利益與風險的重新配置等，而且前一次是後一次的基礎，後一次是前一次的延續，在不斷變化的環境中尋求階段性的均衡。互動機制與整合機制作用的效果是網絡邊界的調整、協調方式的形成、利益目標的維護與網絡功效的改善等方面的綜合。

12.3　網絡治理的目標

層級組織中，科層治理可利用正式的權威結構通過政令、規章、協議來協調和保護治理參與者的權益，尤其是股東的權益。但由於網絡治理是參與者間的關係安排，因而就缺乏一個正式組織的權威結構來對網絡中眾多的參與者發揮作用。另一方面，在網絡治理中，個體、團體之間不僅有合約關係的聯結，而且有社會關係的嵌入，同時還有市場因素的介入，因而個體、團體之間的聯合行動除了受到市場機制的作用與影響，相互間要在治理的進程中進行不斷地適應和調整，在依賴與合作中協調參與者

的責、權、利的關係，在風險與衝突中維護參與者的利益與網絡的整體功效。

（1）協調

在網絡治理的進程中，參與者需要運用協調方式在不確定的環境中來完成複雜性的任務。即使是在無摩擦的狀態中，參與者也還需要在勞動的分工、活動與生產的界面上協調。從本質上說，網絡不是自發的關係，而是建立在有意識的協調努力基礎之上，倘若沒有這種努力，網絡就將解體。因此，協調是網絡治理的基本目標。

在網絡治理中，協調使參與者能在制定決策時進行溝通，並在信任與互惠的基礎上共同確立其戰略定向。協調還能實現專用資源、隱喻信息與知識的共享，參與者能利用資源、隱喻信息與知識的超邊界的流動與傳播，來擴展自身的競爭優勢和發展潛在的核心能力。更為重要的是，協調能節約網絡的運行成本與參與者之間的交易費用，因為網絡治理眾多的協調行為建立在「隱性的與無時限」的合約之上。此合約並不需要權力機構的組織與驅動或合法立約的程序與框架的約束。尤其是在信任的基礎上，網絡治理就可利用雙邊的互惠與承諾的關係以及長期重複的交易活動來進行協調，而不需要支付談判費用與立約成本，也不需要付出高昂的事後監督成本。參與者可以在充分小的摩擦成本的狀態下進行合作、交流與交易。

（2）維護

網絡治理中的參與者，尤其是企業，在某些領域可相互協作地採取聯合行動，但在另一些領域則又是相互的競爭對手，這就存在著風險與衝突。因此，網絡治理的另一重要目標是要維護網絡的整體功效、運作機能、以及參與者間的交易與利益的均衡。由於網絡治理不具有類似於科層治理的權威結構來保護治理者的權益，因而網絡治理更多地依賴社會關係的嵌入結構來發揮維護的效力。

在網絡治理中，維護的意義首先在於能通過達成集體的共識與許可，增加不當競爭行為的成本來規範參與者間的交易。其次，維護能通過加快信息傳遞的速度與擴展信息的傳播範圍來保障參與者間信息共享的權利，最大限度地降低信息的不對稱性。最後，維護能通過增強信任，強化文化整合來減少交易中的機會主義和道德風險。

12.4　網絡治理實踐存在的主要問題

在網絡治理作為一種新的治理形式，是環境演化與組織變遷的結構性反應。網絡治理所依存的網絡具有廣義性，是社會網絡、企業間網絡與有形網絡共同作用的綜合。相對於科層治理而言，網絡治理是以企業間制度安排為核心的參與者間的關係安排。這種新治理形式及其不同於傳統的制度安排，必然也會帶來新的風險。

網絡治理的風險。首先，網絡中的相關方是否能夠達成目標一致，這是網絡治理存在和正常運作的前提；其次，網絡治理在溝通和協調方面需要做大量工作，可能會降低治理的效率；第三，網絡治理中，某些具有特殊資源或影響力的個人或組織可能會借機損害公共利益。另外，如果單純為了實現多方共同治理而減少政府職能，可能會造成社會權力的真空，或者會導致特殊利益群體攫取社會權力。因此，中國城市在

討論網絡治理問題時，不僅應關注網絡治理自身效率方面的不足，更應防止因多元化治理而引發的新的社會問題。

【思考與練習】

1. 網絡治理與公司治理是什麼關係？
2. 為什麼說治理機制是網絡治理的核心？
3. 談談你對於網絡治理目標的理解。
4. 案例討論

某些網絡組織治理現狀的分析

幾年前，國內彩電行業的輪番價格大戰，使生產商的利潤空間大大縮小，也使不少企業大傷腦筋，嚴重影響了企業的研發投入與核心能力的提高。面對激烈的降價風暴，2001年國內9大彩電骨幹企業為制止價格下滑而達成「限價同盟」，形成一種同類企業之間的聯盟網絡。但由於必要的機制缺失，在有企業「背叛」承諾，先行降價的情況下，其他廠家別無選擇，只能紛紛跟進，掀起了又一輪價格大戰。雖然「限價同盟」有違反《價格法》的嫌疑，即使成立也有被迫取締的可能，但缺乏相應治理機制無疑為合作者提供了採取機會主義行為的土壤，這是「限價同盟」如此短命的關鍵原因。

（資料來源：孫國強. 網絡組織治理機制研究. 天津：南開大學，2004.）

【思考問題】

（1）該網絡組織治理存在的問題是什麼？
（2）其解決對策是什麼？

治理模式篇

　　公司治理模式是指對具有相同或類似的公司治理外在表現形式的概括或框架。由於各國歷史傳統、經濟制度、市場環境、法律觀念及其他條件的不同，各個國家公司治理模式也有所不同。通常認為比較典型的公司治理模式有三種：一是外部控製主導型模式，即以英國和美國為代表的英美股權主導型公司治理模式；二是內部控製主導型模式，即以德國和日本為代表的德日債權主導型公司治理模式；三是家族控製主導型模式，即以韓國等東亞、東南亞國家為代表的東亞與東南亞家族主導型公司治理模式。這三種公司治理模式都有著鮮明的特點，同時也存在著諸多不足。除了以上三種主要的公司治理模式外，還有轉軌經濟國家公司治理模式，它是社會主義國家從計劃經濟向市場經濟轉變時的產物。這四大類公司治理模式在發展過程中相互借鑑，近年來，隨著經濟全球化的發展，全球的公司治理模式也正在趨同。

13　英美股權主導型公司治理模式

【本章學習目標】
1. 瞭解英美股權主導型公司治理模式的產生過程和發展歷程；
2. 理解英美股權主導型公司治理模式的本質特徵；
3. 理解英美股權主導型公司治理模式的有效性分析；
4. 學會如何將英美股權主導型公司治理模式和其他公司治理模式進行對比分析。

　　由於英美兩國在文化價值觀、法律制度和政治、經濟等很多方面存在著諸多的相似之處。在公司治理方面雖然存在一定的差異，但學術界認為就其本質而言是一致的，往往將英美公司的治理模式作為一個典型模式進行探討和研究。英美公司治理模式是以英國、美國為代表，又被稱為「基於股東或資本市場的模式」「股東導向的模式」或股東資本主義模式，這種治理以大型流通性資本市場為基本特徵，公司大都在股票交易所上市。其存在的具體外部環境是：非常發達的金融市場、股份所有權廣泛分散的開放型公司、活躍的公司控製權市場。本章將從英美模式起源談起，探究該模式產生的原因，分析其本質特徵和有效性，全面、客觀、系統地闡述英美公司的治理模式。

13.1　英美公司治理模式

13.1.1　英美公司治理模式產生的背景[①]

　　英國是最早產生公司治理問題的國家之一，美國是當今公司治理發展最成熟的國家。兩國的公司治理從其最初的孕育到發展成熟經歷了一個漫長的過程。在這個過程中，為了最大限度地保護利益相關者的根本利益，保證經營管理的科學決策和企業的健康持續發展，公司內的權利與責任不斷進行調整，最終達到一種動態意義上的權力制衡。

13.1.1.1　現代公司制度的建立

　　以股份公司出現為標誌的現代公司制度的建立，是公司治理問題產生的基礎條件。股份公司的所有權與經營權相分離，導致了委託—代理問題的出現，從而引發整個公

---
① 閆長樂. 公司治理. 北京：人民郵電出版社，2008：169-174.

司治理的機制問題。現代公司制度的建立經過了一個漫長的發展階段。

（1）英美現代公司制度的建立

股份公司的形成歷史可以上溯到 15～16 世紀的歐洲。哥倫布地理大發現的成功，催生了歐洲大陸繁榮的海上貿易。隨著貿易規模的擴大，新的、有效率的商業組織應運而生。

一是合夥制的推廣。合夥制最初是商人為了保護和增加商業成本，方便與確保長途運輸中的關係以及分攤貿易而發明的一種商業組織形式。比較常見的是由一些固定的家族成員或親朋密友組成的長期合作關係，這種企業的基本資本由合夥人出，需要增加資本時，可以由原來的合夥人增資，也可以吸收別人的資金入伙。這種合夥企業相對於單個業主制的企業來說，具有相對獨立的生命，一旦某個合夥人無意經營或死亡，企業業務不至於中斷。分享所有權的合夥制為以後所有權變成一種可以購買、轉讓、繼承和分利的權利形成打下了基礎，也為所有權和經營權的分離創造了條件。

二是特許公司。它由政府授予一定的對外貿易壟斷權，享有其他一些優惠待遇。例如公司擁有自治權，有的甚至擁有軍事力量和自行鑄幣的權力，代替國家行業行駛部分主權，是 16～17 世紀政府用特權交換利益的典型形式。特許公司可以分為兩類：一類是契約公司；另一類是早期的股份公司。契約公司的典型例子是英國的商人冒險家公司。這家公司根據 1564 年的特許狀，擁有壟斷英國與尼德蘭和漢堡所進行的布匹貿易的權力。17 世紀中葉，該公司有 7,200 個成員。股份公司最早出現於義大利的熱那亞和德意志的一些採礦中。地理大發現后，股份公司得以迅速發展。1550 年第一批英國股份公司成立，專門經營對俄國和幾內亞的貿易。最著名的是英國東印度公司和荷蘭東印度公司。英國東印度公司於 1600 年得到英王特許，壟斷英國與印度、中國和其他亞洲國家的貿易，成立初期有 100 名商人入股，原始資本達 68,373 英鎊。1617 年入股人數達 954 人，股金達 162 萬英鎊，1708 年資本總額為 316 萬英鎊，相當於創建時的 50 倍。[①] 1602 年荷蘭「東印度公司」成立，成立伊始便公開徵集資金，社會各界以入股的方式投入資本。連阿姆斯特丹普通的女僕也以 100 盾投資入股，短短一個月便募集 6,424,578 盾的資本。[②] 該公司按照合同原則籌資，按股金比例分配利潤，經營結束后將股本退還投資者本人。股份公司的正式形成和快速發展是現代公司制度及公司治理走向成熟的基礎，因為股份公司帶來的是經營權和所有權的分離，由此而產生的多種權利與利益關係是公司治理結構和治理機制設計的主要出發點。

1600 年以後，股份公司的資本具有了永久性，公司總部不再兌現該公司的股票，而是指定股票持有人將股票拿到市場上去出售。股份永久化的目的是為了保證公司的相對獨立和創造長久發展的可能性。英國的東印度公司開始將利潤和資本區分，利潤作為投資回報給股東處理，而資本則沉澱在公司，累積起來進一步發展。受東印度公司所起的示範效應的影響，英國公司的數量迅速增加。從 1688—1695 年，先后有 100

---

① 高德步. 世界經濟史. 北京：中國人民大學出版社，2001：177.
② 王斯德. 世界通史第二編：工業文明的興盛——16～19 世紀的世界史. 上海：華東師範大學出版社，2001：42.

家新公司宣告成立。1711年，著名的南海公司成立，所有政府公債持有人可以憑藉政府債券來認購該公司的股票。由此可以看到，英國公司通過股票籌措資金、進行利潤分配的歷史由來已久。這種基礎上發展起來的股權結構，以及隨後發展起來證券市場的日趨成熟是直接影響其治理模式的一個重要因素。

（2）美國現代公司制度的建立

美國雖然只有200年的歷史，卻有著150多年的發展史。因為在英國殖民者到達美洲之前，美國的市場幾乎是一片空白。英國殖民者到達美洲後，帶著明顯的重商主義傾向開闢殖民地，由於極為有利的自然條件和經濟社會條件，美國的經濟發展十分迅速，而且美國公司的模式、數量大大地超過其他國家。

19世紀40年代以前，美國基本上還處於古典企業時期，私人業主式企業和合夥人制企業在美國經濟中占主導地位，公司制企業不僅數量少，規模也比較小。19世紀40年代後，美國的交通、通訊業飛速發展，南北戰爭後，逐漸形成了國內開放的互聯結構的統一市場體系。此外美國資本市場幾乎與世界資本市場同步發育起來。1873年美國爆發的經濟危機，導致壟斷和併購時代的到來。成功的併購企業都做到了合併生產和集中管理。大量的股票和債券的發行使他們擁有眾多的股東，每一個股東親自去管理企業顯然是不現實的。同時，這些行業的管理工作不僅繁多而且複雜，需要特別的技巧和訓練才能勝任，只有專職的支薪經理是適合的人選。股東只是在籌集資本、分配資金、制定公司長遠規劃、選舉高層經理時發揮作用。公司所有者和經營者的職能明確地分開了。當時的杜邦公司的機構設置體現了這種制度創新：最高的執行機構是董事會，在董事會的執行委員會內設總裁及負責各個操作部門的副總裁。副總裁對各自分管部門的績效負責，執行委員會注意總體規劃和評估各個部門的績效。各職能部門，例如生產的三個部門、銷售部及下屬地區辦事處和重點原料部的日常操作由支薪的部門經理負責。我們可以看出，至此，美國的現代公司制度已基本形成，其所有權與經營權已經分離，並且董事會與經理層的職能也明確分開，公司治理中的委託—代理關係的前提就此形成。有關學者在評價美國股份制發展時說道：「從業主制、合夥制過渡到股份制，同時從家族統治過渡到兩權分離，形成企業家和經理層，這是資本主義對生產關係的重大調整，對推動生產力的發展起明顯的作用。這兩個轉變，美國比英國、德國做得快、做得好，這是美國在19世紀末能迅速趕超英、德的重要原因之一。」[1]

13.1.1.2 近代金融制度的建立

17世紀末18世紀初，歐洲銀行制度、結算制度、證券交易市場的建立，在很大程度上解決了資金融通問題，促進了經濟發展。由於貿易運輸中貨幣的磨損和貿易逆差，歐洲大陸因缺乏貨幣從而產生對信用工具的需求。在16世紀前，私人之間的借貸非常普遍，但後來依靠自身資金累積進行放貸已無法滿足對貸款的廣泛需求，而且放貸人也並不滿足於收放債的高利，於是出現早期的「商業銀行家」。他們將自己的資金或者

---

[1] 陳寶森. 淺議美國股份制的有益經驗. 世界經濟與政治，1997（12）.

放債人的資金用於發展商業或轉貸給別人，1630年后這種商業銀行現象在英國格外突出。1725年后，倫敦城有這樣的私人銀行24家，1785年上升到52家。銀行業的發展促進了信用工具的發展，英格蘭銀行逐漸成為國際計算的中心，並在發行貨幣方面取得了顯著的成績。

證券市場是由於公司、政府對吸收社會公眾投資的渴望及社會公眾對直接投資的興趣而產生的。16世紀，長期合作的企業通常有兩個增加流動資本的途徑：一是原始合作人追加資本，分配是根據其提供款項多少取得固定的、有保障的利息，而這種利息通常是在公司盈利未分配之前支付；二是創業資本，分配則是根據公司的總盈利和虧損取得報酬。這種區分是現代公司在籌措資本時採用的「債券」和「股票」的雛形。17世紀30年代，倫敦的證券和股票交易逐漸發展起來，倫敦的科恩希通往倫巴第街的窄小胡同被稱為「交易所胡同」，其間眾多的咖啡館成了進行股票交易的場所。債券市場上有公司債券和國家債券之分。英國的公司大都選擇發行債券作為籌資手段，理性的投資人也比較喜歡能夠獲得穩定收入的公司債券。1709年之後，英國東印度公司正式發行的債券價值在300萬英鎊以上。政府發行的證券與公司債券則是廣大私人投資者喜好的投資品種。

由於美國證券市場發育比較早，也比較成熟，美國公司注重來自於股東的監控，其治理模式主要根植於19世紀末的公共證券市場。當新的工業公司為擴大生產規模而籌措資金時，他們可以選擇主要從事政府債券和公共事業公司股票交易的證券市場。紐約證券交易所於1792年成立，它為當時美國公司籌資活動起到了重要的仲介作用。在20世紀的經濟大危機后，美國加強了對證券交易所的管理，於1934年成立了聯邦證券交易會，嚴格區分商業銀行與投資銀行的區別，嚴格要求上市公司應徹底公布財務狀況並給局外人以更大的監督權。至此，包括股票、債券等產品在內的發達的資本市場成為英美公司融資的主要場所，英美公司市場主導型的治理機制也由此形成。

13.1.1.3 法律制度的建立與完善

商業文明的衝擊引起了社會觀念的重大轉變，促進了新的觀念在商業實踐中進一步發展，並真正成為人們新的準則。商業成為關鍵人物，相應產生了重商主義的學說和政策，使英國社會生活出現了商業化趨勢，催生了制度創新。但是制度本身並不完善，市場的運行機制尚未形成，屢屢出現如圈地運動、商業投機和詐欺，南海泡沫事件等現象。當財富的原始累積完成后，獲利的集團和一無所有的勞動者都對競爭的有序化提出了要求。

競爭有序化是英國公司外部治理向成熟階段推進的關鍵問題，主要通過一系列法律關係的調整出來。從某種程度上講，公司治理的變革是通過公司法及相關法律的調整來實現的。1720年南海泡沫事件后，英國政府頒布《禁止泡沫公司條例》，以控製投機活動，恢復公司的信用。《禁止泡沫公司條例》是英國的首次公司立法。19世紀，伴隨著公司法的變化，創建、註冊、治理和規範公司的方法也發生了變化。1834年，公司交易法頒布，規定公司所有成員必須公開註冊。1837年又頒布了一般公司法，規定了公司的法人性質和公司的註冊程序。1844年通過了股份公司法，該法案要求所有

非法人公司都要進行註冊和規範，這是一種政府干涉行為，其目的是保護投資者不受公司創建者詐欺行為的傷害；明確了董事長、股東大會和審計員的職責，但沒有明確限定股東責任。該法案延續至今，為公司註冊、組建和規範奠定了基礎。1855年8月，英國議會通過一項對股份公司的股東責任進行限定的《有限責任法案》，明確規定了股東只負有限的賠償責任，奠定了現代公司制度的法律基礎，確立了公司制的基本框架。1862年，英國對以前的法律作了徹底修正，通過了《公司法》。該法案規定了建立公司的模式——只要有7人或7人以上在公司章程上簽字，就能組建一個有限責任公司。公司章程中應包含註明有限責任字樣的公司名稱、註冊地址、公司建立的目標、股東責任限定的說明和公司打算註冊的數額。這項法律已屬於現代公司法的範圍，上述的基本原則至此後再也沒有改變過。現行的英國公司法是以1948年的公司法為基礎的，規定了公司權力分配以及公司權力制衡的基本框架。

公司法在美國的發展和英國大體相同。在19世紀後半期，各個州通過了簡化公司組建過程的法案。法案規定，公司治理通過股東大會實現，股東大會有提名並選舉董事以及要求董事承擔說明責任的權利。

13.1.2 英美公司治理模式的產生與發展[1]

13.1.2.1 分散化股權融資體制

融資體制是公司治理模式形成的基礎。美、英是現代市場經濟發展最為成熟的兩個國家，在企業發展中特別強調市場的作用。以美國為例，美國有著近一個半世紀的公司發展史，作為一個移民大國，美國歷來強調經濟主體的自由和個人主義，與此相適應，美國形成了保護這種自由主義的分散化股權融資體制。這種融資體制有以下兩個特點：

（1）股權資本居於主導地位，資產負債率低

企業資本主要來源於兩個方面：股權資本和借貸資本。美國企業資本的大部分來自於股本，資產負債率較低，一般在35%~40%。其原因在於國家對商業銀行經營範圍的限制。1933年美國《格拉斯—斯蒂格爾法》（Glall-Steagall Act，即《銀行法》）規定，投資銀行和商業銀行必須分開，商業銀行只能經營短期貸款和政府債券，不能經營7年以上的長期貸款，也不得從事股票和證券業務。如果商業銀行用自有資本購買公司的股票，不得超過自有資金和盈利總額的10%，購買的證券必須是信譽等級較高的證券。雖然20世紀80年代之後美國對銀行的管制有所放鬆，一些大銀行取得了證券交易商的資格或開始從事證券仲介經紀業務，銀行持有的股票也超過了法律的限制，但是它們卻很少是公司股票的有實質意義的持有者，這就限制了銀行參與公司治理的行為。

（2）股權分散，機構投資者占據重要地位

美國是具有反壟斷傳統的國家，美國公眾向來對財富因集中和壟斷而壓抑公平競

---

[1] 高明華. 公司治理學. 北京：中國經濟出版社，2009：112-114.

爭的現象感到反感，政府順應民意而制定了許多限制持股人持股比例的法案。與此同時，為使這些立法不至於對公司融資產生不利影響，美國政府較早就造就了相當成熟的證券市場，為公司籌集股權資本和公民購買股票創造了便利條件，也使得美國公司股權呈現高度分散化的特徵。另外，美國還發展起了各類非銀行金融機構，即機構投資者（institutional investors），如各種養老金、互助基金、保險、信託公司等，這些機構投資者成為企業籌措資金的極為重要的仲介機構。機構投資者持股額占上市公司股份總額的比例，從 50 年代的平均 23%，上升到了 1990 年的 53.3%。但是，為了降低風險，機構投資者的基本選擇是「不把所有雞蛋裝在一只籃子裡」，而是進行投資的分散化和多元化，他們在每一家公司所占份額都比較小。

13.1.2.2 分散化股權融資體制與外部控製主導型公司治理模式的關聯

美、英公司股權的高度分散化勢必產生以下兩個問題：

（1）股東人數眾多和股份過於分散使股東無法對公司實施日常控製，他們只能把日常的控製權授予董事會，董事會又授權給經理人，即存在所有權和控製權的分離。

（2）分散的股東很少有或沒有激勵監督經營者，因為監督是一種公共品，如果一位股東的監督引起公司績效改善，那麼所有的股東都能受益，而監督卻是有代價的，所以每個股東都希望其他股東進行監督，而自己則坐享其成，即「搭便車」。遺憾的是，所有股東的想法相同，其結果是沒有或幾乎沒有監督發生。

對於以上兩個問題，有人寄希望於機構投資者。但是，機構投資者並不是真正的所有者，而只是機構性的代理人，它們是為本基金的所有者來營運資金的。因此，機構投資者常被視為「消極投資者」（passive investors），即機構投資者主要關心的是公司能付給它們多高的股息和紅利，而不是企業經營的好壞和實力的強弱。一旦發現公司績效不佳而使所持股票收益率下降，它們的反應是迅速改變自己的投資組合，而無意插手改組公司經營班子或幫助公司改善經營，這就決定了機構投資者所持股票具有較高的換手率。另一個原因是，美國有關法律限制機構投資者干預公司的運作。如1940 年美國的《投資公司法》規定，保險公司在任何一個公司的持股率不能超過 5%；養老基金和互助基金不能超過 10%，否則就會面臨非常不利的納稅待遇，他們的收入要先繳公司稅，然後在向基金股東分配收入時再納一次稅。[①]

針對個人股東持股的高度分散和機構投資者的「消極傾向」，美國公司治理的重心便放在了其發達的市場上，即通過股票市場、經理市場和產品市場等在內的市場體系對經營者進行約束，同時通過對經營者給予必要的激勵以促使經營者加強自我約束。由於對經營者的控製以外部市場為主，故被稱為外部控製主導型公司治理。

[①] 高明華. 公司治理：理論演進與實證分析. 北京：經濟科學出版社，2001：69－71.

13.2　英美公司治理模式的本質特徵

　　公司內部的權力分配是通過公司的基本章程來限定公司不同機構的權利並規範它們之間的關係的。各國現代企業的治理結構雖然都基本遵循決策、執行、監督三權分立的框架，但在具體設置和權利分配上卻存在著差別。英美等英美法系的國家一貫崇尚經濟的自由放任，強調市場的自我調節作用，加之其證券金融市場的高度發達，股權極為分散且流動性強。在這種背景下，公司治理結構在內部治理和外部治理結構上均呈現出明顯的特徵。

13.2.1　英美公司內部治理結構特點

　　（1）股東大會

　　英美模式下的內部治理是一種單層結構，即由股東大會、董事會和經理層組成。但是，在股權非常分散和相當一部分股東持有很少的股份條件下，股東直接實施治理的成本較高，股東大會一般將公司日常決策的權利委託給了由董事組成的董事會，而董事會則向股東承諾使公司健康經營並獲得滿意的利潤。

　　（2）董事會

　　董事會是股東大會的常設機構。董事會的職權是由股東大會授予的。董事會是公司治理的核心。美、英等國家的公司多採用單層制董事會，不設監事會，董事會兼有決策和監督雙重職能。董事會由股東大會直接選舉產生，對股東大會負責。董事會由提名委員會、薪酬委員會和審計委員會等不同的委員會組成。董事會的監督職能主要由獨立的非執行董事承擔，通常報酬委員會、審計委員會等行使監督職能的委員會主要或全部由獨立的非執行董事組成。

　　美、英等國家的公司獨立董事在董事會中的比例多在半數以上。由於股東在追求利益最大化時，有可能損害他人利益，其中的大股東在實現自身利益的同時，還可能會損害中小股東的利益，因此股東作為董事有一定的局限性，引進獨立董事制度便成為必然。為了防止董事會和經理人員相互勾結，英、美等國家銀行的董事會多數由非執行的獨立董事構成，使其能夠比較客觀和獨立履行評價與監督職能來確保股東的利益。這是同德、日等國家相比一個突出的特點。

　　（3）經理層

　　從理論上講，董事會有權將部分經營管理權力轉交給代理人代為執行。這個代理人就是公司政策執行機構的最高負責人。經理層在經營管理中權力很大，具有一般決策權和執行權，董事會一般只對那些重大事項的決策負責並監督經理階層。英美大公司中同時存在的一個普遍現象是公司首席執行官兼任董事會主席。這種雙重身分實際上使董事會喪失了獨立性，其結果是董事會難以發揮監督職能。

　　成熟的經理人市場是對從事經理職業的這一群體有力的外部約束力量。美、英等國家都有成熟和健全的經理市場，這些人以經理為職業，為維護經理的職位而努力工

作。職業經理人如果不能被聘任為經理，就會失業。聘任經理人的一個重要標準是他以往的經營業績。如果在其任職期間，公司出現經營業績欠佳，甚至被收購的情況，經理人的信譽就會大大下降，進而就會面臨被解雇的危險。所以，經理人為維護自己的信譽將會傾盡全力經營公司。

（4）外部審計制度的導入

需要注意的是，英美公司中沒有監事會，而是由公司聘請專門的審計事務所負責有關公司財務狀況的年度審計報告。公司董事會內部雖然也設立審計委員會，但它只是起協助董事會或總公司監督子公司財務狀況和投資狀況等的作用。由於英美等國是股票市場非常發達的國家，股票交易又在很大程度上依賴於公司財務狀況的真實披露，而公司自設的審計機構難免在信息發布的及時性和真實性方面有所偏差，所以，英美等國很早便出現了由獨立會計師承辦的審計事務所，由有關企業聘請他們對公司經營狀況進行獨立審計並發布審計報告，以示公正。這種獨立審計制度既杜絕了公司的偷稅漏稅行為，又在很大程度上保證了公司財務狀況信息的真實披露，有助於公司依法經營。

13.2.2　英美公司外部治理結構特點

英美公司外部治理結構往往以公司的股權配置及股東的監控機制作為研究對象，股東監控機制是指股東採用的激勵與約束經理人員行為以及參與公司重大決策等的方式，這也是公司治理的一個核心機制。公司中股權結構尤其是大股東的結構狀況是公司股東監控機制模式的基礎。英美公司股權結構的分散性主要表現在以下幾個方面：

（1）融資結構中以股權融資為主，資產負債率低

英美國家的商業銀行的投資受到嚴格限制，由於其融資結構中以股權融資為主，資產負債率低，所以銀行難以在英美公司的外部治理中發揮作用。在英國，表面上看似對金融機構持股沒有明確的法律限制，但實際上存在著許多謹慎規則。比如一個商業銀行在一個公司持股較多，必須事先得到英格蘭銀行的許可；如果承受的風險大於銀行資本金的10%，也必須得到英格蘭銀行的批准等。和美國一樣，英國的內部交易法也反對股票投資者為控製公司而大量持有公司的股票。

股權高度分散化，美國和英國公司中前五位最大股東的集中度分別為25.4%和20.9%，遠低於日本和德國公司的33.1%和41.5%的比例；美國個人投資者的比例為350%，遠高於德國的4%；美國公司的法人股權比例為2%～7%，遠低於德國的41%。

（2）機構投資者在外部治理中發揮的作用極其有限

機構投資者（Institutional Investor）主要指一些社會事業投資單位如養老基金、人壽保險、互助基金以及大學基金、慈善團體等非銀行機構。公司股權的資金所有者是個人投資者，機構投資者投資的主要目的是實現基金盈利。在所持股的公司績效不佳時，機構投資者很可能不去直接地干預公司運轉，而是轉變自己的股票組合，賣出該公司的股票。為了向機構參加者支付收益，機構投資者往往要在股票的股息率和其他的證券收益率如存款利率、債券利率之間作權衡，在股票收益率高時就購買股票，機構投資者追逐證券收益高者投資。另外，根據有效市場理論，各種股票價格是所有上

市公司業績的綜合反應，投資者不可能找到一個預期業績超群的公司，而將購買股票所承擔的風險主要壓在一家公司上。

（3）「搭便車」和「用腳投票」現象普遍

英美公司股權結構分散，私人持有股份占很大比例，但個人持股相對較小，融資結構和股權結構的特點極易造成股東間「搭便車」現象，由此決定了英美模式是一種市場型銀行治理結構，主要依託外部證券市場，借助證券市場「用腳投票」機制來實行外部治理，即通過證券市場機制中的投票、接管和兼併、尤其是敵意收購等股權流動形式以及破產、清算等債權流動形式實現對銀行經營者的控制與監督。

【延伸閱讀】

帕瑪拉特 VS 安然：歐美模式的失敗？

帕瑪拉特與安然都通過做假帳手段使大量資產流失，但二者在財務報表上的造假是截然不同的，安然的虛擬交易體現在負債部分，而帕瑪拉特則是資產項目下的一個實體資產的消失。

在美國權威財經雜誌《福布斯》推出的2003年最具影響力的10大新聞排行榜中，「公司治理醜聞」排名第二，獲得了14%的投票。而2003年12月底爆出的義大利乳業巨頭帕瑪拉特假帳醜聞，在荷蘭阿霍德公司假帳、美洲航空公司養老金醜聞、紐約證交所首席執行官高薪醜聞等一系列醜聞事件中尤為引人注目。

歐洲版安然？

隨著調查的深入，帕瑪拉特的故事似乎上演了歐洲與美國安然事件最為相似的一幕。一是通過假帳手段使大量資產流失。二是二者都在短短10～30年內從無名小公司擴張成為行業內大牛，事發前一直表現為上升趨勢，使得人們長時間難以覺察到他們的問題。三是公司精心設計的債券和金融衍生品交易，利用涉及眾多子公司的複雜海外架構進行關聯交易。

不過，安然公司和帕瑪拉特公司在造假手法上又有很大的不同，從目前披露的信息來看，安然更加狡猾和複雜。安然通過一系列複雜的互換協議進行遠期交易，這些交易有獲利的可能性，也有不獲利的可能性，一切由市場狀況決定。市場不好時，安然在這些交易中虧損很大。但是市場對其期望很高，使得安然公司在業務環境不利的情況下，通過在財務上和關聯交易上做手腳，使利潤上去，滿足華爾街的預期。同時，安然設計了許多交易，有的長期合同是虛擬的，有的需要時間限制和其他條件，但是安然把所得一次性記入帳內，虛增資本掩蓋虧損。安然手下有數目眾多的關聯公司和信託基金來掩藏債務，通過金字塔式的方式，層層控股，層層借債，這是最後迫使安然破產的主要原因。在帕瑪拉特中則是管理層的盜竊和挪用資產一步步掏空公司，他們利用「避稅天堂」開曼群島設立投資基金的方式將資產轉入自己的家族企業，結構比安然簡單得多。安然和帕瑪拉特在財務報表上的造假是截然不同的，安然的虛擬交易體現在負債部分，而帕瑪拉特則是資產項目下的一個實體資產的消失。

如果說安然是管理層的核心人物在舞弊的話，帕瑪拉特可以說是整個管理層都在

造假。帕瑪拉特是一個家族公司控製的企業，控股股東有絕對的說話權，在坦齊可能長達 15 年的財務造假中，順從的管理層幫了很大的忙。安然則是典型的美國公司治理結構，股權分散，經理層主導，追求股東權益最大化，造假是為了維持安然快速增長的形象，抬高股價。

誰之錯？

帕瑪拉特事件中的一個關鍵是離岸基金，但是它的問題一直沒有被審查出來。《華爾街日報》2003 年 12 月 29 日報導說，自從帕瑪拉特開曼分公司在 1999 年成立以來，似乎使用的都是虛假帳戶。報導援引知情人士說法，在 1999 年以前，帕瑪拉特是利用其他海外公司來粉飾公司的流動性；從 90 年代初開始，這些子公司的財務帳目似乎一直都不真實。帕瑪拉特的會計審計機構當時是通過帕瑪拉特的郵件系統去核實某筆資產的，這與會計準則要求的函證程序獨立進行不一致，因為郵件可能在途中被截獲而被篡改。一方面，會計機構由於成本和技術上的限制不可能對處在避稅天堂的分公司進行全面的審查；另一方面，也存在共謀和執業上重大過失的可能性。

雖然帕瑪拉特的財務交易難以令人信服，但作為機構投資者的銀行還是繼續買入帕瑪拉特的股票和債券，繼續給予貸款並安排那些令人生疑的衍生品交易。很多銀行都持有帕瑪拉特的債券，大投資者們完全沒有利用它們的影響力來改變帕瑪拉特的作為。現在他們只能爭吵誰的債務可以優先獲得償付。在為衍生品和投機交易搭橋賺取費用，還是行使機構債權人監督角色時候，銀行顯然選擇了前者。帕瑪拉特作為一個跨國集團，它同許多知名銀行都有業務往來，包括美林銀行、摩根銀行和花旗銀行等。此外，義大利最大的銀行聯合銀行以及義大利資本銀行都是它的有力支持者。主開戶行和客戶走得太近，允許帕瑪拉特的財務經理們膽大妄為。然而，這在歐洲並不是義大利獨有的問題，在維望迪和阿爾斯通事件中，法國銀行都難辭其咎。

歐洲模式的失敗？

因為安然事件和帕瑪拉特事件就斷定美國模式和歐洲模式的失敗，是武斷和泛化的。事實上，沒有完美的公司治理機制，各國的公司治理方式還在不斷發展中。

在歐洲國家，大量公司被家族控製著。一般來說，和美國公司相比，歐洲公司的所有權集中在少數人手中，因而歐洲公司被認為更能著眼於長期利益，而不像美國的公司經理們時刻盯著股市波動。但是，一個大股東可能因此凌駕於公司之上，損害公司和其他小股東的利益，「有私產者有恒心」，在這裡突然變得不適用了。美國模式的最大特點就是所有權較為分散，主要依靠外部力量對管理層實施控製。在這一模式下，由於所有權和經營權分離，所有權分散的股東不能有效地監控管理層的行為，即所謂「弱股東，強管理層」現象。安然事件就是強力管理層損害弱勢股東的一例。

針對美國公司治理的弱點，可以考慮以下方式：一是發展機構投資者，使分散的股權得以相對集中；二是通過收購兼併對管理層進行外部約束；三是依靠獨立董事對董事會和管理層進行監督；四是依靠健全的監管體製和完善的法律體系，如公司法、破產法、投資者保障法等法律對公司管理層進行約束和監管；五是對管理層實行期權期股等激勵制度，使經營者的利益和公司的長遠利益緊密聯繫在一起。對於歐洲模式，則要削弱它的大股東權限，加強董事會權力，強化外部監督機制，引入獨立董事。

監管機構：沒有牙的老虎？

和中國相同，義大利採取的是銀行、證券、保險分業監管的形式，與一些發達國家的混業監管不同。不能認為出現了混業經營的現象就必須採取混業監管模式，事實上在一定金融發展水平下，分業監管是合適的，特別是監管機構之間建立了良好的信息溝通渠道的話。既然與模式無關，那就可能與監管力度有關。南歐的監管文化比較弱，對違法行為比較寬容。不久前，義大利通過了一個法案，把公司披露不實信息的刑事處罰降低為行政錯誤，雖然后來申明該法案不適用於上市公司，但是已經說明義大利對公司違法行為的寬容度。

《福布斯》雜誌認為這是一個義大利式的醜聞，有著強烈的義大利文化背景。12月30日的一篇文章對帕瑪拉特資金來源及擴張提出質疑，而義大利證券監管機構Consob在和中央銀行的扯皮中沒有發揮什麼監管作用，現在那些提供資金的人看到無利可圖要收回資金，所以才產生了現在的后果。這種分析方式自成一家，但是排除了別的因素的影響。

意義何在？

安然和帕瑪拉特公司很大程度上都是因為自身經營問題和過度擴張原因走向財務假帳的不歸路的。但是裡面伴隨的問題又不太一樣。帕瑪拉特事件對中國企業特別是民營企業有著重要的教育意義：

第一是不要做假帳。謊言總是會被揭穿的。安然做假帳的技術太高超了，中國企業目前還不大可能採用這種方式，捏造合同和偽造單據的現象更多一些，但類似帕瑪拉特通過關聯公司偷盜資產的行為則經常在中國發生。

第二是治理結構的問題。中國現在出現了許多與歐洲類似的家族民營企業，但是一些公司治理結構很不完善，一人獨大或是任人唯親現象不少，如何提高經營效率，避免大舉債擴張是應該考慮的問題。另外，中國在轉軌經濟中，公司治理的最大問題是內部人控制，即在法律體系缺乏和執行力度微弱的情況下，經理層利用計劃經濟解體後留下的真空，對企業實行強有力的控制，在某種程度上成為實際的企業所有者，國有股權虛置。這些歸結起來都是公司治理的問題，平衡大股東與小股東，股東和公司，董事會和股東之間的利益是十分微妙的，這些關係一旦失去平衡，又可能產生一個虛假的會計報表。

第三是監管問題。一是讓市場本身去監管，二是讓財經媒體監管，三是要加強法律的作用。法律規定得再細再全，也難以消除公司造假的風險。一個公司在面臨高度壓力時，就難以完全真實；一家上市公司在面臨經濟衰退和股票大幅下跌的壓力時，信息披露方面就可能造假。最根本的在於靠市場本身去監督。帕瑪拉特事件就是由銀行點起的導火索。造假不會在市場上消失，企業想長久生存下去，則要靠企業在面對市場壓力的情況下，保持誠信。

（資料來源：劉燕，http://finance.sina.com.cn，2004-01-07.）

13.3　英美公司治理模式的有效性分析[①]

　　總的來看，英美公司的內部治理結構是有效率的。英美公司以「干預最少」為公司治理的指導思想，給經營者以充分的自治權，董事長和經理層各司其職、各盡其能。董事會直接對股東負責，進行戰略管理，並依託戰略對經理層提出要求、進行監督；經理層絕大多數為專業人員，可以集中精力對公司進行管理，有助於實現股東利益的最大化。而且，英美國家存在一個發達的經理市場，對經理的激勵和約束能在最大程度上激發經理層的潛能，是促進公司健康持續發展的重要因素。

　　但是，英美公司內部治理結構也存在著比較明顯的問題。首先，因為委託代理的關係存在，會出現委託者和經營者目標不一致的情況，即「代理問題」。其次，存在「弱股東，強管理層」現象。股東的很多權力只是名義上的，經理層的權力過大，董事會成為有名無實的「橡皮圖章」。實際權力都掌握在經理層手中，股東的很多權力只是名義上的。從這個意義上說，這是英美公司治理機制所面對的最深層次的挑戰。

　　進入20世紀90年代尤其是2002年安然事件後，英美對董事會的改進已成為重點，特別是如何發揮外部董事的實質作用已成為人們關注的焦點問題。英美先後發布了博施（Bosch）報告、AIMA法則、Cadbury報告、Greenbury報告、CalPERS（職工退休體系，屬於全球公司治理準則）、Hampel治理報告等，強調董事會應該領導和控制公司，董事應該積極主動地在公司治理中發揮作用等。

13.3.1　英美公司治理模式的優越性

　　英美公司外部治理的最基本特徵是依賴於資本市場。由於公司的股東對經理人的監管力量相當薄弱，外部股東通過採用分散風險的投資方式持股。當他們對經理層的經營管理的公司業績不滿時，就採用「用腳投票」、賣掉股票的方式表決，以引起股價下跌，迫使經理層改善經營。這樣公司控製權市場就發揮了作用，經理被替換的威脅成為激勵公司管理層的壓力和動力。對於英美模式這種股東監控機制的有效性，人們評價不一。客觀上來看，這種模式能夠存在並持續保留下來，必定有它獨有的優勢。這主要表現在以下幾個方面：

　　（1）強調股票在證券市場上的流動性。流動性好能夠使投資者很容易地賣掉手中的股票，從而減少投資風險，保護投資者的利益，同時有利於證券市場的交易活躍和信息公開。

　　（2）證券市場流動性有益於資源的再分配，市場中的資本容易重新得到優化組合，公司籌措資金比較容易。

　　（3）從利益相關者角度看，有利於避免由於一家公司經營不善或環境變化所帶來的連鎖反應。

[①]　閆長樂．公司治理．北京：人民郵電出版社，2008：181-184．

（4）股東們「干預最少」的指導思想給經營者最大的自治權和自由度，有利於經理層創造力的發揮。

（5）雖然對於「用腳投票」的有效性，人們存在不同看法，但這種機制產生的壓力對經理人有積極的作用，同時可以保證資本市場的競爭性。

13.3.2 英美公司治理模式的缺陷性

英美模式的外部治理結構有其有效性，也有其自身致命的缺陷，如何克服這些缺陷，也是英美公司治理模式的專家一直在思考的問題。

首先，股權的高度分散化和流動性易造成經理層經營行為短期化。由於信息披露的要求，股東可以較快地得知公司的經驗狀況，股東以追求投資收益最大化為目標，企業經營一旦出現波動，股東便「用腳投票」賣掉股份。一方面，經理人不得不更多地關注每個月、每個季度的經營業績，而不是關注公司長遠的戰略規劃，從而造成經營行為的短期化；另一方面，資本市場並不能夠正確反應管理者的能力，優秀的管理者和平庸的管理者面臨同樣的被替換的壓力，其經營行為也變得更加短期化。

其次，股權的高度流動性加劇了英美公司控製權的爭奪和接管，出現了純粹的套利行為。在20世紀60年代，公司併購被認為是監控經營者的有力方式，有些公司在被併購後的確提高了經營效率。但從20世紀80年代開始，公司的惡意接管和收購兼併成為一種掠奪財產的方式，垃圾債券的風行更是刺激了這種掠奪的發展。市場上出現了大批小公司吃掉大公司、業績差的公司吃掉業績好公司的現象，惡意收購者成為立法機構限制的主要對象。進入20世紀90年代後，惡意收購幾乎停止，而經理人的權力隨之再度膨脹。直到2002年安然事件的出現，引起人們對限制經理人權力的深切關注。

最後，股東「用腳投票」制度使得被接管或收購兼併之後公司，其原班的經理人的一般均被撤換，這種很大程度上打擊了經理人的積極性。

為了克服短期行為，新的模式正在探索並逐漸形成。這種模式即是要依靠外部監督機制，發揮積極穩定股東的作用，加強機構投資者在公司經營管理中的作用。英美兩國在這些方面做了有益的嘗試和探索，比如建立一個由外部董事和獨立董事為主的董事會來代表股東監督經理層，在董事會下設以獨立董事多數並領導的審計委員會、薪酬委員會和提名委員會；發展機構投資者，使分散的股權通過機構投資者得以相對集中；依靠仲介機構的約束，包括外部審計機構、投資銀行等；依靠強有力的事後監管和嚴厲處罰，以提高違規成本；依靠健全的法律制度，特別是股東訴訟制度，如集團訴訟和衍生訴訟制度，使股東當權益受到侵害時得以補償；對管理層實行股票期權，將經理層的利益和公司長遠利益緊密聯繫起來，達到減低委託—代理成本的目的。

美國公司治理專家瑪格麗特·布萊爾（Magareter Blair）指出，以美國為代表的外部控製主導型公司治理模式至少存在兩個缺陷：

第一，由於公司股票的持有者分佈在成千上萬的個人和機構手中，每一個股票持有者在公司發行的股票總額中僅占一個微小的份額，因而在影響和控製經營者方面股東力量過於分散，股東大會「空殼化」比較嚴重，使得公司的經營者經常在管理過程中浪費資源並讓公司服務於他們個人自身的利益，有時還會損害股東的利益。

第二，金融市場是缺乏忍耐性的和短視的，股東們並不瞭解什麼是他們的長期利益，他們更願意使自己的短期收益更大些。當公司強調要在研究和發展以及代價高昂的市場拓展戰略等方面持續投資而延期向他們支付時，股東們就會傾向於賣出或降價出售公司的股票。在部分情況下公司是在進行低業績的操作，因為經理人對來自金融市場方面的短期壓力太敏感。布萊爾強調，外部控製主導型公司治理模式過於強調股東的利益，從而導致公司對其他利益相關者的投資不足，進而降低了公司潛在的財富創造。[1]

【思考與練習】

1. 英美股權主導型公司治理模式是如何產生？
2. 英美股權主導型公司治理模式具有哪些本質特點？
3. 英美股權主導型公司治理模式具有哪些優越性和缺陷性？
4. 為什麼公司治理模式偏重於向英美外部控製主導型模式趨同？

---

[1] 瑪格麗特·M.布萊爾. 所有權與控製——面向21世紀的公司治理探索. 北京：中國社會科學出版社，1999：9-12.

14　德日債權主導型公司治理模式

【本章學習目標】
1. 瞭解德日債權主導型公司治理模式的產生過程和發展歷程；
2. 理解德日債權主導型公司治理模式的本質特徵；
3. 理解德日債權主導型公司治理模式的有效性分析；
4. 學會如何將德日債權主導型公司治理模式和其他公司治理模式進行對比分析。

　　德日公司的治理模式與英美模式有著很大的不同，這不僅在於其所有權結構的不同導致了治理結構的不同，而且外部治理的監控力量也有所不同。這是由於不同的民族和國家在歷史傳統和價值觀念上存在著相當大的不同。由於德國和日本同屬於第二次世界大戰戰敗國，第二次世界大戰結束後，德國和日本都受到重創，都面臨資金短缺等情況，在經濟等很多方面存在著諸多的相似之處。在公司治理方面雖然存在一定的差異，但談到公司治理模式往往將德日公司的治理模式作為一個典型模式進行探討和研究。德日公司治理模式是內部控製主導型公司治理，是指股東（法人股東）、銀行（一般也是股東）和內部經理人的流動在公司治理中起著主要作用，而資本流通性則相對較弱，證券市場並不活躍。本章將從德日模式起源談起，探究該模式產生的原因，分析其本質特徵和有效性，進而為讀者全面、客觀系統地闡述德日公司的治理模式。

14.1　德日公司治理模式

14.1.1　德日公司治理模式產生的背景

　　由於德國和日本公司治理模式的發展歷程可以看出，德國和日本都是存在著集權傳統的國家，並在歷史發展過程中，逐漸形成了其崇尚「共同主義」和群體意識的獨特文化價值觀。德國和日本均屬於后起的資本主義國家，生存與發展存在著巨大的壓力。尤其在第二次世界大戰后，德國和日本作為戰敗國能夠迅速恢復經濟發展水平，其政治和經濟相對高度集中，共同主義的意識發揮了巨大的積極作用。影響德日模式的形成因素主要包括兩國的歷史傳統、社會文化習俗、資本市場發育水平和法律監管政策等，其中最主要的是監管政策。德國和日本對於銀行等金融機構的鼓勵和弱勢監管導致了以主銀行制度為核心的治理結構，而對資本市場的監管導致了資本市場的不

發達。

14.1.2　德日公司治理模式的產生[①]

14.1.2.1　法人在公司融資中的核心作用

相對於美、英對個人自由的保護，日、德則更加強調共同主義，具有強烈的群體意識，正是這種群體意識，形成了法人（包括銀行）在公司融資中的核心作用。這種融資體制有以下兩個特點：

（1）金融機構融資為主，資產負債率高

日本和德國公司的資產負債率高，企業多以向金融機構融資為主，公司資產負債率一般在60%左右。這一特點是由兩國的經濟環境決定的。第二次世界大戰結束後，由於兩國受到重創，資金短缺，企業一時間無法獲得發展壯大所需的大量資金，證券市場又不發達，民眾也沒有太多的資金投資，因此企業只能向銀行等金融結構求助。日、德政府既要在短期內恢復經濟，又要趕超美國，在政策上也支持銀行等金融機構向企業投資，從而逐漸形成了日、德企業資產負債率較高的局面。

（2）法人（含銀行）股佔據主導地位

第二次世界大戰後，日本在解散財閥的過程中，出現了財閥系大銀行，其財力為持股奠定了資金基礎，加之個人的貧窮，法人持股比重急遽上升。1964年，日本加入經濟合作與發展組織（OECD），為阻止資本市場開放後外國公司對日本企業的吞並，日本政府推行資本自由化政策，開展「穩定股東活動」，從市場購進股份再出售給穩定的股東，從而大大促進了持股的法人化。至此，法人股份制成為日本佔主導地位的企業制度。此后，法人持股開始進入緩慢上升階段，至20世紀90年代初法人持股達到72.7%。[②]

德國至少從俾斯麥（Otto von Bismarck）時代起，銀行就是德國公司治理的核心。俾斯麥曾通過銀行促使經濟增長。開始時，銀行只是公司的債權人，但當銀行所放款的那家公司到證券市場融資或拖欠銀行貸款時，銀行就變成了該公司的大股東，銀行可以持有一家公司多少股份，並無法律上的限制，只要其金額不超過銀行資本的15%就行。第二次世界大戰後，德國工業重建初期，銀行成為企業資金的主要供應者，很快確立起其在德國金融體系中的核心地位。

14.1.2.2　法人核心作用的法律基礎及與內部控製主導型公司治理模式的關聯

日、德以法人為核心的融資體制與兩個國家的法律制度密切相關。

（1）日、德對金融機構的管制政策較為寬鬆

日、德金融機構在持有企業股權方面具有很大的自由度，這是日、德模式產生的關鍵因素。1987年之前，日本反壟斷法規定，商業銀行可持有一家企業股份的上限為

[①] 高明華. 公司治理學. 北京：中國經濟出版社，2009：119-121.
[②] 國家體改委，日本愛知學泉大學. 中日企業比較：環境・制度・經營. 北京：中國社會科學出版社，1995：218.

10%；1987年以後，這一比例儘管下降為5%，但對超過5%範圍的股票處理問題，卻設定了10年延緩期，這等於對銀行沒有限制。保險公司最多可持有一家公司10%的股份，而共同基金和養老基金在投資分散化方面則不受任何限制。德國在銀行持股方面更無限制。根據德國實行的全能銀行（universal banking）原則，銀行可以提供從商業銀行業務到投資銀行業務的廣泛服務（包括信貸、信託、證券投資等），可以無限量地持有任何一家非金融企業的股份，德國銀行的持股率平均為9%。德國反托拉斯法也沒有對其做出任何限制。

（2）日、德對證券市場的限制過於嚴格

日、德兩國傳統上對非金融企業進行直接融資採取歧視性的法律監管。日本長期以來，債券市場只對少數國有企業和電子行業開放，而且債券發行委員會通過一套詳細的會計準則對企業債券的發行設置了嚴格的限制條件。在德國，企業發行商業股票和長期債券必須事先得到聯邦經濟部的批准，而批准的條件是發行企業的負債水平在一定的限度以下，發行申請必須得到某一銀行的支持，企業發行股票要被徵收1%的公司稅。由於對企業直接融資的嚴格監管，使得德日證券市場與英美證券市場相比，發展比較落後。

（3）日、德在信息披露方面規定不太嚴格

1989年，OECD曾對各國跨國公司合併財務報表進行了一次調查，其中在經營結果披露方面，被調查的23家日本公司中只有兩家公司完全符合要求，而19家德國公司中居然無一家完全符合要求。在內部轉移定價披露方面，日本公司只占10%，德國公司仍然無一家符合要求。這表明，日、德企業在信息披露方面的規定不太嚴格，結果造成外部投資者得到內部信息的機會減少，增加了信息成本，影響了投資積極性，這對企業的直接融資行為起到了阻礙作用。

日、德企業法人持股的目的相對於個人而言更長遠，更重視企業的長期發展和長遠利益。法人股換手率低，流通性差，比例高，更易於對企業的經營管理產生影響和加以控制。相對於美英等國的股東「用腳投票」方式，日、德企業股東更多地採用「用手投票」的方式來使企業的目標與投資者的目標相一致，從而形成了內部控制主導型的公司治理模式。

14.2　德日公司治理模式的本質特徵

德日公司的治理結構也是基本遵循決策、執行、監督三權分立的框架設立的，但其所有權結構和權力分配上與英美模式完全不同。德國和日本在第二次世界大戰後，證券金融市場欠發達，股權流動性不強。在這種背景下，公司治理結構在內部治理和外部治理結構上均呈現出它應有的特徵。

14.2.1 德日公司內部治理結構特點

（1）股東大會

由於德國和日本兩國的歷史和經濟發展等因素導致銀行成為了公司的權威股東，在公司股東大會中有著絕對的話語權。雖然股東大會是公司最高的權力機構，但德國和日本在表決權方面高度集中，與英美公司有很大的差別。目前德日兩國的銀行處於公司治理的核心地位。在經濟發展過程中，銀行深深涉足其關聯公司的經營事務中，形成了頗具特色的主銀行體系。所謂主銀行是指某企業接受貸款中第一位的銀行稱之為該企業的主銀行，而由主銀行提供的貸款叫做系列貸款，包括長期貸款和短期貸款。

日本的主銀行制是一個多面體，主要包括三個基本層面：一是銀企關係層面，即企業與主銀行之間在融資、持股、信息交流和管理等方面結成的關係；二是銀銀關係層面即指銀行之間基於企業的聯繫而形成的關係；三是政銀關係，即指政府管制當局與銀行業之間的關係。這三層關係相互交錯、相互制約，共同構成一個有機的整體，或稱為以銀行為中心的、通過企業的相互持股而結成的網絡。另外德國銀行還進行間接持股，即兼作個人股東所持股票的保管人。德國大部分個人股東平時都把其股票交給自己所信任的銀行保管，股東可把他們的投票權轉讓給銀行來行使，這種轉讓只需在儲存協議書上簽署授權書就可以了，股東和銀行的利益分配一般被事先固定下來。這樣銀行得到了大量的委託投票權，能夠代表儲戶行使股票投票權。

（2）董事會

德、日企業多採用雙層制董事會。在德國模式中，股東大會直接選舉出監事會，監事會由非執行董事構成，行使監督職能；董事會由執行董事組成，行使執行職能；監事會決定董事會的人選和政策目標。股東大會、監事會和執行董事會分設，決策者與執行者相互獨立，有利於發揮監事會對公司經營者的有效監督作用。在日本模式中，董事會和監事會均由股東大會選舉產生，監事會獨立於董事會而存在。董事會和高層經營人員組成的執行機構合二為一，決策者與執行人員合二為一。在以德、日為代表的內部控制主導型公司治理模式中，證券市場不發達，公司經營者在企業中居於主導地位。以日本為例，日本監事會的權力相對較小，雖然規定監事會應由股東大會選舉產生，但往往是經總裁選定之後推薦，監事通常由富有經驗的前任管理人員擔當。選聘註冊會計師的事項本應由股東大會做出決定，但也通常由財務董事直接向總裁推薦，監事會不作干預。可見，日本監事會僅相當於董事會的一個監督部門。董事會與監事會無法平行運作，事前事後、內部外部的有效監督很難實現。相對於外部控制主導型公司治理模式注重董事會的改革和增加獨立董事的比例來加強董事會的監督職能而言，內部控制主導型公司治理的改革更注重監事會的完善。

在內部控制主導型公司治理模式中，職工董事的職能得到體現。在德國的共同公司法中有如下規定：職工與股東以相同的比例進入董事會，但也視企業規模的大小有所不同。日本雖然在商法中有所規定，但在日本公司中，長期以來已經約定俗成，職工通過內部晉升的競爭來加入董事會。職工參與管理在很大程度上降低所有權與管理權分離所產生的代理成本。

（3）法人持股或法人相互持股

在日、德等國家的企業集團中，公司之間的交叉持股現象十分普遍。法人持股，特別是法人相互持股是德日公司股權結構的基本特徵，這一特徵尤其在日本公司中更為突出。第二次世界大戰後，股權所有主體多元化和股東數量迅速增長是日本企業股權結構分散化的重要表現。但在多元化的股權結構中，股權並沒有向個人集中而是向法人集中，由此形成了日本企業股權法人化現象，構成了法人持股的一大特徵。

據統計，日本 1949—1984 年，個人股東的持股率從 69.1% 下降為 26.3%，而法人股東的持股率則從 15.5% 上升為 67%，到 1989 年日本個人股東的持股率下降為 22.6%，法人股東持股率則進一步上升為 72%。正由於日本公司法人持股率占絕對比重，有人甚至將日本這種特徵稱為「法人資本主義」。

由於德日在法律上對法人相互持股沒有限制，因此德日公司法人相互持股非常普遍。法人相互持股有兩種形態，一種是垂直持股，如豐田、住友公司，它們通過建立母子公司的關係，達到密切生產、技術、流通和服務等方面相互協作的目的。另一種是環狀持股，如三菱公司、第一主銀集團等，其目的是相互之間建立起穩定的資產和經營關係。

總之，公司相互持股加強了關聯企業之間的聯繫，使企業之間相互依存、相互滲透、相互制約，在一定程度上結成了「命運共同體」。

14.2.2 德日公司外部治理結構特點

德日公司外部治理結構具有嚴密的股東監控機制，且資本市場對公司治理的作用極其有限。其特點主要內容如下：

（1）德日公司的股東監控機制

德日公司的股東監控機制是一種「主動性」或「積極性」的模式，即公司股東主要通過一個能信賴的仲介組織或股東當中有行使股東權力的人或組織，通常是一家銀行來代替他們控制與監督公司經理的行為，從而達到參與公司控制與監督的目的，如果股東們對公司經理不滿意，不像英美兩國公司那樣只是「用腳投票」，而是直接「用手發言」。但是德日公司的監控機制的特徵有所不同。德國公司監控機制的特徵表現在兩個方面：

一是德國公司的業務執行職能和監督職能相分離，並成立了與之相對應的兩種管理機構，即執行董事會和監督董事會，亦稱雙層董事會。依照法律，在股份公司中必須設立雙層董事會。監督董事會是公司股東、職工利益的代表機構和監督機構。德國公司法規定，監督董事會的主要權責，一是任命和解聘執行董事，監督執行董事是否按公司章程經營；二是對諸如超量貸款而引起公司資本增減等公司的重要經營事項作出決策；三是審核公司的帳簿，核對公司資產，並在必要時召集股東大會。德國公司監事會的成員一般要求有比較突出的專業特長和豐富的管理經驗，監事會主席由監事會成員選舉，須經 2/3 以上成員投贊成票而確定，監事會主席在表決時有兩票決定權。由此來看，德國公司的監事會是一個實實在在的股東行使控製與監督權力的機構，因為它擁有對公司經理和其他高級管理人員的聘任權與解雇權。這樣無論從組織機構形

式上，還是從授予的權力上，都保證了股東確實能發揮其應有的控製與監督職能。由於銀行本身持有大量的投票權和股票代理權，因而在公司監事會的選舉中必然佔有主動的地位，德國在 1976—1977 年度的一份報告中表明，在德國最大的 85 個公司監事會中，銀行在 75 個監督董事會中佔有席位，並在 35 個公司監事會中擔任主席[1]。

如果公司經理和高層管理人員管理不善，銀行在監事會的代表就會同其他代表一起要求改組執行董事會，更換主要經理人員。由此可見，德國在監事會成員的選舉、監事會職能的確定上都為股東行使控製與監督權提供了可能性，而銀行直接持有公司股票，則使股東有效行使權力成為現實。

二是德國監控機制有別於其他國家的重要特徵是職工參與決定制度。由於德國在歷史上曾是空想社會主義和工人運動極為活躍的國家，早在 200 年前早期社會主義者就提出職工民主管理的有關理論。1848 年，在法蘭克福國民議事會討論《營業法》時就提議在企業建立工人委員會作為參與決定的機構。1891 年重新修訂的《營業法》首次在法律上承認工人委員會。德國魏瑪共和國時期制定的著名的魏瑪憲法也有關於工人和職員要平等與企業家共同決定工資和勞動條件，工人和職員在企業應擁有法定代表並通過他們來保護自身的社會經濟利益等規定。尤其在二戰以後，隨著資本所有權和經營權的分離，德國職工參與意識進一步興起，德國頒布了一系列關於參與決定的法規。目前，在德國實行職工參與制的企業共有雇員 1,860 萬，佔雇員總數的 85%。在德國的職工參與中，可以分為三種形式。其一是在擁有職工 2,000 名以上的股份有限公司、合資合作公司、有限責任公司。這種參與方式的法律依據是 1976 年通過的《參與決定法》。它涉及的主要是監事會的人選。監事會的人數視企業規模而定，在 2,000 名以上到 1 萬名職工以上的企業有監事會成員 20 名。職工進入監事會的代表中，職工和高級職員是按比例選舉的，但每一群體至少有一名代表。其二是擁有 1,000 名以上職工的股份有限公司、有限責任公司等企業的參與決定涉及董事會和監事會。董事會中要求有一名勞工經理參加。監事會的人數定為 11 人，席位分配的過程是，勞資雙方分別提出 4 名代表和 1 名「其他成員」，再加 1 名雙方都能接受的「中立的」第三方。其中的「其他人員」規定為不允許與勞資雙方有任何依賴關係，也不能來自那些與本企業有利害關係的企業。其三是雇工 500 名以上的股份公司、合資合作公司等。規定雇員代表在監事會中佔 1/3，在監事會席位總數多於 1 個席位時，至少要有 1 名工人代表和 1 名職工代表。職工代表由工人委員會提出候選人名單，再由職工直接選舉。

這樣職工通過選派職工代表進入監事會參與公司重大經營決策，即所謂「監事會參與決定」，使得企業決策比較公開，這有利於對公司經營的監督，同時還有利於公司的穩定和持續發展。因為職工在監事會中佔有一定的席位，在一定程度上減少了公司被兼併接管的可能性。這也是德國公司很少受到外國投資者接管威脅的主要原因之一，從而保護了經理人員做出長期投資的積極性。

（2）日本公司監控機制的特徵

日本銀行的雙重身分，決定了其必然在固定行使監控權力中，發揮領導的作用。

---

[1] 馮根福. 西方主要國家公司股權結構與股東監控機制比較研究. 北京：當代經濟科學，1997（6）.

日本銀行及其法人股東通過積極獲取經營信息對公司主管實行嚴密的監督。一方面，銀行作為公司的主要股東，在盈利情況良好的條件下，銀行只是作為「平靜的商業夥伴」而存在。另一方面如果公司盈利開始下降，主銀行由於所處的特殊地位，能夠很早就通過營業往來帳戶、短期信貸、與公司最高管理層商業夥伴的長期個人交往等途徑獲取信息，及時發現問題。如果情況繼續惡化，主銀行就可以通過召開股東大會或董事會來更換公司的最高領導層。日本的董事會與美國很類似，基本上是實行業務執行機構與決策機構合二為一。但是日本董事會的股東代表特別少，從總體上看具有股東身分的僅占9.4%（主要股東為5.7%，股東代表為3.7%），而在上市公司特別是大公司中，具有股東身分的僅占3.9%，其餘大部分都是內部高、中層的經理管理人員等，從董事會成員構成可以看出，董事會不是股東真正行使監控權力的機構。另外，從表面上看，日本公司董事會也沒有銀行的代表，實際上並非如此，在日本公司董事會中，有一名以上的董事常常是公司主銀行的前任主管，這是日本商業銀行的通行做法。這位前任主管實際上就是為主銀行收集信息，並對公司主管實行嚴密監控，當對公司主管經理的經營業績不滿意時，就可以利用股東大會罷免這些經理人員。日本公司還通過定期舉行的「經理俱樂部」會議對公司主管施加影響。儘管「經理俱樂部」會議是非正式的公司治理結構，但它實際上是銀行和其他主要法人股東真正行使權力的場所。在「經理俱樂部」會議上，包括銀行和法人股東在內的負責人與公司經理一道討論公司的投資項目、經理的人選以及重大的公司政策等。

【延伸閱讀】
日本索尼的公司治理改革

日本索尼（Sony）的公司治理存在許多弊端，因此得不到市場和全球投資人的信任。為此，索尼公司對公司治理進行了改革，包括取消法定審計人會（Statutory auditors）。

1. 公司治理改革的依據

2002年5月，日本頒布修訂后的新《日本商法》。新《日本商法》對日本公司治理作了重大改革，其主要精神是推廣美國式的「具有專門委員會的公司體制」，即在董事會中設立提名、審計和薪酬三個委員會，並設立美國式公司治理中的CEO（即首席執行官）。新《日本商法》允許企業自願決定是否採用這種體制。舊《日本商法》規定，董事會同時具有監督、日常經營管理兩種職能。新《日本商法》的理論基礎，是要把董事會現在同時具有的監督職能和日常經營管理職能區別開來，以使經營管理職能專業化和監督職能責任化。

2. 公司治理改革的內容

2003年1月28日，索尼董事會決定，把目前索尼實行的公司管理改變為「具有專門委員會的公司治理體制」。新的公司治理結構的變化包括：一是取消法定審計人會、集團執行官會；二是將監督職能授權給董事會以及提名、薪酬和審計委員會；三是設立美國式公司治理中的CEO；四是保留現有的公司執行官會，其中設公司執行官常務

會（representative corporate executive officers）。

在人員組成上有如下變化：一是董事會的組成。人數規模為 10～20 人；對董事任職所應有的獨立性作了規定；在目前只有 3 個外部董事的基礎上增加獨立董事的人數，並增強外部董事的獨立性。二是董事長。董事長和執行官常務會分設。三是董事會中專門委員會的組成。提名委員會不少於 5 個董事，其中至少要有 2 個內部董事，但大多數必須是外部董事。薪酬委員會不少於 3 個董事，其中至少要有 1 個內部董事，但大多數必須是外部董事，CEO 和 COO（即首席營運官）不得參加該委員會。審計委員會不少於 3 個董事，大多數必須是外部董事，其中至少要有 1 名全職人員，其成員不承擔經營管理責任，並且必須符合美國索克斯法案（即 Sarbanes-Oxley Act，簡稱 SOX Act）有關獨立性的要求，原則上也不得擔任提名和薪酬委員會的成員。四是董事會中專門委員會的主席。提名、薪酬、審計委員會的主席，必須由外部董事擔任。五是公司執行官會與公司執行官常委會。在董事會的指導下，公司執行官會負責整個索尼的管理和治理，其中設公司執行官常委會。

（資料來源：何家成. 公司治理比較——信息與通信業 10 家跨國公司案例. 北京：經濟科學出版社，2003：86－90.）

14.3　德日公司治理模式的有效性分析[①]

14.3.1　德日公司治理模式的優越性

（1）德日模式有助於實現「最優的所有權安排」

現代公司的本質是一系列的合同關係（契約的集合），公司治理其實也是要體現在一系列的合同關係之中。股東與公司、其他利益相關者與公司的關係，都體現為一系列的合同。但這些合同是不同的：一部分是涉及剩余收益權和剩余控製權的；另一部分是沒有這些權利的。所謂「最優的所有權安排」，就是說明剩余索取權和剩余控製權的安排要相對應。在治理結構層次上，剩余索取權表現為收益分配和投票權的安排要相對應，剩余控製權不僅表現為股東是否有投票權，而且更重要的是股東是否有行使投票權的能力以及對公司重大事務產生的影響力。在德國和日本的公司中，銀行既是最大的股東，又是債權人，從理論上實現了所有權與經營權的統一，避免了因所有權與經營權分離而導致的「代理問題」，降低了交易成本。同時，貸款融資和長期持股相結合有助於克服利益衝突，一來可以控製銀企關係中的道德風險；二來可以減輕公司股東和債權人之間的衝突。作為股東，德國和日本的銀行有著豐富的專業知識和經驗，有著一般股東所沒有的精力和時間，可以通過監事會和董事會直接參與公司的日常經營決策。作為債權人，銀行為了貸款的安全性和有效性，必然會積極、及時地獲得和掌握公司生產經營的有關信息，並對其貸款進行事前、事中和事后的監督。當公

[①]　閆長樂. 公司治理. 北京：人民郵電出版社，2008：193－195.

司經營陷入困境時，銀行會從資金、人員等方面幫助公司渡過難關。

（2）德日模式能有效避免經理人的短期行為

首先，作為主要股東的銀行是一個專注於長期投資的股東，決定了公司經理及整個公司行為都是一種長期行為。銀行關注的是長期收益和投資安全，其持有的公司股票很少出手交易，這對公司的長遠發展十分有利。美國國家科學基金會的研究表明，德國公司在研究、廠房設備方面的投資都遠遠超過了美國。其次，公司法人交叉持股形成了相互控製、相互依賴的協調關係，形成了促進公司長遠穩定發展的強大推動力。一旦有聯繫的企業發生困難，其他成員會盡力分擔、幫助，如放寬支付條件、收購過剩產品、安置員工就業等。最後，有效提高了員工的參與治理熱情和企業的忠誠度。終身雇傭制和內部提拔制使員工致力於企業的長遠發展。

（3）德日模式能獲得更好的交易效率

首先，德日兩國公司傾向於間接融資，向銀行大量借款，意味著其債務成本低，公司流動性困擾小，因而更容易解決公司長期投資所需要的資金及短期所遇到的財務困難問題。其次，金融機構在企業中同時持有大量的股權和債權，有利於減少債務融資引起的代理成本。因此，日本企業的平均負債率高於美國企業。另外，金融機構所擁有的信息和管理優勢有利於提高企業資產的經營效率和獲利能力。在日本，凡是金融機構持有較大比例股權的企業，其生產力和獲利能力都比較高。在德國，大企業的獲利能力與德國前三大銀行在企業中擁有的投資權比例也存在正相關性。最後，相互持股的法人股權結構可節約交易關係，擴大交易量，節約交易費用。正如1990年日本經濟白皮書所指出的那樣，穩定交易、建立長期關係，可以避免一次次尋找對象，決定交易條件，由此節約了交易費用，提高了交易效率。

14.3.2 德日公司治理模式的缺陷性

在1990年前，德國和日本的治理模式一直受到讚揚。有學者甚至認為，德國和日本經濟的快速發展是由於其獨特的治理結構和高效的治理效率。但是，從1992年開始，日本經濟一直停滯不前，毫無復甦的跡象。在1997年亞洲金融危機以後，日本公司的治理模式更成為亟待改進的代名詞；1993年，德國發生了歷史上最嚴重的一次經濟衰退，導致德日公司機構主導型的模式開始引起人們的反思。德日模式出現問題是必然的，因為它本身存在固有的缺陷。

第一，對銀行等利益相關者的強調，阻礙了公司治理機制的發展。在一個健全的控製權市場中，接管活動會有效地限制經理的腐敗行為，降低無效經營，改善公司的業績。但在德國和日本的公司中，銀行參與治理實際上是對公司控製權市場的代替，這抑制了其他治理機制的健全發展，比如對接管的阻礙、信息披露非常不透明等。銀行穩定持有公司的股份，接管機制幾乎不能發揮作用。實際上，德國和日本公司發生接管的概率極小。

第二，監督力量薄弱。由於資本市場的不發達，來自公司外部的監督力量十分微弱，外界很難從極少的信息披露中看出公司決策的制定過程。銀行的監管動力不足。純粹的投資者只有通過昂貴的監管才能增加其股份的價值，股東持有的股份越高，他

越有動力這麼做。銀行的動機卻那麼不明顯。實際上，銀行由於有抵押或帳目監督等手段，它對管理層的干預往往只是到了他們的決策威脅到公司生存時才顯得緊要。這時，股東利益已經由於公司既往經營失誤而發生損害。

第三，法人交叉持股和主銀行制度使得企業產生創新能力下降。穩固的所有權結構使企業安於現狀，其產生的創新能力下降，日本的經濟危機就是很好的例子。日本經濟遲遲不能復甦，部分原因就是日本企業的產業創新能力極低，沒能完成從工業經濟向知識經濟的轉型。

第四，終身雇傭制及董事會的選舉制度導致「論資排輩」現象存在。雖然晉升到董事會的潛在可能性為公司的雇員忠於公司並努力為公司工作創造了重要的激勵機制，但是這種等級結構使得在董事長和資深董事之間以及資深董事和資歷較淺的董事之間的層級差別日益強化，不利於董事做出獨立的決策。另外，終身雇傭制及遞延報酬抑制了公司員工的創新，不利於人力資源的合理配置。

【思考與練習】

1. 德日債權主導型公司治理模式是如何產生的？
2. 德日債權主導型公司治理模式具有哪些本質特點？
3. 德日債權主導型公司治理模式具有哪些優越性和缺陷性？
4. 比較德日債權主導型公司治理模式與英美股權主導型公司治理模式的區別。

15　東亞與東南亞家族主導型公司治理模式[①]

【本章學習目標】
1. 瞭解東亞與東南亞家族主導型公司治理模式的產生過程和發展歷程；
2. 理解東亞與東南亞家族主導型公司治理模式的本質特徵；
3. 理解東亞與東南亞家族主導型公司治理模式的有效性分析；
4. 學會如何將東亞與東南亞家族主導型公司治理模式和其他公司治理模式進行對比分析。

　　從20世紀70年代開始，東亞的韓國以及東南亞的新加坡、馬來西亞、泰國、印度尼西亞、菲律賓和中國香港等國家和地區通過一系列的制度和管理措施，成功地整合了國內生產和國際生產，實現了經濟的顯著增長，被認為是亞洲奇跡，從而產生了不同於英美模式和德日模式的新型公司治理模式——家族主導型公司治理模式。家族主導型公司治理是指家族佔有公司股權的相對多數，企業所有權與經營權不分離，家族在公司中起著主導作用的一種治理模式。與此相適應，資本流動性也相對較弱。本章將從東亞的韓國以及東南亞家族主導型治理模式起源談起，探究該模式產生的原因，分析其本質特徵和有效性，進而為讀者全面、客觀系統地闡述東亞的韓國以及東南亞的治理模式。

15.1　家族公司治理模式的產生與發展

15.1.1　家族公司治理模式產生的背景

　　從東亞家族企業的發展歷程中我們可以看出，東亞家族企業的興起與發展是特定政治經濟環境下的產物，同時也與這些國家的法律制度建設、文化傳統和資本市場發育水平相關。
　　首先，東亞及東南亞國家的家族企業均形成於殖民體系崩潰后的國家重建中，是在不發達的國家工業基礎上發展起來的。此時，不論是東南亞各國還是韓國政府，都推出一系列發展經濟的政策，使家族企業有了發展機遇。尤其在韓國，政府一直對家

---

① 本節內容主要參考李維安，武立東，等. 公司治理教程. 上海：上海人民出版社，2002：443－462.

族企業進行大量的財政支持和政策優惠，為家族企業的跨越式發展創造了條件。

其次，東南亞國家有著相似的文化傳統與價值理念，韓國也由於歷史原因深受中華文化影響，對中華文化尤其是儒家文化有著很深的認同。儒家文化的理念包括重視「家文化」，重視親緣、姻緣等裙帶關係，認為家族權力的傳遞應基於血緣關係等，這些在東南亞家族企業的創辦和成長過程中得到了明顯的體現，並在企業營運過程中形成了家族成員共同治理企業的家族治理模式。而且，東南亞的華人在創辦企業中受到當地土著人的歧視，更傾向於團結家族成員，用「自己人」控製、經營企業以保守企業的經營秘密，實際上，東南亞的家族企業是靠家族關係和企業關係共同維護的。

最後，銀行無法介入公司內部進行控製。隨著東南亞國家推行的金融事業的發展，銀行被建立起來。但是，銀行無論在審查企業與項目，還是在監控貸款上都沒有能力，企業雖然能夠從銀行獲得貸款，可銀行卻不能通過介入到公司內部控製的層面來確保貸款的回收，所以，銀行不能介入到公司治理機制中。比如在韓國，銀行的首席執行官是由政府任命的，銀行的行為必須接受政府的領導與干預，往往不能獨立於政府的影響之外。在這樣的制度環境下，企業的家族化就很難被擺脫，其他金融機構也不會在公司治理機制中扮演重要角色，此外，在這些國家中，證券市場都不夠發達，所以，公司治理還是一代代的由家族成員來完成。

15.1.2　家族公司治理模式的產生[①]

（1）東南亞和韓國家族治理模式的產生過程

韓國家族企業產生於第二次世界大戰或朝鮮戰爭結束后至20世紀60年代前。第二次世界大戰后，在美國的支持下，私營家族企業進入了創業期。朝鮮戰爭後，政府把第二次世界大戰後沒收的日本統治時期的公營企業和日本人的私人企業，以分散付款的方式，幾乎全部以較低的價格出售給了私人企業家、軍政人員和其他人員，許多家族企業因此而起家。從60年代后期開始，在家族成員控製大部股權的情況下，韓國家族財團下屬的核心企業紛紛上市，企業的所有權開始社會化。同時，隨著多元化戰略的實施，家族財團所控製的系列企業不斷增多，有親緣關係的家族成員大量進入企業。

東南亞各國家族企業產生於20世紀50年代之前，即東南亞各國處於西方列強的殖民統治時期。這一時期，移居東南亞的華人開始在外國資本的夾縫中創辦企業，創業者既是企業的所有者又是企業的經營者。第二次世界大戰後，東南亞各國紛紛獨立，華人家族企業通過購並、控股、參股的形式，控製了過去為西方資本控製和壟斷的行業。同時，獨立后的東南亞國家採取了大力發展經濟的戰略，這也為華人家族企業提供了有利的發展機會，家族企業逐步在一些國家經濟中占據了主導地位。20世紀80年代以來，東南亞華人家族企業經營的產業層次不斷提高，多元化經營的範圍不斷擴大，上市公司數量不斷增多，家族企業所有權出現了多元化格局，但家族成員仍然控製著企業的多數股權，企業主要經營管理權仍然掌握在家族成員手中。不過，來自家族外

[①]　高明華. 公司治理學. 北京：中國經濟出版社，2009：126 – 127.

的高級經營管理專門人才開始大量進入企業，並掌握了部分高層管理職位。

（2）韓國和東南亞家族治理模式產生的原因

儒家文化是韓國和東南亞國家家族式公司治理模式形成的共同原因。儒家文化重視家庭親緣關係，注重「和諧」，謀求「和為貴」、「家和萬事興」，仁者「愛人」等思想觀念，對韓國人和東南亞華人有較強的影響。這種家族觀念引入到企業，便形成了企業的家族性，並在企業營運過程中形成了由家族成員共同治理企業的家族治理模式。

東南亞家族治理模式的形成還有其特殊原因。一是民族歧視。東南亞國家獨立前，華人長期受西方殖民主義者的歧視；獨立后作為少數民族又受到所在國土著人的歧視。在這種情況下，華人只能借助家族成員的力量來謀求企業發展並保持對企業的控製權。二是東南亞國家土著人文化素質相對較低，而華人一般都受到過良好的教育，文化素質較高。正是這種差距，使得東南亞國家獨立后，華人和土著人的合作受到了限制，使得華人企業只能採取家族治理的方式。

韓國家族治理模式的形成也有其特殊原因。一是長期以來受儒家思想影響，工商業者的社會地位很低。因此，在 20 世紀 60 年代前，在韓國創辦企業，只能主要借助家族的力量。60 年代后，企業家的社會地位得到提高，許多大學生紛紛到父母辦的家族企業工作，使家族企業的家族性得到進一步加強。二是朝鮮戰爭后國貧民窮，資金短缺，因此，在家族企業的創業期，由家族成員共同出資，共同創業，共同經營管理企業，便成為創辦企業所需資金的主要來源。

15.1.3 家族公司治理模式的發展

在 20 世紀 50 年代前，東南亞是西方列強的殖民地。從 20 世紀 50 年代起，西方殖民者開始在中國沿海地區招募勞工移居東南亞，華人為了謀生紛紛「下南洋」。經過一段時期的努力累積，華人創辦了家族企業，其中一些企業生存了下來。隨著業務量的增加，生存下來的企業規模開始擴大，創辦者吸收同族的兄弟親戚進入公司幫助自己管理企業，家族企業初步形成。在這一時期，企業的所有權基本由創辦者控製，創辦者即是企業的所有者又是企業的經營者，家族其他成員則充當協助管理的角色。當然，也有企業創辦伊始即是由家族的兄弟姐妹共同出資的企業。

20 世紀 50~70 年代，西方殖民體系陸續崩潰，東南亞各國取得國家自主權，華人創辦的企業在西方資本撤出後有了更寬廣的生存空間。此時，西方國家在第二次世界大戰後逐漸將勞動密集型產業向發展中國家轉移，而新獨立的東南亞各國政府均大力發展經濟，華人家族企業經過十幾年的累積已頗具實力，進入快速成長期，通過併購、控股、參股的方式進入原來被西方資本壟斷的行業，並逐步在一些國家經濟中占據了主導地位。這時，家族企業的所有權狀況也有所變化：第一，家族企業創辦者開始對所有權進行分割，把過去由自己單獨控製的所有權分成多份贈予家族的兄弟，形成企業所有權在家族內部的多元化；第二，企業創辦者家族的兄弟開始執掌企業的核心業務，家族第二代成長起來並進入企業工作；第三，獨立創業並經營的企業進入到第二代接班的階段，出現了第一代和第二代共同執掌企業的局面。進入企業的第二代陸續分得企業所有權，使得企業所有權狀況更加多元化。

進入20世紀80年代以來，東南亞華人家族企業經營的產業層次不斷提高，在越來越多的高新技術產業引領風騷，多元化經營的範圍進一步擴大。許多家族企業開始推行跨國公司戰略，企業的國際化程度不斷提高。隨著與國外資本市場的對接，家族企業公開化和社會化程度不斷提高，企業所有權不再為家族全部擁有，一些機構投資者和個人投資者相繼擁有公司的部分所有權，來自家族外的高級經營管理人才開始大量進入企業。但是，家族成員仍然控製著企業的所有權，並且企業的領導權開始由第二代向第三代交接，企業的主要經營管理權仍掌握在家族成員手中。

15.2　家族公司治理模式的特徵

由於國情和企業所處的成長與發展環境的差異，使得韓國和東南亞的家族治理模式既有相同之處也有不同之處。為了研究的方便，本書把形式上相同的特徵都歸諸韓國與東南亞家族治理模式的共性，至於內容上的不同則在闡述相關特徵時加以區別說明。同時，有些特徵只存在於東南亞家族治理模式中，也有一些特徵只存在於韓國的家族治理模式中，本書把這樣的特徵歸諸韓國和東南亞家族治理模式在特徵上的差別。下面從共性和差別兩個方面分別闡述韓國和東南亞家族治理模式的特徵：

15.2.1　韓國與東南亞家族治理模式的共性

（1）企業所有權或股權主要由家族成員控制

所有權集中於家族成員是韓國和東南亞國家公司的普遍現象。在韓國和東南亞的家族企業中，家族成員控製企業的所有權或股權表現為四種情況：一是由企業的初始所有權由單一創業者擁有，待其退休後，交由他或他們的子女、第三代或家族成員共同擁有；二是企業的所有權由合資創業的具有血緣、姻緣和親緣的家族成員（包括兄弟姐妹或堂兄弟姐妹）共同控製，然後順延傳遞給創業者第二代或第三代的家族成員，並由他們共同控製；三是由家族創業者與家族外的人或企業合資創辦的企業，若是家族創業者或家族企業控股的，待企業股權傳至第二代或第三代時，形成家族成員聯合控股的情況；四是迫於企業公開化或社會化的壓力而進行改造公開上市的，雖然形成家族企業產權多元化的格局，但是其所有權仍主要由家族成員控製。上述四種情況中的每一種情況，在韓國和東南亞的家族企業中都大量存在著，而且上述四種情況包括了韓國和東南亞家族企業所有權或股權由家族成員控製的基本概況。

（2）企業主要經營管理權掌握在家族成員手中

在韓國和東南亞的家族企業中，家族成員控製企業經營管理權主要有兩種情況：一是企業經營管理權主要由有血緣關係的家族成員控製；二是企業經營管理權主要由有血緣關係的家庭成員和有親緣、姻緣關係的家族成員共同控製。第一種情況如菲律賓的鄭周敏集團。鄭周敏集團的主要領導權由鄭周敏和其14個子女中的九個共同控製（其餘五個子女正在求學）。第二種情況如韓國的韓進集團。1984年，韓國韓進集團的創始人趙重勳任集團會長，集團的三大主力企業的重要職務均由其家屬和親屬擔任，

其胞弟任韓逸開發公司經理，內弟任韓進股份公司經理，長子任大韓航空公司專務。

（3）企業決策家長化

由於受儒家倫理道德準則的影響，在韓國和東南亞家族企業中，企業的決策被納入了家族內部序列，企業的重大決策如創辦新企業、開拓新業務、人事任免、決定企業的接班人等都由家族中的同時是企業創辦人的家長一人作出，家族中其他成員做出的決策也須得到家長的首肯，即使這些家長已經退出企業經營的第一線，但由家族第二代成員做出的重大決策，也必須徵詢家長的意見或徵得家長的同意。當家族企業的領導權傳遞給第二代或第三代后，前一代家長的決策權威也同時賦予第二代或第三代接班人，由他們做出的決策，前一輩的同一輩的其他家族成員一般也必須服從或遵從。但與前一輩的家族家長相比，第二代或第三代家族家長的絕對決策權威已有所降低，這也是家族企業在第二代或第三代出現矛盾或衝突的根源所在。

（4）經營者激勵約束雙重化

在韓國和東南亞的家族企業中，經營者受到了來自家族利益和親情的雙重激勵和約束。對於家族第一代創業者而言，他們的經營行為往往是為了光宗耀祖或使自己的家庭更好地生活，以及為自己的子孫后代留下一份產業。對於家族企業第二代經營者來說，發揚光大父輩留下的事業、保值增值作為企業股東的家族成員資產的責任、維持家族成員親情的需要，是對他們的經營行為進行激勵和約束的主要機制。因此，與非家族企業經營者相比，家族企業的經營者的道德風險、利己的個人主義傾向發生的可能性較低，用規範的制度對經營者進行監督和約束已經成為不必要的。但這種建立在家族利益和親情基礎上的激勵約束機制，使家族企業經營者所承受的壓力更大，並為家族企業的解體留下了隱患。

（5）企業員工管理家庭化

韓國和東南亞的家族企業不僅把儒家關於「和諧」和「泛愛眾」的思想用於家族成員的團結上，而且還推廣應用於對員工的管理上，在企業中創造和培育一種家庭式的氛圍，使員工產生一種歸屬感和成就感。例如，馬來西亞的金獅集團，在經濟不景氣時不辭退員工，如果員工表現不佳，公司不會馬上開除，而是採取與員工談心等形式來分析問題和解決問題，這種家庭式的管理氛圍在公司中產生了巨大的力量。印度尼西亞林紹良主持的中亞財團，對工齡在25年以上的超齡員工實行全薪退休制，使員工增加了對公司的忠誠感。再如，韓國的家族企業都為員工提供各種福利設施如宿舍、食堂、通勤班車、職工醫院、浴池、托兒所、員工進修條件等。韓國和東南亞家族企業對員工的家庭式管理，不僅增強了員工對企業的忠誠感，提高了企業經營管理者和員工之間的親和力和凝聚力，而且還減少和削弱了員工和企業間的摩擦和矛盾，保證了企業的順利發展。

（6）來自銀行的外部監督弱

在東南亞，許多家族企業都涉足銀行業。其中，一些家族企業的最初創業就始於銀行經營，然后把企業的事業領域再拓展到其他產業；也有一些家族企業雖然初始創業起步於非銀行領域的其他產業，但當企業發展到一定程度后再逐步把企業的事業領域拓展到銀行業。作為家族系列企業之一的銀行與家族其他系列企業一樣，都是實現

家族利益的工具，因此，銀行必須服從於家族的整體利益，為家族的其他系列企業服務。所以，屬於家族的銀行對同屬於家族的系列企業基本上是軟約束。許多沒有涉足銀行業的家族企業一般都採取由下屬的系列企業之間相互擔保的形式向銀行融資，這種情況也使銀行對家族企業的監督力度受到了削弱。在韓國，銀行作為政府干預經濟活動的一個重要手段，是由政府控製的。一個企業的生產經營活動只有符合政府的宏觀經濟政策和產業政策要求，才會獲得銀行的大量優惠貸款，否則就很難得到銀行的貸款。所以，韓國的家族企業為了生存和發展，都紛紛圍繞政府的宏觀經濟政策和產業政策從事創辦企業和從事經營活動。這種情況使得韓國的家族企業得到了沒有來自銀行約束的源源不斷的貸款。除籌資功能外，銀行在韓國只是一個發放貸款的工具，而對貸款流向哪些企業，獲得貸款企業的金融體質是否健康則很少關心，使得韓國家族企業受到來自銀行的監督和約束力度較小。

（7）政府對企業的發展有較大的制約

韓國和東南亞的家族企業在發展過程中都受到了政府的制約。在東南亞國家，家族企業一般存在於華人中間，而華人又是這些國家的少數民族（新加坡除外），且掌握著國家的經濟命脈；華人經濟與當地土著經濟之間存在著較大的差距。因此，華人家族企業經常受到政府設置的種種障礙的限制。為了企業的發展，華人家族企業被迫採取與政府及政府的公營企業合作，與政府公營企業合資以及在企業中安置政府退休官員和政府官員親屬任職等形式，來搞好與政府的關係。而在韓國，政府對家族企業的制約主要表現在政府對企業發展的引導和支持上。凡家族企業的經營活動符合國家宏觀經濟政策和產業政策要求的，政府會在金融、財政、稅收等方面給予各種優惠政策進行引導和扶持；反之，政府會在金融、財政、稅收等方面給予限制。因此，在韓國和東南亞，家族企業的發展都受到了政府的制約，但在東南亞，政府對家族企業採取的主要措施是限制，在韓國，政府對家族企業採取的主要措施則是引導和扶持。

15.2.2　韓國與東南亞家族治理模式的差異

（1）韓國家族企業的個體特徵

韓國家族企業有權控製者採用與其他關聯公司交叉持股的方式來控製公司。對大型家族企業來講，所有權集中度只有10%左右，因此，由最大的個人股東所掌握的直接控製權就受到相當限制。然而，其他關聯公司具有的交叉持股結構使得最大的股東能夠控製公司。家族企業之間存在著大量的關聯交易，雖然這些家族企業有著各自的股東和董事會，但他們都有著相同的實際控製人。儘管銀行和其他金融機構持有超過20%的股份，但它們的投票都受到控製，並不影響其他股東的投票。

政府在韓國家族企業的創辦、發展壯大過程中扮演了積極、重要的角色。政府在給家族企業提供大量財政支持的同時，將隱含的風險分給了私人公司，實際上是政府與家族企業共擔風險。此外，亞洲金融危機過後，韓國政府為了扶持大型家族企業，預先對金融部門進行重組以便讓其在之后的企業重組中發揮重要的作用，並採取各種措施減少家族企業持有的債務。此外，在韓國，政府直接或間接地促進銀行為家族企

業提供大量貸款，並為家族企業指定某一銀行作為其貸款的主要來源。

（2）東南亞各國家族企業的個體特徵

東南亞各國家族企業除了有上述的特徵外，還有著與韓國家族企業不同的特徵。東南亞家族企業集團主要採取金字塔形控股公司的形式控制下屬的系列企業。所謂金字塔的控股公司，是指以一個家族組織的控股公司為核心，按事業或地區持有下屬幾個公司的全部或大部分股份，再由這些公司分別控制更多的下屬的子公司。東南亞的家族企業正是通過這種層層控股關係把幾十家甚至幾百家企業納入家族企業體系。

此外，東南亞各國的家族企業多位為華人企業，常常受到當地土著人的歧視，受到政府設置的種種障礙的限制，甚至遭受到暴力攻擊。所以，這些家族企業被迫與政府公營企業合作，在企業中安置政府退休官員和政府官員的親屬，來搞好與政府的關係，付出很大的成本。這種環境使東南亞各國所有權的公開化和社會化進程極其緩慢，除了部分上市公司要滿足資本市場的要求將股權多元化外，家族企業集團的其他企業很少將家族外成員納為高層管理者。

【延伸閱讀】

帕瑪拉特公司的家族治理問題

帕瑪拉特（Parmalat）是義大利的一家跨國性食品加工企業，2003年年底，帕瑪拉特突然申請破產保護，在義大利引起軒然大波，被稱為歐洲的「安然事件」。

帕瑪拉特成立於1961年，是一家擁有40多年歷史的家族企業，其創始人為卡利斯托‧坦齊（Calisto Tanzi）。在被拘留后，坦齊承認在帕瑪拉特的帳面上大概有80億歐元的虧空，並且他曾經將5億歐元轉移到了自己家庭成員所擁有的公司中。

帕瑪拉特的主要治理問題是經營層捏造虛假財務信息欺騙股東，眾多股東的權益被侵害。在初步調查之後，義大利檢查人員表示，在過去長達15年的時間裡，帕瑪拉特管理當局通過偽造會計記錄，以虛增資產的方法彌補了累計高達162億美元的負債。詐欺的目的除了隱瞞公司因長期擴張而導致的嚴重財務虧空以外，另外一個重要目的是把資金從帕瑪拉特（其中坦齊家族佔有51%的股份）轉移到坦齊家族完全控股的其他公司，從而掏空上市公司。

例如，帕瑪拉特利用複雜的公司結構和眾多的海外公司轉移資金。據《華爾街日報》報導，帕瑪拉特註冊在荷屬安德列斯群島的兩家公司——Curcastle和Zilpa是用來轉移資金的工具。操作方法是，坦齊指使有關人員偽造虛假文件，以證明帕瑪拉特對這兩家公司負債，然后帕瑪拉特將資金注入這兩家公司，再由這兩家公司將資金轉移到坦齊家族控制的公司。到1998年，帕瑪拉特對兩家公司的虛假負債達到了19億美元。另外，帕瑪拉特還設立投資基金轉移資金。帕瑪拉特與註冊在開曼群島的一家神祕的證券投資基金Epicurum的關係撲朔迷離。Epicurum基金成立於2002年。在其成立兩個月后，帕瑪拉特就對它投資6.17億美元。這筆投資沒有向投資者公告，甚至董事會的兩名成員在接受採訪時也稱毫不知情。有證據顯示，在坦齊的授意下，帕瑪拉特

的財務總監通納（Fausto Tonna）和一名外聘律師茲尼（Zini）建立了這個基金，目的是向坦齊的家族企業轉移資金。

（資料來源：周偉：「帕瑪拉特崩塌」，《財經》，2004年第2期。紀樂航：「『歐洲版安然'慘烈上演，帕瑪拉特爆財務大醜聞」，《國際金融報》，2003年12月22日。）

15.3　家族公司治理模式的有效性[①]

15.3.1　家族公司治理模式的優越性

（1）在企業發展和初期起到重要作用

在家族企業從小到大的發展過程初期，企業缺少資金和專業經營管理人才。家族成員集資進行投資和再投資使企業擴張有了資金上的保證，同時家族成員共同參與經營管理可以緩解企業人才的缺乏。此外，由於家族成員在利益、觀念和對問題認識上的一致性以及家族成員對企業最高領導人絕對服從的倫理規範，使家族企業最高領導人的決策容易得到理解和迅速貫徹，降低了決策的時間成本，提高了決策執行的效率。雖然東南亞各國的家族企業從小到大、從單一經營到多元化經營和國際化經營的成長與發展是許多因素共同促進的結果，但不可否認的是，家族治理模式在企業成長和發展中發揮了重要作用。

（2）代理和交易費用低

由於所有權與經營權並沒有分離，所有者與經營者的利益指向是一致的，所有者與經營者這件不存在委託—代理關係，因此代理費用極低，經營者一般不存在利己主義的傾向。而且，家族企業多數從單一經營轉向多元化經營，集團內部企業的關聯交易占了相當的比重，由於同時受家族控制，關聯企業之間的交易費用是很低的。如韓國的是三星企業介入了物產、石化、電子、化工、制藥、重工、航空、汽車、證券、保險、出版、鐘表、毛織、飯店等行業，馬來西亞的郭氏兄弟有限公司介入的主要產業有貿易、制糖、種植、酒店、房地產、廣播、電視、報紙、碼頭、石油、化工、飲料、飼料加工、糧油、保險、採礦等。我們可以看出，其中的某些產業是互為上下游關係的，這為家族企業內部的關聯交易打下了基礎。

（3）内部激勵約束機制更有效

家族企業的内部激勵約束機制效用較大。家族成員把企業資產視為家族財產，把企業的業務看作家族事務的一部分，建立在血緣、親緣和姻緣關係基礎上的家族成員把家族內的倫理和情感帶進企業，融入經營管理中，更能夠為了企業利益相互配合，共同奮鬥，在企業內部形成較強的凝聚力。這種建立在親情和家族關係基礎上的內部激勵約束機制發揮著重要的作用，家族企業存在著相當高的穩定性。

[①] 閆長樂. 公司治理. 北京：人民郵電出版社，2008：205-207.

15.3.2　家族公司治理模式的缺陷性

（1）所有權控製過於集中

東南亞的家族企業的顯著特點之一就是其所有權高度集中在家族成員手中。但是隨著企業所有權結構多元化的推行和家族企業集團中的部分企業上市，東南亞的家族企業開始不僅僅只有家族成員一種類型的股東，可是所有權仍然掌握在家族成員手中，這樣的后果即是中小股東的利益受到侵害，並且將不得不承受無法忍受的風險，家族企業做決策時，企業最高領導個人起到了很大的作用，往往不會考慮中小股東的利益。在某些國家，中小股東持有股份的公司常常為受同一個家族控製的其他公司提供貸款擔保或者直接借錢給這些企業，這給中小股東帶來了無法忍受但又不得不承擔的風險。此外，因為企業的所有權社會話和公開化程度較高，當銀行決絕融資時，企業會馬上陷入困境。在韓國，就有些大型家族企業因負債過高而破產倒閉。

（2）債權人和外部股東無法起到監督作用

首先，銀行無法發揮監督的作用，只是作為企業內部的一個企業或者政府控製下的提供貸款的角色。儘管韓國已經實行金融自由化並且國家對經濟干預的範圍也已經縮小，但政府干預銀行的傳統做法一直延續，銀行的管理人員在決策制定過程中傾向於反應政府意圖而不是對他們的股東負責，而對政府大力扶持的家族企業，銀行就不可能履行債權人的職責對其進行嚴格的監督和審查。其次，東南亞國家的資本市場極不發達，信用體系尚未建立。東南亞國家的資本市場仍處於發展初期，具有流動性較低、交易不活躍、缺乏透明度、披露也不夠充分的特點，家族企業外部股東無法獲得準確的信息來源做出相應的投資決定，保護自己的權益。

（3）政府干預過於強大

東南亞國家的家族企業都受到過政府的強力干預，韓國也一樣。政府在企業融資、資本市場監管、銀行管理等過程中扮演了重要角色，在某種程度上幫助家族企業一直保持著其穩定的所有權結構。韓國政府為家族企業提供大量財政支持，並於企業共擔風險，在某種程度上阻礙了金融機構正確地監管借款人的可靠性和管理貸款風險。此外，韓國政府還制定相關法律控製外國投資者的持股比例，防止家族企業被惡意接管等。政府過於強勢地參與，使債權人與債務人的關係扭曲，並使家族企業所有權公開化和社會化程度過低，導致外部監督無效。

（4）家族企業權力交接容易引起紛爭

因為企業決策家族化的特點，家族企業存在著頗具象徵意義的「接班」，即所有權與控製權的權力交接。當家族企業領導權傳遞給第二代、第三代時，容易在家族成員間引起紛爭，可能導致企業分裂、解散和破產。泰國的萬羅集團、新加坡的楊協成集團都曾出現過這樣的情況，此外，家族企業任人唯親可能帶來經營風險。家族成員參與經營管理企業必須具備相當的專業知識和能力，如果參與企業管理的家族成員能力較差，則會給企業帶來經營上的風險，甚至導致企業破產。比如，韓國國際財團曾經是一個擁有 20 個系列公司的世界性大企業，卻在 1985 年 2 月突然倒閉了。究其原因，比較重要的一個方面是，按其涉及的產業和經營活動的要求，國際財團應該由一批具

有管理才能的高級經營專家組成，但該財團的領導核心卻是由缺乏管理才能的家族成員所組成，結果導致企業經營失敗，直至破產。

目前，在全球經濟一體化的影響下，以公司治理模式呈現出家族企業的股權公開化和社會化，經營管理權由家族成員和非家族成員共同控製，企業外部股東、合作者的制約和監督有不斷增強的趨勢。

【思考與練習】

1. 東亞與東南亞家族主導型公司治理模式是如何產生的？
2. 東亞與東南亞家族主導型公司治理模式具有哪些本質特點？
3. 東亞與東南亞家族主導型公司治理模式具有哪些優越性和缺陷性？
4. 比較東亞與東南亞家族主導型與英美股權主導型公司治理模式、德日債權主導型公司治理模式的區別。

16 轉軌經濟國家的公司治理模式[①]

【本章學習目標】
1. 瞭解轉軌經濟條件下「內部人控製」的內涵與成因；
2. 熟悉「內部人控製」在各轉軌國家的不同表現；
3. 理解緩和「內部人控製」問題的典型做法及其理論依據；
4. 科學辨析轉軌經濟中的若干重要治理命題；
5. 掌握構建適合轉軌經濟特點之公司治理模式的基本原則。

從 20 世紀末開始，原計劃經濟國家（主要包括俄羅斯、中東歐各國和中國等國）向市場經濟的大規模轉軌（Transition），這一進程以企業的民營化、經濟的市場化為主要特徵，伴隨著克服轉軌進程中經濟波動的一整套「穩定化」措施。轉軌國家的公司治理問題具有特殊性。由於在原有的計劃（指令）經濟條件下，既缺乏市場經濟的主體——企業，又缺乏市場經濟的運行條件（如價格機制、產品及要素市場、商業法律環境等），所以也就談不上公司治理問題。因此，對於上述國家而言，在向市場經濟的轉軌過程當中，公司治理架構和機制的構建，是與市場競爭主體塑造、產權改革、市場環境和機制的形成密切相關，並且複雜地交織在一起的。

在本章中，我們將通過理論研究和各轉軌國家經驗的國際比較，揭示經濟轉軌過程當中公司治理所存在的突出問題、一般規律和特點，以及多樣化制度環境下所形成的多種治理機制、治理模式及其效率。在此基礎上，總結適用於轉軌國家的，能夠較好適應轉軌過程中複雜多變制度環境，並兼顧競爭主體形成（產權改革）和競爭環境（市場化）完善，權衡公平與效率的公司治理機制和模式。

16.1 「內部人控製」：轉軌經濟中的治理癥結

16.1.1 「內部人控製」的內涵

（1）狹義的「內部人控製」

「內部人控製」（Insider Control）這一範疇，最早是由青木昌彥（1994）所提出

[①] 本節內容主要參考：李維安. 公司治理學. 2 版. 北京：高等教育出版社，2009.

的，按照他的界定，「內部人控制」指的是：在私有化的場合，多數或相當大量的股權為內部人持有，在企業仍為國有的場合，在企業的重大戰略決策中，內部人的利益得到有力的強調[①]。

內部人控制（或者由管理人員，或者由工人控制）是轉軌過程所固有的一種潛在可能的現象，是從計劃經濟制度的遺產中演化而來的。所謂的「內部人控制」，實際上是在所有者（出資人）缺位的條件下，由企業的經營者或者員工實際控製了企業的情況。這種「內部人控制」實際上是在「行政治理」（控製）與「公司治理」雙重失效的前提下所產生的，它的直接后果就是，企業的發展既偏離了計劃經濟下的「產量或規模最大化」目標，也偏離了市場經濟條件下的「利潤最大化」目標，而定位在了「內部人收益最大化」之上。

（2）廣義的「內部人控制」

公司治理涉及的各利益主體主要包括：股東、經營者、債權人、雇員、顧客和社區等，其中最重要的是前四個主體。隨著公開資本市場的建立和股權的社會化，在從古典企業向現代公司的演變過程中，普遍建立起了層級式的委託—代理關係。在公司內部，出現了股東的常駐代表機構——董事會（它往往由大股東或其代表組成），它與經營者、雇員共同構成了「內部人階層」，而分散的小股東、債權人則變成了「外部人」。從這一角度出發，治理文獻中特別是理論文獻中的「內部人」範疇，比青木的界定要寬，它不僅包括經營者和職工（雇員）群體，也包括大股東。實際上，早在1932年出版的《現代公司與私有產權》一書中，美國學者貝利和米恩斯[②]不僅觀察到了美國大公司中普遍出現的所有權與控制權分離，支薪經理通過種種方式控制企業的現象，同樣發現了作為「內部人」的大股東，通過控製董事會為自己謀利，從而侵害中小股東權益的事例。因此，廣義的「內部人控制」應當包含大股東（或其代表）在內。明確這一點對於中國特別有意義，因為直到目前，國有股「一股獨大」仍是中國現階段公司制改造后大多數國有大中型企業的基本特徵，而現在中國國有企業公司治理中所出現的種種問題，很大程度上都與此有關。

16.1.2 「內部人控制」在各轉軌國家的具體表現

16.1.2.1 俄羅斯

（1）股權結構：「內部人控股」、「股權高度集中」和「寡頭控股」

作為轉軌國家的俄羅斯，其「內部人控制」在股權結構方面主要存在以下問題：首先，「內部人控股」。如表16.1所示，俄羅斯「大眾私有化」結束的初期，內部人持股的比例曾高達54.8%，此后雖然逐年下降，但預計到2001年，內部人持有的股份仍略多於外部人。特別注意的是，內部人股份比例的下降，主要是由於職工股比例的急遽減少。如表16.1所示，1995—1999年4年間，職工股所占比例下降了16.4個百分

[①] 青木昌彥，錢穎一. 轉軌經濟中的公司治理結構：內部人控制和銀行的作用. 北京：中國經濟出版社，1995：22.

[②] Berlie, A. and Means, G. Modern Corporation and Private Property. New York: Macmillan, 1944.

點；同時，作為「內部人」的經理人的持股比例卻上升7個百分點。另據資料，私有化后的5年裡，勞動集體約出售40%股份。這就說明，相當一部分職工股轉移到了經理層手裡。其次，股權高度集中。根據調查，在俄羅斯的私有化企業中，擁有控股權的所有者在他們所投資的企業中平均持股份額是53%～89%，超過絕對控股所需的規模（51%）。另外，俄羅斯經濟部1999年的調查結果顯示，為取得控制地位，管理者平均要持有投資企業52%的股票，而金融機構則需擁有64%的股票。這表明，在「內部人控製」問題嚴重的俄羅斯，要取得對企業的控制權，需要超出一般要求的股權份額。

表16.1　　　　　　　　　俄羅斯工業中股份所有制的結構

股東類型	1995年	1997年	1999年	2001年（預計）
內部股東	54.8	52.1	46.2	45.5
其中：經理人	11.2	15.1	14.7	18.2
職工	43.6	37.0	31.5	27.2
外部股東	35.2	38.8	42.4	44.9
其中：非金融的外部人	25.9	28.5	32.0	31.9
自然人	10.9	13.8	18.5	16.9
其他企業	15.0	14.7	13.5	15.0
金融外部人	9.3	10.3	10.4	13.0
國家	9.1	7.4	7.1	6.4
其他股東	0.9	1.7	4.3	3.2
總計	100.0	100.0	100.0	100.0

說明：1995年實際調查136個企業，1997年135個企業，1999年156個企業。其中94個企業對2001年的所有制結構做出預計。

資料來源：卡別留什尼可夫．俄羅斯工業中的第一大股東與控股所有者．經濟問題，2000（1）．

再次，寡頭控股。根據世界銀行1996年的調查，在證券私有化終止兩年後，俄羅斯大中型國有企業以證券私有化方式改造的份額只有11%，而且採用這種方式的大多是一些虧損或瀕臨破產的包袱企業。那麼，真正的「好」企業都到哪裡去了呢？實際上是以極低的價格「賤賣」給了與政府關係密切的「新權貴」們。主要的方式是「抵押拍賣」：即寡頭銀行貸款給政府彌補財政赤字，而政府則將國企控股權作為抵押，3年後政府如不能還貸，股權就歸貸款者。由於這是「一對一」的內部交易，外資與民間小資本不能競爭，加上抵押價遠遠低於拍賣價，因而這種方法幾乎等於半賣半送，能夠得到這種「優惠」的當然就是與政府官員關係「密切」的「自己人」了。從而，在「權貴私有化」的路線下，寡頭們通過取得國有企業的控股權，成為大股東而實現了對企業的控制，這是前述第二種意義上的「內部人控製」（大股東控製）。

（2）治理結構：「經理控製」與「寡頭控製」

雖然俄羅斯公司的總經理也由股東大會選舉，但他不必對董事會負責。由於經理本身就是大股東，身兼委託人和代理人兩種身分，國有股代表是政府委派的，他們往

往被經理們所「俘獲」，職工集體的股權比重雖然很大，但由於分散導致力量薄弱，因而職工和工會的代表大多被經理們從董事會排擠出去，職工股權被經理們強行代理。因此，在俄羅斯的公司中，總經理幾乎可以做他想做的任何事情。

對於寡頭控股的企業而言，由於「一股獨大」的現實，通過「金字塔式的控股結構」來大肆轉移資產和利潤，成為帶有普遍性的行為。例如，別列佐夫斯基1997年控製了石油控股公司「西伯利亞石油公司」，該公司擁有其子公司Noyabrskneftegaz（石油生產基地）61％的股份。在別列佐夫斯基接管前，該子公司1996年盈利6億美元，但別氏接管后，子公司1997年盈利陡然降為零。別氏不顧子公司其他小股東和職工的反對，將子公司盈利全部轉移到「西伯利亞石油公司」。

（3）治理效果

我們看到，「內部人控股」和「內部人（經理）控製」雙重作用的結果，就是經理完全控製了企業，由表16.2可以看出，由於經理人本身持有的股份仍是一個相對較小的份額，從委託代理理論角度來看，他通過榨取、轉移公司資產所獲取的收益要遠遠超過正常經營所帶來的利潤分紅，在轉軌時期市場競爭和宏觀經濟環境惡劣、市場秩序極不規範的前提下，本來就是「無償」（通過證券私有化）獲得國有資產的經理們，就更沒有動力去經營企業了，而是將主要精力放在了如何「掏空」企業之上。

在俄羅斯，以寡頭控製為特點的金融—工業集團，其經營績效要好於平均水平（參見表16.2），但這並不是因為它們的治理和經營更有效率，而是因為：一方面，它們的規模較大，競爭力較強；另一方面（也是決定性的因素），它們大多控製著俄羅斯經濟中帶有壟斷性質的高收益部門（如能源、礦產），並獲取了政府賦予的種種特權。

表16.2　　　　　　　　　　1999年俄羅斯最大工業公司的經營效益

	銷售額（百萬盧布）		銷售額增長率	贏利率
	1998	1999		
正式登記的金融工業集團的參與者（41家公司）	169,316	339,250	100	24.4
正式登記和實際的金融工業集團參與者（77家公司）	423,474	999,407	136	24.1
最大的200家公司（其中186家）	642,685	146,355	127	23.0

資料來源：B.杰緬季也夫. 俄羅斯經濟改革戰略中的金融工業集團. 俄羅斯經濟，2000（11）~（12）.

16.1.2.2　其他中東歐國家

（1）匈牙利與斯洛伐克

在其他中東歐國家，由於轉軌前的起點，私有化方式和相關機制的設計不同，其內部人控制的程度也體現出較大的差別，但總體來看，除了斯洛伐克之外，其他國家的「內部人控制」所造成的消極影響都沒有俄羅斯那麼大。以匈牙利為例，其國有資產託管局的財產有42％是通過市場公開競價方式售出的，而且買主多為外國企業或個人。因此，人們對匈牙利的指責並不在於「內部人控制」，而在於「匈牙利是否還有自己的民族經濟」。比如，根據統計，截止到1997年底，匈牙利銀行系統的資本構成中

外國資本已占到 61.4%[①]。匈牙利一些著名的銀行，如匈牙利對外貿易銀行（MKB），已成為德國 Bayerische Landesbank Girozentrale Bank 銀行的分支；而布達佩斯銀行（BB），則被美國 GE 資本和 EBRD 銀行聯合組成的財團控股，外國戰略投資者為銀行注入了優質的資產和先進的管理經驗，大大提高了銀行的財力和內部治理能力。

與此不同，斯洛伐克的私有化方式是經理與國家直接談判，政府則把企業交給了與當權者有各種關係的「自己人」，這種操作思路的目的是跨越職工自由認股這個階段，一步到位形成「自然人持大股」，但其造成的后果卻是嚴重的社會不公。「有權」的經理們以非常低廉的價格、甚至無償地獲得了企業的股權，搖身一變成為「紅色資本家」，但他們並不致力於改善企業的經營，而是謀求以更好的價格將企業「賣掉」，這樣的一種「內部人控制」，同俄羅斯一樣，是將職工利益排斥在外的，不同之處在於來得更為直接，所以造成的消極影響也更大。斯洛伐克 20 世紀 90 年代中從轉軌國家第一陣營中的滑落，在很大程度上就與這種盛行的投機行為所造成的企業管理惡化有關。

（2）捷克

在中東歐各國中，捷克的「證券私有化」模式曾被認為是最徹底、最成功，也是最公平的私有化方式。1991 年至 1995 年期間，進行了兩輪「證券私有化」的產權交易。捷克的私有化以平均分配為特徵，因此股權的交易和再集中是必然的，在捷克，這一過程主要通過投資基金來進行。在第一輪私有化過程中，捷克成立了 264 個投資基金，參與第二輪私有化的投資基金則達到了 353 個。

捷克的問題在於，在「公平」思路指導下，過多的限制導致了所有者的「實質缺位」，從而產生了比較嚴重的「內部人挖空」行為。一方面，捷克法律規定企業內部管理人員和職工購買本企業的股份，最多不得超過股份總額的 10%，這雖然防止了「內部人控股」的出現，但也導致了對經營者和員工的激勵不足；另一方面，對於作為大股東的私有化投資基金，捷克法律規定，投資基金持有任何一家單獨公司的股份不得超過該企業股份總額的 20%。此后，最高持股比例又進一步降低。1996 年最大的一家基金在私有化公司中平均持股不到 10%。而作為投資基金的管理者——基金管理公司，其收入是所管理資產的固定比例（在捷克是 2%）。因此，即使某個投資基金持有一家公司 20% 的股份，其基金管理公司在所控股公司的經濟利益也僅僅是 0.4%（20%×2%）。這麼低的一個份額，是很難激勵基金管理公司去改善企業的經營的。他最有可能採取的行為，就是利用自己的控股地位去獲取收益甚至去「掏空」企業[②]。現實情況也確實是這樣，作為大股東的投資基金不但不向企業投入資金或進行戰略改組，反而不斷地以收取管理費的名義向公司索款，有些企業因為拖欠管理費竟被基金管理公司告上了法庭。

由於在相關制度設計上的問題，在捷克的轉軌過程中沒有「內生」出「負責任」的所有者，從而，在所有者「實質缺位」的前提下，要麼是沒有股權的經理層控製了

[①] 金雁，秦暉. 經濟轉軌與社會公正. 鄭州：河南人民出版社，2002：61.
[②] 金雁，秦暉. 經濟轉軌與社會公正. 鄭州：河南人民出版社，2002：111.

企業，行「挖空」之實；要麼就是控股股東的「掠奪」，這是捷克所特有的一種「內部人控製」。

16.2 中國案例:「內部人控製」還是「行政控製」

1997 年上半年，國家統計局企業調查隊對全國 2343 家建立現代企業制度的企業進行了調查。調查結果表明，絕大多數企業實行了不同形式的公司制，股份有限公司或有限責任公司的法人治理結構已初步形成。而到今天，中國所有的上市公司已經建立起了現代公司的治理架構，如「獨立董事」這樣較為新穎的治理工具，也正在監管部門的推動下全面引入。但眾多研究表明，在看似完善的治理結構下，改制後國有企業的公司治理，仍然存在各種各樣的弊端和問題，甚至是「痼疾」，這其中最為突出的仍然是「內部人控製」。

16.2.1 股權結構：股權分割與國有股「一股獨大」

以最具代表性的上市公司為例，從表 16.3 可以看出，直到 2004 年年底，非流通股所占的比例仍高達 64%，僅比 1992 年下降了 5 個百分點，發起人股占全部上市公司股權的比例高達 59%，而中國上市公司目前的發起人股主要由國家股和發起法人股兩部分組成，其中國家股占大部分，而相當一部分發起法人股也帶有國有性質。另據統計，截止 2001 年 4 月底，全部上市公司中，第一大股東持股份額占公司總股本超過 60% 的仍有 890 家，占全部公司總數的 79.2%，其中持股份額占公司總股本超過 75% 的有 63 家，占全部公司總數的 5.62%[①]。國有及國有控股企業是中國目前的上市公司的主體，在這些公司中，國家股東和法人股東占據著控股股東的位置，而相當一部分法人股東又是國家控股的。因此，對國有上市公司而言，股權分割以及國有股的「一股獨大」格局，至今仍未發生大的改變。

表 16.3　　　　　　　　　　中國上市公司的股本結構

類　別	1992 年	1994 年	1996 年	1998 年	2000 年	2002 年	2004 年
發起人股	54%	54%	53%	55%	57%	60%	59%
外資法人股	4%	1%	1%	1%	——	——	——
募集法人股	9%	11%	8%	6%	6%	0	0
內部職工股	1%	1%	1%	2%	1%	0	0
其他（轉配股等）	0	0	1%	1%	0	0	0
非流通股合計	69%	67%	65%	66%	64%	65%	64%
A 股	16%	21%	22%	24%	28%	26%	28%

---

① 崔如波. 股權結構、治理績效與國企改革. 中共中央黨校學報，2002，6（2）：44.

表16.3(續)

類　別	1992 年	1994 年	1996 年	1998 年	2000 年	2002 年	2004 年
B 股	15%	6%	6%	5%	4%	3%	3%
H 股	0	6%	7%	5%	3%	6%	5%
流通股小計	31%	33%	35%	34%	36%	35%	36%
合計	100%	100%	100%	100%	100%	100%	100%

資料來源：2000 年以后數字為年末數，均依據中國證監會官方網站公布的數字計算而來，參見：www. csrc. gov. cn/cn/tongjiku/chtml/y2004/11/I200411. html，2000 年以前的數字轉引自：張為國. 股權結構、關聯交易和公司治理. 南開大學公司治理國際研討會論文，2001.

「一股獨大」意味著「內部股東控制」，它帶來的問題很多。最突出的就是大股東操縱和大股東「掠奪」「掏空」。在大股東操縱情況下，大股東憑藉自己的股權優勢，根據「一股一票」的原則控制了股東大會，使股東大會變成大股東「一票否決」的場所和合法轉移上市公司利潤的工具。大股東控制了股東大會以後，便選舉「自己人」直接進入董事會，順理成章地控制董事會和監事會，使之成為聽命於大股東的「影子」。由於中國的上市公司往往是原有國企或集團的子公司，這時以「法人」身分「代行」大股東投票權的，往往就是母公司的經營者，在這種條件下，大股東「占用」和「掠奪」的情況非常普遍。作為大股東的母公司將上市公司視為自己的「提款機」，通過關聯交易，大量侵占上市公司資源。如美爾雅、三九醫藥等上市公司，募集資金就被其母公司或控股公司所大量占用，再比如 2002 年滬深兩市的虧損冠軍 ST 輕騎，其總資產不過 10 個億，卻創下了 34 億元的天量巨虧，其中大股東輕騎集團欠款就達 28 億元，而這 28 億元的大股東欠款卻被上市公司輕輕一筆計提就勾銷掉了。相當一批受到「掠奪」的上市公司，正是這樣跌入了 ST 和 PT 的行列。

16.2.2　治理結構：「行政控制」下的經營者控制

中國的國有企業目前正處在由「行政型治理」向「經濟型治理」的轉變過程當中 (李維安等，2001)，在這一過程中，儘管國家在大多方面放鬆甚至完全取消了行政控制（如市場、投資、外貿等），但在某些方面仍然保留著行政干預的權力（如人事任命）。與中東歐國家的國家投資基金不同，中國目前的國有資產管理部門，仍然是一個有行政級別的管理部門，而非專業化的、獨立的資產管理和營運機構。這樣一種特殊的管理體制，導致了一系列問題的出現。

（1）內部治理失效下的「經營者控制」

首先，董事會的功能弱化。一項 1998 年進行的針對國內 406 家上市公司的調查表明：樣本公司平均擁有董事 9.7 人，平均外部董事 3.2 人，內部董事 6.5 人，平均內部人控制度 67.0%。上市公司的內部人控制度與股權的集中度高度相關，而且國有股（包括國家股和國有法人股）在公司中所占比例越大，公司內部人控制就越強。在上述公司中，如果把內部人控制在 50%以上的視為絕對控制的話，絕對控制的公司占公司樣本數的 77.3%；把內部人控制在 30%~50%的公司視為相對控制，則相對控制的公

司占公司樣本數的 13.3%；內部人絕對控製和相對控製之和占公司樣本數的 90.6%[①]。可見，僅從董事來源角度看，中國國有上市公司的內部人控製是比較明顯的。其次，董事會成員的任命不規範。一項針對廈門市 22 家國有及國有控股公司的調查發現：有 9 家公司的董事長及總經理是由政府部門或上級主管部門提名的，占被調查公司總數的 40.9%[②]。另外一項實證研究發現，在 188 個樣本公司中，董事長與總經理兩職完全合一的有 77 家，占樣本公司的 40.4%[③]。「兩職合一」基本上都是上級任命的結果，它導致董事會獨立性的弱化。最后，董事會本身的運作缺乏規範。針對廈門市 22 家國有及控股企業的調查發現：只有少數董事會依據公司的特點制訂工作條例，規定了不同決策層次的具體審批權限。有些公司董事會在其權限範圍內做出的決策還要報主管部門批准后才能執行，許多公司董事會不設日常的辦事機構。有一半以上的公司董事會秘書由辦公室或其他人兼任。另外，南開大學公司治理研究中心 2004 年發布的《中國上市公司治理評價研究報告》反應：在五大類評價指標中，董事會治理的得分最低，有 3/4 的上市公司董事會治理有待規範。雖然董事會的人數均符合要求，但素質普遍較低，其董事會評價指數僅為 22.43%[④]。

監事會的監督功能不足。前述針對廈門市 22 家國有及控股企業的調查表明：監事會存在的主要問題有：首先，對監事會成員的任命不規範。有一家公司的 5 名監事是由董事會決定人選；另一家公司的 3 名監事是由國有股東兼主管單位指派；還有一家公司的 5 名監事全部由股東大會選出，其中沒有職工代表；其次，監事會成員素質偏低。一項針對 100 家股份公司的調查顯示：監事會成員的技術職稱中，政工師占 32%，經濟師占 20.5%，工程師占 13.9%，會計師占 8.1%，專業人才的比例明顯偏低，且 72% 的監事會成員只有大專及以下的文化水平，本科以上學歷不到 20%[⑤]。再次，監事不能有效行使職權。針對廈門市 22 家國有及控股企業的調查顯示：有一家上市公司的監事會平常不開會或很少開會，由其下設的審計室向股東大會提交報告，而審計室在行政上卻受總經理領導。一家公司的監事兩年未開會。還有一家公司的監事會從不開會，其提交股東大會的報告由董事會秘書撰寫。南開大學公司治理研究中心發布的《中國上市公司治理評價研究報告》則表明，中國上市公司監事會治理水平普遍較低：如果把監事會治理狀況分為 6 級，則 931 家樣本公司中無一達到 2 級以上，3、4 級的也很少，5、6 級合計占到 87%。而且，第一大股東持股比例越大，監事會的工作成效也越差。這說明大股東控製會影響到監事會的獨立性。

由此可以看出，雖然改制甚至上市后的國有企業，普遍建立了董事會、監事會等內部治理裝置，但它們對企業的經營者（管理層）很難起到監督和控製作用，在「兩職合一」的情況下這一點就更明顯了。而「經營者控製」的后果就是：過分的職務消

[①] 何浚. 上市公司治理結構的實證分析. 經濟研究，1998（5）.
[②] 陳少華. 中國股份公司法人治理結構問題調查. 中國經濟問題，1998（2）.
[③] 崔如波. 股權結構、治理績效與國企改革. 中共中央黨校學報，2002，6（2）；45.
[④] 抑揚. 中國上市公司治理該打幾分？——南開大學《中國上市公司治理評價研究報告》摘要. 中外管理，2004（4）：14-17.
[⑤] 田志龍. 中國股份公司治理結構的一些基本特徵研究. 管理世界，1998（2）.

費、信息披露不規範、短期行為、過度投資和耗費資產（包括盲目的產業擴張和規模擴張）、轉移國有資產、置小股東利益於不顧、不分紅或少分紅、大量拖欠債務，等等。

（2）內部治理的外部化：行政任命

正是這一點與中東歐各轉軌國家存在著不同，中國企業家調查系統2003年發布的《中國企業經營者成長與發展專題報告》顯示，通過「組織任命」獲取現任職位的最多，占45.9%，其他途徑依次是：「自己創業」、「職工選舉」、「組織選拔與市場選擇相結合」、「市場雙向選擇」和「其他」。與中國企業家調查系統2000年同一主題報告所反應的情況相比，「組織任命」（即主管部門任命）的比重有所減少，「自己創業」、「職工選舉」和「市場雙向選擇」的比重有所增加。但仍可看出，目前企業經營者獲取職位的途徑中，市場選擇的分量太少，組織任命的比重還是太高（參見表16.4）。

表 16.4　　　　　　　　不同歷史時期經營者的任命方式　　　　　　　單位:%

部　門	1979年以前	1980—1984年	1985—1993年	1994—1999年	合計
主管部門	79.5	78.4	72.2	67.7	72.9
董事會	——	4.6	12.0	17.3	10.9
職代會選舉、上級任命	13.9	11.4	7.8	7.5	8.9
國有資產管理部門	2.9	1.5	1.7	4.5	2.5
其他	3.7	4.1	6.3	3.0	4.8

資料來源：馬連福. 中日公司內部治理機制比較分析. 現代財經，2002（3）：61.

直到目前，我們相當一部分國有大中型企業的經營者仍然不是純粹的職業經理人，而是有行政級別的「準官員」，獨特的「上升通道」使他們還有走上「仕途」的機會。也正因為如此，在「內部人控制」帶來種種消極影響的同時，也的確還有一批拿著微薄薪金的國企經理在兢兢業業的工作，但這種「官商合一」也帶來了另一個后果：那就是國企經理們的目標函數並不是單純的利潤最大化，而是混合了規模擴張、國企解困，甚至上級主管部門利益和「好惡」在內的混合體，因為這些指標都有可能成為衡量他「政績」的標準。李維安等在對中國上市公司經理人的激勵、約束和任免制度等方面的實證研究為此提供了證據，他們發現經理人的行政式任免方式對每股收益有顯著的負面影響。[①]

（3）治理績效

通過前述分析可以看出，在中國國有企業現有的股權結構和治理架構下，無論是「大股東控制」，還是「經營者控制」，企業的目標都不會是利潤最大化。在這樣的一種治理現狀下，必然后果就是企業經營績效的下降。

仍以上市公司為例，根據2000年的年度報告，在上海證券交易所上市的601家公司的平均每股收益為0.2217元，比1999年上升了8.68%。但剔除增資配股以及新股

---

① 李維安，牛建波. 中國上市公司經理層治理評價與實證研究. 中國工業經濟，2004（9）：57-64.

溢價發行等因素后,平均淨資產收益率比 1999 年僅增長了 1.31%。在上海證券交易所上市的公司中有 46 家虧損。在深交所上市的公司中虧損率高達 9.3%。對 1994 年在滬、深證交所上市的 178 家上市公司的一項調查顯示:在上市後三年期間,每股收益和每股淨資產等指標均呈拋物線下降,出現了所謂「富不過三年」,上市越早、虧損越多的怪現象。[1]

16.3 路在何方:轉軌經濟條件下成功治理模式的探討

實際上,近年來,有關轉軌經濟中公司治理問題的討論,已經從「內部人控制」這一「經典」問題擴展到了更為廣泛的層面,許多問題,越來越體現出公司治理「一般」,而非公司治理「特殊」的特點。與此同時,各轉軌國家在塑造健康市場經濟主體,構架完整市場體系的同時,對於轉軌經濟條件下的公司治理,乃至「后轉軌」時代的公司治理模式,都進行了很多有益的探索,其經驗和教訓,在很大程度上可以提供給我們借鑑。

16.3.1 轉軌經濟所面臨的若干重要治理「命題」

(1)「股權集中度」與公司績效是否相關

如前所述,在產權改革的過程中,轉軌國家普遍面臨「兩難困境」,如果為了獲得公眾的認可而採用「平均」方式分配國有資產,會導致股權過於分散和相應的「經營者控制」問題(如捷克和俄羅斯的「證券私有化」)。如果要保證「負責任的」控股股東的存在,則很容易陷入「一股獨大」(如中國)和「權貴私有化」、「擁有者獲得」(如俄羅斯的寡頭)的兩難困境之中。那麼,對於轉軌國家的改制公司而言,是否存在一種最優的股權結構和股權集中度呢?

許多學者對前蘇聯和東歐國家上市公司的研究表明,所有權集中度和企業績效的關係是非線性的,而且這種關係與大股東類型有關。一項針對 1993—1995 年間 300 多家中國上市公司的實證分析發現:①法人股所占比重與公司業績(主要用公司的市值與帳面價值之比 MBR、股權回報率 ROE 和資產回報率 ROA 來反應)正相關;②國家股所占比重與公司業績負相關;③社會個人持股(A 股)比重與 MBR 值明顯負相關,在 ROE 和 ROA 迴歸中系數為零[2]。與此不同,另一項針對 1997—2000 年間上市公司數據的研究發現:中國上市公司的股權結構與公司績效之間存在一種「U 型」關係:當國家持股比例較低時,國家股比例與公司績效負相關,而當國家持股較多時,與公司績效呈正相關;法人股比例與公司績效之間也存在這種關係[3],「U 型假說」得到了

---

[1] 葛開明. 中國上市公司治理問題的思考. 上海管理科學, 2002 (1): 48.

[2] 許小年. 中國上市公司的所有制結構與公司治理. 公司治理結構:中國的實踐與美國的經驗. 北京:中國人民大學出版社, 2000.

[3] 吳淑琨. 股權結構與公司績效的 U 型關係. 中國工業經濟, 2002 (1).

諸多研究的證明。而南開大學公司治理中心研究人員於 2004 年所做的最新研究則發現，在那些經理層與股東之間利益衝突水平較高的公司裡，股東參與治理的積極性會更積極，因為對這類公司加強治理所帶來的收益要比衝突水平較小的公司所獲得的收益要多。所有權的監督角色更重要，即大股東積極監管所獲得的收益會超出為此所付出的成本，因此通過安排合適的股東權結構可以提高企業價值（增加社會收益）。在這個角度來看，股權集中（提高股東參與治理的動力）並不一定能夠提高企業價值，其實際效果要視公司的具體特徵而定，這就啓發我們，在制定相關政策時，不應置公司特徵於不顧，搞一刀切，制定統一的股權結構改革的政策。

實際上，對於股權集中度和公司業績之間的關係，國外學者已做過相當多的研究，也並未取得一致的意見。在原因解釋上，Shleifer 和 Vishny（1986，1997）指出，提高大股東持股比例，使股權相對集中，可以使控股股東獲得足夠的激勵去收集信息並有效監督管理層，從而避免了股權高度分散情況下的「搭便車」（Free-rider）問題，因而大股東的存在有利於公司價值的增長。Demsetz（1985）和 La Port 等（1999）則認為：大股東和小股東之間存在著嚴重的利益衝突，大股東完全可能以小股東的利益為代價來追求自身利益。Black 和 Kraakman 通過對俄羅斯的研究，以大量材料證明，在未來高度不確定的宏觀經濟背景下，以掠奪起家的「新所有者」將繼續「掠奪」自己控製的企業，將資產轉移到海外，而不是改善和發展生產。他們發現，新所有者至少有 27 種繼續盜竊的方法，其中最重要的就是運用「金字塔控股結構」來控製和轉移公司的資產與收益。[1]

對於轉軌國家而言，股權結構與公司績效之間的關係，既帶有「公司治理一般」的特點，也混雜著轉軌階段的「公司治理特殊」問題。以中國上市公司為例，國有股「一股獨大」的公司，其績效的低下可能是控股股東（國有資產管理當局或其代理人）追求非利潤最大化目標所致，也可能是緣於國有資產管理當局與其他股東的利益衝突。一個例子是：當公司需要發行新股來籌資時，國有資產管理局在董事會的代表往往持反對意見，因為發行新股會使舊股的權益分散。而這種反對意見被採納，就會使公司失去投資機會，進而損害長期的增長潛力。因而，對於轉軌經濟而言，產權結構的優化並不能完全解決治理績效問題，其他「外在的」、互補性的制度建設至少是同樣重要的。

（2）產權重要還是競爭重要

一些經濟學家認為，相對於市場結構，公司治理結構是不重要的，因為只要市場競爭很激烈，就會迫使企業選擇效率最高的內部股權結構和治理結構，或改進現有治理結構，否則就會被市場競爭所淘汰；與此相反，另一些經濟學家則認為，企業的所有權及其結構是很重要的，因為它影響市場發揮作用的程度。比如，Blair（1995）等人則指出，由於股權分散而過於依賴接管機制的成本很高，會造成經營者的短期行為，使股東利益壓倒一切，損害其他利益相關者的權益。

---

[1] 轉引自：李俊江，潘龍. 俄羅斯私有化改革的制度環境與轉軌經濟中的企業績效. 社會科學戰線，2003（4）：89.

在中國，這一命題體現在國有企業改革中的「產權論」和「競爭論」之爭。一種代表觀點是：國有企業的問題主要在於產權關係的不明晰，因而主張在企業「產權關係」上做文章（張維迎，1995，1999）；另一種代表觀點則認為：國有企業的癥結在於不平等競爭條件下形成的預算軟約束，以及企業承擔的各種「額外負擔」。因而，企業改革的核心是創造市場化的競爭環境，給國有企業平等的競爭起點（林毅夫，1994，1997）。

實際上，今天人們已經認識到，雖然產權制度和維護競爭的一系列市場經濟制度之間，存在一定程度上的「互替」關係，但它們在更多的時候是「互補」，並且缺一不可的。現實證明，與成熟市場經濟國家不同，對於市場經濟體制尚不健全的轉軌國家而言，產權結構、治理結構與市場結構之間，「互補性」表現得更為明顯。國內學者2003年所作的一項研究發現：有效的產品市場競爭對企業產出增長率具有正面效應，但是，市場競爭只有在股權較為分散和股權高度集中的企業中才能發揮正面影響[1]。

綜上所述，轉軌國家的公司治理問題，絕對不是一個單純的產權改革問題，的確如一位俄羅斯學者所形容的那樣，如果沒有其他一系列包括市場競爭、法制、監管等在內「互補制度」的建設，單純的產權改革只能是「落在堅硬干燥土壤上的種子」。

16.3.2 轉軌經濟國家的嘗試

轉軌過程的動態性和複雜性，各國經濟政治、社會文化傳統的不同，以及轉軌「起點」的差異，都決定了不可能存在一個單一的「轉軌經濟治理模式」。事實上，在轉軌過程中，各國都根據自己的實際情況進行了多樣化的探索，並對出現的失誤進行了糾正，它們所取得的經驗，很多是值得我們借鑑的。

（1）打破「內部人控製」與中小股東權益保護：俄羅斯

針對「內部人控製」嚴重問題，俄羅斯1996年出抬了《聯邦股份公司法》，在引入外部股東方面規定，所有擁有500名以上職工的公司都要委託獨立的股東登記公司受理登記，這就為外部人購買公司股票成為股東提供了法律保障。從保護股東利益尤其是中小股東利益的角度來看，該法所取得的重要進展有：①規定擁有不少於10%的表決權的股東有權要求召開不定期特別股東大會；②規定在股東人數超過1000的股份公司，選舉董事會時必須累計表決，同時規定高級經理不得在董事會占多數；③規定掌握不少於1%（分配所得的）普通股票的股東有權就董事會成員對公司造成的損失向法院提出賠償訴訟；④掌握優先股的股東在某些情況下有表決權；⑤規定實行「獨立經理」制度（相當於獨立董事制度）；⑥嚴格規範新股發行；⑦規定在重組、進行大型交易或修改公司章程並造成股東的權利狀況惡化時，股東有權要求股份公司按照「公平」價格贖買屬於他們的股票；⑧為反對外部人的惡意收購提供依據和保護；⑨嚴格要求股份公司向股東們公開各種信息。

俄羅斯的新公司法以打破「內部人控製」，保護中小股東利益，加強信息披露為核心，取得了一些成效。據統計，在1995—1997年間，外部人持有的股票增幅在10%以

---

[1] 施東暉. 轉軌經濟中的所有權與競爭：來自中國上市公司的經驗證據. 經濟研究，2003（8）：46-54.

上，其中公民持股比例上升近4％，外國投資者擁有的俄羅斯企業股票增幅達到3.4％，俄羅斯機構投資者持股增加了3％；在1997—1999年間，外部人持有的股份又增加了4％，其中公民持股增加3.4％，外國投資者擁有的股票增加了2.5％。[1]

（2）其他方面

在中東歐國家，控股股東與中小股東的衝突是公司治理中的主要矛盾。因此，中東歐國家的監管規則比歐盟各國還要強調對中小股東的保護（儘管由於司法系統本身的問題，這些規則在執行的時候往往會打「折扣」）。而在過去的幾年裡，隨著加入歐盟進程的「提速」，為了符合歐盟的相關要求，中東歐各國在「大股東持股狀況」和「關聯交易」等重要信息的強制性披露方面也有了很大的進展。比如，1998年時，還只有三個樣本國家（保加利亞、捷克、匈牙利）規定了10％的法定披露標準，但到了2002年，中東歐的大多數國家都已將大股東持股的法定披露標準降低到5％。[2]

再比如，在銀行改革方面，從總體的實施效果看，匈牙利和波蘭較為成功。兩國政府均通過更為嚴格的監管法規，強化了銀行的財務狀況；通過推行民營化，與國外金融機構建立合作關係改善了經營，如引進國際會計標準、通過有效管理和專業壞帳處理方法提高資產質量等。具體來看，通過引入外國戰略投資人，匈牙利的主要國有銀行幾乎都成為國外金融巨頭的分支機構，雖然這種「出售匈牙利」的政策受到質疑，但事實是：從1994年到1998年，銀行系統中的限制性資產在總資產中的比重已大大降低，而利潤率則得到了顯著提高。與匈牙利不同，波蘭採取了引入國外戰略合作夥伴和公開上市發行（IPO）相結合的方式實現了銀行系統的民營化，也取得了較好的效果。

16.3.3 成熟市場經濟國家的經驗

如前面章節所介紹的，當今的世界上存在兩種最具代表性的公司治理模式。一種是英美模式，另一種是日德模式。雖然美、日、德三國的公司治理模式存在明顯的差別，但著名的公司治理專家Kaplan卻發現：這三個國家的公司治理結構在「有效性」方面存在著驚人的相似之處。他研究了日本、德國和美國大公司的公司業績和高層管理人員人事調整之間的關係。除了年齡和經理任職，他發現股票的欠佳表現和利潤損失會增加日本、德國和美國的高層管理人員人事調整的可能性，日本高層管理人員更換率與公司業績的相關性同美國和德國基本上相等。這就說明，美、日、德三國不同的公司治理模式和機制，對高層管理人員的監控力度基本一樣。

（1）日本在治理「內部人控製」方面的經驗

從內部治理角度來看，傳統的日本企業更多地表現為「經營者集團」的控制。最明顯的就是董事會的構成，內部董事占絕對的優勢，一般占75％左右。與英美企業不

---

[1] 數據來源：張聰明. 俄羅斯的公司治理. 東歐中亞研究，2002（2）：29.
[2] 世界銀行，BEEPS調查：http://info.worldbank.org/governance/beeps/，轉引自伯格洛夫和帕尤斯特（Berglof&Pajuste）：《逐步興起的所有者，日見衰落的市場？——中東歐國家的公司治理》，《比較》第5期，中信出版社，2003年，第75～76頁，表10。

同，日本企業的內部董事是真正的內部人，他們都是從中上層管理人員中一步步提升上來的，而且作為董事的同時，並沒有放棄高層管理人員的職責，董事們直接組成常務辦公會議，負責公司的日常經營。

在分配上，日本企業的高層經營者與普通職員的收入差距並不懸殊，一般在 20∶1 以內，遠不及英美國家。而且其報酬也以薪金和獎金為主，經營者持股的比率很低。根據 Kaplan（1992）所作的一項抽樣調查，在 1980 年時，只有 12.2% 的日本經理持有 0.5% 以上的本企業股份，而同期美國的這一比例為 22.6%。那麼，在經營者收入不高但又實質上控製了企業的前提下，採用什麼樣的機制才能在調動其經營積極性的同時又避免其「損公肥私」呢？日本大公司是這樣做的：

①內部經理人競爭。在日本企業中存在著一個相當長的、固定的晉升階梯，但這個晉升階梯是向所有的中層職員開放的。最高經營者大都經歷過科長——董事——常務董事——專務董事（副社長）——社長這樣一個晉升階梯，這個過程的時間長達三四十年。因為每晉升一個級別，職位就會減少一半，從而這種內部經理市場上的競爭是相當激烈的。另外，一旦進入高層，可以支配巨額的「交際費」、享受各種特殊待遇，還有高額的退休金和獎金。以獎金為例，高層人員的獎金並不是平均分配的，有的企業，社長一人可以獨得 30%[①]。內部經理市場上的競爭動力就來源於此，正是它在鞭策經營者為企業的發展絞盡腦汁。

②主銀行外部治理。在內部人控製前提下，要防止經營者出現「敗德行為」，就必須使其面臨可置信的撤換威脅，在日本，這一點是由銀行，而不是由外部資本市場和經理市場所做出的。主銀行一般不介入企業經營，它只是根據自己掌握的信息對企業的盈利狀況進行排序。如果一個企業的排序名次靠前，它的經營者就會得到更高的經營自主權和社會聲譽；如果企業經營不善，主銀行就會對其進行撤換。在日本，由於終身雇傭制的存在，「撤換」對於企業高層領導而言，幾乎是一個「毀滅性」的打擊，退出財界也就意味著社會地位的喪失，因而這種懲罰是相當嚴重的。

實際上，由於兼具大股東和主要債權人的「雙重身分」，主銀行在日本公司治理中的作用遠遠不止「撤換經營者」這麼簡單。它擁有對企業進行有效干預的一整套工具組合，根據不同的情況，主銀行可以調整各種手段的相對力度，以取得最佳的治理效果。在經營正常的條件下，主銀行一般不對企業進行干預，而只是通過結算帳戶和在企業中的「常駐代表」（董事或監事）對其進行監督；在企業出現暫時性的經營困難時，採取輕度手段，主要是增加信貸、減免利息、貸款掉期等金融手段幫助其渡過難關；在經營出現重大失誤、財務狀況急遽惡化時，則採用激烈手段，如撤換經理、改組公司、出售資產，乃至運作兼併與接管事宜。正因為如此，青木昌彥才將這種方式稱為「相機治理」。正是由於日本這種「主銀行相機治理」模式曾經取得的明顯成效，青木昌彥曾經以此為基礎設計了一種「銀行辛迪加和相機治理」模式[②]，試圖解決轉軌

---

① 吳家駿. 日本的股份公司與中國的企業改革. 北京：經濟管理出版社，1994：14.
② 青木昌彥. 對內部人控製的控製：轉軌經濟中的公司治理結構的若干問題//轉軌經濟中的公司治理結構：內部人控製和銀行的作用. 北京：中國經濟出版社，1995：28-33.

經濟中出現的，帶有一定特殊性的「內部人控制」問題。

（2）「英美模式」的做法

與日本不同，美國大企業對「內部人控制」的約束，來源於發達且流動性良好的股票市場，活躍的公司兼併與收購活動，成熟的職業經理人隊伍和流動機制，以及高度透明的公司信息披露機制、嚴格的市場監管，還有形形色色的對企業進行審查、評估與「定價」的仲介機構，如會計師事務所、審計事務所、信用評級機構、資產評估機構，等等。由於擁有這些眾多的「互補性」工具，作為「外部人」的機構投資者、中小股東、債權人可以根據相對公允的信息對公司的業績（也即「內部人的業績」）進行評判，並主要通過「用腳投票」（拋售股票）的方式來「表達意見」。與此同時，自 20 世紀 80 年代以來，「機構投資者行使投票權」和「引入（外部）獨立董事」也成為外部人「用手投票」，借以將對「內部人控制」的控制從事後轉到事中，乃至事前的重要手段。有關這一問題，前面章節已有論述，在此不再贅述。

16.3.4　適合中國國情的公司治理模式探索

青木昌彥（1995）指出，博採眾長的方案可能是解決轉軌經濟中公司治理問題的最佳選擇。在這裡，我們將在尊重公司治理基本原則的基礎上，借鑑各轉軌國家的經驗教訓，結合中國的具體國情，探索適合於中國轉制企業的公司治理模式。

（1）股權結構的優化

這方面，應當集中解決「一股獨大」和「同股不同權」的突出問題。實證研究表明，中國上市公司中，法人股持股比例與公司業績之間存在正相關關係。因此，有研究者認為，可以考慮以轉變或交易的方式逐步將國有股替換為企業法人股，在股權結構模式上，通過銀行持股、引入戰略投資者、IPO 等方式，將原來國有股「一股獨大」的公司，轉變為股權多元化的企業。目標股權結構是：銀行、業務上有關聯的並相互持股的企業法人、國家持股公司、基金組織、其他企業法人和社會公眾等參與持股，且以銀行和業務上有關聯的企業法人持股為核心。有研究者認為，應當大力培育新的機構投資者，擴大機構投資者在資本市場上的比重。比如，積極推動如養老基金、福利基金、社會保障基金、退休基金等各類社會公益基金進入股市；繼續通過 QFII 制度或者其他方式引進國外機構投資者。與此相應，應當一方面放鬆對基金持股的限制，另一方面建立完整的投資基金市場評價體系。

（2）構築中小股東的利益保護機制

我們看到，世界各國包括轉軌國家，普遍採取累計投票、中小股東訴訟、就重大事項表決等機制來保證中小股東的利益不受到「掠奪」。在中國，社會公眾股股東表決機制也已有先例可循，如有關增發新股須徵得流通股股東半數以上同意的規定，有鑑於此，有研究者認為，在中國現行證券市場架構（股權分割、同股不同權）和監管體制下，應該把社會公眾股股東表決機制的適用範圍進一步擴大。具體來說，在涉及再融資（如溢價增發 A 股、發行可轉債、發行 H 股和 N 股）、惡意分紅（如一邊高比例現金分紅一邊再融資）、擅自改變資金投向等問題的時候，應該實行社會公眾股股東表決機制。還可以考慮在上市公司的董事會裡面，根據公司的股本結構確定一定數量的

董事由社會公眾股股東選舉產生，在董事會裡代表社會公眾股股東的利益[①]。

(3) 加強監管與信息披露

李維安教授提出，政府應對上市公司加強監管，以使內部關聯交易和「隧道行為」的預期風險足夠大，這樣才能使公司行為向「最優公司治理結構行為」收斂。與此相應，為了能夠對公司行為和績效進行真實的判斷與評估，有必要進一步提高信息披露的完整性、真實性。而要做到這一點，就需要加大對信息披露、特別是相關仲介機構的監管力度。比如，有必要更多地關注經理層行為，特別關注上市公司會計政策變更，關注會計師事務所變更等；有必要進一步研究是否將註冊會計師審計業務和諮詢業務分業經營，以提高審計獨立性，進而提高信息披露質量[②]。

(4) 改變對經理層的激勵機制，提高經濟激勵力度

如前所述，中國現在的國有大型轉制企業，其經營者的目標函數中，混雜了太多的非經濟成分，非經濟激勵和「非正常」的經濟激勵（如高額在職消費）過度，正常的經濟激勵反倒不足。因此，為了提高經營者的積極性，在前述股權結構優化、相關「互補性」治理制度完善的前提下，應當取消國企經營者的行政級別，切斷其「政治生涯」途徑，建立真正的職業經理人制度，提高經理層的薪酬水平，並加大動態激勵（如股票期權）、長期激勵（持股）在其總收入中的比重，以激勵其長期經營行為。而這就需要在相關法規方面予以配套[③]。

(5) 銀行改革與銀行參與治理

有研究者認為，在以間接融資為主和具備「關係型融資」傳統的中國，應當借鑑日德模式，發揮銀行的「參與治理」作用。而要做到這一點，首先要加快銀行的產權改革。在國有銀行自身的產權改革方面，各轉軌國家通過引入外資戰略合作者，進行局部或整體上市來實現股權結構多樣化的做法值得借鑑。在銀行自身構築起合理的產權結構和治理結構之後，可以考慮放鬆對銀行持有企業股份的限制，與此同時，通過代理投票權的方式，由銀行來代替中小股東行使投票權，這樣既可以發揮銀行自身的信息和專業優勢，有力地參與公司治理，又可以有效保護中小股東的利益。

轉軌國家經驗與教訓的比較給我們以這樣的啟示：沒有一個最優的公司治理模式，各國的治理模式，都是在複雜動態的轉軌過程中，自我摸索、修正和相互借鑑、融合的結果，而最終總結出的好的經驗，一定是那些既適應各國家自身特點，又符合公司治理基本規律的東西。因此，我們應當在上述各個方面大膽嘗試和探索，鼓勵多樣化的「實驗」。只有這樣，才會在多種模式的「競爭」和比較中產生真正適合我們的那一種。

[①] 林義相. 以制度創新和深化改革保護社會公眾投資者的合法權益. 中國金融, 2004 (8).
[②] 公司治理與社會責任——中註協與 ACCA 學術研討會綜述. 中國註冊會計師, 2004 (3): 7-9.
[③] 比如，許多公司早在 20 世紀 90 年代就實行過經理層持股、股票期權等激勵方式，但由於股票或期權不能上市，其效果往往大打折扣。

【思考與練習】

1. 什麼是「內部人控製」？它的成因是什麼？
2. 談談中國公司「內部人控製」與俄羅斯公司「內部人控製」的不同表現及其成因。
3. 股權集中度與公司治理績效和經營績效之間存在何種相關關係？其聯繫機理是什麼？
4. 怎樣解決中國國有上市公司「一股獨大」的問題？

17 全球公司治理模式的演變及改革[①]

【本章學習目標】
1. 瞭解公司治理模式的演化趨勢；
2. 理解全球公司治理模式的改革；
3. 掌握公司治理模式趨同的基本方向和主要表現；
4. 掌握公司治理評級系統的概念、方法；
5. 理解公司治理趨同的內在原因。

通過前面四章的內容可以看出，英美股權主導型公司治理模式、德日債權主導型公司治理模式、東亞與東南亞家族主導型公司治理以及轉軌經濟國家的公司治理這四種公司治理模式都有其產生的特殊歷史背景和文化、法律和市場環境，說明了各種治理模式存在的合理性及其缺陷性。但是，自20世紀80年代以來，種種跡象表明，不同的公司治理模式正在取長補短，顯示出趨同傾向。

17.1 全球公司治理模式的演變

公司治理模式的演進是一個與實踐緊密結合的漸進的過程。通常認為，較好的公司治理模式能帶來良好的公司業績。因此，隨著全球經濟亮點的不斷轉移，各種治理模式都曾輪番作為公司治理模式的典範而被推崇。20世紀80年代以前，美國經濟高速增長，英美公司依靠外部市場力量的治理模式被認為是公司治理結構的完美模型；20世紀80年代，德國和日本的公司后來居上，在全球市場上對英美公司造成了巨大的威脅，引起了公司治理專家對英美的外部監控模式進行反思。一些專家認為，德國和日本公司競爭力的提高得益於其有效的內部監控模式，因此，在這一時期，以內部監控為主的公司治理模式備受推崇。然而，20世紀90年代以後，隨著以內部監控為主的公司所發生的一系列損害股東利益的關聯交易、內幕交易的不斷曝光，人們又認識到了德日控制模式的不足；特別是1997年亞洲金融危機以後，人們更加意識到內部控制模

[①] 本章內容主要參考：李維安. 公司治理學. 北京：高等教育出版社，2006；閆長樂. 公司治理. 北京：人民郵電出版社，2008：225-240；高明華，等. 公司治理學. 北京：中國經濟出版社，2009：133-139.

式的不足，因而英美公司治理模式在全球範圍內進一步受到推崇。然而，近年來英美的市場監控模式也暴露出不少的問題，如安然公司的倒閉、安達信公司解體和世界通信公司造假等事件。東南亞的家族治理模式由於所有權過度集中，信息披露不充分，大多數家族企業形象欠佳，妨礙了其在資本市場的融資，而且其決策機制不健全，容易產生重大的決策失誤；此外，普遍存在的大股東暗箱操作使股東之間矛盾重重，從而影響公司的業績。特別是20世紀90年代以來，隨著資本市場的全球化，各種不同的公司治理模式都在逐步暴露出各自的不足。出現在俄羅斯等轉軌經濟國家的內部人控製模式本身是一種不健全、不完善的模式，這種模式既缺乏股東的內部控製，又缺乏公司外部治理市場及有關法律法規的監控，從而導致公司的經理層和職工成為企業實際控製人，導致經理層利用計劃經濟解體后留下的真空，對企業實行強有力的控製，在某種程度上成為企業的實際所有者。

可見，各種治理模式都面臨著新的挑戰和改革的必要，對全球公司治理模式演進的討論成為熱點的學術問題。

17.1.1　關於公司治理模式演化趨勢的爭論

（1）支持趨同論的觀點

目前，對於全球治理模式的趨同化方向，既有支持英美市場主導型模式的，也有支持德日機構主導型模式的。但比較主流的觀點，是以OECD報告為代表的，認為沒有哪一種治理模式是最優的選擇，模式的選擇受到路徑依賴和市場力量等因素的影響。全球治理模式的趨同化方向應該是混合型的，單純以某種監控方式為主的公司治理模式都不是最佳的，只有綜合各種模式的優點建立的公司治理機制，才能最有效地保護股東權益，實現公司價值的最大化。

（2）反對趨同論的觀點

反對全球治理模式趨同論的學者分別從法律、制度和政治的角度加以闡述，認為全球治理模式是不可能趨同的。首先，從法理上講，一國的公司法與管制體系各有千秋，受到社會習俗的影響，因而公司治理模式的演進方式必然具有路徑依賴性。在英美法系和大陸法系的國家裡，財產制度的不同導致對投資者保護的不同，從而其治理模式不可能殊途同歸。「美國公司治理模式並非是必然的，其他的模式也是受歡迎的，並不存在趨同……選擇公司治理模式，必須考慮現有的法律傳統」（Guillen，2000）。其次，從制度上講，學者認為任何一個國家的公司治理模式都不會脫離其國家的制度特徵而孤立存在，僅試圖從理論上抽象地去確定出最佳公司治理實踐或模式是徒勞無益的（Guillen，1994）。這種觀點進一步指出，應將公司治理看成是一種制度安排，這種制度安排必然有利於這個國家及其企業形成特定的競爭優勢，否則這種制度難以長存。此外，有學者認為，各種不同類型公司治理模式的形成是不斷同政治集團利益鬥爭與妥協的結果，帶著明顯的時代政治的烙印，無法趨同。

17.1.2 外部環境對全球治理模式演變的影響

(1) 金融市場的不斷整合

大多數國家的投資者越來越接受這樣的認知：持有一個國際化的資產證券組合，比僅持有一個國內的證券組合有更高的回報率和更低的風險。結果，許多機構投資者開始參與國外資本市場的投資。同時，非金融企業意識到擴大投資者的範圍將會降低他們的資本成本，還可能削弱公司的股票價格的波動性。因此，許多公司都尋求海外上市，投資者和發行者都越來越希望在國際資本市場上運作。機構投資者設定股東價值預期目標，並要求公司實現利潤目標，產生具有競爭力的回報，堅持公司尊重國際治理標準。因此，公司除了要應對國內所發生的制度和法律變化外，還被迫調整他們的行為與國際資本市場相適應。

(2) 產品的全球化

全球一體化的發展，使企業的產品市場全球化趨勢越來越明顯，市場競爭也更加全球化和激烈化，市場障礙逐漸被消除，市場邊界的概念日益淡化，這要求公司的治理效率必須保證滿足公司全球化的發展，提升全球競爭力成為公司治理模式選擇的最終目標。

總的來說，自20世紀80年代以來，種種跡象表明，各種不同的公司治理模式正在取長補短，由於各種模式內在形成的機理是排他的，因此各種公司治理模式在本質上不具有同一性。所以，各國公司治理模式的演進從本質上講，是各種模式取長補短、提高其治理效率的過程，獲得資金、規避風險和控製的需要是趨同化的主要動力來源。

17.2　全球公司治理模式的改革

17.2.1　美國治理模式的變革

英美模式以股東利益為基礎，以盈利為導向，重視資本市場的作用，似乎更能夠適應經濟的全球化和信息技術產業的發展。但隨著美國2001年爆發的「安然事件」，逐漸暴露了美國公司治理問題，為了強化董事會的監督職責，提出了一系列改革措施，如：強化公司高管人員的義務和公司信息披露業務；強化了對獨立董事的「獨立性」的要求；加大對公司治理活動中的違法行為的處罰力度等（包括刑事處罰）。

安然事件爆發後，引起了世界各國尤其是美國對於英美公司治理模式的反思。2002年2月13日，美國證券交易委員會（SEC）主席Harvey Pitt要求證券交易所重新審視其公司治理方面的具體標準。紐約證券交易所和納斯達克率先行動起來，成立專門的研究小組，負責對上市規則進行修改，兩大交易所提出了很多相似的改革方案。其中，至關重要的是增加獨立董事的數量和提高獨立董事的獨立性，加強對公司管理層的監督等。紐約證券交易所提出的方案更加詳細和具體，它還建議SEC加強對註冊會計師行業及公司CEO的監管。

美國的證券管理部門也出抬了更為嚴厲的監管政策，其標誌為2002年7月30日美國總統布什簽署生效的關於公司治理和會計改革的新法案，即《薩班斯—奧克斯利法案》（Sarbanes-Oxley Act of 2002）。該法案明確指出，制定這一法案的目的是通過提高公司信息披露的準確性和可靠性，增加公司責任，為上市公司會計和審計的不適當行為規定更加嚴厲的處罰以及保護投資者。該法案廣泛地適用於所有根據美國1934年《證券交易法》或者被要求向證券交易委員會（SEC）遞交定期報告的公司，包括美國公司和非美國公司。

該法案在內容上包括了額外的信息披露要求和新的公司治理規則，主要有以下幾方面內容：

（1）高級管理層的義務。法案要求公司的首席執行官和首席財務官保證公司提交的定期報告（不限於財務情況）的真實性，如果明知道是虛假的仍然提供保證，他們將要承擔刑事責任。當報表與證券法存在實質性的不符時，公司的首席執行官和首席財務官應當返還獎金、其他形式的激勵性報酬以及買賣股票所得的收益。

（2）如果有人違反了證券法的專門規定，並且他們的行為表明他們擔任公司的管理人員或者董事是不合適的，SEC可以禁止他們成為證券發行公司的管理人員或者董事。

（3）在信息披露義務方面，要求證券發行公司在迅速的、現行的基礎上披露公司財務狀況或財務經營狀況的實質性變化，在提交SEC的定期報告中披露所有的資產負債表外交易，提高證券發行公司對預測的財務狀況的披露。

（4）證券發行公司制定對高層財務人員的道德守則；如果沒有制定道德守則，應當說明為什麼；在道德守則出現變化或者廢棄時還應進行及時披露。

（5）審計財務報表要反應所有由審計師指認的「實質性的校正調整」。年度報告應包含「內部控製報告」。

（6）要求審計委員會必須完全由「獨立董事」組成。每個證券發行公司都需要披露審計委員會中包括至少一個「財務專家」；如果沒有，要說明理由。

（7）在法律責任上，加強了刑事處罰，對以陰謀詭計欺騙證券持有者規定了新的聯邦重罪——「證券詐欺」；延長了原來法令對包含證券詐欺的私人訴權的時間限制，起訴時間可以延長至非法行為發現的兩年內，或者非法行為實施后的5年內。

（8）該法案還就證券分析師的利益衝突、律師執業責任標準、與經紀人和交易商有關人士的資格問題以及委託許多聯邦代理機構從事一系列研究等問題制定新的法律。

17.2.2 德日治理模式的新變化

以內部監督為主的德日模式開始重視市場因素對公司治理的有效作用，通過一系列改革措施，學習、借鑑和效仿英美的公司治理模式，弱化銀行對企業的監控，負債率呈下降趨勢；同時，德日兩國一直較為穩固的相互持股關係正在發生松動，新的銀企股權關係得到調整，股票的流動性進一步增強，以此來激活公司的活力。

德日立法已將決策過程的控製權傾向於股東，提高帳目的透明度，在推動接管方面也採取了重要舉措。德國的某些公司諸如戴姆勒—奔馳公司等，為了在紐約證券交

易所上市，開始進行制度改革，以便向以股權為中心的英美治理模式靠攏，以獲得美國證券交易委員會的市場准入證。

17.2.3　OECD的公司治理原則

OECD是由美國、英國等30個市場經濟發達的國家所組成的，其前身是歐洲經濟合作組織（OEEC）。該組織在美國和加拿大的支持下建於1947年，目的是協調第二次世界大戰后重建歐洲的馬歇爾計劃，其宗旨就是致力於為其成員國及其他國家在經濟發展過程中的穩固經濟擴展提供幫助，並在多邊性和非歧視性的基礎上為世界貿易增長做出貢獻，全球化的出現促使經合組織的工作範圍向其他方向改變。從過去僅在每個成員國範圍內考慮各政策領域，轉向分析各種政策領域如何在不同成員國之間，以及在非經合組織成員國的領域，發生相互作用和相互影響。這種轉向體現在對諸如可持續發展等問題的研究上，將跨越國界的環境、經濟和社會領域所關注的問題綜合起來，以便更好地理解這些問題，尋求共同解決問題的最好方法。為了改善其成員國的公司治理結構，OECD於1998年4月成立了「公司治理原則專門委員會」。1999年5月正式發表了《OECD公司治理原則》。

《OECD公司治理原則》提出的6條原則最能全面反應公司治理的內涵，是全球範圍內最具影響力的一個國際性基準。2004年，在對其進行修訂的基礎上，OECD理事會又重新發布了這一原則，它所提倡的公司治理的原則涵蓋了以下幾個方面內容：

（1）有效的公司治理結構所要確保的基礎：公司治理結構應促進市場的透明化和高效率，並在法律的規範以及監管權、制定規則權和執行權各自責任的明確界定之間進行協調。

（2）股東的權利和所有權的關鍵作用：公司治理結構應當保護和促進股東對權利的行使。

（3）股東的公平待遇：公司治理結構應當保證所有股東的公平待遇，包括少數股東和國外的股東。所有的股東都應該在他們的權利受損時有獲得有效補償的機會。其基本要求有以下幾點：

①同一類別、同一系列的股東應當得到同樣的公平待遇。

②禁止內部交易和濫用私下交易。

③在直接影響到企業的任何交易或事件中，董事會成員和關鍵經營人員直接、間接或在第三方利益上對於董事會具有實質性利益的，都應當公開。

（4）利益相關者的角色：公司治理結構將認可法律和互相協商賦予利益相關者的權利，並且鼓勵企業和利益相關者在創造財富、工作機會和持續推動企業財務健康等方面積極合作。

（5）信息披露和透明度：公司治理結構應該保證公司所有重大事件及時、準確地得到披露，包括財務狀況、業績、所有權和公司治理的情況。

（6）董事會的責任：公司治理結構應確保董事會對公司的戰略指導和對經營管理層的有效監督，同時確保董事會對公司和股東的責任和忠誠。

17.3 公司治理的 系 [①]

20世紀90年代出現的全球範圍內的公司治理運動,經過十多年的發展,已經進入成熟階段,公司治理運動的焦點逐漸由宏觀層面治理原則的制定的轉向微觀層面的實踐,即單個上市公司如何根據公司治理原則制定公司治理戰略,提高公司治理水平,以及投資者如何基於公司治理進行投資決策。相應地,作為公司治理量化指標的公司治理評級在20世紀90年代末開始逐步發展起來。本節詳細地分析了國際上公司治理評級的運作模式,介紹了國際上重要的幾個評級體系。在此基礎上,再具體談一談公司治理評級對公司治理的影響。

17.3.1 公司治理評級系統的基本原則和指標基礎

公司治理是董事和高級管理人為了外部投資者(股東和債權投資人)和其他利益相關者(職員、顧客、供應商及社會)的利益而管理與控製公司的制度或方法。前面的章節介紹了一些公司治理原則,諸如OECD公司治理原則、英聯邦公司治理原則以及一些國家和仲介組織的公司治理原則等,他們都全面地介紹了公司治理應該遵循的原則。綜合前文,一套良好的公司治理體系總結起來應該遵循如下四個方面的基本原則:

(1) 公平性原則(Fairness):主要指平等對待所有股東,如果他們的權利受到損害,他們應有機會得到有效補償,尤其是存在大股東侵害中小股東的權益時更是如此。因此,為了體現公平性原則,各個公司治理原則都強調中小股東必須免於被大股東濫用職權行為所傷害,各國的公司法、證券法都規定了一些保護中小股東的措施。同時,在公司治理的框架下應該兼顧利益相關者(債權人、員工、客戶等)的合法權利。

(2) 透明性原則(Transparency):一個強有力的信息披露制度是對公司進行外部監督制約的基礎性條件,是股東具有行為使表決能力的關鍵。這一切將使公司財務和營運結果、公司目標、主要股東和表決權狀況、董事和高層管理人員的薪酬與任職資格、關聯交易、重大可預見風險、利害關係人相關議題、公司治理結構與政策等相關信息更加透明、清晰,有利於投資者做出正確的選擇,以淘汰績效差的企業。信息披露也就成為影響企業行為和保護投資者利益的有力工具。

(3) 問責(Accountability):當經理層損害了公司整體利益,而謀求個人私利的時候,董事會就應該有問責任的權利,並應該建立一套行之有效的問責機制以制約經理層的違約行為;同樣,如果董事會人員和經理層一起謀取個人私利而損害股東利益,也應該受到問責並受到懲罰。因此,這是一種權利與義務的對等,代理人和委託人之間權利與義務的約束並各司其職。

[①] 本節內容主要參考:胡汝銀,司徒大年. 公司治理評級研究. 上證研究,2002(2);葉銀華、李存修、柯承恩. 公司治理與評級系統. 北京:中國財政經濟出版社,2003.

(4）責任（Responsibility）：內容包括明確董事會、監事會、管理層等治理架構組成部分的職責，形成內部的有效制衡，明確利益相關者對管理層的有效監督，建立健全績效評價與激勵約束機制。

高質量的公司治理，是要通過一整套正式的、非正式的規則，包括廣泛接受的各種有關做法，建立一套涉及關鍵「行為人」（Actors）的激勵機制，使他們的利益與投資者相一致。因此，從以上四個原則引申出來的制度安排可以分為公司微觀和社會宏觀兩個層面，並進行細分，大概形成了公司治理評級系統的一些指標的基礎，詳情見表 17.1。

表 17.1　　公司治理評級系統指標基礎

公司層面	董事會的運作	董事會結構和構成
		董事會的有效性，如董事會下設委員會
		外部董事的獨立性和作用
		董事和管理人員的薪酬
		董事會的選舉和評價
	股東的權利	公司對待股東，如是否保護中小股東利益不受控股股東侵犯
		股東獲得信息的權利
		投票權和股東大會程序
		股東所有權權利
	透明度	及時準確全面披露財務信息
		及時準確全面披露公司治理信息，如所有權結構、環境政策等
		外部審計與公司保持獨立地位
	其他利益相關者	職員、供應商、銀行等參與公司重大決策
	社會意識	公平的勞工、環境保護政策等
社會層面	政治基礎	清晰界定政商關係，政府應避免既是「裁判員」又是「運動員」的利益衝突
	法律基礎	《公司法》、《證券法》及《破產法》等規章制度建設，法律對投資權利的保護程度
		司法資源、獨立性和效率
	監管基礎	相對獨立有足夠權力的證券監管機構
		發揮一線監管職能的自律組織，自律組織與證券監管機構保持獨立性
		監管機構對信息披露的要求
		公司財務報告所依據的會計標準
	信息基礎	外部審計及相應的審計機構的獨立性和數量
		以清晰、及時的方式公開披露各種有關信息，包括財務報表（分部的和合併的報表，董事和高層管理人員的報酬水平和獎勵手段等）和公司治理信息

表17.1(續)

社會層面	市場基礎	股票市場的有效運作（上市的容易程度，公司控製權市場的發展）
		銀行體系的健全
		機構投資者的要求
		產品市場的充分競爭
		經濟市場的有效運作
		政商分開
		市場誠信和信用基礎
	文化基礎	股東積極主義和公司治理文化

17.3.2 公司治理評級模式[①]

在宏觀層面，公司治理較好的國家，通常表現為分散的股權結構，其資本市場規模較大，產品範圍較廣，首次公開發行（IPO）活動較為頻繁；在微觀層面，公司治理層面主要指最大股東擁有的現金流權、董事會的獨立性與信息的透明度等。最大股東的現金流權越高，董事長的獨立性越強，信息披露越充分，公司價值就越高。針對這些具體的指標，不同的機構和公司提出了各自的評價體系，也即公司治理評級體系，從而對各國的公司進行評價排名，以促進各公司的良性發展，最大限度地保護股東的利益。按評級機構的性質分類，有如下五種模式：

（1）評級機構模式

隨著公司和投資者對公司治理評級業務的需求，一些著名的信用評級機構開始開展公司治理評級或評價業務，如標準普爾和歐洲的戴米諾（Deminor）。對於這些公司來說，公司治理評價實際上是一項營利性業務。評級機構模式的優點是：這些評級機構通常有顯著的聲譽、豐富的評級經驗和一流的人才，市場競爭和信譽機制會促進評級質量的提高和保證客觀性，他們不會受到來自被評級公司各個方面的壓力。缺點是評級機構的商業運作模式和評級的獨立性存在著一定的利益衝突。

（2）機構投資者模式

一些機構投資者為了更好地作出投資決策，保證自身的投資收益，也開始對公司治理進行評級，這樣可以為機構投資者的投資找準目標。如里昂證券（亞洲）從2000年開始推出對新興市場的公司治理評級體系。機構投資者這種評級類似於提供投資分析報告，通常不是營利性業務，所以這種評級結果更讓人容易接受。一旦得到廣大股民和消費者的認同，那些評級靠后的公司就面臨被淘汰的危險，這樣就可以促進公司經營層不斷改善公司業績，保護了股東的利益。

（3）民間協會模式

由非營利性的民間機構如董事協會、投資者保護協會從保護投資者角度出發，進行公司治理評級。如馬來西亞擬議中的公司治理評級就是由董事協會主辦的；泰國的

[①] 高明華，等. 公司治理學. 北京：中國經濟出版社，2009：253-257.

董事長協會與麥肯錫諮詢公司共同推出了泰國的首個公司治理評級體系，並進行評級；美國機構投資者服務協會（Institutional Shareholders Services，ISS）於2001年推出公司治理系數（Corporate Governance Quotient，簡稱CGQ），便於機構投資者瞭解所投資公司的治理水平。CGQ系數考慮了以下主要因素：①董事長結構和組成；②審計問題；③憲章和公司制定的規章制度；④公司所在州的法律；⑤高級管理人員和董事的報酬；⑥定性因素；⑦D&O股權；⑧董事的受教育程度。

這種模式的優點是在某些國家競爭和信譽機制還不健全的環境下由非營利性機構操作可以提高可信度和客觀性，及避免商業機構為營利而損害評級公正性的行為。缺點是相關機構可能缺乏進行公司治理評級的動力、資源和知識。

（4）媒體模式

一些財經雜誌如《亞洲貨幣（Asia Money）》、《歐洲貨幣（Euro Money）》每年也進行「最佳公司治理」的評選，這種評選的專業程度不如專業評級機構，但是他們同樣具有可信度和客觀性，而且這些信息能更加快速直接地傳遞到股民手中。

（5）交易所模式

韓國證券交易所2001年計劃在公司治理改革委員會的基礎上建立一個公司治理評價委員會，對韓國上市公司進行評級。但韓國工商會（The Korea Chamber of Commerce and Industry）反對這個計劃，認為該評價委員會將附屬於政府，導致政府對私有公司不必要的干預。韓國證券交易所表示，如果公司強烈反對，願意放棄該計劃。上海證券交易所和巨潮諮詢網也於2005年年底分別推出了各自的上證公司治理指數和巨潮公司治理指數，並在各自的網站上公布和即時更新。交易所模式的好處是在市場基礎還不發達的國家和地區，交易所的評級可以推進公司治理評級活動的開展，加強對上市公司的監管。其缺點是當交易所附屬於政府時，交易所可能會不必要地干預企業運作。

此外，按公司治理評級業務性質，評級運作模式可分為以下兩種：

（1）公司委託評級（Solicited Rating）

公司委託評級指評級機構應單個公司請求，對公司進行評級。評級所需信息是公開獲得的和公司提供的信息以及對管理層的採訪。公司委託評級是商業性評級機構提供的一項營利性服務。

（2）非公司委託評級（Unsolicitated Rating）

非公司委託評級指評級機構或應投資者要求，或向投資客戶、公眾及監督者提供上市公司信息，未經公司委託和同意，根據自己公司治理評價體系和指標，選定單個或一批公司進行評級，評級結果可以公布發表，也可定向提供給投資者。與非公司委託評級不同的是，公司委託評級通常不易導致被評級公司因評級低而起訴評級公司誹謗。

表17.2簡單介紹了世界上主要的公司治理評價系統。

表 17.2　　　　　　　　　　世界主要公司治理評級系統

評級機構或個人	評價內容	使用範圍	評分方法
杰克遜·馬丁德爾（Jackson Martindell）	社會共享、對股東的服務、董事會績效分析、公司財務政策	公司評分	指標值越大，治理狀況越好
標準普爾（S&P）	國家評分：法律基礎、監管、信息披露制度、市場基礎 公司評分：所有權結構、金融利益相關者的權利和相互關係、財務透明度和信息披露、董事會的結構與運作	公司評分與國家評分	指標值越大，治理狀況越好
戴米諾公司（Demínor）	國家評分：指與公司治理有關的法律分析 公司評分：股東權利與義務、接管防禦的範圍、信息披露透明度、董事會結構	公司結構與國家評分	指標值越大，治理狀況越好
里昂證券亞洲分部（CLSA）	國家評分：公司透明度、綜合性規劃和監管條例、相關法規的實施、影響公司治理和公司價值最大化能力的政治和規制環境、國際公認會計準則的採用、公司治理文化的制度性機制 公司評分：管理層的約束、透明性、小股東保護、董事會的獨立性與問責性、核心業務、債務控製、股東現金回報以及公司的社會責任	公司評分與國家評分	指標值越大，治理狀況越好
美國機構投資者服務局（ISS）	董事會及其主要委員會的結構和組成、公司章程和制度、公司所屬州的法律、管理層和董事會成員的薪酬、相關財務業績、「超前的」治理實踐、高管人員持股比例、董事的受教育狀況	公司評分	指標值越大，治理狀況越好
戴維斯（Davis）、海德里克（Heidrick）	股東權利、治理委員會、透明度、公司管理以及審計	公司評分	指標值越大，治理狀況越好
布朗斯威克（Warburg Brunswick）	透明度、股權分散程度、轉移資產/轉移價格、兼併/重組、所有權與投票限制、對外部人員的管理態度、註冊性質	公司評分	指標值越小，治理狀況越好
公司法與公司治理機構（ICLCG）	信息披露、所有權結構、董事會和管理層結構、股東權利、侵吞風險、公司的治理歷史	公司評分	指標值越大，治理狀況越好
信息和信用評級代理機構（ICRA）	所有權結構、董事層結構、財務報告和其他信息披露的質量、金融股東利益的滿足程度	公司評分	指標值越小，治理狀況越好
泰國公司治理評價系統	股東權利、董事品質、公司內部控製的有效性	公司評分	指標值越大，治理狀況越好
韓國公司治理評價系統	股東權利、董事會和委員會結構、董事會和委員會程序、向投資者的信息披露和所有權的平等性	公司評分	指標值越大，治理狀況越好
臺灣公司治理與評價系統	宏觀評分：清楚完整的法規與管制、法規與管制的有效執行、政治環境、會計準則、推廣公司治理文化的認知的制度層面因素 公司評分：董事會組成、股權結構、參與管理於次大股東、超額關係人交易、大股東介入股市的程度	宏觀評分與公司評分	指標值越大，治理狀況越好

【閱讀】 標準普爾公司

　　標準普爾向全球金融界提供了140餘年的獨立見解。該公司在1941年由標準統計公司及普爾出版公司合併而成，公司歷史則可追溯到1869年。

　　標準普爾（S&P）作為金融投資界的公認標準，提供被廣泛認可的信用評級、獨立分析研究、投資諮詢等服務。標準普爾提供的多元化金融服務中，標準普爾1200指數和標準普爾500指數已經分別成為全球股市表現和美國投資組合指數的基準。該公司同時為世界各地超過220,000家證券及基金進行信用評級。目前，標準普爾已成為一個世界級的資訊品牌與權威的國際分析機構。

　　標準普爾通過全球18個辦事處及7個分支機構來提供世界領先的信用評級服務。如今，標準普爾員工總數超過5,000人，分佈在19個國家。標準普爾投資技巧的核心是其超過1,250人的分析師隊伍。世界上許多最重要的經濟學家都在這支經驗豐富的分析師隊伍中。

17.4　公司治理結構的全球趨同化

17.4.1　趨同的基本原因：市場全球化

　　（1）金融市場

　　金融市場的不斷整合是推進公司治理模式趨同的首要力量。大多數國家的投資者越來越意識到：持有一個國際化的資產證券投資組合，比僅持有一個國內的證券組合可以有更高的回報率和更低的風險。結果是，許多退休養老基金和專業共同基金開始投資於國際權益資本市場。即使在機構投資已經很發達的國家裡，也可以看到這個國際化投資組合的現象。同時，非金融企業意識到，擴大投資者範圍既可降低他們的資本成本，也可減弱公司股票價格的波動性。非金融企業吸引國外投資者的主要方式是尋求海外上市和發行便於國外投資者投資的金融工具（如股票）。隨之而來的是外國股東和機構（銀行和機構投資者）地位的日益重要。

　　由於投資者和金融工具發行者都越來越希望在國際資本市場上運作，這就促進了對共同價值和標準的認同。如機構投資者設定股東價值預期目標，並要求公司實現利潤目標並產生有競爭力的資本投資回報。機構投資者還堅持公司應尊重國際治理標準，尤其注重公司管理當局的義務，保證大股東尊重小投資者的要求，對小投資者要有足夠的信息透明度。在這種情況下，公司除了應對國內所發生的法律和制度變化，還被迫調整他們的行為以與國際資本市場相適應。

　　（2）產品市場

　　產品市場的全球化也促進了公司治理標準的國際性趨同，這來自於以下兩個動因：

　　第一，競爭的加劇。在一個壟斷的環境裡，改善公司治理的動機較弱。這是因為，壟斷企業比競爭型企業有較小的創造利潤的壓力，即使不改善公司治理也仍有很大的能力獲得利潤，這使得壟斷企業更傾向於保持原有的公司組織、成本和財務結構模式。

然而，隨著競爭範圍的擴大，企業很快意識到，為了獲得更高的生產效率，必須全面改進「公司治理方法」，包括利益相關者（如雇員和供應商）與企業相互作用的方式；公司融資方式和相應的治理權利的創新等。

第二，專門供應商角色的改變。全球化及信息革命使得即使是小公司也可以簡單地在世界範圍內尋找供應商，這直接影響了企業與垂直線上的長期供應商建立緊密的所有權或控製紐帶關係的必要性。許多國家的企業（如日本 Keiretsu 成員企業）發現，將對供應商的投資撤回並集中精力於為股東創造更多的回報，對企業更有益處。[1]

17.4.2 趨同的主要表現

（1）OECD 原則正逐漸成為公司治理的國際標準

順應全球化公司治理運動，1999 年 5 月，OECD 的 29 個成員方部長通過了 OECD 公司治理原則，這是公司治理領域第一個多國的工具，其最重要的目的是建立一個全球的治理話語，借此反應公司治理功能上的趨同。[2] OECD 公司治理原則通過之後，擁有 6 萬億資產管理規模的國際公司治理網絡成員（ICGN）以及主要的機構投資者如 CalPERS（加州公職人員退休基金會）即對該原則表示支持。2000 年 3 月，金融穩定性論壇（Financial Stability Forum）通過 OECD 公司治理原則作為完善財務系統國際核心標準之一。接下來，各國財政部長聚集墨西哥坎昆，參加第三屆西方財政部長峰會。這次峰會討論通過成立工作小組，嚴格按照 OECD 公司治理原則，對各國的公司治理績效進行評估。OECD 公司治理原則出抬之後，逐漸為各國所接受，成為公司治理的國際標準，同時也是各國、各地區公司治理準則的範本，用以衡量公司治理的績效。一些國際組織也相繼運用 OECD 公司治理原則，衡量公司治理績效。例如，國際會計協會創辦的會計準則發展國際論壇（簡稱 IFAD），就是用 OECD 公司治理原則作為分析治理和披露制度的工具。[3]

進入 21 世紀，公司治理領域出現了一些新情況、新發展，尤為突出的是接連出現了一些駭人聽聞的大公司醜聞事件，如美國安然（Enron）與世界通訊（Worldcom）造假案件、日本雪印食品舞弊案件，以及中國上市公司中諸多不規範的關聯交易、大股東侵占上市公司利益等案件，從而再一次引發了人們對公司治理問題的反思。在這種情況下，2002 年，OECD 部長級會議一致同意對 OECD 國家的最新發展進行重新考察，以便根據最新的公司治理發展狀況對《原則》進行審查。這項任務由 OECD 公司治理籌劃小組承擔，該小組的成員包括所有的 OECD 成員國，還包括世界銀行、國際清算銀行、國際貨幣基金組織等觀察員。為了更好地對《原則》進行評估，籌劃小組還邀請了金融穩定論壇、巴塞爾委員會，以及國際證監會組織（IOSCO）等特邀觀察員。2004 年 4 月，OECD 結合公司治理領域的最新發展情況，立足於宣揚公司治理的理念，

---

[1] 斯蒂朋·內斯特，約翰·K.湯普森. OECD 國家的公司治理模式：是否在前進中趨同//胡鞍鋼，胡光宇. 公司治理比較. 北京：新華出版社，2004：147–148.

[2] 斯蒂朋·內斯特，約翰·K.湯普森. OECD 國家的公司治理模式：是否在前進中趨同//胡鞍鋼，胡光宇. 公司治理比較. 北京：新華出版社，2004：148.

[3] 上海證券交易所研究中心. 中國公司治理報告（2003）. 上海：復旦大學出版社，2003：274–277.

公布了最新的《OECD公司治理原則》。

本次修訂的《原則》不僅參考了OECD國家的經驗,還參考了非OECD國家,尤其是那些參加了OECD和世界銀行共同組織的公司治理地區圓桌會議的俄羅斯、亞洲、東南歐、拉美和歐亞大陸國家的經驗。在《原則》的發展過程中,籌劃小組進行了非常全面的諮詢工作,向包括來自參加圓桌會議和其他非OECD國家的專家,以及來自工商界、專業團體、貿易協會、民權組織和國際標準制定機構等大量的利益相關方進行了廣泛的諮詢。因此,OECD公司治理新原則不僅適用於OECD國家,也適用於相當多的非OECD國家。OECD治理原則廣泛的適用性,無疑是全球公司治理模式趨同化的重要表現形式。

(2) 機構投資者作用加強,相對控股模式出現

傳統的機構投資者與其投資的公司保持較為疏遠的關係,在公司管理不善和股東價值被忽視的情況下,它們會出售股票以保護自己的利益。但近年來,隨著養老基金、保險基金和投資基金等機構投資者的持股數額越來越大,它們不再像以前那樣通過「用腳投票」來表達對管理層的不滿,相反,越來越多的機構投資者(特別是養老基金)發現參與「關係投資」(Relationship Investing)有助於提高自己的投資組合價值,它們正日益加強和管理層的接觸,在公司治理中發揮積極的作用。

另一方面,企業也越來越重視加強與投資者,特別是一些機構投資者的聯繫和溝通,以保持公司經營的透明度,增強公司在資本市場上的良好形象。據英國投資者關係協會對英國200多家大型企業高層經理的調查表明,72%的人都認為他們比三年前更重視企業與投資者的關係。而機構投資者為保證持續獲利,也希望與企業建立一種長期信任的關係,通過建立機構投資者協會、分享信息、積極投票、向管理層提供建議等各種方式加大對企業的影響力。這種合作共進的治理方式,既推動了企業發展,促進了長期發展目標的實現,也使機構投資者能夠持續獲利,增強了長期投資的信心。

一些發達地區工會通過機構投資者(特別是養老基金)對公司治理正在發揮日益強大的作用。在英國,工會議會(TUC)在20世紀90年代末發動了一項運動,動員工會的影響力,使之擔當養老金股東的角色。在美國,工會在監管基金經理投票表決權方面也發揮著日益積極的作用。例如,美國勞工聯盟(AFL-CIO)敦促基金經理按照工會客戶的提議進行投票表決。1999年10月,AFL-CIO公布了報告,依照股東的主動性程度對共同基金進行評級。結果,美國22名基金經理得到了從「優秀」到「不及格」的評定級別。[①]

德日的機構投資者持股比例是比較高的,德日的交叉持股也主要是機構投資者之間的交叉持股。但是,德日的機構投資者持股中,近一半是銀行持股。由於交叉持股的弊端已為人們所認識,交叉持股正逐漸稀釋,從最高峰1986年的55.8%下降到了1997年的45.7%;而且下降速度在加快,由1987年到1992年的年均下降0.5個百分點擴大到1993年到1997年的年均下降1.4個百分點。交叉持股的稀釋主要是銀行持股

[①] 上海證券交易所研究中心. 中國公司治理報告(2003). 上海:復旦大學出版社,2003:281-282.

下降導致的，而其他機構投資者的持股比重則下降不多。

一方面是英美等外部控製治理模式國家的機構投資者持股比重上升，另一方面則是德日等內部控製模式國家的機構投資者持股比重下降，在這種情況下，逐漸形成了一種所謂的「相對控股模式」，即股權有一定的集中度，有相對控股股東存在。這是英美模式和德日模式向「中間」狀態變化的結果。

理論界從代理權競爭的角度對相對控股模式的出現做出瞭解釋：公司擁有相對控股股東的情形可能是最有利於在公司經營不利的情況下更換經理人的一種股權結構。原因在於：首先，由於相對控股股東擁有的股權比重較大，因而他有動力發現公司經營中存在的問題，並且對經理人的更換高度關注；其次，由於相對控股擁有一定的股權，他有可能爭取到其他股東的支持，使自己提出的代理人能夠當選；此外，在公司股權集中程度有限的情況下，相對控股股東的地位容易動搖，他不大可能強行支持自己所提名的公司原經理人。因此，就總體而言，和其他兩種股權結構相比較，相對模式更有利於發揮公司治理的作用，從而能夠更為有效地促使經理人按股東利益最大化原則行事，並實現公司價值最大化。①

（3）財務報告準則趨同

隨著跨公司、跨國界投資組合，資本市場的一體化發展，以及投資者對於標準化財務報表的呼籲，國際會計準則（IAS）和美國的 GAAP 會計準則逐漸為世界各國所接受。國際會計準則與美國的 GAAP 會計準則也出現了進一步融合的趨勢。長期以來，一些公司不斷在國際資本市場上尋求融資機會，因此它們不得不採納國際 IAS 或美國 GAAP 準則編製其財務報告。近年來，這一趨勢不斷地加速。畢馬威（KPMG）會計師事務所對 16 個歐洲 OECD 成員國的大公司進行了調查，結果發現：在接受調查的公司中，對於那些還在使用國內會計準則的公司，其中 50% 以上打算在今后 3～5 年採納國際 IAS 或美國 GAAP 準則，從而與國際社會接軌。2001 年 2 月，歐洲委員會提出了一項法規建議，要求至少在 2005 年前，所有在歐盟註冊的公司必須採用國際會計準則（IAS）。該法規符合歐洲委員會在 2000 年 6 月頒布的概要，這一概要旨在幫助歐盟公司進入資本市場，改善其信息透明度。歐洲委員會建議會計管理協會對會計標準委員會（IASC）制定的規則進行評估。2000 年國際證監會組織（IOSCO）取得了突破性的一致意見，決心在跨國證券發行和上市過程中堅決貫徹國際會計準則委員會（IASC）準則。

為了滿足本國公司利用國際資本市場的需要，一些 OECD 成員國進行了相應改革，允許國內公司使用國際 IAS 或美國 GAAP 準則。1998 年，德國也通過了 KonTraG 立法，允許德國公司運用國際 IAS 或美國 GAAP 準則進行財務信息披露。一年之后，在 DAX 指數成分公司中，按照國際 IAS 或美國 GAAP 準則進行財務信息披露的公司比例從前一年的 17% 迅速攀升到 63%。澳大利亞也出現類似趨勢，自 2001 年 4 月以來，所有在主板市場和澳大利亞成長市場上市的公司，均被要求按照國際 IAS 或美國 GAAP 準則披露財務信息。在法國，市場監管者 COB 於 1999 年 1 月宣布，要求所有的上市公司按

---

① Andrei Shleifer and Rorbert W. Vishny. A Survey of Corporate Governance. the Journal of Finance, 1997 (6).

照國際 IAS 準則披露其補充財務報表。最近，韓國也成立了會計準則委員會，旨在推進韓國會計準則與國際慣例相一致。日本政府也於 1998 年通過決議，推動其財務報表制度接近國際 IAS 準則。

(4) 利益相關者日益受到重視

公司治理的相關利益者理論認為，公司存在的目的不是單一地為股東提供回報，公司應承擔社會責任，應以社會財富的最大化為目標。這種觀點在 20 世紀 60 年代、70 年代和 80 年代初普遍被消費者主權的倡導者、環境保護主義者和社會活動家等所接受，並於 80 年代為部分公司經理人用來支持其反接管政策。相關利益者理論的支持者認為，公司治理改革的要點在於：不應把更多的權利和控制權交給股東；相反，公司管理層應從股東的壓力中分離出來，將更多的權利交給其他的利益相關者，如職工、債權人，或者（在某些場合還包括）供應商、消費者及公司運行所在的社區，讓關鍵的相關利益者進入公司董事會。[①] 雖然目前投資界對投資的社會責任還沒有達到普遍關注的程度，但在最近幾年，OECD 國家對投資的社會責任越來越重視卻是一個趨勢。消費者與公司員工已經開始認識到，公司不僅應該遵守法律，也應該有助於提高整個社會的福利。世界上一些著名的基金組織、評估機構和投資管理公司，都已經或正在將投資的社會責任納入自己的決策中，如美國的 CalPERS（加州公職人員退休基金會）、康涅狄格州（Connecticut）養老金系統等。

德國的「職工參與制」(co-determination) 或「共同治理」是其關注利益相關者利益的突出表現。職工參與制是德國的歷史傳統，它根植於德國的政治、經濟和文化土壤。目前，這種制度已延伸到歐洲很多國家。許多歐洲國家以立法方式，提供職工參與公司治理的機會。所謂職工參與制，是指職工依法參與公司董事會，以參與公司營運方針的制定。在德國等歐洲國家，勞動力和公司資本被等同視之，被認為是公司得以有效運作的兩大要素。在它們看來，職工參與制可以提升職工對公司的向心力，降低職工因無法參與公司治理所產生的距離感。[②]

對比一下美國和德國，美國強調使用立法的方式來保護包括職工在內的利益相關者的利益；而德國則是以職工直接參與公司治理的方式，保護職工自己的利益。德國等國家認為，職工與公司興衰具有特殊的利害關係。股東可以通過分散持股來降低風險，而職工只能為一家公司所雇用，不能通過同時受雇於幾個公司來降低其失業的風險。但是，不論什麼理由，保護包括職工在內的公司利益相關者的利益已形成共識，而且都在為此做出努力。

(5) 法律的趨同

在英美等國家的傳統裡，公司概念是一種股東和公司管理當局之間的基於信任的關係；而在歐洲大陸的傳統裡，公司具有獨立的意志，對公司有利的事情可能對股東不利。這些不同可以追溯到公司法對諸如股東權利、董事會的義務等規定上的不同。

然而，這些不同並不像看起來那樣重要，而且它們的重要性也越來越小。現在所

---

① 劉逖. 公司治理：國際經驗與中國實踐. 北京：人民出版社，2001.
② 劉連煜. 公司治理與公司社會責任. 北京：中國政法大學出版社，2001：116-117.

有的國家都意識到，投資者是公司策略的最終仲裁人，剩餘索取權是公司治理的核心；資本市場變得日益重要，與此相適應，有價證券規則對公司的約束作用也越來越大。

各國與公司治理相關的立法在近幾年裡也出現了明顯的趨同。例如，德國立法已經將決策過程的控制權傾向於股東，提高帳目的透明度，尤其是合併帳目；在公司接管方面也採取了重要的舉措。在法國，1997 年 Marini 公司法改革報告認可了法國公司法「契約」的必要性，賦予企業更多的制定財務結構的自由。在義大利，1997 年 Draghi 法大大地增加了股東的權利。以上國家都允許股份回購行為，認同企業需要更多的靈活手段返還金錢給股東的事實。① 在日本，1996 年制定了徹底改革現行金融體系的計劃，實行股票交易手續費完全自由化，取消了有價證券的交易稅，廢除了對養老基金、保險公司及投資信託業務等資產運用的限制。

另一方面，美英等國家也變得更加容忍「關係型」投資者。比較突出的表現是英美開始重視銀行持股的作用。由於銀行的雙重身分能夠在公司治理中發揮證券市場所不能很好承擔的「相機治理」的監督作用，因此，自從 20 世紀 80 年代以來，英美開始逐漸放鬆對銀行的限制。如美國《1987 年銀行公平競爭法案》，使商業銀行開始可以涉足證券投資等非傳統銀行業務，商業銀行與投資銀行之間的業務界限趨於模糊，商業銀行、儲蓄貸款機構、信用社，甚至證券公司、人壽保險、養老基金等金融機構的業務差別日漸淡化。1997 年又取消了銀行、證券、保險業的經營限制，使銀行的能量得到進一步的釋放，完善了銀行持股的監管機制。1986 年，英國倫敦證券交易所實施了重大改革，允許非會員可以取得會員行號 100% 的所有權，這等於允許商業銀行直接參與證券業務。這次改革被稱為倫敦金融城「大爆炸」。1997 年英國又對金融體系進行了全面改革，撤銷英格蘭銀行監督商業銀行的職責。②

法律的趨同不是法律折中主義，而是不斷增長的大公司選擇制度環境趨勢的結果，或者說，是大公司對開發和利用流動的、便宜的資本來源的需要。例如，大公司要在美國紐約證券交易所發行股票，就必須接受美國的有價證券規則和會計標準。無疑，這對於這些大公司所在國的規則和制度的形成具有重要影響。③

（6）股東運用投票權對管理層約束成為潮流

傳統委託代理理論分析認為，對於股權分散的公司，由於監管成本高企和股東/委託人「搭便車」等問題，管理層行使著極大的權力，他們可能追求自身機會主義的目標，而非為股東實現公司現值的最大化。因為，初期的股東監管的切實可行辦法就是接管機制。但是，隨著科技、透明度、機構投資者等的興起，股東更加積極運用投票權，從而可以較為直接和有效地監督約束管理層。

（7）董事會的獨立性不斷增強。保持董事會的獨立性有助於加強對公司經理階層的控制和監督，維護股東利益。上個世紀 90 年代以來，大量的外部董事加入董事會，

---

① 斯蒂朋·內斯特，約翰·K.湯普森. OECD 國家的公司治理模式：是否在前進中趨同//胡鞍鋼，胡光宇. 公司治理比較. 北京：新華出版社，2004：149－150.
② 李維安，等. 公司治理. 天津：南開大學出版社，2001：229.
③ 斯蒂朋·內斯特，約翰·K.湯普森. OECD 國家的公司治理模式：是否在前進中趨同//胡鞍鋼，胡光宇. 公司治理比較. 北京：新華出版社，2004：149－150.

使西方企業董事會獨立性增強。據全美公司董事協會對100家最大公司董事會的調查表明，外部董事和內部董事的比例平均為3∶1，四分之一的董事會的外、內部董事比例大於5∶1，而外部董事中專家董事和其他公司經理人員占很大比例。其研究報告表明，一方面，規模小、積極並富有專業技能、具有充分信息的真正獨立的董事會有助於公司的長遠發展；另一方面，像在日本這樣的主要的內部人模式國家中，企業董事會也開始引入外部董事。

總之，世界各種公司治理模式正在相互靠近，相互補充。英美公司收斂股票的過度流動性，尋求股票的穩定性，以利於公司的長遠發展。德日公司則收斂股票的過度安定性，借助股票市場的流動性，來激活公司的活力。不過，由於不同模式形成的背景的長期影響，在相當長的時期內，還會保留各自的特點，完全趨同是不可能的。

【閱讀】全球金融危機帶給公司治理的反思

因美國次貸危機而引發的金融海嘯，進而演變成為百年一遇的全球性金融危機。歐美地區在金融危機中所表現出的社會信用惡化、市場監管缺失、企業內控失敗、信息不對稱、道德風險等公司治理問題，給我們敲響了警鐘。而內部控製失效引發的公司經營失敗、經營者欺騙股東和社會公眾，不僅給公司、股東甚至給全球經濟帶來巨大的損失，引發了人們對包括公司治理在內的金融和經濟體系諸多方面的深刻反思。

（1）公司治理法律制度理念亟待確立。所謂公司治理法律制度是指基於管理學與法學互動的視角對公司組織、營運、管理及監管中的行為所作的一系列強制性和非強制性的法律制度安排，其制度核心不僅包括但不限於公司法和證券法等強制性規範，而且也包括但不限於公司治理原則、行業規則、企業間的協議等自律性的規範。換言之，公司治理不能分別僅僅停留在企業內部管理制度和公司法律制度兩個層面，兩者不應割裂，相反應該結合起來形成制度，才能使公司治理變得安全且有效率。這次全球性金融危機表明，不這樣做，公司治理就會出問題，雷曼和「兩房」事件就會重演。

（2）自律規則為主的理念應該反轉。美國式的公司治理法律制度是建立在以公司自律為主導規則的基礎上的，這從美國的公司立法、公司章程的地位和作用兩個層面可以看出來。美國各州有自己的公司法，無不以政府放鬆管制為自豪，甚至有所謂的「降低監管競賽」（Race to the Bottom），最低監管標準者勝出。因為如此，公司章程的地位及內容有代替公司法的趨勢，結果是在公司治理活動中，股東的「運動員兼裁判員」現象突出，其理論依據是公司的契約理論。簡言之，公司就是各個投資者制定的一個合同，政府當然不能干預契約自由簽訂。公司尤其是上市公司自律規則為主的理念應該反轉，應轉向以他律為主兼顧自律規則的理念上來。

（3）股東會中心主義應重新確立。從美國公司立法傳統看，公司治理機構的權力決策機制經歷了股東會中心主義──→董事會中心主義──→經理層（CEO）中心主義的過程。這種演變的好處是提高了公司治理機制的決策效率和有效性。但其負面效應也不容忽視，即容易產生經理層（CEO）的濫權（abuse），尤其是董事或高管為了追求自身短期利益最大化，而可能嚴重背離其應盡的對公司的忠實義務和勤勉義務。美國

雷曼和「兩房」等上市公司之所以敢從事一些高風險的商業行為（如次貸及相關產品），最後落到破產或被接管的地步，與其奉行的董事會中心主義或 CEO 中心主義不無關係。中國剛剛完成的以非流通股股權流通和股權分散為目標的股權分置改革的後遺症中，已經出現類似美國董事會中心主義或經理層（CEO）中心主義的傾向，值得我們警惕。

（4）高管薪酬或激勵應入法且合理。美國式的公司治理法律制度中有關董事高管薪酬或激勵機制有兩大特點：一是不受強行法管制，換言之，公司法一般沒有關於董事高管薪酬或激勵機制的強制性規則；二是薪酬奇高或激勵機制配置極不合理，有的甚至到了荒唐的地步。如這次被美國政府勒令離職的房利美首席執行官丹尼爾·馬德和房地美首席執行官里查德·賽倫被達什列將分別拿到 930 萬美元離職金或 1410 萬美元「遣散費」，之前近年的報酬合計更是高達數千萬美元。類似情況近幾年也頻繁發生在中國的上市公司中，也引起了廣大中小投資者的極大不滿，應引起立法者或監管層的高度重視。

（5）信息披露配套規則應該更加強化。美國上市公司信息披露制度的設計理念及框架，一直是世界各國所稱道的，但是有兩點確實令人費解：其一，美國信息披露所遵循的最高法律原則是反詐欺帝王原則，但在實踐中出現了大量的形式上看似沒問題而實質上卻為詐欺的事件；其二，之所以出現了大量實質上的詐欺事件，是因為美國奉行的是「外觀主義」的信息披露規則，只要形式上符合要求即只要有仲介機構所謂的規範評級或審計報告，那麼上市公司就高枕無憂了。如美國媒體援引知道接管「兩房」決策過程的匿名人士消息說，危機發生前，「兩房」有扭曲內部會計制度、蓄意美化財務狀況的情況，這才促使美國政府痛下決心接管「兩房」。由此看來，中國在學習或引進美國上市公司信息披露制度的設計理念及框架時，應修正外觀主義準則，確立「實質主義」規則，同時加快信息披露配套規則建設步伐，加大打擊虛假信息披露行為的力度。

（6）政府監管機制應內生化與創新。根據新制度經濟學原理，只有在制度內生化時，制度的施行效率才是最佳的。從現有的公司法和證券法規則看，無論西方比如美國，還是東方比如中國，凡涉及公司尤其上市公司監管時，其規則形式或內容均表現為外部性。根據外部性理論，由於外部性活動沒有經過市場交易，因而企業如上市公司就不必承擔外部性活動對他人所造成的損失。簡言之，政府對上市公司的監管如果僅表現為外部的法律規則，而沒有融入上市公司本身的規則如公司章程、內部管理規則之中，那麼政府的監管效率和效果是成問題的。此外，金融創新和企業制度創新並沒有錯，但如果相關的監管機制創新跟不上，上市公司發生損害投資者尤其中小投資者利益，嚴重時引發金融市場動盪乃至金融或經濟危機就不足為怪了。

（南開大學經濟法教研室主任 萬國華《金融危機帶給中國公司治理的六大反思》）

【思考與練習】

1. 為什麼公司治理模式偏重於向英美外部控製主導型模式趨同？
2. 試對英美股權主導型、德日債權主導型、東亞與東南亞家族主導型公司治理模式以及轉軌經濟國家公司治理模式進行比較分析。
3. 分析公司治理模式趨同主要表現在哪些方面。
4. 公司治理評級系統如何運作？

國家圖書館出版品預行編目(CIP)資料

公司治理學 / 宋劍濤、王曉龍主編. -- 第二版.
-- 臺北市 : 崧博出版 : 財經錢線文化發行, 2018.10

　面 ; 　公分

ISBN 978-957-735-560-7(平裝)

1.企業管理

494.1　　　107017073

書　名：公司治理學
作　者：宋劍濤、王曉龍 主編
發行人：黃振庭
出版者：崧博出版事業有限公司
發行者：財經錢線文化事業有限公司
E-mail：sonbookservice@gmail.com
粉絲頁　　　　　　網　址：
地　址：台北市中正區延平南路六十一號五樓一室
8F.-815, No.61, Sec. 1, Chongqing S. Rd., Zhongzheng Dist., Taipei City 100, Taiwan (R.O.C.)
電　話：(02)2370-3310　傳　真：(02) 2370-3210
總經銷：紅螞蟻圖書有限公司
地　址：台北市內湖區舊宗路二段 121 巷 19 號
電　話:02-2795-3656　傳真:02-2795-4100　網址：
印　刷 : 京峯彩色印刷有限公司（京峰數位）

　　本書版權為西南財經大學出版社所有授權崧博出版事業有限公司獨家發行電子書及繁體書繁體版。若有其他相關權利及授權需求請與本公司聯繫。

定價：550元

發行日期：2018 年 10 月第二版

◎ 本書以POD印製發行